全国高职高专规划教材

食品微生物检测技术

陈淑范　主编

中国环境出版社·北京

图书在版编目（CIP）数据

食品微生物检测技术/陈淑范主编.—北京：中国环境出版社，2014.8
ISBN 978-7-5111-2062-5

Ⅰ.①食… Ⅱ.①陈… Ⅲ.①食品微生物－微生物检定－高等职业教育－教材 Ⅳ.①TS207.4

中国版本图书馆CIP数据核字（2014）第197409号

出 版 人　王新程
责任编辑　孟亚莉
文字编辑　陈雪云
责任校对　尹　芳
封面设计　彭　杉

出版发行　中国环境出版社
（100062 北京市东城区广渠门内大街16号）
网　　址：http://www.cesp.com.cn
电子邮箱：bjgl@cesp.com.cn
联系电话：010-67112765（编辑管理部）
010-67112735（环评与监察图书出版中心）
发行热线：010-67125803 010-67113405（传真）
印　　刷　北京中科印刷有限公司
经　　销　各地新华书店
版　　次　2014年8月第1版
印　　次　2014年8月第1次印刷
开　　本　787×960　1/16
印　　张　24
字　　数　450千字
定　　价　48.00元

本书编写人员

主　编　陈淑范

副主编　秦微微

参　编　李木子　王玉鑫　许子刚

前 言

随着社会的进步、食品科学技术的发展、人们生活水平的提高，人们对食品的要求已经上升到营养与健康水平上。在提倡绿色食品、健康食品的今天，食品安全隐患不断发生，食品安全问题引起人们的高度重视。为了切实保障人们身体的安全和健康，在食品生产、加工、运输、贮存、销售等环节，国家制定了相关的食品安全法律法规，其中有相关的食品卫生微生物学检验、理化检验等国家标准，加强了对食品安全的监管力度。国家食品检验机构、食品微生物学检验的工作人员在食品安全方面起到监管作用。高等职业院校是培养食品行业技术人才的重要基地。《食品微生物检测技术》是食品类专业的一门核心课程，课程目标是培养食品相关行业需要的微生物检测人才。

本教材是根据高等职业院校食品类专业的培养目标，本着“必需、够用、实用”的原则，以食品微生物检测职业岗位的需求为导向，以项目驱动、任务引领的方式安排教材内容并进行编写，内容上充分体现食品微生物检测的重点，突出能力目标，兼顾相关基础理论知识，同时参考食品卫生微生物学检验新的国家标准（最新参考 2013 年国标），使本教材具有较强的实效性和可操作性。本教材知识结构完整，内容求新求实，贴近岗位工作实际，知识目标和技能目标明确，每项目后面设有项目训练题，力求加强学生职业技能的培养，为国家培养合格的食品微生物学检验人员夯实基础。

本教材由多年从事食品微生物学检验教学的专业教师和行业专家进行编写。由黑龙江生物科技职业学院陈淑范副教授担任主编，黑龙江生态工程职业学院秦微微担任副主编，黑龙江生物科技职业学院李木子、黑龙江农垦职业学院许子刚、哈尔滨鑫天食品有限公司王玉鑫董事长参加编写。具体编写分工为：绪论、项目一的任务二和任务六、项目二、项目三、项目六由陈淑范编写；项目一的任务一由王玉鑫编写；项目一的任务三由许子刚编写；项目一的任务四和任务五由李木子编写；项目一的任务七、项目四、项目五、项目七由秦微微编写。

本教材适用于高职高专食品营养与检测、食品加工技术等专业学生学习，也可供从事食品微生物学检验工作的技术人员参考。

由于编者水平有限，时间仓促，疏漏和不足在所难免，敬请同行专家及读者批评指正。

编　者

2014 年 2 月

目 录

绪　论

【知识目标】

1. 理解食品微生物检测的意义。
2. 掌握食品微生物检测的范围和指标。
3. 理解细菌总数和大肠菌群的含义。

【技能目标】

1. 清楚食品微生物检测的范围和指标。
2. 清楚检测食品中细菌总数、大肠菌群和致病菌的重要性。

一、食品微生物检测的范围

食品在生产、储藏、运输、销售、食用过程中，往往通过水、空气、人、动植物、机械设备及用具等使食品被微生物污染，所以，食品微生物检测范围包括以下几个方面。

1. 食品的检测

对刚出厂的食品、储藏的食品、运输过程中的食品、销售的食品、直接作为食品的动植物组织或器官、可疑食品、造成食物中毒的食品的检测，这是食品微生物检测的重点范围。

2. 生产环境的检测

对车间的空气、车间的地面、车间的墙壁、操作台、生产加工食品所用的水等进行的微生物学检测。

3. 原辅料的检测

对主料、辅料、添加剂等一切原辅料的微生物学检测。作为食品原料的动植物在生产过程中如果被微生物感染，造成这类食品中存在一定种类和数量的微生物，所以，对动植物原料要进行微生物学检测。

4. 生产用具的检测

对加工工具、生产机械、包装材料、运输车辆等的微生物学检测。

5. 从业人员卫生状况检查

包括食品生产加工人员和食品销售人员的健康和卫生状况检查，这是保证食品安全的重要手段。人体的皮肤、毛发、口腔、消化道、呼吸道均带有大量的微生物，这些微生物可以通过与食品直接接触造成食品被微生物污染，也可通过呼吸道或消化道排出体外污染食品；这些人员的衣、帽、手套、鞋等如果不清洁，也会对食品造成污染；这些人员患有某种疾病，身体携带的病原菌会污染食品。因此，食品生产加工人员和食品销售人员必须保证身体健康、清洁卫生。

二、食品微生物检测的指标

食品在生产、储藏、运输、销售至食用前的各个环节中，被微生物污染是不可避免的。人们若食用了不卫生的食品，常常会发生食物中毒，为了保障食品安全和人们身体健康，卫生部颁布了食品微生物检测指标，即细菌总数、大肠菌群和致病菌三项，根据食品卫生的要求，从微生物学的角度，对各种食品提出了具体的指标要求。

1．细菌总数

指食品检样经过处理，在一定条件下（如培养基、培养温度和培养时间等）培养后，所得每克（毫升）检样中形成的细菌菌落总数。它反映了食品的新鲜程度、被细菌污染的程度，是判断食品卫生质量的重要依据之一。

目前，我国食品卫生标准中规定的细菌总数实际上是指细菌菌落总数，它能比较客观地反映食品中污染的存活的细菌总数。

细菌总数的测定采用国际标准规定的平板计数法，在一定条件下培养所得结果，只包括一群在平板计数琼脂上生长发育的嗜中温性需氧或兼性厌氧的细菌菌落总数。所以厌氧或微需氧菌、有特殊营养要求的以及非嗜中温的细菌，由于在此条件不能满足其生理需求，故难以生长繁殖，因此菌落总数并不表示实际所有细菌总数，菌落总数并不能区分其中细菌的种类，所以有时被称为杂菌数、需氧菌数等。

2．大肠菌群

指一群在 36℃条件下培养 24 ～ 48h 能发酵乳糖、产酸产气、需氧和兼性厌氧的革兰氏阴性无芽孢杆菌。包括大肠埃希氏菌属、柠檬酸杆菌属、肠杆菌属（又叫产气杆菌属，包括阴沟肠杆菌和产气肠杆菌）、克雷伯氏菌属中的一部分和沙门氏菌属的第Ⅲ亚属的细菌，其中以埃希氏菌属细菌为主。

大肠菌群普遍存在于人和温血动物的肠道内，随粪便排出体外。曾有人研究了人和禽畜的 104 份粪便，结果是大肠菌群的检出率几乎达 100%。成人粪便中大肠菌群的含量为 10^8 ～ 10^9 个 /g。也曾有人对 6 677 份检出有大肠菌群的食品检样进行研究，发现几乎无一例不是来自粪便。可见，食品中检测出大肠菌群，表明食品曾受到人和温血动物粪便的污染。因此，大肠菌群可以作为粪便污染食品的指标菌，如果食品中大肠菌群数越多，说明食品受粪便污染的程度越大，故以大肠菌群作为粪便污染食品的卫生指标来评价食品的卫生质量，具有广泛的卫生学意义。

大肠菌群的生化特性分类见表1。

表1 大肠菌群生化特性分类

菌名 \ 生化特性	靛基质	甲基红	VP	柠檬酸	H_2S	明胶	动力	44.5℃乳糖
大肠埃希氏菌Ⅰ	+	+	－	－	－	－	+/－	+
大肠埃希氏菌Ⅱ		+	－	－	－	－	+/－	－
大肠埃希氏菌Ⅲ	+	+	－	－	－	－	+/－	－
费劳地柠檬酸杆菌Ⅰ	－	+	－	+	+/－	－	+/－	－
费劳地柠檬酸杆菌Ⅱ	+	+	－	+	+/－	－	+/－	－
产气克雷伯氏菌Ⅰ	－	－	+	－	－	－	－	－
产气克雷伯氏菌Ⅱ	+	－	+	+	－	－	－	－
阴沟肠杆菌	+	－	+	+	－	－	+/－	－

注：+表示阳性反应；－表示阴性反应；+/－表示多数阳性反应少数阴性反应。

大肠菌群中大肠埃希氏菌Ⅰ型和Ⅲ型通常称为典型大肠杆菌，其他类型则称为非典型大肠杆菌。

3．致病菌

指能够引起人和动植物疾病的微生物，如肠道致病菌、致病性球菌等。食品中不允许有致病菌存在，这是食品卫生质量指标中必不可少的标准之一。

三、食品微生物检测的意义

（一）食品中细菌总数检测的意义

（1）作为食品被细菌污染程度的标志，即食品清洁状态的标志。它反映了食品本身的新鲜程度，食品生产、贮存、运输、销售过程中是否符合卫生要求。

通过观察细菌在食品中繁殖的动态，为被检样品进行卫生学评价时提供依据。细菌总数的多少在一定程度上标志着食品卫生质量的优劣。

新鲜的食品原料，一般情况下其内部组织是没有细菌的，但如果原料不新鲜，原料在加工、贮藏、运输、销售各个环节都可能污染较多的细菌，尤其是不注意各个环节的清洁卫生，污染细菌的机会更大。

（2）用来预测食品耐存放的程度或期限，即将食品中的细菌数作为评定食品腐败变质（或新鲜度）的指标。

食品中污染细菌数量的多少，对食品卫生质量的影响比较大。根据有关资料报道，在0℃条件下，牛肉的细菌总数为1×10^2个/cm^2时，能保存18天，而细菌总数为1×10^5个/cm^2时，只能保存7天。在0℃条件下，鲜鱼表面细菌总数为1×10^3个/cm^2时，能保存12天，而细菌总数为1×10^5个/cm^2时，只能保存6天。还有人认为，当食品中细菌数量达到1×10^6～1×10^7个/g时，可引起食物中毒。

（3）食品中污染细菌数量的多少，与污染某些致病菌有一定的关系。

从食品卫生观点来看，食品中污染细菌的数量越多，污染致病菌的可能性就越大。根据有关资料报道，蛋制品中细菌数越多，污染沙门氏菌的可能性越大；猪肉平均每克污染细菌数越多，沙门氏菌污染率越高，详见表2。

表2　猪肉平均每克污染细菌数与沙门氏菌污染率的关系

猪肉污染细菌数/（个/g）	5×10^3～5×10^4	1×10^4～2×10^4	2×10^4～5×10^4	5×10^4～5×10^6
沙门氏菌污染率/%	11.7	19.14	25	>57.4

（二）食品中大肠菌群检测的意义

1．作为粪便污染食品的指标菌

大肠菌群能作为食品被粪便污染的指标菌，是因为大肠菌群具有如下特点：

（1）大肠菌群在人和温血动物的肠道中存在的数量多，容易检出，即使被高度稀释后，也能检出大肠菌群。如果每千克食品污染0.001mg粪便，就能检出大肠菌群。

（2）大肠菌群的来源有特异性。大肠菌群仅来自人和温血动物的肠道。

（3）在肠道以外的环境中有较强的抵抗力，故能存活一定时间。

（4）检测方法简便，容易检测和计数。

大肠菌群无论在粪便内还是在外界环境中，都作为一个整体而存在，它的菌型组成往往是多种的，只是在比例上常因条件不同而有变化。正常人类粪便以典型的大肠杆菌为主，而腹泻患者粪便大肠菌群其他型别明显增加。随粪便排出到外界环境中的大肠菌群，初期以典型的大肠杆菌占优势，因条件的改变，并随放置时间的延长（放置两周后），典型大肠杆菌的生化性状发生变异，而转变为非典型的大肠杆菌。所以，食品中检测出的大肠菌群，如果典型的大肠杆菌占优势，说明该食品受到新鲜粪便的污染；如果是非典型的大肠杆菌占优势，说明食品受到陈旧粪便的污染。由此可见，不能单一地以大肠杆菌作为粪便污染食品的指标菌，而应以大肠菌群作为食品被粪便污染的指标菌。

大肠菌群作为粪便污染食品的指标菌也有一些不足之处：

（1）饮用水中含有少量大肠菌群时，有时仍能引起肠道传染病的流行。

（2）在一定条件下，大肠菌群能在水中生长繁殖。

（3）在外界环境中，有的沙门氏菌比大肠菌群更有耐受力。

有的学者研究表明：由于大肠菌群为嗜中温型微生物，在 5℃以下就不能生长繁殖，所以，在冷冻食品中比其他多种病原菌容易死亡，因此，冷冻食品不宜用大肠菌群作为粪便污染食品的指示菌。而肠球菌对低温抵抗力强，以此类菌作为冷冻食品被粪便污染的指示菌比较适宜，同时，肠球菌在粪便中存活期比病原菌要短一些，故其还可作为近期粪便污染食品的指示菌。

2．作为肠道致病菌污染食品的指标菌

把大肠菌群作为肠道致病菌污染食品的指标菌的原因是：

（1）沙门氏菌、志贺氏菌等常见肠道致病菌与大肠菌群来源相同，而且大肠菌群在粪便中存在的数量较多。

（2）在一般条件下，在外界环境中大肠菌群存活的时间与主要肠道致病菌一致。

（3）与肠道致病菌的检验方法相比，大肠菌群的检验计数更简便易行。

所以，如果有大肠菌群存在，也可能同时有肠道致病菌存在。例如，带沙门氏菌的鸡、鸭、猪、牛等禽畜，其肉制品中大肠菌群的检出率与沙门氏菌检出率往往呈正相关。

当然，如果食品中检出大肠菌群，只能说明有肠道致病菌存在的可能。例如，家兔很少患沙门氏菌病，带沙门氏菌也少，其加工出来的兔肉，大肠菌群检出率即使很高，但沙门氏菌检出率并不很高，甚至有时完全检不出沙门氏菌。因此，虽然大肠菌群与肠道致病菌检出率往往一致，但在不同的食品和不同的条件下，二者的检出率会有差别。

大肠菌群作为粪便污染食品的指标菌已被列入食品安全国家标准食品微生物学检验项目，如果食品中大肠菌群超过国家规定的限量，表明该食品可能被粪便污染；如果此粪便来自腹泻患者，则表明该食品可能有肠道致病菌污染。

（三）食品中致病菌检测的意义

（1）从食品卫生角度讲，食品中不允许有致病菌存在，这是一项非常重要的卫生质量指标。

在实际中，无法将所有的致病菌逐一进行检测，其原因一是致病菌的种类很多，特性不一。二是食品中污染的致病菌数量较少，不容易检测出来；随致病菌同时污染的非致病菌所占的比例比致病菌大得多，在培养时又比致病菌繁殖快，从而阻碍了致病菌的生长。三是对某些致病菌（如病毒）的检测手段有一定的局限性，需要复杂的设备和条件，一般实验室很难进行这类检测工作。四是检测食品中致病菌的方法存在一定的局限性，不可能借一种或少数几种检测方法就能将多种致病菌全部检测出来，故致病菌一般不能作为常规检测项目。因此，在实际检测工作中，一般根据不同食品的特点，根据致病菌可能污染的情况，选择有代表性的致病菌作为检测的重点，以此来判断食品中是否存在致病菌，如表3所示。

表3 检测食品中有代表性的致病菌

检测食品	有代表性的致病菌
蛋及蛋制品	沙门氏菌、金黄色葡萄球菌、变形杆菌
酸牛乳	肠道致病菌、致病性球菌
海产品	副溶血性弧菌
米、面类食品	蜡样芽孢杆菌、变形杆菌、霉菌
酱油	沙门氏菌、志贺氏菌、金黄色葡萄球菌
食醋	沙门氏菌、志贺氏菌、金黄色葡萄球菌
发酵酒	沙门氏菌、志贺氏菌、金黄色葡萄球菌
含乳饮料	沙门氏菌、志贺氏菌、金黄色葡萄球菌
冷饮食品	沙门氏菌、志贺氏菌、金黄色葡萄球菌
肉灌肠类	沙门氏菌、志贺氏菌、金黄色葡萄球菌
肉类罐头食品	肉毒梭状芽孢杆菌

与人类健康有直接关系的病毒，如肝炎病毒、猪瘟病毒、口蹄疫病毒、鸡新城疫病毒、狂犬病毒、马立克病毒、猪水疱病毒等，在一定场合下也是食品微生物检测的指标。

人们食用了含有致病菌的食品，就会发生食物中毒，给人的身体健康造成极大的危害，甚至危及生命。所以，国家制定了严格的食品卫生法律法规，食品卫生标准规定任何食品均不得含有致病菌，并且，中华人民共和国卫生部发布了食品安全国家标准食品微生物学检验项目，规定了部分病原菌检测的方法，为人们能够食用安全卫生的食品提供可靠的依据。

（2）加强对食品中致病菌的监控和检测，防止食品中污染的致病菌传播而引起人畜传染病的流行。

（3）防止致病菌通过食品途径传染给家禽家畜。

【项目小结】

食品微生物检测的范围是食品、生产环境、原辅料、生产用具的检测以及从业人员的检查，食品微生物检测指标有细菌总数、大肠菌群和致病菌三项。细菌总数是指食品检样经过处理，在一定条件下培养后，所得每克（毫升）检样中形成的细菌菌落总数。细菌总数作为食品被细菌污染程度的标志，它反映了食品的新鲜度，可以预测食品耐存放的程度或期限，食品中污染细菌的数量越多，污染致病菌的可能性就越大。大肠菌群是指一群在 36℃条件下培养 24 ～ 48h 能发酵乳糖、产酸产气、需氧和兼性厌氧的革兰氏阴性无芽孢杆菌。以大肠菌群作为粪便污染食品的指标菌。食品中不允许有致病菌存在。在实际检测工作中，一般根据不同食品的特点，根据致病菌可能污染的情况，选择有代表性的致病菌作为检测的重点，以此来判断食品中是否存在致病菌。

【案例导入】

2013 年 3 月底，在上海和安徽两地率先发现人感染 H7N9 禽流感病例。H7N9 型禽流感病毒是全球首次发现的新亚型流感病毒，尚未纳入我国法定报告传染病监测报告系统，尚未有疫苗推出。2013 年 4 月经调查，H7N9 禽流感病毒基因来自于东亚地区野鸟和中国上海、浙江、江苏鸡群的基因重配。发病症状一般表现为流感样症状，如发热、咳嗽、少痰，可伴有头痛、肌肉酸痛和全身不适。重症患者表现为重症肺炎，体温大多持续在 39℃以上，呼吸困难，可伴有咳血痰等。截至 2013 年 4 月 13 日，全国确诊人感染 H7N9 禽流感病例增至 43 例，11 人死亡。

【项目训练题】

一、名词解释

1．细菌总数　　2．大肠菌群

二、填空

1．食品微生物检测的范围有（　）、（　）、（　）、（　）、（　）。

2．食品微生物检测的指标有（　）、（　）、（　）。

三、判断

1．细菌总数包括存活的细菌和死亡的细菌。（　）

2．细菌总数可以区分出细菌的种类。（　）

3．大肠菌群普遍存在于人和温血动物的肠道内。（　）

4．食品中大肠菌群数越多，说明食品受粪便污染的程度越大。（　）

四、简答题

1. 食品中细菌总数检测的意义是什么？
2. 食品中大肠菌群检测的意义是什么？
3. 食品中致病菌检测的意义是什么？

项目一　食品的微生物检测基础知识

【知识目标】

1. 理解食品微生物污染的来源，掌握控制微生物污染食品的措施。
2. 理解微生物引起的食品腐败变质。
3. 掌握食品微生物检测的基础技术。
4. 掌握食品微生物检测总则。

【技能目标】

1. 能采取有效的措施控制食品的微生物污染。
2. 能正确应用食品微生物检测常用仪器、玻璃器皿、染料、试剂和培养基。
3. 能正确进行微生物的制片、识别与鉴定、消毒与灭菌、分离与计数。
4. 能进行常见食品样品及食品生产环境样品的采集与处理。

任务一　食品的微生物污染及其控制

食品从原料、生产、加工、运输、储藏、销售、烹饪、食用等各个环节，由于某种原因导致微生物通过多种途径侵入食品，造成对食品的污染，称为食品的微生物污染。食品中污染有微生物，是造成食品腐败变质的重要原因，所以，研究食品的微生物污染源及污染途径，以便采取有效措施控制微生物对食品的污染，为人们提供健康卫生的食品具有重要的意义。

一、 食品的微生物污染来源

食品的微生物污染来源主要来自环境。微生物广泛分布在自然界，在不同的环境中存在着不同种类和数量的微生物；食品从原料、生产、加工、储藏、运输、销售、烹饪、食用等各个环节中，不可避免地与环境发生各种方式的接触，如果卫生状况不好，微生物就会以各种方式侵入食品，造成食品的微生物污染。食品的微生物污染来源可分为内源性污染和外源性污染两大方面。

（一）内源性污染

作为食品原料的动植物体在其生活过程中，由于本身带有微生物从而污染食品的方式称为内源性污染，是第一次污染食品。

作为食品原料的动物在生活过程中，可能被非致病性微生物、条件致病性微生物和致病性微生物污染。在正常情况下，非致病性微生物和条件致病性微生物寄生在动物体的某些部位（如消化道、呼吸道、肠道等），在动物被屠宰前，如果动物体由于某种原因使机体抵抗力下降，这些微生物就会趁机侵入到动物体的组织器官内，在动物被屠宰后，这些微生物就自然存在于肉品里，造成肉品的微生物污染。动物在生活过程中，如果被致病性微生物（如结核杆菌、炭疽杆菌、沙门氏菌、布氏杆菌、口蹄疫病毒、禽流感病毒等）感染，在动物的某些组织器官中就存在着相应的致病性微生物，这样的动物被屠宰后，其肉品中就含有致病性微生物。因此，国家规定动物屠宰前必须进行检疫，以保证人们食用健康卫生的肉品。

作为食品原料的植物在生长期内，由于与自然界广泛接触，使植物体表存在大量的微生物，所以收获后的粮食就含有其原来生活环境中的微生物。健康的植物组织内部应该是无菌的或仅有少量菌，但在植物生长发育过程中，微生物会通过植物的根、茎、叶、花、果实侵入到植物内部，使植物带菌。

（二）外源性污染

外源性污染主要指来自环境的污染，污染的来源可分为水、空气、土壤、人、动物、食品生产加工的机械和设备、包装材料等方面，是第二次污染。

1．水

水中微生物是食品的主要污染源之一。自然界中的水域，如江水、河水、湖水、海水、泉水、深井水中都生存着相应的微生物。不同水域中有机物和无机物的种类和含量、温度、pH 值、含氧量、含盐量、光照度等不同，使不同水域中的微生物种类和数量有明显差异。水中的微生物数量主要取决于水中有机质的含量，有机质含量越高，水中的微生物数量就越多。

地表水除了含有自然水系微生物外，还会受到周围环境的影响，例如生活区污水、医院废水、工业废水，以及厕所、动物圈舍等的污染，都会使地表水中微生物数量增加。

2．空气

空气不是微生物生长繁殖的场所，但空气中确实存在一定数量的微生物，这些微生物随风漂浮在大气中或附着在飞扬的尘埃或水滴上。所以，近地面的空气污染微生物严重，微生物数量多，高空中微生物数量少；空气中尘埃或液滴越多，微生物的数量越多；空气污染越严重，微生物的数量越多。例如公共场所、街道、畜舍、屠宰场及通气不良处的空气中微生物数量较多；高山、海洋、森林、乡村等空气清新的地方微生物数量较少。空气中的微生物可来自土壤和水，也可来自人和动植物的体表脱落物及呼吸道、消化道。

3．土壤

土壤中含有微生物所需要的一切营养物质和生长繁殖的各种适宜条件，所以，土壤是微生物良好的天然培养基，土壤中微生物数量最多。

土壤中微生物的种类最多，其中细菌最多，作为食品的污染源其危害性也最大，其次是放线菌、真菌、藻类、原生动物，这些微生物主要存在于土壤的表层。不同类型土壤中微生物的种类和数量差异很大，例如肥沃的土壤中微生物的种类和数量较多，果园土壤中酵母菌数量较多，偏酸性土壤中霉菌和酵母菌较多。

4．人及动物体

人和动物体的微生物主要分布在体表及与外界相通的体腔，例如皮肤、口腔、呼吸道、消化道、泌尿生殖道等部位，在正常情况下，这些微生物对人及动物体是无害的，有些还是有益的或是不可缺少的，它们称为正常菌群。

人和动物的皮肤由于与空气接触，或与土壤、动物排泄物等接触，而含有很多微生物，如果未经清洗消毒的人的皮肤、动物的皮毛接触食品，就会造成食品的微生物污染。人患病而带有的致病菌，可通过呼吸道、消化道等排出体外污染食品。

5．机械及设备

食品生产加工的机械设备本身没有微生物生长繁殖所需的营养物质，但在食品生产加工过程中，食品的残渣、汁液等黏附在其内表面（尤其是机械设备的“死角”处），由于清洗不彻底，残渣、汁液等残留在机械设备内而成为微生物的营养基质，当再次生产加工食品时，造成食品的微生物污染。

6．包装材料

由于包装材料与外界环境有很多接触的机会，会携带很多微生物，所以包装材料在使用之前必须消毒或灭菌，如果消毒或灭菌不彻底，就会造成食品的微生物污染。循环使用的包装材料所携带的微生物数量多，一次性包装材料携带的微生物数量少。

二、食品的微生物污染途径

食品在生产、加工、运输、贮藏、销售、烹饪及人们食用过程中，可通过水、空气、人、动物、机械设备、用具等途径污染食品。

1．水

通过水污染是微生物污染食品的主要途径。在食品生产加工过程中，水既可以作为原料或配料，又可用于清洗、漂烫、煮制、冷却、冰冻等，如果使用不符合国家标准的水，甚至使用不清洁的水，就会通过水而污染食品，造成食品的微生物污染。例如食品生产加工用水如果被生活污水、医院污水或厕所粪便污染，水中微生物数量骤增，用这种水生产加工食品会造成严重的微生物污染，因此食品生产加工用水必须符合国家饮用水标准。

用水方法不当，也可以通过水污染食品。例如在禽畜屠宰场，在宰杀、除毛、取内脏等工序用水过程中，禽畜的皮、毛、肠中的微生物进入水中，引起禽体或畜体之间的相互污染，造成禽畜体上屠宰后所带的微生物比屠宰前还多，同时，屠宰禽畜用的水排出后又会造成不洁净水的扩大污染。

自来水是将天然水经净化和消毒达到国家卫生标准后供人们饮用的水，用于食品生产加工是安全的，但为了避免因自来水管道破损等原因造成自来水污染微生物，在使用之前也必须作水质检测，以确保食品安全。

2．空气

漂浮在大气中的微生物或附着有微生物的尘埃或水滴，随风飞扬或沉降，将微生物附着在食品上。人的痰沫、鼻涕及唾液的小水滴（含有微生物），通过咳嗽、打喷嚏、讲话等方式直接或间接地污染食品。所以食品暴露在空气中不可避免地被微生物污染，而且，食品在空气中暴露时间越长，污染越严重。

3．人

从事食品生产、加工、运输、销售、烹饪的人员，甚至人在食用食品的过程中，由于人的身体、衣帽不经常清洗，不保持清洁，就会有大量的微生物附着其上，通过人的皮肤、头发、衣帽与食品接触，造成食品的微生物污染。例如人的指甲不经常修剪、脱落的头发、衣服上的灰尘、去厕所不更换工作服、患有疾病的工作人员等都会造成食品污染微生物。

4．动物

食品在生产、加工、运输、贮藏、销售过程中，如果被犬、猫、鼠、蚊、蝇、蟑螂等动物直接或间接地接触，造成食品的微生物污染。这些动物经常出入垃圾堆、厕所、污染物处，如果它们接触食品，很容易使食品污染致病菌。试验证明，每只苍蝇带有数百万个细菌，80% 苍蝇的肠道中带有痢疾杆菌，鼠类粪便中带有沙门氏菌、钩端螺旋体等病原菌。

5．用具

食品在生产、加工、运输、贮藏过程中所使用的机械设备、包装材料或容器、运输工具、仓库等，如果未经消毒或灭菌或清洗干净就会带有一定数量的微生物，进而污染食品。尤其是使用过的用具，如果不经消毒或灭菌或清洗干净而连续使用，用具中残留的食品导致微生物繁殖而污染后续的食品。使用不加高热的用具越多，食品污染微生物的机会就越多。

三、控制微生物污染食品的措施

控制食品的微生物污染要从食品的生产、加工、运输、贮藏、销售、食用各个环节，以切断微生物的污染源入手，采取综合措施，达到有效地控制食品的微生物污染。

（一）搞好废弃物的无害化处理，加强环境卫生管理

人类生活的废弃物如粪便、污水、垃圾中，含有大量的微生物-（包括致病菌）、寄生虫卵、对人体有害的物质，如果这些废弃物污染环境，就会通过土壤、水、空气、人及动物等污染食品，因此，搞好废弃物的无害化处理，加强环境卫生管理，对切断食品的微生物污染源具有重要意义。

1．粪便的无害化处理

人畜粪便中含有大量的大肠杆菌，如果粪便污染食品，就会使食品的卫生质量受到严重的影响。所以，粪便必须合理收集并进行无害化处理，其处理方法有很多，常用的方法有：

（1）粪尿混合贮存法

即粪尿混合发酵法，就是将人畜粪尿放在密闭的贮粪池内，进行厌氧发酵。由厌氧菌分解含氮有机物产生大量氨，游离氨能随水分透入寄生虫的卵壳杀死虫卵，厌氧环境也促使致病菌死亡，腐化后的粪便又是良好的有机肥料。因此，人畜粪尿经过混合发酵，不仅减少了臭气外溢，同时杀死虫卵和致病菌，防止病菌传播，又可减少苍蝇与粪便接触，杀死蝇蛆，防止蝇蛆在粪便上孳生繁殖，还可获得良好的有机肥料。

（2）堆肥法

以各种植物残体（作物秸秆、杂草、树叶、泥炭、垃圾以及其他废弃物等）为主要原料，加入一定量的人畜粪尿和少量泥土，混合堆制，经微生物分解而成的有机肥料。堆肥就是将废弃物稳定化的一种形式。

堆肥的温度可达60℃以上，保持这种温度可以杀死病原菌、虫卵和杂草种子。合理堆肥后的残渣是良好的有机肥料，堆肥后臭味大大降低。

（3）沼气发酵法

将人畜粪便、垃圾、杂草、污水等放在密闭的发酵池内，在一定的温度和适宜的

pH 值条件下，由厌氧性微生物作用分解有机物，主要产生大量的甲烷气体（沼气）。经过沼气发酵，可以防止粪便污染环境，获得大量沼气作为能源，同时使病原菌死亡，寄生虫卵减少 95% 以上，沼气残渣又是良好的有机肥料。

（4）药物处理法

将石灰或尿素等药物加入粪便中，起到杀蛆、杀病原菌的作用，同时药物本身又是很好的氮肥。

2．污水的无害化处理

污水处理是将污水达到排水某一水体或再次使用的水质要求，并对其进行净化的过程。由于污水的来源不同，污水中的污染物有很大差别。如果污水富含有机物，将为微生物的生长繁殖创造有利条件，某些微生物（包括病原菌）将会在其中迅速生长繁殖，成为食品微生物的重要污染源。污水包括生活污水、工业废水和雨雪水。污水的无害化处理，可根据污物的种类及其来源不同，采取不同的处理方法。

生活污水采用下水道系统处理法。让污水流入密闭的下水管道，最后汇集到集中池，通过污水净化设备进行处理，在污水去除大的悬浮物后，再进行生物学的净化，即借助微生物和其他低等生物的生理活动，使有机物分解和杀死病原菌。

工业废水由于生产性质不同，其成分复杂，常含有毒物质，并且有很高的酸碱度。工业废水的处理可根据污物成分，采用物理方法（浓缩、过滤等）、化学方法（中和、凝集、沉淀等）和生物学方法，其中生物学方法处理工业废水效果较好，比较经济，还可回收有用气体和其他物质以供综合利用。生物学方法就是利用污水中的微生物将污水中的复杂有机物分解，成为可被微生物利用的简单物质，促使微生物大量繁殖。大量微生物和一些原生动物及其他部分生物构成生物群体，生物群体及它们所依附的有机物质和无机物质总称为活性污泥，活性污泥具有吸附能力，能将未被分解的颗粒状物质吸附沉淀下来，最后使污水得到净化。

3．垃圾的无害化处理

垃圾是指固体废物的总称，按来源分为生活垃圾和工业垃圾，按组成成分分为有机垃圾和无机垃圾。

生活有机垃圾，如瓜皮、果壳、菜叶、动物尸体等，属于动植物性的污物，它们容易腐败，有大量的微生物存在，还有较高的肥效成分。所以，生活有机垃圾通常采用堆肥法处理，主要利用多种微生物的作用，将生活有机垃圾进行矿质化、腐殖化和无害化，既杀死垃圾中的病原菌、虫卵和杂草种子，又获得优质有机肥料。无机垃圾（碎砖、破瓦等）在卫生学上危害不大，肥分也少，不需要无害化，可另作处理。

工业垃圾包括废气和废渣，按成分又可分为无机和有机的工业垃圾，甚至有的工业垃圾含有对人体有害的成分，所以，工业垃圾必须收集和管理，可根据不同的性质进行无害化处理和回收利用。

（二）加强食品生产的卫生管理

食品生产加工只有在良好的卫生环境中进行，选择良好无菌的原辅料，使用清洁卫生的水、机械设备、用具、运输工具、仓库，由健康卫生的工作人员操作，才能避免微生物污染食品。

1. 加强食品生产环境的管理

（1）设置防护带，隔离污染源

为了避免废弃物、粪便、污水、垃圾等污染食品，应该按照国家设计的卫生标准，设置防护带，隔离污染源。应该将食品生产加工产生的废弃物、污水、垃圾等及时清理出去，而且厂区周边的污水、垃圾也要清理干净，以保证食品生产区内外的清洁卫生。生产厂房与办公用房、生活用房要分开设置，食品仓库、冷藏库、屠宰场等特殊房舍要单独设置，厂区及其周围空地，要做好绿化，以清洁空气。

（2）清洁车间，及时消毒

食品生产加工车间的空气要保持清洁状态。为了防止来自外界空气微生物的污染，可采取空气洁净技术，将空气中的微生物阻挡在食品生产加工车间以外。

食品生活加工车间的门窗设置防蚊蝇装置，车间的地面、墙壁、门窗及下水道要及时清洗和消毒，所用机械设备、用具等要彻底清洗并消毒，车间内不允许堆放杂物，总之，车间内的任何部位都要保持清洁卫生，以保证食品生产加工的卫生安全。

2. 加强食品生产过程的管理

食品生产加工各个环节的卫生管理，直接关系到食品的卫生安全，所以，食品生产加工要严格执行各项卫生管理制度，要高度重视。

（1）工作人员的卫生管理

首先要保证从事食品生产加工人员的身体健康，无任何传染性疾病，必须持有健康证才能上岗。工作人员要穿戴工作衣帽、口罩和鞋套，要勤洗手、洗澡、理发、剪指甲，不能化妆。工作人员出入车间要更换服装，经过消毒间进行消毒，使用专用消毒液洗手等，保持工作人员卫生良好。

（2）严格执行操作规程

食品生产加工过程中，要求严格按照操作规程进行，例如要明确生产加工的先后顺序，尽量缩短生产时间，避免反向流动导致微生物的污染；消毒、灭菌一定要彻底，严格控制好杀菌的温度和时间，以保证杀菌的效果；将成品与半成品分开，生的食品与熟的食品分开，荤的食品与素的食品分开，以防止交叉污染。使用过的机械设备、用具等及时清洗消毒。

（3）原料及辅料的卫生质量

食品生产加工用的原料及辅料要符合卫生质量要求。例如，一定选用健康无病的动植物性原料，不使用腐烂变质的原料，严格按照国家规定的要求处理原料和辅料；使用前要认真挑选并彻底清洗；盛装的容器应彻底清洗消毒；如果不能及时处理的原料和辅料要采用冷藏或冷冻等方法加以贮藏，避免微生物大量繁殖。

（4）水的卫生质量

食品生产加工用水必须符合国家饮用水的卫生标准，为确保用水安全，必须定期检测水的卫生质量。尤其是使用天然水源生产加工食品，因为天然水源受各种不良环境污染的概率大，所以使用前必须经过净化和消毒处理，同时要进行水质检测。

（5）贮藏、运输的卫生管理

食品的贮藏和运输过程都要防止微生物污染，并且控制微生物的大量生长繁殖。采用合理的贮藏方法和贮藏条件，保持贮藏环境符合卫生标准。运输食品的车辆应做到专车专用，要求有防尘防蚊蝇装置，运输车辆和用具经常清洗消毒。

（6）做好污染测报

食品生产加工过程中，原料、辅料、水、空气，以及生产加工的各个环节，都要有专人负责微生物的检验，避免微生物的大量繁殖导致半成品或成品的质量不合格。

任务二　食品的腐败变质

食品的腐败变质是指食品受各种内外因素的影响，使其降低或失去食用价值和商品价值的一切变化，例如蔬菜水果的腐烂，粮食的霉变，油脂的酸败，鱼、肉、蛋、禽的腐臭等。

一、引起食品腐败变质的因素

引起食品腐败变质的因素很多，有物理因素、化学因素和生物因素，例如微生物污染，昆虫、寄生虫污染，动物或植物食品组织内酶的作用，放射性污染，高温、高压等物理因素，化学反应等，其中由于微生物污染引起食品腐败变质最重要，也最普遍。新鲜食品是微生物的良好培养基，如果环境条件适宜，污染食品的微生物即可迅速生长繁殖，促使食品中营养成分迅速分解。所以，微生物、食品的基质条件、环境条件三者互为条件、相互影响，三者综合作用才能造成食品的腐败变质。

（一）引起食品腐败变质的微生物

如果食品经过彻底灭菌或过滤除菌，就可以长期贮藏而不会发生腐败变质。但是，如果食品污染一定数量的微生物，一旦环境条件适宜，微生物就会利用食品中的营养迅速生长繁殖，造成食品的腐败变质，可见，微生物在食品发生腐败变质过程中起着重要作用。因此，微生物的污染是导致食品发生腐败变质的根源。能引起食品发生腐败变质的微生物种类很多，主要有细菌、酵母菌和霉菌。

1. 分解蛋白质类食品的微生物

分解蛋白质而使食品变质的微生物主要是细菌，其次是霉菌和酵母菌，它们多数是通过分泌胞外蛋白酶来完成的。

大部分细菌都有分解蛋白质的能力，但是能分泌胞外蛋白酶的细菌分解蛋白质的能力较强，如芽孢杆菌属、梭状芽孢杆菌属、假单胞菌属、链球菌属等细菌，即使无糖存在，它们也能在以蛋白质为主要成分的食品上生长良好。例如芽孢杆菌属的细菌，常以芽孢状态存在，对热抵抗力强，水解蛋白质和淀粉能力很强，主要附着在加热处理过的食品上，造成该食品腐败变质，常见的有枯草芽孢杆菌、马铃薯芽孢杆菌、巨大芽孢杆菌、蕈状芽孢杆菌等，如米饭的腐败、面包发黏，几乎都是该类菌属的细菌引起的。

分解蛋白质能力较弱的细菌，如小球菌属、葡萄球菌属、八叠球菌属、黄杆菌属、无色杆菌属、产碱杆菌属、埃希氏杆菌属、赛氏杆菌属、肠细菌属等细菌。肉毒梭状芽孢杆菌分解蛋白质能力很弱，但该菌为厌氧菌，可引起罐头食品的腐败变质。

按照食品的种类不同，引起鱼、贝类变质的主要是水中的球菌、假单孢菌、黄色杆菌、无色杆菌和赛氏杆菌；引起肉类变质的主要是土壤中的好气性细菌和厌气性芽孢杆菌、变形杆菌等；引起面制品变质的主要是芽孢杆菌；引起经过加热处理后的食品变质的主要是空气中的好气性芽孢杆菌、球菌等。

许多霉菌都具有分解蛋白质的能力，霉菌比细菌更能利用天然蛋白质，常见的霉菌有：青霉属、毛霉属、曲霉属、木霉属、根霉属等。

大多数酵母菌对蛋白质的分解能力极弱，如啤酒酵母属、假丝酵母属、毕赤氏酵母属、汉逊氏酵母属、球拟酵母属等能使凝固的蛋白质缓慢分解。

2. 分解碳水化合物类食品的微生物

分解碳水化合物而使食品腐败变质的微生物主要是酵母菌，其次是霉菌和细菌。

大部分酵母菌都有分解糖类、纤维素和果胶质的能力，但是绝大多数酵母菌不能分解淀粉。常见的分解碳水化合物的酵母菌有：酵母属、接合酵母属、圆酵母属。少数酵母如拟内胞霉属的酵母菌能分解多糖，极少数酵母如脆壁酵母能分解果胶质，大多数酵母有利用有机酸的能力。

酵母属的酵母菌能分解各种糖类，而且大多数是有益菌。圆酵母属的酵母菌与乳制品、酒类的腐败有密切关系。接合酵母属的酵母菌对食盐抵抗力强，容易在酱油表面形成白膜，该菌是酱油变质的原因菌。

大多数霉菌都有分解简单碳水化合物的能力，如曲霉属、根霉属、青霉属、毛霉属等霉菌。几乎全部霉菌都有分解淀粉的能力，但是能够分解纤维素和果胶质的霉菌不多。能分解纤维素的霉菌有：青霉属、曲霉属、木霉属等中的几个种，其中绿色木霉、里氏木霉、康氏木霉的霉菌分解纤维素的能力特别强。能分解果胶质的霉菌主要有：曲霉属、毛霉属、青霉属、镰刀霉属、蜡叶芽枝霉的许多种。曲霉属、毛霉属、镰刀霉属等还具有分解某些简单有机酸和醇类的能力。

能分解碳水化合物的细菌种类很少，主要是芽孢杆菌属、梭状芽孢杆菌属和八叠球菌属中的某些种。例如枯草杆菌、巨大芽孢杆菌、马铃薯芽孢杆菌、蜡样芽孢杆菌、淀粉梭状芽孢杆菌等，它们是引起米饭发酵、面包黏液化的主要菌。大多数细菌都具有分解某些糖的能力，特别是利用单糖的能力极其普遍。芽孢杆菌属的细菌分解淀粉的能力较强。芽孢杆菌属、梭状芽孢杆菌属和八叠球菌属的一些种分解纤维素和半纤维素的能力较强。芽孢杆菌属、梭状芽孢杆菌属和欧氏植病杆菌属中的某些种分解果胶质的能力较强，造成果蔬腐败变质。有些细菌能利用有机酸或醇类。

按照食品的种类不同，引起高糖类食品变质的主要是酵母属、圆酵母属等酵母菌；引起面制品变质的主要是曲霉属、根霉属、青霉属、毛霉属等真菌；引起果蔬类食品变质的主要是芽孢杆菌属细菌。

3. 分解脂肪类食品的微生物

分解脂肪而使食品腐败变质的微生物主要是霉菌，其次是细菌和酵母菌。

大多数霉菌都有分解脂肪的能力，能产生氧化酶和酯酶的霉菌对脂肪有较强的分解能力，如毛霉属、根霉属、曲霉属等，其次，白地霉、芽枝霉等菌属也具有分解脂肪的能力。

对蛋白质分解能力强的需氧性细菌，大多数也能分解脂肪，如假单胞菌属、无色杆菌属、黄色杆菌属、产碱杆菌属和芽孢杆菌属中的许多种，其中荧光假单胞菌对脂肪的分解能力较强。

能分解脂肪的酵母菌不多，主要是白地霉、解脂假丝酵母，特别是解脂假丝酵母对糖类不发酵，但分解脂肪的能力很强。

按照食品的种类不同，引起含水量相对较高的食品（如水果、馒头、面包、糕点）变质的主要是毛霉菌和根霉菌；引起含水量相对较低的食品（如饼干、干制品、肉制品、粮食）变质的主要是青霉菌和曲霉菌。

可见，不同种类微生物分解食品中营养组分的能力不同，了解微生物分解食品组分的特点，有利于确定导致食品腐败变质的微生物种类，从而有针对性地采取有效措施控制食品的变质。

（二）食品的基质条件

微生物能否在食品上生长繁殖，主要取决于食品的营养成分和微生物的营养类型，以及食品的理化性质，也就是说在食品某一理化条件下，微生物能否利用食品中的营养物质（如蛋白质、碳水化合物、脂肪、无机盐和维生素等）。

1．食品的营养成分

食品中的糖类、脂肪、蛋白质、无机盐、维生素和水分等，都是微生物所需要的营养物质，所以食品是微生物的良好培养基。微生物污染食品后就会迅速地生长繁殖，使食品腐败变质。

由于不同食品所含的主要营养成分不同（表 1-1），而且微生物的营养类型不同，分解各种类型营养物质的能力不同，引起不同食品腐败变质的微生物种类不同。例如鱼、肉、蛋品类等富含蛋白质的食品，容易受到对蛋白质分解能力强的变形杆菌、青霉菌等微生物污染而发生腐败变质，通常将食品中的蛋白质被微生物分解产生恶臭味物质的变质现象称为腐败；米饭等含糖类较高的食品，容易受到曲霉属、根霉属、乳酸菌、啤酒酵母等对碳水化合物分解能力强的微生物污染而发生腐败变质，通常将食品中碳水化合物被微生物分解产生酸味物质导致食品降低或失去食用价值和商品价值的变质现象称为发酵；油脂等脂肪含量较高的食品，容易受到黄曲霉和假单胞杆菌等分解脂肪能力强的微生物污染而发生酸败变质，通常将食品中脂肪被微生物分解产生酸味和刺激性“油腻”气味物质的变质现象称为酸败。

表 1-1　常见食品的营养成分

食　品	蛋白质含量 /%	脂肪含量 /%	碳水化合物含量 /%
肉	35 ～ 50	50 ～ 65	少量
乳	29	31	38
蛋	51	46	3
水果	2 ～ 8	0 ～ 3	85 ～ 97
蔬菜	16 ～ 30	0 ～ 5	50 ～ 85
鱼	70 ～ 95	5 ～ 30	少量
禽	50 ～ 70	30 ～ 50	少量

2．食品的 pH

食品的 pH 高低是制约微生物生长、影响食品腐败变质的重要因素之一。各种食品都具有一定的 pH。一般食品的 pH 都在 7.0 以下。根据食品 pH 范围的特点，可将食品分为两大类：酸性食品和非酸性食品。pH 在 4.5 以上者为非酸性食品，如肉类、乳类、蔬菜等；pH 在 4.5 以下者为酸性食品，如水果、乳酸发酵制品等，见表 1-2。

表 1-2　不同食品的 pH

动物食品		蔬菜食品		水 果	
牛肉	5.1 ～ 6.2	卷心菜	5.4 ～ 6.0	苹果	2.9 ～ 3.3
羊肉	5.4 ～ 6.7	芹菜	5.7 ～ 6.0	香蕉	4.5 ～ 5.7
猪肉	5.3 ～ 6.9	洋葱	5.3 ～ 5.8	葡萄	3.4 ～ 4.5
鸡肉	6.2 ～ 6.4	番茄	4.2 ～ 4.3	橘子	3.6 ～ 4.3
鱼肉	6.6 ～ 6.8	萝卜	5.2 ～ 5.5	西瓜	5.2 ～ 5.6
蟹肉	7.0	茄子	4.5	柠檬	1.8 ～ 2.0
小虾肉	6.8 ～ 7.0	莴苣	6.0	柿子	4.6
牛乳	6.5 ～ 6.7	花椰菜	5.6		

各类微生物都有其最适宜的 pH 范围，大多数细菌最适 pH 为 7.0 左右，酵母菌和霉菌适宜的 pH 为 4.5 ～ 6.0，范围较宽，因此非酸性食品适合大多数细菌及酵母菌、霉菌的生长，最适合细菌生长；细菌生长下限一般在 4.5 左右，当 pH 为 4.0 以下时，只有个别耐酸细菌（如乳杆菌属）能生长，所以酸性食品适合酵母菌和霉菌生长。

食品的 pH 也会因微生物的生长繁殖而发生改变，如果微生物生长在含糖和蛋白质的食品中，微生物首先分解糖产酸而使食品的 pH 降低；当糖含量不足时，蛋白质被分解，食品的 pH 又上升。由于微生物的活动，使食品的 pH 发生很大变化，当酸或碱积累到一定量时，反过来又会抑制微生物的生长。

3．食品的水分

水分是微生物生命活动的必要条件，微生物只有在含有营养物质的水溶液中才能进行生长繁殖。不同微生物生长繁殖所需要的水分含量不同，所以食品中水分含量决定了生长的微生物种类。一般来说，含水分较多的食品中细菌容易繁殖；含水分少的食品中霉菌和酵母菌容易繁殖。

食品中的水分有游离水和结合水两种形式，因为一部分水是与蛋白质、碳水化合物及一些可溶性物质（如氨基酸、糖、盐等）结合，称为结合水，这种形式的水对微生物是无用的，食品中的微生物只能利用游离水，所以用重量百分率来表示食品中的水分含量，不能确切地反映食品中能被微生物利用的实际含水量，即微生物在食品中的生长繁殖所需水不是取决于总含水量（%），而是取决于水分活度（A_W，也称水活性），因此，通常使用水分活度来表示食品中能被微生物利用的水。

水分活度（A_W）是指食品在密闭容器内的水蒸气压（P）与纯水蒸气压（P_0）之比，即 $A_W = P/P_0$。纯水的 A_W 值为 1，无水食品的 A_W 值为 0。因此，食品的 A_W 值在 0 ～ 1。不同种类微生物生长繁殖所要求的 A_W 值不同，详见表 1-3 和表 1-4。大多数细菌生长所需的 A_W 值在 0.90 以上，食品的 A_W 值在 0.60 以下，微生物就不能生长，食品的 A_W 值在 0.64 以下，是食品安全保藏的防霉含水量。新鲜的食品（例如鱼、肉、水果、蔬菜等）含有较多的水分，A_W 值一般在 0.98 ～ 0.99，适合大多数微生物的生长繁殖，如果不及时加以处理，食品很容易发生腐败变质。为了防止食品腐败变质，最常用的方法就是降低食品的含水量，使 A_W 值达到 0.70 以下，食品可较长期贮藏。许多研究报道，A_W 值在 0.80 ～ 0.85 的食品，一般只能保存几天；A_W 值在 0.72 左右的食品，可以保存 2 ～ 3 个月，A_W 值在 0.65 以下的食品，可保存 1 ～ 3 年。

表 1-3　食品中主要微生物类群的最低 A_W

微生物类群	最低 A_W 值	微生物类群	最低 A_W 值
多数细菌	0.94 ～ 0.99	嗜盐性细菌	0.75
多数酵母菌	0.88 ～ 0.94	耐渗酵母菌	0.60
多数霉菌	0.73 ～ 0.94	干性霉菌	0.65

表 1-4　部分食品的 A_W 值

食　品	A_W 值	食　品	A_W 值
鲜肉	0.95 ～ 0.99	干面条	0.50
鲜果蔬	0.97 ～ 0.99	奶粉	0.20
果子酱	0.75 ～ 0.85	蛋	0.97
面粉	0.67 ～ 0.87	蜂蜜	0.54 ～ 0.75

4．食品的渗透压

渗透压对微生物的生命活动有一定的影响，微生物在低渗透压溶液中，菌体吸水膨胀，甚至破裂；微生物在高渗透压溶液中，菌体脱水，甚至死亡。由于微生物对低渗透压有一定的抵抗力，所以，微生物在低渗透压的食品中较容易生长，而在高渗透压的食品中常因脱水而死亡。

不同种类微生物对渗透压的耐受能力不同。多数霉菌和少数酵母菌能耐受较高的渗透压，大多数细菌不能在较高渗透压的食品中生长，只有少数细菌能在较高的渗透压中生长，但其耐受力远不如霉菌和酵母菌。例如盐杆菌属中的一些种，能在

20% ～ 30% 的食盐浓度的食品中生活；肠膜明串珠菌能耐高浓度的糖；异常汉逊酵母、鲁氏糖酵母、膜毕赤酵母等能耐受高浓度的糖，常引起糖浆、果酱、果汁等高糖食品的变质；霉菌中比较突出的代表是灰绿曲霉、青霉属和芽枝霉属等。

食盐和糖是形成不同渗透压的主要物质。在食品中加入不同量的盐或糖，可形成不同的渗透压。在食品中加入的盐或糖越多，渗透压越高，食品的 A_W 值越小，微生物越不容易生长繁殖。因此，为了防止食品腐败变质，常用盐腌和糖渍方法保藏食品，延长保藏时间。

（三）环境条件

微生物能否在食品上生长繁殖，除了取决于食品的营养成分和食品的理化特性以外，还取决于食品所处的环境条件。环境条件适宜，食品中的微生物就会迅速生长繁殖，造成食品的腐败变质。影响食品变质的主要环境因素有温度、湿度、气体等。

1．温度

根据微生物对温度的适应性，可将微生物分为低温型微生物、中温型微生物和高温型微生物三大类群。每一类微生物都有其最适宜温度范围，低温型微生物最适生长温度为 10 ～ 20℃，中温型微生物最适生长温度为 30 ～ 40℃，高温型微生物最适生长温度为 55 ～ 65℃。这三类微生物都可在 20 ～ 30℃生长繁殖，当食品处于这种温度环境中，食品中的各种微生物都可以进行生长繁殖，造成食品的腐败变质。

（1）低温对微生物生长的影响

微生物对低温有一定的抵抗力，尤其是低温型微生物在低温下能生长繁殖，使冷藏食品及冷冻食品发生腐败变质。但是这些微生物在低温下生长繁殖速度非常缓慢，引起冷藏或冷冻食品变质的速度也缓慢，所以低温能在一定程度上延长食品的保藏期。

能在低温下生长的微生物主要有：假单胞杆菌属、黄色杆菌属、无色杆菌属等革兰氏阴性无芽孢杆菌；乳杆菌属、小球菌属、小杆菌属、芽孢杆菌属和梭状芽孢杆菌属等革兰氏阳性细菌；假丝酵母属、圆酵母属、隐球酵母属、丝孢酵母属等酵母菌；青霉属、毛霉属、葡萄孢属和芽枝霉属等霉菌。食品中不同微生物生长的最低温度不同，见表 1-5。

表 1-5　食品中微生物生长的最低温度

食　品	微生物	生长最低温度 /℃	食　品	微生物	生长最低温度 /℃
牛肉	霉菌、酵母菌、细菌	–1 ～ 1.6	葡萄汁	酵母菌	0
羊肉	霉菌、酵母菌、细菌	–1 ～ –5	浓橘汁	酵母菌	–10
猪肉	细菌	– 4	乳	细菌	0 ～ –1
火腿	细菌	1 ～ 2	冰淇淋	细菌	–3 ～ –10
腊肠	细菌	5	大豆	霉菌	–6.7
熏肋肉	细菌	–5 ～ –10	豌豆	霉菌、酵母菌	– 4 ～ 6.7
鱼贝类	细菌	– 4 ～ –7	苹果	霉菌	0
草莓	霉菌、酵母菌、细菌	– 0.3 ～ – 6.5			

（2）高温对微生物生长的影响

45℃以上高温对中温型微生物和低温型微生物的生长繁殖十分不利，在高温条件下，微生物体内的酶、蛋白质、脂质体极容易发生变性失活，细胞膜也容易受到破坏，加速细胞的死亡；温度越高，微生物死亡率越高。

45℃以上的高温条件下，高温型微生物能正常生长繁殖。因为高温型微生物具有与其他微生物所不同的特性。例如，高温型微生物体内的酶和蛋白质对热的稳定性比中温型微生物强得多；高温型微生物细胞膜上富含饱和脂肪酸，饱和脂肪酸比不饱和脂肪酸可以形成更强的疏水键，从而使膜能在高温下保持稳定；高温型微生物生长曲线独特，与其他微生物相比，延滞期和对数期更短，进入稳定期后，会迅速死亡。

高温型微生物在高温条件下新陈代谢活动加快，造成食品腐败变质的时间缩短。因为高温型微生物代谢过程中产生的酶对蛋白质和糖类等物质分解的速度加快。在食品中生长的高温型微生物，主要是细菌，例如芽孢杆菌属中的嗜热脂肪芽孢杆菌和凝结芽孢杆菌，梭状芽孢杆菌属中的肉毒梭菌、热解糖梭状芽孢杆菌、致黑梭状芽孢杆菌，乳杆菌属和链球菌属中的嗜热链球菌、嗜热乳杆菌等；霉菌中纯黄丝衣霉耐热能力强。

食品中生存的高温型微生物经过旺盛的生长繁殖以后，很容易死亡，因此，高温造成食品腐败变质后，应立即进行分离培养腐败菌，否则会失去检出的机会。高温型微生物引起食品腐败变质的主要现象是酸败，由于微生物分解糖类产生酸而引起。

2．湿度

水分活度（A_W 值）反映溶液和物质中的水分状态，而相对湿度则表示溶液和物质周围的空气状态。每种微生物只能在一定的 A_W 值范围内生长，但这一范围的 A_W 值会受到空气湿度的影响。空气相对湿度对微生物生长和食品变质，起着重要作用，尤其是未经包装的食品。如果把干燥食品或含水量少的脱水食品放在湿度大的地方，食品很容易受潮，食品表面水分迅速增加，微生物很容易生长繁殖。长江流域梅雨季节，粮食、物品容易受潮，引起霉变，就是因为空气湿度太大（相对湿度 70% 以上）的缘故，因此食品应保存在干燥低温的条件下。

3．气体

微生物与氧气的关系十分密切，在有氧的环境中，好气性微生物进行有氧呼吸，生长繁殖速度快，所以食品变质的速度也快；在无氧或缺氧的环境中，厌气性微生物生长繁殖，造成食品变质，但变质的速度较慢。多数兼性厌气性微生物在食品中的繁殖速度，在有氧时比缺氧时速度快，引起食品变质的时间也短。有些好气性微生物在含氧量较少的环境中也能生长繁殖，但速度缓慢。

好气性微生物有：霉菌、产膜酵母菌、醋酸杆菌属、无色杆菌属、黄杆菌属、短杆菌属中的部分菌种、芽孢杆菌属、八叠球菌属和小球菌属中的大部分菌种。微需氧微生物有：乳杆菌属和链球菌属。厌气性微生物有：梭状芽孢菌属、拟杆菌属。兼性厌气性微生物有：细菌中的葡萄球菌属、埃希氏菌属、变形杆菌属、沙门氏菌属、志贺氏菌属等肠道杆菌，以及芽孢杆菌属中的部分菌种和大多数酵母菌。各种微生物在需氧或厌氧上存在程度上的差异，例如，虽然许多霉菌必须在有氧的环境中才能生长繁殖，但各种霉菌的需氧量却存在很大的差异。总之，食品在有氧的环境中，细菌、酵母菌和霉菌都有可能引起食品变质；在缺氧的环境中，只能是细菌和酵母菌引起食品变质。

在新鲜原料食品中，含有还原性物质，例如：植物组织常含有维生素 C 和还原糖，动物组织内含有巯基（－ SH），另外，这些组织细胞还具有一定的呼吸作用，所以，它们具有抗氧化能力，可以使这些动物和植物组织内部一直保持着缺氧状态。因此，新鲜原料食品内部能生长的微生物，只能是厌氧性微生物，使新鲜原料食品变质速度较慢。在食品表面生长的微生物是好气性微生物，如果食品经过加工处理以后，例如：加热可以使食品中含有的还原性物质或氧化性物质受到破坏，同时，也会因为加工处理使食品的组织结构发生改变，氧气进入到食品组织内部，引起好气性微生物的生长繁殖，加快了食品变质的速度，此时，如果不及时采取措施，食品很容易发生变质。

二氧化碳、氢气以及臭氧对微生物的生长也有一定的影响，在生产实践中通过控制它们的浓度来防止食品变质。高浓度的二氧化碳对好气性细菌和霉菌有抑制作用，如果将食品贮存在含有高浓度的二氧化碳的环境中，可防止好气性细菌和霉菌引起的食品变质。如果在大气中含有 10% 的二氧化碳可以抑制水果蔬菜发生霉变。在酿造制曲过程中，由于曲霉菌的呼吸作用，产生二氧化碳，如果二氧化碳不迅速扩散而在曲的周围环境中积累至一定浓度时，将会显著抑制曲霉菌的生长繁殖以及酶的产生，因此，制曲时必须进行适当的通风，及时排出二氧化碳。乳酸菌和酵母菌，对二氧化碳有较大的耐受力。将每升只有几毫克的臭氧加入某些食品保藏的空间，就可有效地延长食品的保藏期。

二、微生物引起食品腐败变质的机理

食品腐败变质的机理实质上就是食品中的蛋白质、脂肪和碳水化合物等被微生物的分解代谢作用或自身组织酶进行的某些生化过程。

（一）食品中蛋白质的分解

鱼、肉、禽蛋和豆制品等富含蛋白质的食品，主要以蛋白质分解作为其腐败变质的特征。由微生物引起的蛋白质食品发生的变质，通常称为腐败。

蛋白质在微生物分泌的蛋白酶和肽链内切酶等的作用下，首先分解成多肽，再分解成氨基酸，氨基酸经过脱羧基、脱氨基、脱巯基等作用，进一步分解成相应的氨、胺类、有机酸类和各种碳氢化合物，使食品表现出腐败的特征。

蛋白质分解产生的胺类是碱性含氮化合物，例如胺、伯胺、仲胺及叔胺等具有挥发性和特异的臭味。各种不同的氨基酸分解产生的腐败胺类和其他物质各不相同。例如，甘氨酸分解产生的甲胺，鸟氨酸分解产生的腐胺，精氨酸分解产生色胺进而又分解成吲哚，含硫氨基酸分解产生的硫化氢和氨、乙硫醇等，这些物质都是蛋白质腐败产生的主要臭味物质。

（二）食品中脂肪的分解

通常将食品中脂肪被微生物分解产生酸味和刺激性“油腻”气味物质的变质现象称为酸败。脂肪发生变质的化学反应，主要是油脂自身氧化过程，其次是加水水解过程。油脂的自身氧化是一种自由基的氧化反应，而水解是在微生物或动物组织中的解酯酶作用下，使食品中的中性脂肪分解成甘油和脂肪酸，脂肪酸再分解成具有特殊气味的醛类和羧酸，即所谓的“油腻”气味。

（三）食品中碳水化合物的分解

通常将食品中碳水化合物被微生物分解产生酸味物质的变质现象称为发酵。食品中的碳水化合物包括纤维素、半纤维素、淀粉、糖原、双糖、单糖等，含这些成分较多的食品主要是粮食、蔬菜、水果和糖类及其制品。在微生物及动植物组织中的各种酶及其他因素作用下，这些成分被分解成单糖、醇、醛、羧酸、二氧化碳和水等低级产物。

碳水化合物含量高的食品变质的主要指标变化是酸度升高、产气和稍带有甜味、醇类气味等。根据食品种类不同，还表现为糖、醇、醛、酮含量升高或产气（CO_2），有时带有这些产物特有的气味。

三、微生物引起食品腐败变质的症状

（一）肉及肉制品的腐败变质

畜禽的肌肉及其制品、内脏等，营养丰富，均含有丰富的蛋白质、脂肪、水、无机盐和维生素，是人类的营养食品，也有利于微生物生长繁殖。

1. 肉及肉制品中微生物的来源

（1）*屠宰前的微生物来源*

健康的畜禽具有健全而完整的免疫系统，能有效地防御和阻止微生物的侵入和在肌肉组织内部扩散，所以健康畜禽机体组织（如肌肉、脂肪、心、肝、肾等）内部一般是无菌的。但是畜禽体表、被毛、消化道、上呼吸道等器官中总有微生物存在。例如动物的被毛、皮肤上的微生物数量可达 10^5 ～ 10^6 个 /cm^2，如果被毛和皮肤污染了粪便，微生物的数量会更多。刚排出的家畜粪便微生物数量可达 10^7 个 /g，瘤胃中微生物数量可达 10^9 个 /g。

患病畜禽的器官及组织内部会有致病菌存在，这些致病菌能够冲破机体的防御系统，扩散到机体的其他部位。动物皮肤发生刺伤、咬伤或化脓感染时，淋巴结中会有细菌存在，其中一部分细菌会被机体的防御系统吞噬或消除掉，而另一部分细菌可能存留下来导致机体发生病变。畜禽感染致病菌后，有的畜禽表现临床症状，但有的畜禽不表现症状，成为无症状的带菌者，这部分畜禽在运输和圈养过程中，由于拥挤、疲劳、饥饿、惊恐等刺激，使畜禽机体免疫力下降而呈现临床症状，并向外界扩散病原菌，造成畜禽之间相互感染。

（2）*屠宰后的微生物来源*

畜禽被屠宰后就丧失了先天的防御机能，微生物就会侵入组织迅速生长繁殖。屠宰过程卫生管理不当将会造成微生物广泛污染的机会。畜禽在屠宰、分割、加工、贮存和销售过程中的每一个环节，都有微生物污染的可能。例如使用未经灭菌的刀具进行放血时，将微生物带入血液中，随着血液短暂的微弱循环而扩散到胴体部位，使用未经灭菌的刀具进行屠宰后的分割，微生物可能会再传播。

肉类一旦被微生物污染，其生长繁殖很难完全抑制。因此，限制微生物污染的最好方法是在严格卫生管理的条件下进行屠宰、分割、加工和运输，这是获得高品质肉类及其制品的重要措施。对于已经被微生物污染的胴体，抑制微生物生长繁殖的最好方法是进行迅速冷却和及时冷藏。

2．肉及肉制品中微生物的种类

肉及肉制品中常见的微生物有细菌、酵母菌和霉菌。它们大部分为腐生性微生物。引起肉类腐败变质的主要是细菌。

细菌主要是需氧的革兰氏阳性细菌，例如蜡样芽孢杆菌、枯草芽孢杆菌和巨大芽孢杆菌等；需氧的革兰氏阴性细菌有假单胞杆菌属、无色杆菌属、黄色杆菌属、产碱杆菌属、埃希氏杆菌属、变形杆菌属等。此外还有厌氧梭状芽孢杆菌（腐败梭菌、溶组织梭菌和产气荚膜梭菌等）。

酵母菌主要有假丝酵母菌属和丝孢酵母属；霉菌主要有交链孢霉属、曲霉属、芽枝霉属、毛霉属、根霉属和青霉属。

病畜、病禽肉类可能带有各种病原菌，如沙门氏菌、金黄色葡萄球菌、结核分枝杆菌、炭疽杆菌和布氏杆菌等。

3．鲜肉的腐败变质

在鲜肉中，能分解蛋白质的微生物，在适宜条件下迅速生长繁殖，引起肉品的腐败变质。如果保藏温度较高时，鲜肉表面的微生物迅速生长繁殖，其中以细菌的繁殖速度最快。细菌沿着结缔组织、血管周围或骨与肌肉的间隙蔓延到组织的深部，最终引起整个肉腐败变质。随着保藏条件的变化以及变质过程的发展，细菌由肉的表面逐渐向深部侵入，同时，细菌的种类也发生变化，呈现菌群交替现象。在细菌分解前3～4天，为需氧菌繁殖期，细菌主要在肉的表层生长繁殖并蔓延，初期可见到各种球菌，继而出现大肠杆菌、变形杆菌、枯草杆菌等。在细菌分解3～4天后，为兼性厌氧菌繁殖期，细菌已经在肉的中层出现，能见到产气荚膜杆菌等。在细菌分解7～8天，为厌氧菌繁殖期，细菌已经在肉的深层生长繁殖，主要是腐败杆菌。

新屠宰的肉体由于有酶的存在，使肉组织产生自溶作用，结果使蛋白质分解产生蛋白胨和氨基酸，这样更有利于微生物的生长繁殖。

（1）鲜肉在有氧条件下的腐败变质现象

在有氧条件下，需氧菌和兼性厌氧菌引起鲜肉腐败变质的现象如下：

①表面发黏　肉体表面有黏液状物质。这是由于微生物在肉体表现大量生长繁殖形成菌苔并产生黏液的结果。将发黏的肉块切开会出现拉丝现象，并有臭味。此时肉表面菌数可达 $10^7/cm^2$。肉表面发黏主要是革兰氏阴性细菌、乳酸菌和酵母菌生长繁殖造成的。

②变色　肉类腐败变质，常在肉的表面出现各种颜色变化。最常见的是绿色，这是由于微生物污染肉后，分解蛋白质产生硫化氢，硫化氢与肌肉组织中的血红蛋白结合形成硫化氢血红蛋白，这类化合物积累在肉的表面，形成暗绿色的斑点。还有许多微生物可产生各种色素，使肉的表面呈现多种色斑。例如黏质赛氏杆菌在肉的表面产生红色斑点，深蓝色假单胞杆菌能产生蓝色斑，黄杆菌能产生黄色斑。

某些酵母菌产生白色斑、粉红色斑和灰色斑。有些霉菌可形成白色、黑色和绿色霉斑。特别在一些干腌制肉制品，更为多见。例如美丽枝霉和刺枝霉在肉表面产生羽毛状菌丝，白色侧孢霉产生白色霉斑，草酸青霉产生绿色霉斑，蜡叶芽枝霉在冷冻肉上产生黑色斑点。

③产生异味　肉体腐败变质以后，除了产生发黏、变色等症状以外，通常还伴随一些不正常或难闻的气味。例如微生物分解蛋白质产生的恶臭味，脂肪酸败产生酸败气味（主要由无色菌属或酵母菌引起），乳酸菌和酵母菌发酵产生挥发性有机酸的酸味，霉菌产生霉味，放线菌产生泥土味等。

（2）鲜肉在无氧条件下的腐败变质现象

肉体的表面和内部氧气条件不同，生长的微生物种类不同。一些不需要严格厌氧条件的梭状芽孢杆菌首先在肉的表面生长繁殖，随后其他一些严格厌氧的梭状芽孢杆菌（如双酶梭状芽孢杆菌、生孢梭状芽孢杆菌、溶组织梭状芽孢杆菌等）在肉体内部开始生长繁殖，分解蛋白质产生恶臭味。猪、牛和羊的臀部肌肉很容易发生深部变质，有时肉的表面正常，切开时有酸臭味，股骨周围的肌肉为褐色，骨膜下有黏液，这种变质现象称为“骨腐败”。

①腐烂　腐烂现象主要是由梭状芽孢杆菌属中的某些种引起的。另外，假单胞菌属、产碱杆菌属和变形杆菌属中的某些兼性厌氧微生物也能引起肉类的腐烂。

②产生异味　微生物分解蛋白质产生硫化氢、硫醇、吲哚、粪臭素、氨和胺类等异味化合物，出现异臭味，同时还可产生毒素。梭状芽孢杆菌、大肠杆菌以及乳酸菌等生长繁殖产生甲酸、乙酸、丙酸、丁酸、乳酸和脂肪酸，形成酸味。

4．肉制品的腐败变质

（1）熟肉的腐败变质

鲜肉经过热加工制成各种熟肉，由于加热程度不同，有的熟肉带有芽孢的细菌可能存留下来，这是造成熟肉腐败变质的主要隐患，在熟肉上存在的其他细菌、霉菌和酵母菌是热加工后的二次污染菌。熟肉腐败变质的现象有黏液、酸味和恶臭味。厌氧梭状芽孢杆菌污染造成熟肉深部腐败变质，甚至产生毒素。

（2）腌腊肉的腐败变质

肉的腌制分湿腌和干腌两种。湿腌用的腌制液一般含 4% 的氯化钠，对微生物有一定的抑制作用。假单胞菌是冷藏鲜肉的重要变质菌，虽然该菌在腌制液中一般不生长，只能存活而已，但是该菌数量的多少是腊肉制品微生物学品质优劣的标志。弧菌是腌腊肉的重要变质菌，该菌在胴体上很少发现，但在腌腊肉上很容易见到。弧菌具有一定的嗜盐性，能在低温条件下生长繁殖，有还原硝酸盐和亚硝酸盐的能力，当 pH 为 6.0 以上时，弧菌在肉的表面生长，形成黏液。腌制肉中微生物的分布与腌制肉的部位和环境条件有关，一般肉皮上的细菌数比肌肉中的细菌数要多。在 pH 为 6.3 时，微球菌占优势，微球菌是腌肉中的主要菌类，它具有一定的耐盐性及分解蛋白质和脂肪的能力，能在低温条件下生长繁殖，大多数微球菌能还原硝酸盐，有的微球菌能还原亚硝酸盐。

在腌制肉上常发现的酵母菌有红酵母、球拟酵母、假丝酵母和德巴利酵母，它们可在腌制肉的表面形成白色或其他色斑。在腌制肉上常发现的霉菌有曲霉、青霉、枝孢霉和交链孢霉等，其中以青霉和曲霉占优势。污染腌制肉的曲霉多数不产生黄曲霉毒素。

带骨腌制肉有时会发生骨腐败现象，即发生仅限于前后腿或关节周围深部变质的现象，这主要是由于原料肉在腌制前细菌已经污染骨或关节处，在腌制时盐分又未能充分扩散进入到腿骨及关节处，使污染菌在腿骨及关节处生长繁殖，引起骨腐败。

（3）香肠和灌肠的腐败变质

鲜肉在搅拌过程中微生物可均匀分布到碎肉中，所以绞碎的肉比整块肉含菌数高很多。如果绞碎肉的菌数为 10^8 个 /g 时，在室温条件下，24h 就能出现异味。

香肠和灌肠是将原料肉经过切碎或绞碎，加入辅料及调味料后，灌入肠衣或其他包装材料内，经过加热或不经加热而制成的一类食品。在制作香肠或灌肠过程中，分布在肉表面的微生物及环境中的微生物会大量地扩散到肉中去，为了防止微生物在肉中生长繁殖，绞肉及搅拌过程都应在低温条件下进行。

生肠类制品含微生物较多，即使肠内加入一定量盐分（例如中国腊肠），也不足以抑制其中的微生物生长。酵母菌可在肠衣外面形成黏液层，微杆菌能使肉肠变酸和变色，革兰氏阴性杆菌使肉肠发生腐败变质。

熟肉肠类是经过热加工制成的产品，可杀死肉中微生物的营养体，但不一定能杀死芽孢，如果加热不充分，细菌的营养体也可能存活。所以，熟肉肠类应该进行冷藏，使肠内中心温度在 4 ～ 6h 内降至 5℃，否则梭状芽孢杆菌的芽孢可能发芽并繁殖。硝酸盐可以抑制芽孢的发芽，尤其能抑制肉毒梭菌的芽孢发芽，但对其他菌类的芽孢抑制效果差。熟肉肠类发生腐败变质的现象主要有表面变色和产生绿环。表面变色是由于加工后又污染了细菌，再加上贮藏条件不当，细菌繁殖所致；产生绿环是由于原料肉含菌数过高，加工处理时加热不充分，没有将细菌全部杀死，成品又未能及时冷藏，细菌大量繁殖所致。

（4）干制肉的腐败变质

为了防止食品腐败变质，采用降低食品含水量的方法，使食品的 A_W 值达到 0.70 以下，食品可较长期贮藏。肉干就是将瘦肉经过适当加工和干燥处理而制成的产品，使肉干的含水量在 15% 以下，其 A_W 值在 0.70 以下，再置于干燥条件或装入不透气的包装材料内贮藏，这样绝大多数微生物不能在其上生长繁殖，仅有少数霉菌（如灰绿曲霉）偶尔可在肉干上缓慢生长。如果肉干受潮使其含水量增加，肉干表面可发现霉菌生长并产生霉味。

（二）乳及乳制品的腐败变质

各种不同的乳（如牛乳、羊乳和马乳等）成分虽然各有不同，但都含有丰富的营养成分，容易消化吸收，是微生物生长繁殖的良好培养基。如果乳被微生物污染，在适宜条件下，微生物就会迅速生长繁殖，造成乳的腐败变质而失去营养价值，甚至可能引起食物中毒或其他传染病的传播。

1．乳中微生物的来源

（1）来自乳房的微生物　健康牛的乳房内应该是无菌的，但乳头由于与外界相通，可能会有一些微生物存在。即使严格无菌操作挤出的乳汁，在 1mL 中也会有数百个细菌。乳房中的正常菌群主要是小球菌属和链球菌属，由于这些细菌能适应乳房的环境而生存，称为乳房细菌。乳畜感染疾病后，体内的致病菌可能会通过乳房进入乳汁，人食用乳汁后将致病菌传染给人类。常见的引起人畜共患疾病的致病菌主要有结核分枝杆菌、布氏杆菌、炭疽杆菌、葡萄球菌、沙门氏菌、溶血性链球菌等。

（2）来自环境的微生物　乳的卫生状况与挤乳过程中的环境、器具、操作人员有密切关系。乳中污染的微生物种类和数量直接受畜体表面卫生状况、畜舍的卫生及空气、挤乳用具的卫生、盛乳容器的卫生、挤乳工人的个人卫生情况的影响。另外，挤出的乳如果不及时加工处理或冷藏，不仅会增加新的污染机会，而且原来存在于鲜乳中的微生物由于其继续生长繁殖而使菌数增多，这样很容易导致鲜乳变质，因此，挤出后的鲜乳应及时处理和冷藏。

2．鲜牛乳中微生物的种类

鲜乳中含有多种抑菌物质，它们能维持鲜乳在一段时间内不变质，在室温下，最初数小时内乳中微生物数量增长缓慢，但是鲜乳不及时加工处理或冷藏处理，污染的微生物将迅速生长繁殖，乳中微生物数量将急剧增长，造成鲜乳腐败变质。鲜乳中微生物数量在 10^3 ～ 10^6 个 /mL。不同温度下鲜乳中微生物的数量变化情况如表 1-6 所示。自然界中多种微生物可以通过不同途径进入鲜乳中，但是在鲜乳中最常见、活动占优势的微生物主要是细菌（乳酸菌、胨化细菌、脂肪分解细菌、酪酸菌、产碱菌），其次是酵母菌，还有少数霉菌。

表 1-6　鲜乳挤出后数小时乳中微生物数量变化与温度的关系

（钱爱东．食品微生物．2002）

放置时间 /h	菌数 /（个 /mL）		
	15℃	25℃	35℃
1	9×10^3	9×10^3	9×10^3
3	10×10^3	10×10^3	30×10^3
6	25×10^3	170×10^3	15×10^6
9	50×10^3	10×10^5	50×10^6
24	（1 ～ 10）$\times10^6$	（1 ～ 10）$\times10^7$	（1 ～ 10）$\times10^8$

（1）乳酸菌　能利用乳中的碳水化合物进行乳酸发酵，产生乳酸。乳酸种类很多，在鲜乳中普遍存在，有些种类还具有一定的分解蛋白质的能力。常见的乳酸菌有乳酸链球菌、乳脂链球菌、粪链球菌、液化链球菌、嗜热链球菌、嗜酸乳杆菌。此外，鲜乳中经常还可分离到干酪乳杆菌、乳酸乳杆菌和乳短杆菌等。

（2）胨化细菌　可使不溶解状态的蛋白质变成溶解状态。乳液由于乳酸菌产酸使蛋白质凝固或由细菌的乳凝酶作用使乳中的酪蛋白凝固，而胨化细菌能产生蛋白酶，使凝固的蛋白质消化成为溶解状态。乳中常见的胨化细菌有：枯草芽孢杆菌、地衣芽孢杆菌、荧光假单胞菌、蜡状芽孢杆菌、腐败假单胞菌等。

（3）脂肪分解菌　主要是一些革兰氏阴性无芽孢杆菌，例如假单胞菌属和无色杆菌属等。

（4）酪酸菌　是一类能分解碳水化合物产生酪酸、CO_2 和 H_2 的细菌。

（5）产碱菌　能分解乳中的有机酸、碳酸盐等，使牛乳的 pH 值上升。产碱菌主要是革兰氏阴性的需氧性细菌，如黏乳产碱杆菌、粪产碱杆菌，这些菌在牛乳中生长繁殖除产碱外，还可使牛乳变黏稠。

（6）酵母菌　鲜乳中常见的酵母菌有脆壁酵母、拟圆酵母、霍尔姆球拟酵母、高加索酒球拟酵母等。

（7）霉菌　鲜乳中常见的霉菌有黑曲霉、乳卵孢霉、乳酪卵孢霉、黑丛梗孢霉、变异丛梗孢霉、蜡叶芽枝霉、乳酪青霉、灰绿青霉、灰绿曲霉等。

（8）病原菌　患结核病的乳牛分泌的乳汁中会有结核杆菌，患布氏杆菌病的乳牛分泌的乳汁中会有布氏杆菌，患乳房炎的乳牛分泌的乳汁中会有金黄色葡萄球菌和病原性大肠杆菌。

3．鲜乳的腐败变质过程

鲜乳中含有溶菌酶、乳素等抗菌物质，对乳中存在的微生物具有杀灭或抑制作用，使乳汁具有抗菌特性。鲜乳的这种抗菌特性持续时间的长短，取决于乳汁的温度高低和细菌的污染程度。新挤出来的鲜乳，迅速冷却至0℃，抗菌特性可保持48h，5℃可保持36h，10℃可保持24h，25℃可保持6h，30℃可保持2h。当乳的这种抗菌特性消失后，如果将乳静置于室温下，可观察到乳所特有的菌群交替现象（即鲜乳的变质过程）。在0～10℃条件下，鲜乳的腐败变质过程可分为以下几个阶段。

（1）抑菌期（混合菌群期） 当鲜乳的抗菌作用终止后，乳中各种细菌均发育繁殖，由于乳中营养物质丰富，暂时不发生互联或颉颃现象。这个时期持续12h左右。

（2）乳链球菌期 鲜乳中的抗菌物质减少或消失以后，鲜乳的抗菌特性丧失，存在于乳中的微生物，如乳链球菌、乳酸杆菌、大肠杆菌和一些分解蛋白质的微生物等迅速繁殖，其中以乳链球菌占优势，分解乳糖产生乳酸，使乳中的酸性物质含量不断提高。由于酸度的提高，抑制了腐败菌和产碱菌的生长。以后随着产酸增多，乳链球菌本身的生长受到抑制，乳链球菌的数量开始减少。

（3）乳酸杆菌期 当乳链球菌繁殖产酸，使乳液的pH下降至4.5以下时，乳链球菌受到抑制，而乳酸杆菌由于耐酸能力较强，可以继续繁殖并产酸。此时，乳中可出现大量乳凝块，并有大量乳清析出，这个时期约持续2天。

（4）真菌期 当乳液的pH达到3.0～3.5时，绝大多数细菌的生长受到抑制甚至死亡。然而霉菌和酵母菌适应高酸环境，它们利用乳酸作为营养来源开始大量生长繁殖。由于乳酸被利用，使乳液的pH上升，并逐渐接近中性。

（5）腐败期（胨化期） 经过以上几个阶段，乳中的乳糖已基本被消耗掉，而蛋白质和脂肪含量相对较高，乳液的pH已近中性，此时，能分解蛋白质和脂肪的细菌开始大量繁殖，乳凝块逐渐被消化，乳液的pH不断上升（向碱性转化），同时，伴随有芽孢杆菌属、假单胞杆菌属、变形杆菌属等腐败细菌的生长繁殖，于是乳液出现腐败臭味。

在菌群交替现象结束时，乳还产生异色、苦味、恶臭味，以及产生有毒物质。外观上呈现黏滞的液体或清水。鲜乳腐败变质过程中微生物的菌群交替，如图1-1所示。

鲜乳的腐败变质还会出现产气、发黏和变色的现象。气体主要由大肠菌群产生，其次是梭状芽孢杆菌属、芽孢杆菌属、异型发酵的乳酸菌类、丙酸细菌及少数酵母菌产生，这些微生物分解乳中的糖类产酸产气（CO_2或H_2）。发黏现象是由具有荚膜的细菌产生的，主要是产碱杆菌属、肠杆菌属和乳杆菌中的某些种。变色主要是由假单胞菌属、黄色杆菌属和酵母菌等的一些种产生的。

4．乳制品的腐败变质

（1）乳粉 在乳粉的制造过程中，原料乳经过净化、杀菌、浓缩和干燥等工艺，

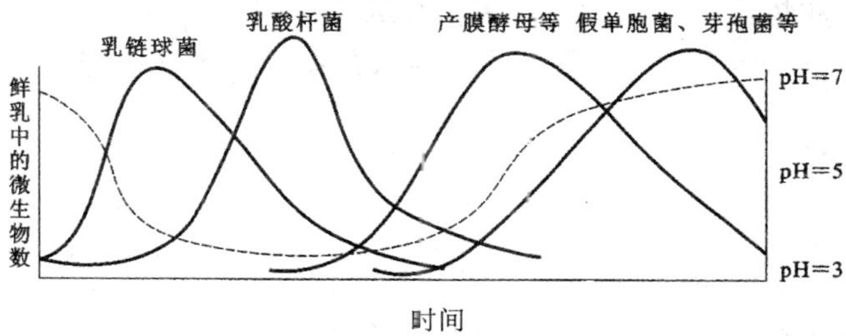

图 1-1　鲜乳中微生物活动曲线

使原料乳中的微生物数量降到很低的水平，尤其是乳粉的含水量很低（乳粉的含水量一般应控制在 2% ～ 3%），不适于微生物的生长，而且，随着乳粉贮存时间的延长，微生物数量还会逐渐减少，残存的微生物主要是一些芽孢杆菌，所以乳粉能贮存较长时间不变质。但是，如果原料乳的微生物学品质很差，微生物数量很高，生产工艺不完善，设备不精良，生产环境卫生条件差等因素，不仅不能完全杀死原料乳中的微生物，而且还会造成微生物的再次污染，导致乳粉成品中微生物数量的增加，可能会有病原菌存在。乳粉中常见的病原菌是沙门氏菌和金黄色葡萄球菌。如果乳粉保存条件不当或包装不好，残存在乳粉中的微生物就会生长繁殖，造成乳粉的腐败变质，其中主要是一些耐热的细菌，如芽孢杆菌、微球菌、嗜热链球菌等。

（2）淡炼乳　淡炼乳是将消毒乳浓缩至原体积的 2/5 或 1/2 而制成的乳制品，其固形物含量在 25.5% 以上。由于淡炼乳的含水量较鲜乳低很多，而且装罐后经 115 ～ 117℃高温灭菌 15min 以上，所以在正常情况下，灌装淡炼乳成品应该不含有致病菌和在保存期内可能引起变质的杂菌，因此，淡炼乳可以长期保存。但是，如果灭菌不彻底或罐体密封不好，会造成微生物残存或再度受到外界微生物的污染，使淡炼乳发生腐败变质。例如枯草芽孢杆菌、嗜热芽孢杆菌在淡炼乳中生长繁殖可造成凝乳（包括产生凝乳酶凝固和酸凝固）；一些耐热的厌氧芽孢杆菌可引起淡炼乳产生气体，使罐体发生爆裂或膨胀；刺鼻芽孢杆菌和面包芽孢杆菌等分解酪蛋白使淡炼乳出现苦味等。

（3）甜炼乳　甜炼乳是在消毒乳液中加入一定量的蔗糖，经加热，再浓缩至原体积的 1/3 ～ 2/5，使蔗糖浓度达到 40% ～ 45%。甜炼乳装罐后一般不再灭菌，而是依靠高浓度的蔗糖形成的高渗透压环境来抑制微生物的生长繁殖，从而达到长期保藏的目的。如果原料乳污染严重、加工工艺粗放造成再度污染以及蔗糖含量不足等因素，会使甜炼乳中的微生物生长繁殖而引起腐败变质。例如炼乳球拟酵母等分解蔗糖产生大量气体；芽孢杆菌、微球菌、葡萄球菌、乳酸菌等生长繁殖产生乳酸、酪酸、琥珀酸等有机酸以及这些菌产生的凝乳酶等，使甜炼乳变稠而不容易倒出；当罐内残存有一定的空气，又有霉菌污染时，甜炼乳中会出现白、黄、红等多种颜色的形似纽扣状的干酪样凝块，并呈现金属味、干酪味等异味。在甜炼乳中生长的霉菌有匍匐曲霉、芽枝霉等。

（三）鲜蛋的腐败变质

1．鲜蛋中微生物的来源

健康禽类所产的鲜蛋内部应该是无菌的，在一定条件下鲜蛋的无菌状态可以保持一段时间，这是因为鲜蛋本身具有一套防御系统。

（1）刚产下的蛋壳表面有一层胶状物，此胶状物与蛋壳及蛋壳内膜构成一道屏障，可以阻挡微生物侵入，防止水分蒸发。

（2）蛋白内含有某些杀菌或抑菌物质，在一定时间内可以抵抗或杀灭入侵的微生物。例如蛋白内含有的溶菌酶可以破坏革兰氏阳性细菌的细胞壁，具有较强的杀菌作用。较低的温度可使溶菌酶的杀菌作用保持较长时间。

（3）新产下的禽蛋内蛋白的 pH 7.4 ～ 7.6，一周内会上升至 9.4 ～ 9.7，如此高的 pH 环境不适于一般微生物的生长繁殖。

但是，在鲜蛋中经常可发现有微生物存在，即使刚产出的鲜蛋内也会如此，其微生物污染的来源主要有以下三个方面：

①卵巢　病原菌通过血液循环进入卵巢，在蛋黄形成时进入蛋内。常见的卵巢内感染菌有雏沙门氏菌、鸡沙门氏菌等。

②泄殖腔　禽类泄殖腔内含有一定数量的微生物，可能会附着在蛋壳上，当蛋从泄殖腔排出体外时，由于蛋内容物遇冷收缩，附着在蛋壳上的微生物可穿过蛋壳进入蛋内。

③环境　蛋壳上有许多气孔，气孔直径为4 ～ 40μm。由于鲜蛋蛋壳的屏障作用有限，外界的各种微生物都可能通过气孔进入蛋内，特别是贮藏期长或经过洗涤的蛋，蛋壳表面的胶状物破坏，环境中的微生物更容易借助水的渗透作用进入蛋内，在高温、高湿的条件下，侵入蛋内的微生物迅速生长繁殖，造成蛋的腐败变质。

2．鲜蛋中微生物的种类

鲜蛋中常见的微生物有大肠菌群、假单胞菌属、无色杆菌属、产碱杆菌属、变形杆菌属、青霉属、毛霉属、枝霉属等。蛋中可能存在的致病菌有沙门氏菌、金黄色葡萄球菌等。

3．鲜蛋腐败变质的现象

鲜蛋的腐败变质有以下几种现象：

（1）散黄蛋　禽蛋被微生物污染后，在适宜条件下，微生物首先使蛋白分解，使蛋黄不能固定而发生移位。随后，蛋黄膜被分解，使蛋黄散乱，并逐渐与蛋白混在一起。

这种变质现象称为散黄蛋，这是鲜蛋变质的初期现象，主要由荧光假单胞菌引起。

（2）泻黄蛋　散黄蛋进一步被微生物分解，产生硫化氢、氨、粪臭素等蛋白分解产物，蛋液变成灰绿色的稀薄液体，并伴随有大量恶臭气味，这种变质现象称为泻黄蛋。主要由变形杆菌属、假单胞菌属引起。

（3）酸败蛋　有时蛋液变质不产生硫化氢而产生酸臭味，蛋液呈红色，变稠呈浆状或有凝块出现，这种变质现象称为酸败蛋。

（4）霉斑及黏壳蛋　外界的霉菌可以在蛋壳表面生长繁殖，或霉菌菌丝通过蛋壳气孔进入蛋壳内侧生长繁殖，逐渐形成霉斑，造成蛋液黏壳，这种变质现象称为黏壳蛋，主要由芽枝霉属、枝孢霉属引起。蛋内成分被分解并伴有难闻的霉变气味。

（四）罐藏食品的腐败变质

罐藏食品，又称为罐头，它是将原料经过一系列处理、装罐、密封、杀菌而制成的一种食品。罐藏食品种类很多，根据其 pH 的高低可分为低酸性罐藏食品（pH 5.3 以上）、中酸性罐藏食品（pH 5.3 ～ 4.5）、酸性罐藏食品（pH 4.5 ～ 3.7）和高酸性罐藏食品（pH 3.7 以下）。低酸性罐藏食品以动物性食品原料为主要成分，蛋白质含量高；中酸性、酸性和高酸性罐藏食品以植物性食品原料为主要成分，碳水化合物含量高。一般情况下，罐藏食品可以保存较长时间而不变质。但是，如果杀菌不彻底，或罐体密封不严导致外界微生物侵入，造成罐藏食品腐败变质。

1．罐藏食品腐败变质的原因

（1）罐内残存有微生物　罐藏食品发生由芽孢杆菌引起的腐败变质，多是由于杀菌不彻底造成的。如果罐藏食品杀菌不彻底，或杀菌操作不当，或罐内留有空气，有些耐热的芽孢杆菌不能彻底被杀灭，而残存在罐内。在保存期内遇到适宜条件就会生长繁殖导致罐藏食品的腐败变质。

（2）杀菌后发生漏罐　如果罐藏食品密封不好，杀菌后发生漏罐，外界微生物侵入罐内。其主要污染源是冷却水和空气，冷却水和空气通过漏罐处进入罐内。耐热或不耐热的微生物都可引起污染。

2．引起罐藏食品腐败变质的微生物

引起罐藏食品腐败变质的微生物通常为嗜热菌、中温菌、不产芽孢菌、酵母菌和霉菌。

（1）芽孢杆菌　引起罐藏食品腐败变质的芽孢杆菌有以下几类菌：

凝结芽孢杆菌、嗜热脂肪芽孢杆菌是引起罐藏食品酸腐败（产酸不产气腐败）的嗜热菌。

枯草芽孢杆菌、巨大芽孢杆菌和蜡样芽孢杆菌是引起罐藏食品酸腐败的中温菌。

多黏芽孢杆菌、浸麻芽孢杆菌等少数中温芽孢细菌引起罐藏食品腐败变质时伴随有气体产生，该菌分解糖时除产生酸外还产生气体，多发生在真空度不够的罐藏食品。

一些中温厌氧梭状芽孢杆菌分解蛋白质产生硫化氢、硫醇、氨、吲哚、粪臭素等恶臭物质，引起肉类和鱼类罐藏食品的腐败变质，并有胀罐现象，特别是厌氧的肉毒梭状芽孢杆菌，在食品中繁殖能产生肉毒毒素。通常把能否杀死肉毒梭菌的芽孢作为罐藏食品灭菌的标准。

TA 菌是不产硫化氢的嗜热厌氧菌的缩写，它是一类能分解糖、产芽孢的厌氧菌。该类菌在中酸或低酸性罐头中生长繁殖后，产生酸和气体（CO_2 和 H_2O），当气体积累过多、温度过高时就会造成罐体膨胀甚至破裂。变质的罐头通常有酸味。该菌常见的有嗜热解糖梭状芽孢杆菌，其生长适宜温度为 55℃，低于 32℃时生长缓慢。

（2）非芽孢细菌　残存于罐藏食品中的非芽孢细菌有两类：一类是肠杆菌，如大肠杆菌、产气杆菌、变形杆菌等；另一类是链球菌，如乳链球菌、粪链球菌和嗜热链球菌等。它们常存在于果蔬罐藏食品中，能分解糖类产酸、产气，造成胀罐。如果罐藏食品中残存不产芽孢的细菌，通常是由于罐藏食品密封不严、漏气造成的，或由于杀菌温度过低造成的。

（3）酵母菌　由于罐藏食品杀菌不彻底或密封不严导致酵母菌残存在罐藏食品中。酵母菌引起罐藏食品变质的现象是混浊、沉淀、风味改变、膨胀及爆裂等。引起罐藏食品腐败变质的酵母菌主要是啤酒酵母属、假丝酵母属、球拟酵母属。酵母菌引起罐藏食品腐败变质，绝大多数发生在酸性或高酸性罐藏食品中，如水果、果浆、糖浆以及甜炼乳等制品。酵母菌多为兼性厌氧菌，发酵糖产生二氧化碳使罐藏食品胀罐。

（4）霉菌　由于霉菌耐酸、耐高渗透压，因此霉菌通常引起酸性及高酸性罐藏食品（pH 4.5 以下）的腐败变质。霉菌多为好氧菌，一般不耐热，如果在罐藏食品中发现有霉菌出现，说明罐藏食品真空度不够、漏气或杀菌不彻底导致霉菌残存，例如青霉属、曲霉属等。但是少数耐热霉菌，如纯黄丝衣霉菌和雪白丝衣霉菌等较耐热、耐低氧。在氧气充足的情况下，霉菌生长繁殖并产生二氧化碳，引起胀罐。

3．罐藏食品腐败变质的现象

合格罐藏食品的罐盖或罐底应该是平的或稍向内凹陷，软罐藏食品的包装袋与内容物接合紧密。罐藏食品腐败变质有两种现象：平听和胀罐。

（1）平听

造成平听有以下两个原因：

①平酸腐败　也称平盖酸败，罐藏食品内容物由于微生物生长繁殖而变质，呈现混浊和不同酸味，pH 下降，但是外观与正常罐藏食品一样，不出现膨胀现象。引起罐藏食品平酸腐败的微生物称为平酸菌。主要平酸菌有嗜热脂肪芽孢杆菌、枯草芽孢杆菌、

蜡状芽孢杆菌、巨大芽孢杆菌等。平酸菌引起平酸腐败是由于杀菌不彻底造成的；另外，罐体密封不严会引起二次污染。

②硫化物腐败　腐败的罐藏食品内产生大量黑色的硫化物，沉积在罐体内壁和食品上，导致罐内食品变黑并产生臭味，罐藏食品外观一般保持正常或出现隐胀或轻胀。这种现象是由致黑梭状芽孢杆菌引起的，该菌为厌氧性嗜热芽孢杆菌，生长温度为35 ～ 70℃，适温为55℃，分解糖的能力较弱，但是能较快地分解含硫氨基酸产生硫化氢气体。该菌在豆类、玉米、谷类和鱼类罐藏食品中常见。

（2）胀罐

引起罐藏的原因有：

①化学或物理原因　例如罐藏食品内的酸性食品与罐体的金属发生化学反应产生氢气；罐内盛装的食品量过多，压迫罐体形成胀罐，加热后更加明显；罐内残存气体过多，受热后也可胀罐。

②微生物生长繁殖造成　绝大多数罐藏食品胀罐都是这个原因引起的。

（五）果蔬及其制品的腐败变质

水果和蔬菜中含有大量的水分、碳水化合物、丰富的维生素和一定量的蛋白质。

1. 果蔬中微生物的来源

（1）果蔬的生长期和贮藏期　在一般情况下，健康果蔬的组织内部应该是无菌的，但有时果蔬外观正常，其内部组织中也可能有微生物存在，例如苹果、樱桃等水果组织内部的酵母菌，番茄组织内部的酵母菌和假单胞菌属的细菌。这些微生物是在果蔬开花期侵入并生存于果实内部。病原菌可在果蔬的生长过程中通过根、茎、叶、花、果实等途径侵入组织内部，或在收获后的贮藏期侵入果蔬组织内部。

（2）外界环境　果蔬表面与外界环境直接接触，因而会污染大量的微生物，果蔬表面微生物的情况与种植品种、果蔬产地、土壤微生物学条件和气候等因素有关。果蔬表面的微生物可能有腐生性微生物和病原菌，甚至还可能有来自人畜粪便的肠道致病菌和寄生虫卵。另外，果蔬在加工或运输过程中也可能会被微生物污染。

2. 果蔬的腐败变质

新鲜果蔬的表皮外覆盖着一层蜡质层，可以防止微生物侵入，使果蔬在一段时间内免遭微生物的侵染，所以，在这段时间内果蔬内部组织是无菌的。如果这层防护屏障受到机械损伤或昆虫刺伤，微生物就会从伤口处侵入果蔬内并生长繁殖，造成果蔬的腐烂变质。尤其是成熟度高的果蔬更容易受到损伤。

侵入果蔬组织内的微生物主要是霉菌、酵母菌和少数细菌。霉菌或酵母菌首先在果蔬表皮损伤处繁殖，或者霉菌在表面有污染物黏附的部位生长繁殖。当霉菌侵入果蔬组织内，细胞壁的纤维素先被破坏，进而分解细胞的果胶质、蛋白质、淀粉、有机酸、糖类等。随后酵母菌和细菌开始生长繁殖，使果蔬内的营养物质进一步被分解、破坏。最终果蔬出现深色斑点、组织变软、变形、凹陷、发绵，并逐渐变成浆液状甚至水液状，并产生各种不同的味道，如酸味、芳香味、酒味等。引起果蔬腐烂变质的微生物以霉菌最多，其中相当一部分是果蔬的病原菌。

果蔬组织内以碳水化合物和水分为主，水分含量高（水果含水 85%，蔬菜含水 88%），这些是微生物引起果蔬腐烂变质的一个重要因素。水果的 pH ＜ 4.5，蔬菜的 pH 5.0 ～ 7.0，这决定了果蔬中能进行生长繁殖的微生物类群。在自然条件下，污染水果的微生物主要是酵母菌和霉菌，在水果表面也可检出细菌。表 1-7 列出从各种不同水果中分离出来的霉菌。由于大部分蔬菜直接长在地表，外界微生物与蔬菜接触的机会非常大，尤其容易被土壤和粪便中的微生物污染。污染蔬菜的微生物主要有霉菌和酵母菌，此外还有许多细菌，如乳杆菌、小球菌、产碱杆菌、黄杆菌、芽孢杆菌和梭状芽孢杆菌等。蔬菜也会因施用有机肥而被肠道菌污染，如大肠杆菌、粪链球菌、粪渣链球菌和沙门氏菌。

表 1-7　从水果中分离出来的霉菌

水果种类	霉　菌
草莓	苹果青霉、荨麻青霉、根霉、丝衣霉、格链孢霉、盘长孢霉
葡萄	格链孢霉、青霉、根霉、烟曲霉、枝孢霉、粉红单端孢霉
苹果	苹果青霉、根霉、毛霉、格链孢霉、枝孢霉、丛梗孢
杏	苹果青霉、荨麻青霉
樱桃	苹果青霉、荨麻青霉
橙子	橘格链孢霉、青霉
柠檬	橘格链孢霉、青霉、魏氏木霉
桃	苹果青霉、荨麻青霉

新鲜果蔬组织内的酶仍然活动，在贮藏期间，这些酶以及其他环境因素对微生物所造成的果蔬变质有一定的协同作用。果蔬在 0 ～ 10℃的低温环境中贮藏，可有效地缓解酶的作用，对微生物的活动也有一定的抑制作用，可有效地延长果蔬的贮藏时间。但是，此温度只能减缓微生物生长繁殖的速度，不能完全控制微生物。果蔬贮藏期的长短受环境温度、微生物的污染程度、果蔬表皮损伤情况、果蔬成熟度等因素影响。表 1-8 和表 1-9 分别列出引起各类水果和蔬菜变质的常见微生物类群。

表 1-8 引起水果腐败变质的微生物

水果种类	引起水果腐败变质的微生物
核果	青霉属、根霉属、核盘菌属、盘长孢属、小丛壳属、单端孢霉属、交链孢霉属、芽枝霉属、葡萄孢属
浆果	葡萄孢属、青霉属、根霉属、盘长孢属、疫霉属、交链孢霉属、芽枝霉属、单轴霉属
仁果	青霉属、交链孢霉属、葡萄孢属、芽枝霉属、核盘菌属、镰刀霉属、单端孢霉属、疫霉属、黑星菌属、盘长孢属
热带水果	青霉属、木霉属、芽枝霉属、轮枝孢菌属、核盘菌属、交链孢霉属、疫霉属、地霉属、镰刀霉属、拟茎点霉属、色二孢霉属

表 1-9 引起蔬菜腐败变质的微生物

蔬菜种类	引起蔬菜腐败变质的微生物
叶菜类	交链孢霉属、黄单孢菌属、欧文氏菌属、霜霉属、葡萄孢属、镰刀霉属、根霉属
根菜类	交链孢霉属、欧文氏菌属、葡柄霉属、葡萄孢属、丝核菌属、镰刀霉属、茎点霉属
芽菜类	交链孢霉属、黄单孢菌属、镰刀霉属、丝核菌属、疫霉属
花菜类	交链孢霉属、格孢腔菌属、欧文氏菌属
果菜类	交链孢霉属、格孢腔菌属、疫霉属、根霉属、毛霉属、盘长孢霉属
葱类	镰刀霉属、毛盘孢霉属、葡萄孢霉属
蒜类	交链孢霉属、欧文氏菌属、假单孢菌属、芽孢杆菌属、腐霉属、镰刀霉属、疫霉属
结荚蔬菜	交链孢霉属、黄单孢菌属、疫霉属、黑星菌属

3. 果汁的腐败变质

（1）引起果汁腐败变质的微生物　果汁是以新鲜水果为原料，经压榨后加工制成的。由于水果原料本身带有微生物，而且在果汁加工过程中还会受到微生物的污染，所以果汁中含有一定数量的微生物。微生物在果汁中能否繁殖，主要取决于果汁的 pH 和糖分含量。由于果汁的 pH 2.4 ～ 4.2，糖度较高（60 ～ 70° Bé），因而在果汁中生长的微生物主要是酵母菌，其次是霉菌和极少数细菌。

苹果汁中的酵母菌主要是假丝酵母属、圆酵母属、隐球酵母属和红酵母属。葡萄汁中的酵母菌主要是葡萄酒酵母、卵形酵母、路氏酵母、柠檬形克勒克氏酵母等。柑橘中常见的酵母菌是越南酵母、葡萄酒酵母、圆酵母属等。浓缩果汁由于糖度高、酸度高，细菌的生长繁殖受到抑制，只有一些耐渗酵母（如鲁氏酵母和蜂蜜酵母）和霉菌生长。这些酵母细胞相对密度小于它所生活的浓糖液，所以往往浮于浓糖液的表层，当果汁中的糖被酵母转化后，相对密度下降，酵母就沉到下面。如果将浓缩果汁置于 4℃条件下贮藏，酵母菌的发酵作用减弱甚至停止，可防止浓缩果汁变质。

新加工的果汁可检出交链孢霉属、芽枝霉属、粉孢霉属和镰刀霉属中的一些霉菌。贮藏的果汁中以青霉属的霉菌最常见，如扩张青霉和皮壳青霉；其次是曲霉属的霉菌，如构巢曲霉、烟曲霉等。由于霉菌对二氧化碳敏感，所以充有二氧化碳的果汁可抑制霉菌的生长。

果汁中的细菌主要是乳酸菌，如乳明串珠菌、植物乳杆菌等。当果汁的 pH ＞ 4.0 时，酪酸菌生长繁殖。其他细菌一般不容易在果汁中生长繁殖。

（2）果汁腐败变质的现象　微生物引起果汁变质一般会出现混浊、产生酒精和导致有机酸的变化。

造成果汁混浊的原因，除了由化学因素引起外，大多数是由于酵母菌进行酒精发酵造成的，有时也可由霉菌造成。引起混浊的微生物通常是圆酵母属的一些种、一些耐热的霉菌（如雪白丝衣霉菌、纯黄衣霉菌和宛氏拟青霉等）。但是，霉菌在果汁中少量生长时，并不发生混浊，只使果汁风味变坏、产生霉味和臭味等，因为霉菌产生果胶酶，对果汁起澄清作用，只有大量生长时才会混浊。

引起果汁产生酒精而变质的微生物主要是酵母菌。常见的酵母菌有啤酒酵母、葡萄汁酵母等。酵母菌对二氧化碳有耐受力，当果汁含有较高浓度的二氧化碳时，酵母菌虽然不能明显生长，但仍能保持活力，一旦二氧化碳的浓度降低，酵母菌即可恢复生长繁殖。少数霉菌和细菌也可引起果汁产生酒精变质，如甘露醇杆菌、明串珠菌、毛霉、曲霉、镰刀霉中的部分菌种。

果汁变质可导致有机酸的变化。果汁中含有酒石酸、柠檬酸、苹果酸等多种有机酸，它们以一定的含量形成了果汁特有的风味。如果微生物分解了有机酸，或改变了它们的含量及比例，就会使果汁原有的风味遭到破坏，甚至产生不愉快的异味。只有极少数细菌和个别霉菌能分解酒石酸，如解酒石酸杆菌、琥珀酸杆菌等；葡萄孢霉等能分解柠檬酸产生二氧化碳和醋酸；乳酸杆菌、明串珠菌等能分解苹果酸产生乳酸和丁二酸等；个别霉菌如灰绿葡萄孢霉能分解苹果酸。相反，有些霉菌如黑根霉在代谢过程中可以合成苹果酸，柠檬酸霉属、曲霉属、青霉属、毛霉属、葡萄孢霉属、丛霉属和镰刀霉属等可以合成柠檬酸。

明串珠菌在果汁中生长繁殖产生黏多糖等增稠物质，导致果汁发生黏稠状变质。

（六）粮食及粮食制品的腐败变质

1．粮食中的微生物

粮食中含有丰富的碳水化合物、蛋白质、脂肪、无机盐等营养物质，是微生物良好的天然培养基。当条件适合时，粮食中的微生物就会生长繁殖，导致粮食腐败变质，还可能产生毒素。粮食中微生物的种类和数量取决于粮食的品种、水分含量、产地、气候、土壤条件、施用的肥料、粮食的收获、贮藏的条件等。粮食的种植离不开土壤，而土壤是自然界中微生物生存和繁殖的主要场所，所以粮食中的微生物主要来源于土壤。

粮食中的微生物主要是细菌、霉菌、放线菌、酵母菌、病毒等，它们侵入粮食的途径很多，例如在粮食作物的田间生长期、收获期、贮藏期、运输过程、加工的各个环节等。粮食中的微生物，从数量上看，细菌最多，其次是霉菌，放线菌和酵母菌很少；从对粮食的危害上看，霉菌最严重。表1-10中列出从粮食中分离出来的主要微生物类群。

表1-10 从粮食中分离出来的主要微生物类群

微生物类别	种 属
细菌	芽孢杆菌、梭状芽孢杆菌、肠细菌、假单胞菌、八叠球菌、葡萄球菌、链球菌、黄单胞菌、气单胞菌、气杆菌、产碱杆菌、节细菌、欧氏植病杆菌、黄杆菌、乳杆菌、明串珠菌、小球菌、足球菌、变形杆菌、放线菌
霉菌	交链孢霉属、镰刀霉属、禾霉属、根霉属、曲霉属、青霉属、毛霉属、芽枝霉属、附球属、长蠕孢属、黑孢属、接霉属、枝霉属、梨头霉属、复端胞霉属、毛壳霉属、放线毛霉属
酵母菌	酵母属、假丝酵母属、红酵母属

新收获的粮食中细菌总数在 10^5 ～ 10^7 个/g，主要为假单胞菌属和欧氏植病杆菌属的一些细菌，大米中同时还会有大量的蜡样芽孢杆菌。

粮食中的霉菌孢子数为 10^3 ～ 10^6 个/g。从与粮食的相互关系上看，霉菌有寄生菌、腐生菌和兼性寄生菌。寄生菌一般都是植物病原菌，它们可以引起粮食的病害。例如麦类赤霉病的孢子黏附在粮食子粒表面，菌丝可潜伏在子粒皮层下；小麦矮腥黑穗病的菌瘿可混杂在粮堆中；稻曲病的厚垣孢子可散布在子粒表面。虽然寄生菌在粮食贮藏阶段不会危害粮食的品质，但是如果将受寄生菌污染的粮食作为种子粮，其危害将是严重的。腐生菌在粮食上的数量最多，包括各类可对粮食品质产生严重危害的青霉、曲霉等，它们是粮食贮藏期间需要重点关注的微生物类群。兼性寄生霉菌是一类粮食贮藏的条件致病菌，如链格孢霉、蠕孢霉、枝孢霉、弯孢霉、镰孢霉、黑孢子霉等，当环境温度高、湿度大时，这些霉菌即可在粮食上生长繁殖，导致粮食发生霉变；在粮食常规贮藏条件下，这些霉菌的生长受到抑制。在粮食贮藏期间，应更加关注青霉属和曲霉属的霉菌，因为当粮食含水量上升至13.5%时，这些霉菌就会生长繁殖，从而导致粮食发生霉变。此外，霉菌在生长繁殖过程中，还会产生霉菌毒素，人食用含毒素的粮食会引起严重的食物中毒。

在特别潮湿的年份，将粮食进行充氮贮藏、二氧化碳贮藏以及真空贮藏，可以有效地防止微生物引起粮食发生变质。

在粮食中酵母菌的数量很少，只占1%～4%，其数量只有 10^2 ～ 10^3 个/g，所以，粮食的腐败变质与酵母菌关系不大。

2．面粉的腐败变质

（1）面粉中的微生物　面粉中的微生物以细菌最多，其次是霉菌和酵母菌，放线菌很少。细菌数量一般为 10^4 ～ 10^6 个 /g，主要有芽孢杆菌、乳酸菌、产气杆菌、葡萄球菌、荨纤维素分解菌等。芽孢杆菌会产生耐热芽孢，如果在面包烘烤时没有杀死芽孢，造成面包的链丝病；以面粉为原料的罐头，芽孢没有被杀死，造成罐头食品的平酸发酵；乳酸菌能引起新鲜冷藏面团发生腐败；面粉在湿度高的环境中，吸湿，面粉水分增加，有利于纤维素分解菌活动，分解面粉中的纤维素，使淀粉大量暴露，造成面粉变质。

面粉中霉菌很多，有 8 属 20 种，其中以灰绿曲霉和白曲霉为优势菌，占霉菌总数的 60% ～ 90%。青霉以圆弧青霉、橘青霉、产黄青霉、常见青霉最普通。面包中常见的链孢霉和根霉，在面粉中并不多。据霍尔特曼（Holtman）调查：新鲜面粉中细菌数为 23 000 个 /g，霉菌数为 1 800 个 /g；贮藏几个月后，细菌数为 337 000 个 /g，霉菌数为 30 000 个 /g。巴顿（Bartor）- 赖特（Wright）研究表明：面粉的水分含量在 18% 左右时，贮藏 10 周后，pH 由 6.8 降至 4.9，细菌数由 40 750 个 /g 降至 4 200 个 /g，霉菌数由 1 200 个 /g 增加至 8 280 个 /g，其中 90% 是青霉，其次还有曲霉、枝孢霉和灰葡萄孢霉，还有相当数量的酵母菌。

（2）微生物引起的面粉变质　面粉在正常情况下，可以贮藏较长时间，但如果面粉受潮导致水分含量升高，微生物就有可能引起面粉变质。

微生物引起面粉变质现象有霉变、变酸、变苦、变臭。面粉微生物学变质开始通常表现为霉变，因为面粉水分含量升高，通常使霉菌比细菌首先获得生长繁殖所需要的环境条件。同时，其他变质现象有时也会发生。面粉变酸主要由厌氧乳酸菌引起，其他能发酵碳水化合物的细菌也有可能参与变酸过程。面粉变酸通常从面粉堆中心开始逐步向外层发展。面粉变苦和变臭主要是由面粉中酶的活动引起的，脂肪氧化酶分解面粉中的脂肪形成的产物使面粉变苦；同时，微生物分解面粉中的蛋白质产生多肽等多种代谢产物，也是面粉变苦的原因。脂肪氧化形成的脂肪酸被微生物进一步分解为甲基酮，是面粉变臭的主要原因。

3．焙烤制品的腐败变质

焙烤制品是以面粉为主要原料，加入水、盐或糖、酵母及其他辅料，经发酵、焙烤等工艺过程制成的产品。面包是焙烤制品的典型代表，现以面包为例介绍焙烤制品的微生物学变质，表 1-11 列出微生物引起焙烤制品变质的主要类型。

表 1-11　微生物引起焙烤制品变质的主要类型

变质类型	变质现象	引起变质的微生物
拉丝	面包心潮润	面包杆菌、枯草芽孢杆菌、马铃薯芽孢杆菌
白垩病	白斑	变异念珠霉、假丝酵母、复膜孢酵母
变红	面包表面出现红色斑点	红酵母属
霉变	焙烤制品表面可见菌丝生长	黑曲霉、黄曲霉、白地霉、毛霉、青霉、烟曲霉、根霉、构巢曲霉、互隔交链孢霉、美丽枝霉、粗糙链孢霉

面包在制作和贮藏过程中出现的由微生物引起的各种变质现象通常称为面包疾病，常见的现象有以下几种。

（1）面包链丝病　在面包制作过程中，由于温度不够或加热时间短，没有杀死面包心中的芽孢。这些芽孢一般是马铃薯芽孢杆菌和枯草芽孢杆菌，它们在面包内部生长繁殖，使面包心变成黏丝状，并伴有熟甜瓜气味。如果在面粉中添加甲丙酸钠处理，或用氯气处理小麦，可以防止这种现象的发生。

（2）红面包　面包表面呈红色，这是红酵母或黏质沙雷氏菌污染的结果。这两种微生物都不耐热，所以这种现象是面包焙烤后被微生物污染造成的，一般是在贮藏期或出售过程中被污染的。

（3）霉面包　在潮湿条件下，面包吸潮生霉；面包焙烤后，温度还没有降下来就包装起来，水汽散发不出去，容易生霉；将面包切成片状，与环境接触面积增大，更容易吸潮生霉。形成霉面包的微生物主要是霉菌，最常见的有青霉、匍枝根霉、好食脉孢霉等。

（4）酸面包　在面包制作过程中，由于操作不及时，发酵面团放置过久，使面团中的乳酸菌或酵母块中的乳酸菌大量生长繁殖，最终制成的面包为酸面包。有时由于清洁、灭菌不彻底，器皿上带有一定的乳酸菌，污染面团，也会出现面包酸化的现象。

蛋糕是焙烤制品的主要产品之一。蛋糕的腐败变质主要是由霉菌引起的。由于蛋糕含糖量高，水分活性低，细菌很少能在蛋糕上生长。制作蛋糕的配料（如糖、奶油、香料、坚果等）在使用时，一般都不经过焙烤，其中的霉菌孢子都处于暂时的休眠状态，将这些配料添加到已焙烤过的蛋糕表面，制成各种样式的蛋糕。如果环境条件适合，配料中的霉菌孢子就会大量生长繁殖，使蛋糕生霉变硬，逐渐变酸、变质。尤其是近几年出现的鲜奶蛋糕，以及冰淇淋蛋糕、巧克力蛋糕、水果蛋糕、果冻蛋糕等，其主要原料和制作方法基本相同，只是辅料有所不同，而这些蛋糕微生物变质的原理大致相同，因此，这些蛋糕保质期很短。

4．面团制品的腐败变质

面团制品是指面粉加入水、鸡蛋等配料后，经过和面、压面、干燥、切割、包装后制成的产品，主要包括面条、螺丝面等。

现代工业化生产面团制品通常采用120℃左右的热风干制面团制品，所以，经过干制工序后，许多微生物都会被杀死，但是通常还会有一些微生物残存下来。面团制品中经常检出的病原菌是金黄色葡萄球菌，有时甚至还会检出链球菌和沙门氏菌（它们来自鸡蛋）。

干制面团制品中葡萄球菌的数量有时可达10^5～10^6个/g，葡萄球菌会产生肠毒素，所以，在特定情况下，应该对面团制品中是否存在毒素进行检验。面团制品中通常还会有霉菌，干制面团制品中霉菌孢子数量通常为10^4个/g左右，霉菌可能产生霉菌毒素，尤其是黄曲霉毒素。面团制品中经常检出的霉菌有曲霉、毛霉、根霉、犁头霉等。

（七）鱼及鱼制品的腐败变质

鱼类含75%～85%水分、15%～19%蛋白质、1%～8%脂肪、1%左右碳水化合物及无机盐等成分。由于其营养丰富、含水量高，同时鱼的组织结构比较松散，pH 6.0～7.3，所以，鲜鱼保质期很短，在微生物与酶的作用下，很快会发生腐败变质。因此，鲜鱼捕捞后，应迅速加冰或进行其他保藏处理，以保证鲜鱼在加工或消费前细菌总数尽可能低。

1．鱼类中的微生物

新捕获的健康活鱼组织内部或血液中应该是无菌的，但由于鱼的水生环境，不仅含有大量的微生物，而且流动性较强，所以鱼的体表黏液中、鱼鳃以及肠道内都有一定数量的微生物存在。

鲜鱼体表附着的细菌数一般为10^2～10^7个/cm^2，肠液中细菌数一般为10^3～10^8个/mL。由于鱼的种类、渔场所处的地区、季节、水域的温度等，体表所附细菌数有所不同。引起海水鱼变质的常见细菌有假单胞菌属、无色杆菌属、黄杆菌属、摩氏杆菌属等，引起淡水鱼变质除上述细菌外还有产碱杆菌属、气单胞菌属、短杆菌属等细菌。

2．鲜鱼的腐败变质

在室温条件下，鱼死后很快就会腐败变质。在细菌和酶的作用下，鱼体表黏液蛋白首先被分解，鱼体表呈现混浊、无光泽，表皮组织由坚硬变疏松，鱼鳞脱落；同时，肠道内的细菌很快繁殖，使肠道组织溃烂，细菌迅速进入鱼体腔内。变质过程中产生吲哚、粪臭素、硫醇、氨、硫化氢等臭味物质，变质程度越深，臭味越浓。当感官能察觉到鱼的腐败特征时，鱼体细菌总数已达到10^8个/g，鱼组织pH升高至7～8，挥发性氨基氮的含量达到30mg/g左右。

低温可抑制鱼体自身酶系的消化作用，抑制微生物的生长繁殖。保藏温度越低，这种抑制作用越强，鲜鱼的保质期越长。鲜鱼在 5 ～ 10℃贮藏，保质期一般为 5d 左右；鲜鱼在 –5℃保藏，细菌的生长繁殖基本被抑制，但鱼体自身酶系仍在活动，保质期一般可达 2 ～ 3 周以上；如果要获得更长的保质期，鲜鱼应该保藏在 –25 ～ –30℃低温下。

3．鱼类干制品的腐败变质

将鱼类经过干燥处理后使其水分含量下降至 10% 以下，可以延长其保存期。鱼类经过干制后，其表面及内部的大量微生物死亡，但仍然会有部分球菌和耐旱的非芽孢细菌及芽孢细菌存在，只是活性很低、代谢微弱。目前市场上将鱼类的干制品真空包装，可以较好地防潮并隔绝空气，但包装一经打开，鱼类的干制品很快吸潮，存在的微生物就会迅速生长繁殖，引起鱼类制品的腐败变质。

4．盐藏鱼的腐败变质

盐藏鱼是利用食盐形成的高渗透压抑制部分甚至全部腐败微生物的生长繁殖。当食盐浓度在 10% 以上时，大多数细菌生长都被抑制，但是球菌比杆菌耐盐力强，即使食盐浓度达 15%，多数球菌仍能生长。所以，要抑制所有腐败微生物的生长繁殖及鱼体自身酶系的活动，食盐浓度应达到 20% 以上。

经高盐腌制的鱼体也常会发生赤变现象，这是由于嗜盐菌在鱼体上生长繁殖造成的。这类细菌主要包括盐地沙雷氏杆菌、盐地假单胞菌、红皮假单胞菌、盐杆菌、玫瑰小球菌等。

任务三　食品微生物检测常用仪器及玻璃器皿

一、食品微生物检测常用仪器

（一）超净工作台

1．构造

超净工作台一般由鼓风机、过滤器、操作台、紫外光灯和照明灯等部分组成。通过内部小型电动机带动风扇，使空气先通过一个前置过滤器，滤掉大部分尘埃，再经过一个细致的高效过滤器，以将大于 0.3μm 的颗粒滤掉，然后使过滤后的不带细菌、真菌的纯净空气以 24 ～ 30m/min 的流速，吹过工作台的操作面，此气流速度能避免坐在超净工作台旁的操作人员造成的轻微气流污染操作对象。

2．使用方法

（1）接通电源。

（2）打开玻璃门，将需要灭菌的物品放入超净工作台内，关闭玻璃门。

（3）打开紫外光灯，照射 30min 灭菌。操作前 10min 打开鼓风机，并且在鼓风机运行的情况下进行无菌操作。

（4）灭菌结束，关闭紫外光灯，工作人员稍后进入操作。

（5）操作时，打开照明灯并且在持续鼓风的状态下进行操作。

（6）操作结束，关闭鼓风机和照明灯，彻底清理操作台，关上玻璃门，最后切断电源，方可离开。

（二）高压蒸汽灭菌器

1．工作原理

在密闭的蒸锅内，其中的蒸汽不能外溢，压力不断上升，使水的沸点不断提高，从而锅内温度也随之增加。在 0.1MPa 的压力下，锅内温度达 121℃。在此蒸汽温度下，可以很快杀死所有微生物。注意：完全排除锅内空气，使锅内全部是水蒸气，灭菌才能彻底。高压灭菌放气有几种不同的做法，但目的都是要排净空气，使锅内均匀升温，保证灭菌彻底。常用的放气方法是：关闭放气阀，通电后，待压力上升到 0.05MPa 时，打开放气阀，放出空气，待压力表指针归零后，再关闭放气阀。关阀再通电后，压力上升到 0.1MPa 时，开始计时，维持压力 0.1 ～ 0.15MPa 20min。到达保压时间后，即可切断电源，在压力降到 0.5MPa，可缓慢放出蒸汽，应注意不要使压力降低太快，以致引起激烈的减压沸腾，使容器中的液体四溢。当压力降到零后，才能开盖，取出灭菌物品。灭菌结束后，不可久不放气，一旦放置过久，由于高压锅内有负压，盖子打不开，只要将放气阀打开，大气压进入，内外压力平衡，盖子便易打开。对高压灭菌后不变质的物品，如无菌水、培养介质、接种用具，可以延长灭菌时间或提高压力。若灭菌培养基要严格遵守保压时间，既要保压彻底，又要防止培养基中的成分变质或效力降低，不能随意延长时间。

2．构造

立式高压蒸汽灭菌器的构造如图 1-2 所示。

3．使用方法

（1）开盖　向右转动手轮数圈，直至转到顶，使盖充分提起，拉起左立柱上的保险销，推开横梁移开锅盖。

（2）通电　接通电源，将控制面板上的电源开关按至“ON”处，此时欠压蜂鸣器响，显示锅内无压力（当锅内压力升至 0.03MPa 时，蜂鸣器自动关闭），控制面板上缺水位

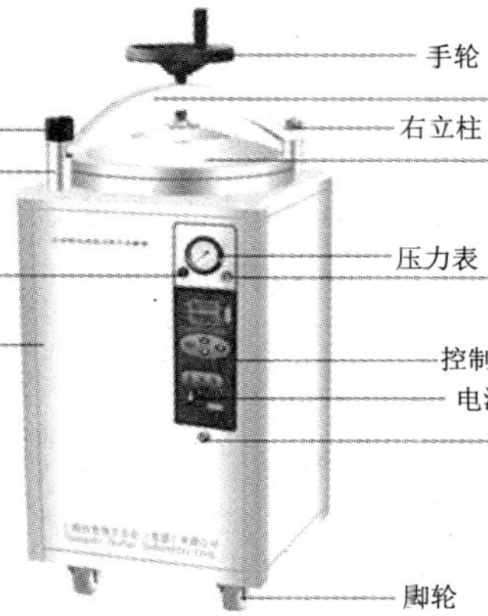

图 1-2　立式高压蒸汽灭菌器的构造

和低水位均亮灯。

（3）加水　将纯水直接注入锅内约 8L，观察控制面板上的高水位灯亮时方可停止加水，当水过多应开启下排水阀放去多余水。

（4）放需灭菌的物品　锅内放入需要灭菌的物品（如生理盐水、培养基等），物品摆放应留有一定间隙，这样有利于蒸汽穿透，提高灭菌效果。

（5）盖上锅盖　将手轮向左旋转数圈，使锅盖向下压紧锅体，以确保密封开关处处于接通状态。当连锁灯亮时，显示容器密封到位。

（6）设定灭菌的温度和时间　在控制面板上，按一下确认键，按动增加键，将温度设定在 121℃，再按动一下确认键；按动增加键，设定时间为 20min，再按确认键，温度和时间设定完毕。

（7）灭菌　第（7）步结束后，进入自动灭菌程序，打开排气按钮，随着锅内水蒸气增多，排出锅内冷空气后，高压锅自动关闭排冷空气系统，锅内开始升压，当锅内压力达到约 0.03MPa 时，欠压蜂鸣器停止蜂鸣，压力灯亮；温度继续上升，当锅内到达所设定温度，加热灯灭，自动控制系统开始运行，灭菌倒计时，并在控制面板上的设定窗内显示所需灭菌的时间。

（8）灭菌结束　倒计时为零时，高压锅自动停止工作，并且自动降压，当压力表上压力指示针指到零时，方可打开锅盖取出灭菌物品。最后将锅内的水放出。

4．注意事项

（1）向锅内放灭菌物品时，严禁堵塞安全阀和放气阀，必须留出空位保证其空气畅通，否则易造成容器爆裂。

（2）灭菌液体时，盛液不超过容器的 3/4。

（3）针对不同灭菌指标的物品，不能一起灭菌。

（4）灭菌终了时，若压力表指示针已经回到零位，而锅盖不易开启时，可将放气阀塞子置于放气位置，使外界空气进入锅内，真空消除后，方可开盖。

（5）压力表使用久后，压力表指针不正确或不能恢复零位，应及时予以检修。

（6）经常保持设备的清洁与干燥，可以延长其使用寿命，橡胶密封圈使用久会老化，应定期更换。

（7）应定期检查安全阀的可靠性，工作压力超过 0.165MPa 时不起跳，需更换合格安全阀。

（三）恒温培养箱

1．恒温恒湿培养箱

（1）结构和性能　恒温恒湿培养箱门上通常设有玻璃观测视窗，内部附有照明灯，随时可以清晰地观测箱内状况。箱体正面带有液晶显示屏，可以显示温度、湿度和时间，并且有设置按钮，对上述参数进行设定。箱内附有隔板，隔板可以任意调节位置。

（2）使用方法

①使用前准备　将恒温恒湿培养箱的湿球纱带用纯化水湿润。调整恒温恒湿培养箱的高度使搁板水平。将恒温恒湿培养箱内的左右搁条根据需要挂至适当位置，放置好搁板。将电源插头插入 220V 交流电源插座上。打开电源开关和照明开关。

②开始使用

温度设定：将温度仪表上的“设定”、“测量”转换开关拨至“设定”挡。调整设定旋钮，使仪表显示出要求的温度。将转换开关拨回到“测量”位置。

湿度设定：通过干湿球算表计算出所需一干球温度下的相对湿度。将湿度仪表上“设定”、“测量”转换开关拨至“设定”挡。调整设定按钮，使仪表显示出所需的湿度。将转换开关拨回到“测量”位置。将制冷开关和换气开关拨到自动挡。

放置培养物：打开箱门，将培养物放置在隔板上，放置时不要紧靠培养箱内壁，不要放置在培养箱底部的散热板上，不要过于拥挤，放置完毕关闭箱门。

③使用结束　使用结束时，关闭电源开关，拔下电源插头。认真填写设备使用记录。

④注意事项　培养物放置在箱内不宜过挤，保持箱内受热均匀。内室底板因靠近电热器，故不宜放置培养物。

2．二氧化碳培养箱

（1）结构特点　二氧化碳培养箱主要由箱体、风道、加热和二氧化碳气体输入通道、控制器等组成。培养箱的基本形式为电加热、电磁阀控制气体输入、风机强制对流、双重门结构。工作室装有照明装置，双门保温，保证纯净的培养环境，便于观察和保温。工作室搁板高度和数量可以任意调节，使用方便。

箱体正面带有数码液晶显示器，可以显示温度、时间、二氧化碳浓度和压力等参数，可以通过显示器下方的按钮进行参数设定。

（2）使用方法

①将随机提供的减压阀装在二氧化碳钢瓶上，接头处不得有漏气现象，暂不打开钢瓶。将减压阀输出接头用胶管（可用血压计上用的外径 8mm、内径 4mm 的橡胶管代用）与 CO_2 箱背后上方的 CO_2 进气管接头接通，用压紧圈压紧，以防漏气。

②用酒精将 CO_2 箱工作室内擦净，打开紫外光灯，消毒 1 ～ 2h。

③用加水管连接水龙头和箱体左上侧加水口。水套式 CO_2 培养箱必须先进行加水操作。打开水龙头，缓慢给水箱加水，随水位逐渐升高，当低水位指示灯灭后，此时再等待 3 ～ 5s 后停止加水，此时水位在低、高水位之间，水位灯均应不亮，设备可投入运行。在未加水至高于低水位时，低水位指示灯亮并有蜂鸣报警声。如进水过多，高水位指示灯亮后，水将从箱体背后溢水口溢出，故当高水位指示灯亮时，把左下侧的放水口橡皮管拉出后拔出放水塞放水（注意：放水橡皮管应向外拉直约 300mm）。直至高水位指示灯灭后 2 ～ 3s，再把放水塞头塞紧。低水位报警时，应及时加水，否则温度控制器停止加热。

④接通电源，电源开关置“1”，绿色指示灯亮。

⑤将温度设定值调到需要的温度（如 37℃），加热指示灯（绿）应亮，表示正在加热。（注：环境温度超出 25℃，可用空调降低环境温度。）

⑥将二氧化碳控制开关置于“0”。（关闭电磁阀，因为在未通二氧化碳培养时电磁阀长时间通电会发热，影响电磁阀寿命。）

⑦待温度达到设定值后，将二氧化碳钢瓶开启，开启前，减压阀应尽量拧松，防止减压阀输出压力过高导致输气橡皮管爆裂。减压阀上进气压力表指示钢瓶内二氧化碳压力，缓慢地顺时针拧减压阀旋钮，使减压阀输出压力指示为 0.05 MPa，指针处于刻度线中间。此时用拨盘设定二氧化碳浓度（出厂时调整为 5%），开启二氧化碳控制开关前要关闭空气流量计和二氧化碳流量计，二氧化碳控制器显示“1”，此时即有二氧化碳进入内室。随着浓度升高，二氧化碳控制器显示出二氧化碳浓度值，到设定值时，设备自动切换到空气及二氧化碳补气状态。此时需调整空气流量计浮子应指示在 760mL/min（出厂时已调好），二氧化碳流量计浮子应指示在 40mL/min（出厂时已调好）；若浮子偏离上述数值时，可调节流量计旋钮到 760mL/min（空气）及 40mL/min（二氧化碳）准确为止（在开、关箱门后，短时间内空气流量计无流量，CO_2 流量计流量也小于 40mL/min 这是正常现象）。出厂时一般调整为 5%±0.3% 二氧化碳浓度。

⑧当温度达到设定值，波动 ±0.5℃以内，二氧化碳浓度也达到要求后，即可进行细胞培养。放入水盘，使湿度符合要求。

⑨培养结束后，开箱门取出培养物。若停止培养，则应先将 CO_2 钢瓶关闭，再将空气流量计和二氧化碳流量计关闭，CO_2 进气开关置“0”位置，最后关闭总电源。若长期不使用，则应取出水盘，擦干工作室，在 CO_2 进气开关关闭状态下，使 CO_2 箱在37℃条件下开机 2h，烘干工作室，再切断总电源。

⑩在首次使用二氧化碳培养箱或长期不用后再使用，均应按上述要求操作，并且在正式培养前应作箱内污染检查。

（四）干燥箱

1. 构造

干燥箱又叫烤箱或烘箱。主要由箱体、电热器和温度控制系统三部分组成。

（1）箱体

①箱壳　外壳用薄铁板（或薄钢板）制成。箱壁多分为三层（包括外壳），三层铁板之间形成内外两个夹层，外夹层中填充绝热材料（玻璃纤维或石棉板），内夹层作为热空气对流层。

②恒温室　最内层铁板所围绕的空间叫做恒温室。室内有 2 ～ 3 层网状搁架，用于放置物品。温度控制器的感温部分（即感温探头）从左侧壁上伸入恒温室内。底部夹层中装有电热丝。

③箱门　通常为双重式。内门是玻璃门，用于在减少热量散失的情况下观察所烘烤的物品。外门用于隔热保温。

④进、排气孔　底部或侧面有一进气孔，干燥空气由此进入。箱顶有一排气孔，在它的出口处装有可调适的排气窗，蒸汽由此逸出。排气窗的中央插入一支温度计，用以指示箱内温度。

⑤侧室　为控制室，一般设在箱体左边，与恒温室绝热隔开，其内安装有开关、指示灯、温度控制器、鼓风机等电器元件。打开侧室门，可以很方便地检修电热丝之外的电路。也有的电热箱将控制室设置在箱体的下方。

（2）电热器　电热器通常由 4 根电热丝并联组成。电热丝均匀地盘绕在由耐火材料烧成的绝缘板上。一般分成两组，受转换开关控制。总功率为 2 ～ 4kW，功率大的可达 8kW。功率越大，箱体也越大。

（3）温度控制系统　温度控制系统主要由温度传感器、温度控制电路、继电器、温度设置及温度显示部分组成。

2．使用方法

（1）装箱　将包好的待灭菌物品（培养皿、试管、吸管等）放入电热干燥箱（注意留有一定的间隙），关好箱门。

（2）升温　接通电源，打开排气孔，使箱内湿空气能逸出，旋动恒温调节器，保持加热升温状态，至箱内达到100℃时关闭排气孔。

（3）恒温　当温度升到160～170℃时，借恒温调节器的自动控制，保持此温度1～2h。

（4）降温　切断电源，冷却至60℃。

（5）取物　打开箱门，取出灭菌物品（未降至60℃以前，切勿打开箱门，否则温度骤降导致玻璃器皿炸裂）。

（五）普通光学显微镜

1．构造

普通光学显微镜的构造可以分为机械和光学系统两大部分。如图1-3和图1-4所示。

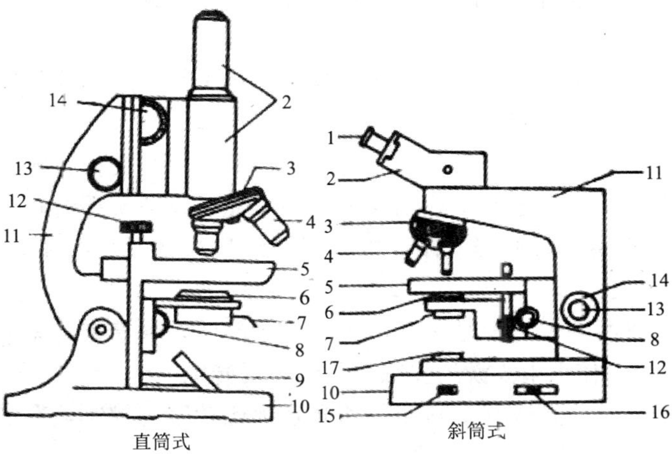

1．目镜　2．镜筒　3．转换器　4．物镜　5．载物台　6．聚光器　7．虹彩光圈　8．聚光镜调节钮　9．反光镜　10．底座　11．镜臂　12．标本片移动钮　13．细调焦旋钮　14．粗调焦旋钮　15．电源开关　16．光亮调节钮　17．光源

图1-3　显微镜构造

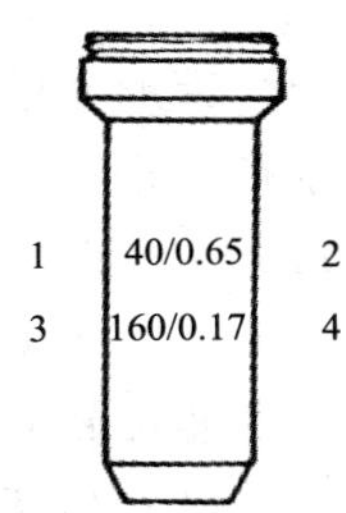

1．放大倍数　2．数值孔径　3．镜筒长度　4．指定盖玻片厚度

图1-4　物镜的各种标记

（1）机械系统

①镜座　在显微镜的底部，呈马蹄形、长方形、三角形等。

②镜臂　连接镜座和镜筒之间的部分，呈圆弧形，作为移动显微镜时的握持部分。

③镜筒　位于镜臂上端的空心圆筒，是光线的通道。镜筒的上端可插入接目镜，下面可与转换器相连接。镜筒的长度一般为160mm。显微镜分为直筒式和斜筒式；有单筒式的，也有双筒式的。

④物镜转换器　位于镜筒下端，是一个可以旋转的圆盘。有3～4个孔，用于安装不同放大倍数的接物镜。

⑤载物台　是支持被检标本的平台，呈方形或圆形。中央有孔可透过光线，台上有用来固定标本的夹子和标本移动器。

⑥准焦螺旋　包括粗准焦螺旋和细准焦螺旋，是调节载物台或镜筒上下移动的装置。

（2）光学系统

①接物镜　简称物镜，是显微镜中最重要的部分，由许多块透镜组成。其作用是将标本上的待检物进行放大，形成一个倒立的实像，一般显微镜有3～4个物镜，根据使用方法的差异可分为干燥系和油浸系两组。干燥系物镜包括低倍物镜（4×～10×）和高倍物镜（40×～45×），使用时物镜与标本之间的介质是空气；油浸系物镜（90×～100×）在使用时，物镜与标本之间加有一种折射率与玻璃折射率几乎相等的油类物质（如香柏油）作为介质。

②接目镜　简称目镜，一般由2～3块透镜组成。其作用将由物镜所形成的实像进一步放大，并形成虚像而映入眼帘。一般显微镜的标准目镜是10×。

③聚光镜　位于载物台的下方，由两个或几个透镜组成，其作用是将由光源来的光线聚成一个锥形光柱。聚光镜可以通过位于载物台下方的聚光镜调节旋钮进行上下调节，以求得最适光度。聚光器还附有虹彩光圈，以此调节锥形光柱的角度和大小，控制进入物镜的光的量。

④反光镜　反光镜是一个双面镜，一面是平面，另一面是凹面，起着把外来光线变成平行光线进入聚光镜的作用。使用电光源的显微镜就无须反光镜。

⑤光源　日光和灯光均可，以日光较好，其光色和光强都比较容易控制，有的显微镜采用装在底座内的电光源（电光源显微镜所具有的）。

2．显微镜的成像原理

显微镜的放大作用是由物镜和目镜共同完成的。标本经物镜放大后，在目镜的焦平面上形成一个倒立实像，再经目镜进一步放大形成一个虚像，被人眼所观察到（图1-5）。

在油镜系中，载玻片与镜头之间多用香柏油作介质。因香柏油的折射率（n=1.51）与玻璃的折射率（n=1.52）几乎相等，故透过载玻片的光线通过香柏油后，直接进入物镜，而不发生折射。两组物镜光线通路的区别如图1-6所示。

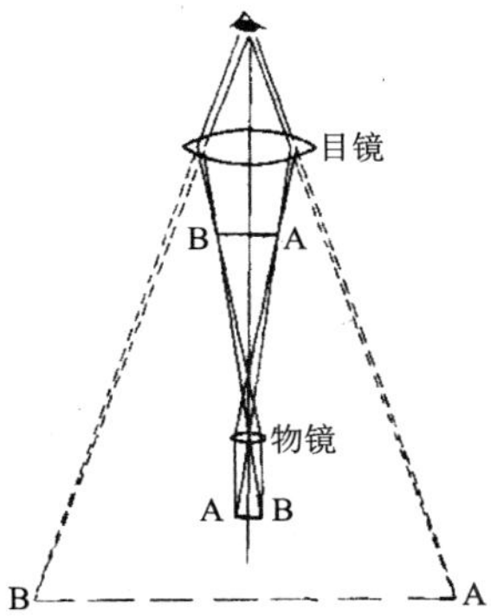

图 1-5　物镜光线通路

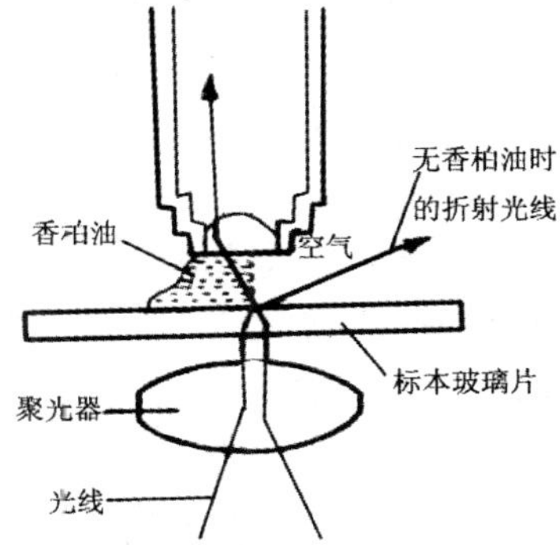

图 1-6　物镜光线通路

3．显微镜的性能

（1）分辨率和数值孔径　衡量显微镜性能好坏的指标主要是显微镜的分辨率，显微镜的分辨率是指显微镜将样品上相互接近的两点清晰分辨出来的能力。它主要取决于物镜的分辨能力，物镜的分辨力是所用光的波长和物镜数值孔径的函数。分辨率用镜头所能分辨出的两点间的最小距离表示，距离越小，分辨能力越好。物镜的分辨力可用下面公式表示：

$$D=\frac{1}{2}\frac{\lambda}{N.A}$$

式中：D——分辨率；

λ——波长；

$N.A$——物镜的数值孔径，表示从聚光镜发出的锥形光柱照射在观察标本上，能被物镜所聚集的量。物镜的数值孔径可用下面公式表示：

$$N.A=n\sin\theta$$

式中：n——标本和物镜之间介质的折射率；

θ——由光源投射到透镜上的光线和光轴之间的最大夹角。

光线投射到物镜的角度越大，数值孔径就越大。如果采用一些高折射率的物质作介质，如使用油镜时采用香柏油作介质，则数值孔径增大，从而提高分辨能力。物镜镜筒上标有数值孔径，低倍镜为 0.25，高倍镜为 0.65，油浸镜为 1.25。这些数值是在其他条件都适宜的情况下的最高值，实际使用时，往往低于所标的值。

（2）放大倍数、焦距和工作距离　显微镜的放大倍数是物镜和目镜放大倍数的乘积。放大倍数一样时，由于目镜和物镜搭配不同，其分辨率也不同。一般来说，增加放大倍数应该是尽量用放大倍数高的物镜。物镜的放大倍数越大，焦距越短，物镜和标本之间的距离（工作距离）便越短。

4．注意事项

（1）持镜时必须是右手握臂、左手托座的姿势，不可单手提取，以免零件脱落或碰撞到其他地方。

（2）轻拿轻放，不可把显微镜放置在实验台的边缘，以免碰翻落地。

（3）保持显微镜的清洁，光学和照明部分只能用擦镜纸擦拭，切忌口吹手抹或用布擦，机械部分用布擦拭。

（4）水滴、酒精或其他药品切勿接触镜头和镜台，如果沾污应立即擦净。

（5）要养成两眼同时睁开的习惯，以左眼观察视野，右眼用以绘图。

（6）不要随意取下目镜，以防止尘土落入物镜，也不要任意拆卸各种零件，以防损坏。

（7）调节粗准焦螺旋时，双眼要注视物镜与玻片之间的距离，当物镜头接近标本（约0.5cm）时停止。

（8）使用完毕后，必须复原才能放回镜箱内。最后填写使用登记表。

（六）恒温水浴箱

1．构造

恒温水浴箱的箱壁只有两层，外壁为薄钢板，内壁为铜皮，夹层中填有绝热材料。侧室设在右边，内装开关、指示灯、温度控制器等电器元件。水浴箱的电热器，多采用浸入式电热管。

2．使用方法

（1）设备安装前应将水浴箱放在平整的工作台上，先进行外观检查：外观应无破损，仪表外观应完整，导线绝缘应良好，插头应完好，电源开关灵活。每台设备的电源线都接有单相三极插头，其中插头最上方的电极为接地极，用户使用时必须使用单相三极的电源插座，电源插座的接地极上应有可靠的地线。

（2）通电前先向水浴箱的水槽注入清水（有条件请用蒸馏水，可减少水垢），水浴箱加注清水后应不漏水，液面距上口应保持 2 ～ 4cm 的距离，以免水溢出到电气箱内，损坏器件。开启电源开关，电源开关指示灯亮，设备的电源已接通，温度控制仪表显示的数值是当前的水温值。

（3）按照所需要的工作温度进行温度的设定，此时温控仪表的绿灯亮，电加热器开始加热，待水温接近设定温度时，温控仪表的红绿灯开始交替亮灭，温控仪表进入了比例控制带，加热器开始断续加热以控制热惯性。当水温升至设定温度时，红绿灯按照一定的规律交替亮灭，设备进入恒温段。

例如，数字显示双列四孔恒温水浴箱，工作温度 65℃，其操作程序如下：加注清水→开启电源开关→温度设定→温控仪表的绿灯亮，加热器开始工作→温控仪表的红绿灯开始交替亮灭，进入比例加热阶段→直至恒温。

（4）试验工作结束以后，关闭电源开关，切断设备的电源，并将水槽内的水放净。

3．注意事项

（1）水浴箱使用时，必须先加水后通电，严禁干烧。

（2）水浴箱使用时，必须有可靠的接地线以确保使用安全。

（3）水位低于电热管，不准通电使用，以免电热管爆裂损坏。

（4）水位不可过高，以免水溢入电器箱损坏元件。

（5）定期检查各接点螺丝是否松动，如有松动应加紧固，保持各电气接点接触良好。

（6）水浴箱长期不使用时，应将水槽内的水放净并擦拭干净，定期清除水槽内的水垢。

（七）离心机

离心机是借离心力分离液相非均一体系的设备。根据物质的沉降系数、质量、密度等的不同，应用强大的离心力使物质分离、浓缩和提纯的方法称为离心。一般来说，离心机转速在 20 000r/min 以上的称为超速离心。超速离心技术是分子生物学、生物化学研究和工业生产中不可缺少的手段。

1．构造

（1）电动机 是离心机最主要的部件之一，是把电能转换成机械能的一种设备。包括定子和转子，它是利用通电线圈（也就是定子绕组）产生旋转磁场并作用于转子（如鼠笼式闭合铝框）形成磁电动力旋转扭矩。通电导线在磁场中受力运动的方向跟电流方向和磁感线（磁场方向）方向有关。电动机工作原理是磁场对电流受力的作用，使电动机转动。

（2）转盘 主要以铸铝材质为主，离心机的转轴使用螺帽旋定固。转盘平顶是金属外罩，确保了安全性能，离心机上头盖板能够在操作中减低噪声和空气阻力。

（3）调速装置 离心机在调速装置中像抽头变阻器能够改变位置等，则使用不同的变阻器改变离心机电流和电压从而达到转速的目的。

2．使用方法

（1）离心机应放置在水平坚固的地板或平台上，并力求使机器处于水平位置以免离心时造成机器振动。

（2）打开电源开关，按要求装上所需的转头，将预先以托盘天平平衡好的样品放置于转头样品架上（离心筒须与样品同时平衡），关闭机盖。

（3）按功能选择键，设置各项要求，如温度、速度、时间、加速度及减速度，带电脑控制的离心机还需按储存键，以便记忆输入的各项信息。

（4）按启动键，离心机将执行上述参数进行运作，到预定时间自动关机。

（5）待离心机完全停止转动后打开机盖，取出离心样品，用柔软干净的布擦净转头和机腔内壁，待离心机腔内温度与室温平衡后方可盖上机盖。

3．注意事项

（1）离心机体应始终处于水平位置，外接电源系统的电压要匹配，并要求有良好的接地线。

（2）开机前应检查转头安装是否牢固，机腔有无异物掉入。

（3）样品应预先平衡，使用离心筒离心时离心筒与样品应同时平衡。

（4）挥发性或腐蚀性液体离心时，应使用带盖的离心管，并确保液体不外漏，以免腐蚀机腔或造成事故。

（5）擦拭离心机腔时动作要轻，以免损坏机腔内温度感应器。

（6）每次操作完毕应做好使用情况记录，并定期对机器各项性能进行检修。

（7）离心过程中若发现异常现象，应立即关闭电源，报请有关技术人员检修。

（八）pH 试纸

pH 试纸包括广泛 pH 试纸和精密 pH 试纸。广泛 pH 试纸测试溶液 pH 范围是 1 ～ 14。对比比色卡，只能测出 pH 整数值。精密 pH 试纸按测量区间分为：0.5 ～ 5.0、0.1 ～ 1.2、0.8 ～ 2.4 等。超过测量的范围，精密 pH 试纸就无效了。可以先用广泛 pH 试纸大致测出溶液的酸碱性，再用精密 pH 试纸进行精确测量。

1．原理

pH 试纸上有甲基红、溴甲酚绿、百里酚蓝这三种指示剂。甲基红、溴甲酚绿、百里酚蓝和酚酞一样，在不同 pH 值的溶液中均会按一定规律变色。甲基红的变色范围是 pH 4.4（红）～ 6.2（黄），溴甲酚绿的变色范围是 pH 3.6（黄）～ 5.4（绿），百里酚蓝的变色范围是 pH 6.7（黄）～ 7.5（蓝）。用定量甲基红加定量溴甲酚绿、加定量百里酚蓝的混合指示剂浸渍中性白色试纸，晾干后制得的 pH 试纸可用于测定溶液的 pH 值。

2．使用方法

（1）检验溶液的酸碱度　取一小块试纸在培养皿或玻璃片上，用洁净干燥的玻璃棒蘸取待测液点滴于试纸的中部，观察变化稳定后的颜色，与标准比色卡对比，判断溶液的性质。

（2）检验气体的酸碱度　先用蒸馏水把试纸润湿，粘在玻璃棒的一端，再送到盛有待测气体的容器口附近，观察颜色的变化，判断气体的性质。

3．注意事项

（1）检验溶液的酸碱度时，试纸不可直接伸入溶液；试纸不可事先用蒸馏水润湿，因为润湿试纸相当于稀释被检验的溶液，这会导致测量不准确。

（2）检验气体的酸碱度时，试纸不能触及器壁。

（3）试纸不可接触试管口、瓶口、导管口等。

（4）取出试纸后，应将盛放试纸的容器盖严，以免被实验室的一些气体沾污。

（九）天平

1．托盘天平

（1）构造　托盘天平的主要结构有：指针、托盘、平衡螺母、横梁标尺、底座、分度盘、游码、砝码等。

（2）使用方法

①天平的调节　先将托盘天平平放在水平桌面上，再将游码对准横梁标尺的零刻线处，然后调节平衡螺母。如果此时指针偏右，应将它向左调，使横梁平衡。

②质量的测量　将待测的物体轻放于已调好的左盘内，估计待测物体的质量，将适量的砝码用镊子夹取放在右盘内。增减砝码，并移动游码，直到天平恢复平衡。

③将右盘中砝码的总质量与游码所对刻度值相加，即是被测物体的质量。

④将砝码放回砝码盒，并使游码回零。

2．电子天平

（1）构造　电子天平主要由以下几个部分组成：

①秤盘　多为金属材料制成，安装在天平的传感器上，是天平进行称量的承受装置。它具有一定的几何形状和厚度，以圆形和方形的居多。使用中应注意卫生清洁，更不要随意掉换秤盘。

②传感器　是电子天平的关键部件之一，由外壳、磁钢、极靴和线圈等组成。装在秤盘的下方。它的精度很高也很灵敏。应保持天平称量室的清洁，切忌称样时撒落物品而影响传感器的正常工作。

③位置检测器　由高灵敏度的远红外发光管和对称式光敏电池组成。它的作用是将秤盘上的载荷转变成电信号输出。

④ PID 调节器　PID（比例、积分、微分）调节器的作用，就是保证传感器快速而稳定地工作。

⑤功率放大器　其作用是将微弱的信号进行放大，以保证天平的精度和工作要求。

⑥低通滤波器　其作用是排除外界和某些电器元件产生的高频信号的干扰，以保证传感器的输出为一恒定的直流电压。

⑦模数（A/D）转换器　其优点在于转换精度高，易于自动调零能有效地排除干扰，将输入信号转换成数字信号。

⑧显示器　目前显示器基本上有两种：一种是数码管显示器，另一种是液晶显示器。它们的作用是将输出的数字信号显示在显示屏幕上。

⑨机壳　其作用是保护电子天平免受灰尘等物质的侵害，同时也是电子元件的基座等。

⑩底脚　电子天平的支撑部件，同时也是电子天平水平的调节部件，一般使用靠后面两个调整脚来调节天平的水平 。

（2）使用方法

①检查并调整天平至水平位置。

②事先检查电源电压是否匹配（必要时配置稳压器），按仪器要求通电预热至所需时间。

③预热足够时间后打开电子天平开关，天平则自动进行灵敏度及零点调节。待稳定标志显示后，可进行正式称量。

④称量时将洁净秤量瓶或秤量纸置于秤盘上，关上侧门，轻按一下去皮键，天平将自动校对零点，然后逐渐加入待称物质，直到所需重量为止。

⑤被称物质的重量是显示屏左下角出现“→”标志时显示屏所显示的实际数值。

⑥称量结束应及时除去秤量瓶（纸），关上侧门，切断电源，并做好使用情况登记。

（十）菌落计数器

1．构造

菌落计数器是一种数字显示式半自动细菌计数器，由计数池、计数笔、计数器及数码显示器等组成。

2．使用方法

（1）将电源插头插入 220V 电源插座内。

（2）将计数笔插头插入仪器上的插孔内。

（3）将电源开关拨向“开”的位置，计数池内灯亮，同时数字显示应为“000”，表示允许进行计数。如数字不为“000”，应按复“0”键。

（4）将待检的培养皿（皿底朝上）放入计数池内。

（5）用计数笔在培养皿底面对所有的菌落逐个点数。每点一个应听到“嘟”声才说明有效，否则应重新点。此时，点到的菌落被标上颜色，显示数字自动累加。

（6）数码显示器显示的数字即为该培养皿内的菌落数。

（7）记录数字后取出培养皿。按复“0”键，显示恢复“000”，为另一培养皿的计数做好准备。

（十一）均质器

拍打式无菌均质器（均质机）主要应用于食品微生物分析，动物组织、生物样品、化妆品的均质处理，肉、鱼、蔬菜、水果、饼干的均质处理，药品的微生物分析特别适合检测样本的制备。拍打式均质器工作仓采用优质不锈钢材料，可有效分离固体样品表面及内部微生物等样品，无菌均质袋有效隔离样品与设备接触，具有均质柔和、无污染、无损伤、无升温、无须灭菌处理等优点。适当调整工作时间和拍击速度可对组织细胞实现柔和匀浆。

1. 使用方法

（1）打开电源开关。

（2）设置均质时间。

（3）将所需均质的物品放入均质袋中。

（4）将装有均质物品的均质袋放入样本箱中。

（5）将开关旋钮旋紧，即关闭箱门，则开始均质。

（6）均质结束后，打开开关旋钮，取出均质袋。

（7）关闭电源开关，打扫干净，关闭开关旋钮。

2. 注意事项

（1）电源插头必须插紧到位，出现松动可能影响电脑控制器造成死机，如出现死机现象，请关闭后侧电源开关，关机 3min 后重新启动。

（2）在锤击板工作时请不要随意打开均质器门，以免样品液溢出，造成不必要的损失。应按“开 / 停”键，设备自动停止运行。当把门关上后，再按“开 / 停”键，设备自动完成余下工作，切勿颠倒操作。

（3）仪器长期不使用应切断电源，拔去插头。防止无菌均质器内部电子元器件老化。

（4）均质器门底部设计为空的，为防止均质袋意外破裂，便于清洗溢出物，可放置接水盘，仪器运转时请勿用手从底部伸入，以免绞伤手指。

（5）机器在运转前，请仔细查看均质箱内有无异物，以免工作时发生故障和损伤均质袋。

（6）硬块、骨状、冰状物等坚硬锐利的物质不宜使用，以免破坏均质袋。

（7）仪器和均质袋的存放都应避免阳光的直接照射，特别是均质袋应存放在无阳光或避免紫外线照射的地方，以免老化。

（8）均质物的量少时、需加快速度时、均质物纤维比较坚韧时，可用后面旋钮调节拍击板与可视窗的间距，来达到更好的均质效果。注意调整的距离，避免发生空击等损伤无菌均质器的情况发生。

（十二）过滤器

应用最广泛的过滤器有蔡氏（Seitz）过滤器和滤膜过滤器。蔡氏过滤器是用银或铝等金属做成的，分为上、下两节，过滤时，用螺旋把石棉板紧紧地夹在上、下两节滤器之间，然后将溶液置于滤器中抽滤。每次过滤必须用一张新滤板。滤膜过滤器的结构与蔡氏过滤器相似，只是滤膜是一种多孔纤维素（乙酸纤维素或硝酸纤维素），孔径一般为 0.45μm，过滤时，液体和小分子物质通过，细菌被截留在滤膜上，但若要将病毒除掉，则需更小孔径的滤膜。

（十三）旋涡混合器

1．构造

旋涡混合器能将所需混合的任何液体、粉末以高速旋涡形式快速混合，混合速度快、均匀、彻底。所有混合器机体均采用增强型工程塑料成型技术，机体无油漆喷涂，耐酸碱，耐碰撞，工作台面全部为耐磨天然橡胶。

2．使用方法

（1）该仪器应放在较平滑的地方，最好在玻璃台面上。轻轻按下该仪器，使仪器底部的橡胶脚与台面相吸。

（2）电源插头插入 220V 交流电源，开启电源开关，则电机转动。用手拿住试管或三角瓶放在海绵振动面上并略施加压力，在试管内的溶液就会产生旋涡，而三角瓶中则起高低不等的水泡，达到混合的目的。（注意：容器中被混物的体积，一般以不超过容器容积的 1/3 为佳。）

3．注意事项

（1）如果开启电源开关后，电机不转动，应断电检查插头接触是否良好，保险丝是否烧断。

（2）使用中切勿使液体流入机芯，以免损坏器件。

（3）旋涡混合器应放在干燥、通风、无腐蚀性气体的地方。

（十四）细菌浓度比浊管

麦氏比浊管是 McFarland 发明的一种用于微生物比浊的不同浊度的标准浊度管。具体的配制方法是根据硫酸和氯化钡的比例来定的，见表 1-12，不同比例生成的硫酸钡沉淀的浓度不同，且都有定值。

表 1-12　麦氏比浊管的配比

管　号（McFarland）	0.5	1	2	3	4	5
0.25%$BaCl_2$/mL	0.2	0.4	0.8	1.2	1.6	2.0
1%H_2SO_4/mL	9.8	9.6	9.2	8.8	8.4	8.0
细菌的近似浓度 /（10^8 个 /mL）	1	3	6	9	12	15

1．使用方法

（1）轻摇标准试管。

（2）无菌操作将被测定的肉汤培养物加到与标准管相同直径（大小）的无菌试管中。

（3）以无菌操作向被测定试管中加入无菌生理盐水，直到浓度与所要求的标准管的浓度相同。

2．使用技巧

（1）直接用眼睛看（需要经验，误差较大）。

（2）找张白纸，打上平行直线，然后观察，如图 1-7 所示，进行标准试管和被测定试管的比较。

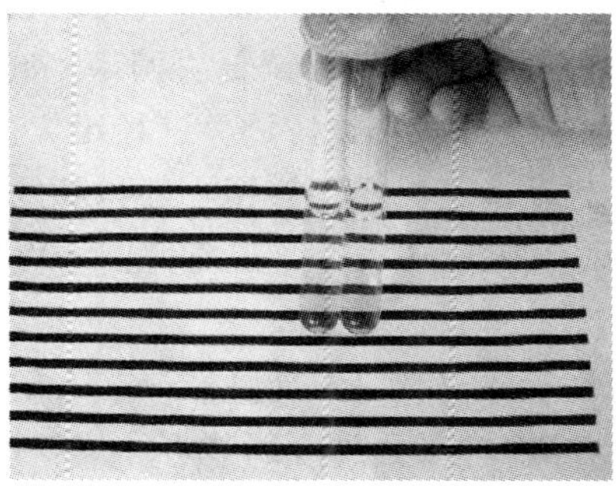

图 1-7　标准试管和被测定试管比较

3．注意事项

（1）如果测定的肉汤培养物不澄清，由培养物的值减去未接种培养基的值来校正细菌浓度。4 号管（肉汤培养物）－ 1 号管（培养过的未接种的肉汤管）＝ 3 号管（校正读数）。

（2）如果肉汤颜色很深，把未接种试管放在标准管的后面读数即可。

（3）测定好的细菌，最好做一下梯度稀释涂布计数。

（4）此浓度是对应的大肠杆菌的浓度，如果是其他细菌，会有一定的差别，但有的学者做过的几个菌试验，差别都在一个数量级之内，适合于普通实验。

（5）此种方法测定的准确性不是很高，如果是对细菌数量要求较精确的，请用紫外分光光度计。

（十五）浊度计

1. 原理

浊度计是测定水浊度的装置。有散射光式、透射光式和透射散射光式等，统称光学式浊度计。其原理为，当光线照射到液面上，入射光强度、透射光强度、散射光强度相互之间比值和水样浊度之间存在一定的相关关系，通过测定透射光强度、散射光强度和入射光强度来测定水样的浊度。光学式浊度计有用于实验室的，也有用于现场进行自动连续测定的。

浊度计可用于测定待检菌株悬液中细菌浓度，采用麦氏浊度标准溶液进行标定，采用麦氏浊度单位，直接显示麦氏单位浊度值。主要适用于各级医疗卫生单位、生物制品、检疫机构及科研机构的细菌菌液浓度测定。

2. 使用方法

（1）仔细检查浊度标准板，如有灰尘、污渍，可用脱脂棉加乙醇、乙醚各半混合液擦净，比色皿可用清洁剂或洗涤精清洗，然后用清水冲净，两个透光面擦干。仪器预热 10min。

（2）量程选择钮置“100”挡，在试样槽后方紧靠右插入浊度标准板（有编号面朝左）。

（3）拉杆推入，光路中不置入任何物体，调整“调零”旋钮，使显示读数为“0”（空气校零），拉杆拉出，浊度标准板置入光路，调整（校准）旋钮使显示读数为浊度标准板出厂标定值——NTU，在此以后“校准”旋钮不能再随意变动，取出标准板。

（4）量程“1”、“10”采用 30mm 比色皿。量程“100”采用 5mm 比色皿。5mm 比色皿紧靠右插入。

（5）在比色皿内放入无浊度水（约 3/4 高度），放入试样槽前方，被测液放入试样槽后方（大小比色皿均紧靠右侧），推入拉杆，调节“零位”钮使显示数为 0。拉出拉杆，样品置入光路，显示值即为被测液浊度值 NTU。

（6）测量中“量程”选择键如需转换，除选用不同比色皿外，无浊度水调零步骤须重复一次。

（7）本仪器标准板出厂前已用标准液标定，如需重新标定，只要用 10FTU 标准液和零浊度水逆向进行以上步骤，重新测定标定值。

（十六）微量移液器

1. 使用方法

微量移液器可以量取一定体积的液体，其计量的准确度远远高于移液管。现在的微小容量移液器，已经能够计量到 0.1mL 级，可用于要求严格的实验项目。

（1）量程的调节　在调节量程时，如果要从大体积调为小体积，则按照正常的调节方法，逆时针旋转旋钮即可；但如果要从小体积调为大体积时，则可先顺时针旋转刻度旋钮至超过量程的刻度，再回调至设定体积，这样可以保证量取的最高精确度。

（2）枪头（吸液嘴）的装配　将移液枪（器）垂直插入枪头中，稍微用力左右微微转动即可使其紧密结合。如果是多道（如 8 道或 12 道）移液枪，可以将移液枪的第一道对准第一个枪头，然后倾斜地插入，往前后方向摇动即可卡紧。枪头卡紧的标志是略为超过 O 形环，并可以看到连接部分形成清晰的密封圈。

（3）移液的方法　移液之前，要保证移液器、枪头和液体处于相同温度。吸取液体时，移液器保持竖直状态，将枪头插入液面下 2 ～ 3mm。在吸液之前，可以先吸放几次液体以润湿吸液嘴（尤其是要吸取黏稠或密度与水不同的液体时）。移液方法有以下两种：

一是前进移液法。用大拇指将按钮按下至第一停点，然后慢慢松开按钮回原点（吸取固定体积的液体）。然后将按钮按至第一停点排出液体，稍停片刻继续按按钮至第二停点吹出残余的液体，最后松开按钮。

二是反向移液法。此法一般用于转移高黏液体、生物活性液体、易起泡液体或极微量的液体，其原理就是先吸入多于设置量程的液体，转移液体的时候不用吹出残余的液体。其操作方法是：先按下按钮至第二停点，慢慢松开按钮至原点，吸上之后，斜靠一下容器壁将多余液体沿器壁流回容器。然后将按钮按至第一停点排出设置好量程的液体，继续保持按住按钮位于第一停点（千万别再往下按），取下有残留液体的枪头，弃之。

（4）移液器的正确放置　使用完毕，可以将其竖直挂在移液枪架上，但要小心别掉下来。当移液器枪头里有液体时，切勿将移液器水平放置或倒置，以免液体倒流腐蚀活塞弹簧。

2．注意事项

（1）调节量程时，不要将按钮旋出量程，否则会卡住内部机械装置而损坏移液枪。

（2）在将枪头套上移液枪时，不要使劲地在枪头盒上敲，因为这样会导致移液枪的内部配件（如弹簧）因敲击产生的瞬时撞击力而变得松散，甚至会导致刻度调节旋钮卡住。

（3）勿将微量移液器本体浸入溶液中。

（4）吸取黏度高的溶液时，先将微量移液器头尖端以刀片或剪刀将出口切大，并先行预润后再吸取。

（5）吸取酸液或具腐蚀性溶液后，将微量移液器拆解开，各部位零件以蒸馏水冲洗干净，擦干后再正确组合恢复原状。

（6）微量移液器的任何部分切勿用火烧烤，亦不可吸取温度高于 70℃的溶液，避免蒸汽侵入腐蚀活塞。

（7）有微量移液器头的微量移液器，无论微量移液器头中是否有溶液，均不可平放，需直立架好。

（8）P5000 微量移液器必须使用过滤头，如果过滤头潮湿需更换。

（9）若不小心使溶液进入吸管柱内时，应予以拆解，将活塞组件、吸管柱、O-ring、铁氟龙垫等各部位以清水冲洗干净后，再以酒精擦拭，擦干后再正确组合恢复原状。

微量移液器的使用步骤见图 1-8。

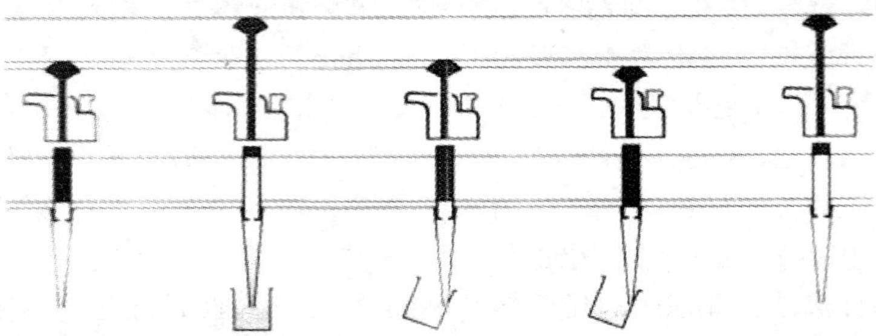

A．保持微量移液器垂直，将按钮压至第一段　B．微量移液器头尖端浸入溶液，缓慢释放按钮
C．保持微量移液器垂直，将微量移液器头与容器壁接触，慢慢压下按钮至第一段
D．压至第二段把溶液完全释放出　E．释放按钮恢复原状

图 1-8　微量移液器的使用步骤

（十七）紫外光灯

1．使用方法

紫外线杀菌灯（UV 灯）是一种低压汞灯，利用低压汞蒸汽被激发后发射紫外线。消毒用的紫外线是 C 波紫外线，其波长范围是 200 ～ 275nm，杀菌作用最强的波段是 250 ～ 270nm，杀菌紫外光灯必须能够产生辐照值达到国家标准的紫外线。

紫外光灯用于室内空气消毒和物体表面消毒。可以杀灭各种微生物，包括细菌繁殖体、芽孢、病毒、真菌、立克次氏体和支原体等。紫外线辐照能量低，穿透力弱。用于消毒纸张、织物等粗糙表面时，要适当延长照射时间，而且两面均应受到照射。紫外线消毒的最适宜温度是 20 ～ 40℃，温度过高或过低均会影响消毒效果；用于空气消毒时，环境的相对湿度低于 80%较好，否则应适当延长照射时间。紫外光灯使用过程中其辐照强度会逐渐降低，故应经常测定紫外线的强度，一旦降到要求的强度以下时，应及时更换。

2．注意事项

（1）紫外光灯使用过程中，应保持表面的清洁，一般每两周用酒精棉球擦拭一次，发现灯管表面有灰尘、油污时，应随时擦拭。

（2）紫外光灯消毒室内空气时，房间内应保持清洁干燥，减少尘埃和水雾，温度低于20℃或高于40℃，相对湿度大于60%时应适当延长照射时间。

（3）用紫外光灯消毒物品表面时，应使照射表面受到紫外线的直接照射，且应达到足够的照射剂量。

（4）不得使紫外线光源照射到人，以免引起损伤。不能在紫外光灯开着的情况下进入室内，更不能在开着的紫外光灯下工作。

（5）在每次工作前后均应打开紫外光灯，分别照射30min，进行杀菌。

（十八）折光仪

1．构造及类型

折光仪，又称折射仪，是利用光线测试液体浓度的仪器，用来测定折射率、双折率、光性。许多纯物质都具有一定的折射率，如果物质中含有杂质则折射率将发生变化，出现偏差，杂质越多，偏差越大。

折射仪主要由高折射率棱镜（铅玻璃或合成立方氧化锆）、棱镜反射镜、透镜、标尺（内标尺或外标尺）和目镜等组成。

折射仪有手持式折光仪、糖量折光仪、蜂蜜折光仪、宝石折光仪、数显折光仪、全自动折光仪及在线折光仪等。

2．使用方法

（1）仪器的安装　将折光仪置于靠窗的桌子或白炽灯前。但勿使仪器置于直照的日光中，以避免液体试样迅速蒸发。用橡皮管将测量棱镜和辅助棱镜上保温夹套的进水口与超级恒温槽串联起来，恒温温度以折光仪上的温度计读数为准。

（2）加样　松开锁钮，开启辅助棱镜，使其磨砂的斜面处于水平位置，用滴定管加少量丙酮清洗镜面，促使难挥发的液体污物逸走，用滴定管时注意勿使管尖碰撞镜面。必要时可用擦镜纸轻轻吸干镜面，但切勿用滤纸。待镜面干燥后，滴加数滴试样于辅助棱镜的毛镜面上，闭合辅助棱镜，旋紧锁钮。若试样易挥发，则可在两棱镜接近闭合时从加液小槽中加入，然后闭合两棱镜，锁紧锁钮。

（3）对光　转动手柄，使刻度盘标尺上的示值为最小，调节反射镜，使入射光进入棱镜组，同时从目镜中观察，使视场最亮。调节目镜，使视场最清晰。

（4）粗调　转动手柄，使刻度盘标尺上的示值逐渐增大，直至观察到视场中出现彩色光带或黑白临界线为止。

（5）消色散　转动消色散手柄，使视场内呈现一个清晰的明暗临界线。

（6）精调　转动手柄，使临界线正好处在 X 形准丝交点上，若此时又呈微色散，必须重调消色散手柄，使临界线明暗清晰。

（7）读数　为保护刻度盘的清洁，折光仪一般都将刻度盘装在罩内，读数时先打开罩壳上方的小窗，使光线射入，然后从读数望远镜中读出标尺上相应的示值。

3．注意事项

（1）在使用中，必须细心谨慎，严格按说明使用，不得任意松动仪器各连接部分，不得跌落、碰撞，严禁发生剧烈振动。

（2）使用完毕后，严禁直接放入水中清洗，应用干净柔软绒布蘸水擦拭干净，对于光学零件表面，不应碰伤、划伤。

（3）仪器应存放于干燥、无灰尘、无油污和无酸等腐蚀气体的地方，以免光学零件腐蚀或生霉。

二、食品微生物检测常用玻璃器皿

（一）常用玻璃器皿的种类及用途

1．试管

用于细菌及血清学试验的试管应较坚厚，以便加塞不致破裂。常用的规格有：

（1）（2 ～ 3）mm×65mm，用于环状沉淀试验。

（2）（11 ～ 13）mm×100mm，用于血清学反应及生化试验等。

（3）15mm×150mm，用于分装 5 ～ 10mL 的培养基及菌种传代等。

（4）25mm×200mm，用于特殊试验或装灭菌滴管等。

2．三角瓶

三角瓶底大口小、放置平稳、便于加塞，多用于盛培养基、溶液等。常用的规格有 50mL、100mL、150mL、250mL、500mL、1 000mL、2 000mL、3 000mL、5 000mL 等。

3．培养皿

培养皿材质为硬质玻璃，常用于微生物分离培养。双碟为一套，皿盖与皿底的大小应合适；皿盖的高度较皿底稍低，底部平面应特别平整。常用的规格（以皿盖直径计）有：90mm、75mm、60mm 等。

4．吸管

用于吸取少量液体。常用的吸管有两种：一种为无刻度的毛细吸管；另一种为有刻度吸管，管壁有精细的刻度，一般长为 25cm，常用的容量为 0.2mL、0.5mL、1.0mL、2.0mL、5.0mL、10mL。

5．量筒和量杯

量筒及量杯用于液体的测量。常用规格为：10mL、20mL、25mL、50mL、100mL、200mL、500mL、1 000mL、2 000mL。

6．烧杯

常用的规格是 50 ～ 3 000mL 容量，用于盛液体或煮沸液体。

7．载玻片和盖玻片

载玻片供作涂片用，常用的规格为 75mm×25mm，厚度为 1 ～ 2mm。凹玻片可供作悬滴标本及血清学试验用。盖玻片为极薄的玻片，用于标本封闭及悬滴标本等。其规格有：圆形的，直径 18mm；方形的，18mm×18mm 或 22mm×22mm；长方形的，22mm×36mm 等。

8．离心管

用于分离沉淀，常用的规格有 10mL、15mL、100mL、250mL 等。

9．试剂瓶

试剂瓶为磨砂口，有盖，分广口和小口两种，容量为 30 ～ 1 000mL，视需要量选择使用。颜色有棕色和无色两种，为贮藏药品和试剂用，需避光的药品或（和）试剂宜用棕色瓶。

10．玻璃缸

缸内常静置石炭酸或来苏儿等消毒剂，以备放置用过的玻片、吸管等。

11．染色缸

有方形和圆形两种，可放载玻片 6 ～ 10 片，供细菌、血液及组织切片标本染色用。

12．滴瓶

有橡皮帽式滴管和玻璃塞式，分白色和棕色，容量有 30mL 和 60mL 等，供贮存试剂及染色液用。

13．玻璃漏斗

分短颈和长颈两种。漏斗直径大小不等，视需要而定。分装溶液或上垫滤纸、纱布、棉花作过滤杂质用。

14．注射器

注射器规格有 0.25mL、0.5mL、1mL、2mL、5mL、10mL、20mL、50mL、100mL 等，供接种试验动物和采血用。

15．下口瓶

有龙头和无龙头两种。容量有 2 500 ～ 20 000mL 不等。用于存放蒸馏水或常用消毒药液，也可作细菌涂片染色时冲洗染液用。

玻璃器皿除上述外，还有发酵管、玻璃棒、酒精灯、玻璃珠以及蒸馏水瓶等玻璃器材。

（二）玻璃器皿的清洗

清洁的玻璃器皿是得到正确实验结果的重要条件之一。清洗的目的就在于除去玻璃器皿上的污垢（灰尘、油污、无机盐等物质），使其不能妨碍得到正确的实验结果。通常清洗方法有两种：一是机械清洗方法，即用铲、刮、刷等方法清洗；二是化学清洗方法，即用各种化学去污溶剂清洗。具体的清洗方法要依据污垢的性质及污垢附着表面的状况决定。

1．实验室常用洗涤剂的种类及其应用

（1）肥皂　使用时多用湿刷子（试管刷、瓶刷）蘸肥皂刷洗容器，再用水洗去肥皂。热的肥皂水（5%）去污力很强，洗去器皿上的油脂很有效。

（2）去污粉　用时将一般玻璃器皿或搪瓷器皿润湿，将去污粉涂在污点上，用布或刷子擦拭，再用水洗掉去污粉。

（3）洗衣粉　常用1%的洗衣粉溶液洗涤载玻片和盖玻片，能达到良好的清洁效果。

（4）洗涤液　常用的洗涤液是重铬酸钾（或重铬酸钠）的硫酸溶液。重铬酸钾（或重铬酸钠）与硫酸作用后形成铬酸。铬酸是一种强氧化剂，去污能力很强，实验室常用之洗去玻璃和瓷质器皿上的有机质。切不可用于洗涤金属器皿。

洗涤液分为浓溶液和稀溶液两种，配方如下：

①浓配方　重铬酸钾（工业用）50g、蒸馏水150mL、浓硫酸（粗）800mL。

②稀配方　重铬酸钾（工业用）50g、蒸馏水850mL、浓硫酸（粗）100mL。

配法：将重铬酸钾溶解在温热蒸馏水中（可加热），待冷却后，再缓慢加入浓硫酸，边加边搅拌。配好的溶液呈棕红色或橘红色。应始终存储于有盖容器内，以防变质。此液可多次使用，直至溶液变成青褐色或墨绿色时失效。

2．各种玻璃器皿的洗涤方法

（1）新玻璃器皿的洗涤法　新购置的玻璃器皿（包括载玻片、盖玻片、试管、吸管、培养皿、三角瓶等）含有游离碱，应用2%的盐酸溶液浸泡数小时，以中和其碱质，再用水冲洗干净。

（2）载玻片及盖玻片的洗涤法

①用过的载玻片放入1%洗衣粉溶液中煮沸20～30min（注意溶液一定要浸没玻片，否则会使玻片钙化变质），待冷却后，逐个用自来水洗净，最后浸泡于95%乙醇中备用。

②盖玻片散入1%的洗衣粉溶液中，煮沸1min，待稍冷后再煮沸1min，如此重复2～3次(如煮沸时间过长会使玻片钙化变白且变脆易碎)。待冷却后用自来水冲洗，洗净后于95%乙醇中浸泡。

③带有活菌的载玻片或盖玻片可先浸在5%石炭酸，或2%～3%来苏水，或0.1%升汞溶液中消毒24～48h后，再按上述方法洗涤。

使用前，可用干净纱布擦去酒精，并经火焰微热，使残余酒精挥发，再用水滴检查，如水滴在玻片上均匀散开，方可使用。

（3）血球计数板的清洗　血球计数板（或Petrof Hausser细菌计数板）使用后应立即在水龙头下用水冲净，必要时可用95%乙醇浸泡，或用酒精棉轻轻擦拭，切勿用硬物洗刷或抹擦，以免损坏网格刻度。洗涤完毕镜检计数区是否残留菌体或其他沉淀物，若不干净，则必须重复洗涤至洁净为止。洗净后自行晾干或用吹风机吹干，放入盒内保存。

（4）一般玻璃器皿的洗涤法　三角瓶、培养皿、试管等可用毛刷蘸洗涤剂或去污粉或肥皂洗去灰尘、油污、无机盐等物质，然后用自来水冲洗干净。如果器皿要盛高纯度的化学药品或者做较精确的实验，可先在洗液中浸泡过夜，再用自来水冲洗，最后用蒸馏水洗2～3次。洗刷干净的玻璃器皿烘干备用。

染菌的玻璃器皿，应先经121℃高压蒸汽灭菌20～30min后取出，趁热倒出容器内的培养物，再用热的洗涤剂溶液洗刷干净，最后用水冲洗。染菌的移液管和毛细吸管，使用后应立即放入5%的石炭酸溶液中浸泡数小时，先灭菌，然后再冲洗。

（5）含有琼脂培养基的玻璃器皿的洗涤法　先用小刀或镊子或玻璃棒将器皿中的琼脂培养基刮下。如果琼脂培养基已经干燥，可将器皿放在少量水中煮沸，使琼脂熔化后趁热倒出，然后用水洗涤，并用刷子蘸洗涤剂擦洗内壁，然后用清水冲洗干净。

如果器皿上沾有蜡或油漆等物质，可用加热的方法使之熔化后揩去，或用有机溶剂（苯、二甲苯、丙酮等）擦拭；如器皿沾有焦油、树脂等物质，可用浓硫酸或40%氢氧化钠溶液浸泡，也可用洗涤液浸泡，然后再洗涤。

（6）光学玻璃的清洗　光学玻璃用于仪器的镜头、镜片、棱镜、玻片等，在制造和使用中容易沾上油污、水溶性污物、指纹等，影响成像及透光率。清洗光学玻璃，应根据污垢的特点、不同结构选用不同的清洗剂、清洗工具及清洗方法。

清洗镀有增透膜的镜头，如照相机、投影仪、显微镜的镜头，可用无水乙醇和无水乙醚按体积比3∶7配制成清洗剂清洗。清洗时应用软毛刷或棉球蘸少量清洗剂，从镜头中心向外做圆周运动。切忌将镜头浸泡在清洗剂中清洗；清洗镜头不得用力擦拭，否则会划伤增透膜，损坏镜头。清洗棱镜、平面镜的方法，可依照清洗镜头的方法进行。

光学玻璃表面生霉后，光线在其表面发生散射，使成像模糊不清，严重者将使仪器报废。生霉原因是霉菌孢子在温度湿度适宜和有营养物时生长形成霉斑。消除霉斑可用0.1%～0.5%的乙基含氢二氯硅烷与无水酒精配制的清洗剂清洗，潮湿天气还需掺入少量的乙醚，或用环氧丙烷、稀氨水等清洗。使用上述清洗剂也能清洗光学玻璃上的油脂性雾状污物、水湿性雾状污物和油水混合性雾状污物，其清洗方法与清洗镜头方法相似。

3．注意事项

（1）任何洗涤方法，都不应对玻璃器皿造成损伤。所以不能使用对玻璃器皿有腐蚀作用的化学试剂，也不能使用比玻璃硬度大的制品擦拭玻璃器皿。

（2）用过的器皿必须立即洗刷，放置太久会增加洗刷的困难。

（3）含有对人有传染性或非传染性致病菌的玻璃器皿，应先浸在5%石炭酸溶液内或经蒸煮、高压灭菌后再行洗涤。

（4）盛过有毒物质的器皿，不要与其他器皿放在一起。

（5）难洗涤的器皿不要与易洗涤的器皿放在一起，以免增加洗涤的麻烦。有油的器皿不要与无油的器皿混在一起，否则本来无油的器皿沾上了油污，浪费药剂和时间。

（6）强酸、强碱及其他氧化物和挥发性的有毒物品，都不能倒在洗涤槽内，必须倒在废液缸中。

（7）用过的升汞溶液，切勿装在铝锅等金属容器中，以免引起金属的腐蚀。

（8）盛用液体培养物的器皿，应先将培养物倒在废液缸中，然后洗涤。切勿将培养物尤其是琼脂培养物倒入洗涤槽中，否则会逐渐阻塞下水道。

（9）使用洗涤液时，投入的玻璃器皿应尽量干燥，以避免稀释洗涤液。如要去污作用更强，可将之加热至40～50℃（稀铬酸洗涤液可以煮沸）。器皿上带有大量有机质时，不可直接加洗涤液，应尽可能先行清除，再用洗涤液，否则洗涤液会很快失效。用洗涤液洗过的器皿，应立即用水冲洗至无色为止。洗涤液有强腐蚀性，使用时应注意防护，如溅于桌椅上，应立即用水洗并用湿布擦去。皮肤及衣服上沾有洗涤液，应立即用水洗，然后用苏打（碳酸钠）水或氨液中和。

（10）洗涤前应检查玻璃器皿是否有裂缝或者缺口，以免伤到工作人员。

（三）玻璃器皿的包扎

在微生物学工作中需要的无菌玻璃器皿。如无菌吸管、无菌培养皿等，在灭菌之前需要进行隔离包装，常用的包装方法有：

1．培养皿的包扎

洗净干燥后的培养皿，可放在特制的金属容器中灭菌；也可以6～10套培养皿为一组，用旧报纸卷起来，将两端封严，再进行灭菌。

2．吸管的包扎

无菌操作用到的吸管经洗净干燥后，首先在吸管上端的管口内塞棉花，作为隔离及过滤杂菌之用。棉柱长度不少于1cm，一般以脱脂棉为宜，用量根据吸管口径大小而定，以塞得不紧不松为宜，棉花不能弄湿，以免影响空气的流通和滤菌效果。塞好棉塞后用纸条卷起包好（图 1-9），先将旧报纸裁成 5cm 宽的长纸条，再从吸管尖端开始封住后卷起卷至吸管上端 3 ～ 4cm 处即可，留一小段露在纸卷外，可用浆糊将纸粘住，注意不要卷得太紧，以免使用时不易抽出；也可先将吸管尖端完全包住，再将纸卷末端折回固定。也可用金属制成的专用圆筒，将塞好棉柱的吸管成批放入，吸管上端向外，盖好圆筒盖，经灭菌后随时抽用，较方便。

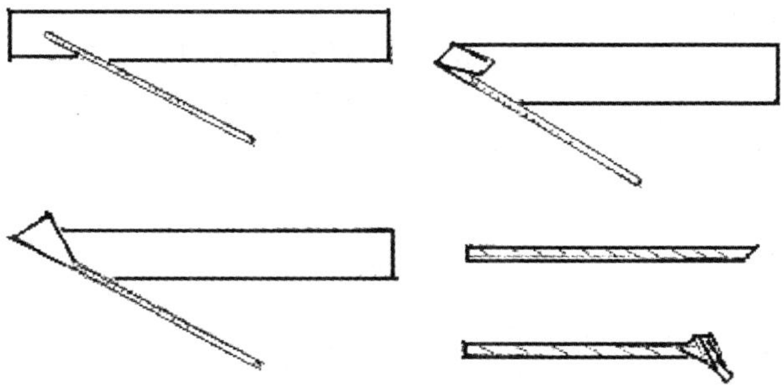

图 1-9　吸管的包装方法和步骤

3．试管口和三角瓶口的包扎

（1）试管口和三角瓶口用棉花塞或胶塞塞好。

（2）在塞的外面用两层报纸及细线扎好。

（3）试管较多时，一般 7 个或 10 个一组，再用双层报纸及细线扎好。

4．棉塞的制作

（1）棉塞的作用　一般情况下，培养微生物月的试管口和三角瓶口均需加棉塞，其作用是既要保持空气的流通，以保证供足微生物生长所需的氧气，又要滤除空气中的杂菌，避免污染。

（2）棉塞的要求　松紧适度，太紧影响通气，太松影响过滤除菌的效果。插入的部分长度要恰当，一般为容器口径的 1.5 倍，过短则易脱落。外露部分应略微粗大些，且比较整齐硬实，便于手握取。

（3）棉塞的制作方法　制作棉塞应采用普通棉花，脱脂棉易吸水不宜用。棉塞制作方法多种多样，下面仅介绍一种供参考。

①取棉花　按试管或三角瓶口径大小，取适量市售棉花（不可用脱脂棉），使成形后棉塞大小适合试管或三角瓶口径及棉塞在口内的长度。

②整理　将棉絮铺成近方形或圆形片状（若制成试管棉塞，则其直径 5 ～ 6 cm），中间较厚，边缘薄而纤维外露，形状如图 1-10 中的 1 和 A 所示。

③折角　将近方形的棉花块的一角向内折（此折叠处的棉花较厚，制成棉塞后为试管棉塞外露的“头”部位置），其形状呈五边形状，如图 1-10 中的 2 和 B 所示。

④卷紧　用拇指和食指将五边形状的下脚折起，然后双手卷起棉塞成圆柱状，使柱状内的棉絮心较紧（起到“轴心”的作用）。如图 1-10 中的 3 ～ 4 和 C 所示。

⑤成形　在卷折的棉塞呈圆柱状基础上，将另一角向内折叠后继续卷折棉塞成形。这时双手的六指稍竖起旋转棉塞，使塞外边缘的棉絮绕缚在棉塞柱体上，从而使棉塞外形光洁如幼蘑菇状态，如图 1-10 中的 5 和 D 所示。

⑥塞试管　棉塞的直径和长度常依试管或三角瓶口大小而定，一般约 3/5 塞入口内。要松紧适宜，紧贴管内壁而无缝隙。对较粗的试管棉塞，若在其外再包上一层纱布，则既增加美感，又可延长其使用寿命。

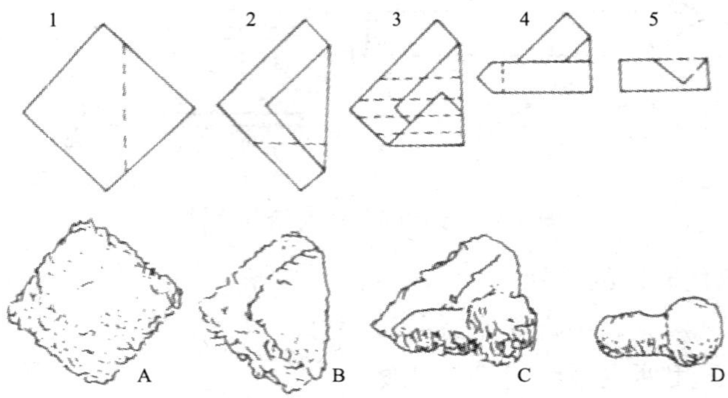

图 1-10　棉塞制作示意

任务四　食品微生物检测常用染料及试剂

一、食品微生物检测常用染料

微生物细胞内含有大量的水分，对光线的吸收和反射与水溶液差别不大，整个机体在视觉上呈无色透明态，与周围的背景无明显的反差，不易于肉眼及使用普通光学显微镜观察。所以，使用染料对微生物细胞进行染色，使之与背景形成明显的色差，从而能更清楚地观察、分辨微生物形态和结构。

除水分外，微生物细胞由蛋白质、核酸等两性电解质及其他化合物组成。所以，微生物细胞也表现出两性电解质的性质。两性电解质兼有碱性基团和酸性基团，在酸性条件下解离出碱性基团带正电，在碱性条件下解离出酸性基团带负电。微生物细胞的等电点 pH 在 2 ～ 5，故在中性、碱性或者偏酸性的条件下，微生物细胞的等电点均低于环境 pH，所以带负电，容易与带正电荷的碱性染料相结合达到染色的目的，所以在实际工作中，使用碱性染料染色的较多。同时，微生物细胞内各结构与染料结合力不同，也可以通过使用不同染料的特异性染色加以区别。

（一）染色原理

微生物染色的基本原理是借助物理因素和化学因素的作用而进行。物理因素如细胞及细胞物质对染料的毛细现象、渗透、吸附作用等。化学因素则是根据细胞物质和染料的不同性质而发生各种化学反应。酸性物质对于碱性染料较易吸附，且吸附作用稳固；同样，碱性物质对酸性染料较易于吸附，如酸性物质细胞核对于碱性染料就有化学亲和力，易于吸附。

在一些特殊要求下，要使酸性物质染上酸性材料，就必须把它们的物理形式加以改变（如改变 pH 值），才利于吸附作用的发生；而碱性物质（如细胞质）通常仅能染上酸性染料，若把它们变为适宜的物理形式，也同样能与碱性染料发生吸附作用。

除上述因素外，微生物细胞的构造、外膜的通透性，如细胞膜的通透性、膜孔的大小和细胞结构完整与否，在染色上都起一定作用。此外，培养基的组成、菌龄、染色液中的电介质含量和 pH、温度、药物的作用等，也会影响微生物细胞的染色。

（二）染料的种类

染料分为天然染料和人工染料两种。天然染料有胭脂虫红、地衣素、石蕊和苏木素等，它们多从植物体中提取得到，其成分复杂，有些至今还未搞清楚。目前主要采用人工染料，也称煤焦油染料，多从煤焦油中提取获得，是苯的衍生物。多数染料为带色的有机酸或碱类，难溶于水，而易溶于有机溶剂中。为使它们易溶于水，通常制成盐类。

染料可按其电离后染料离子所带电荷的性质，分为酸性染料、碱性染料、中性（复合）染料和单纯染料四大类。

1．酸性染料

酸性染料电离后染料离子带负电，如伊红、刚果红、藻红、苯胺黑、苦味酸和酸性复红等，可与碱性物质结合成盐。当培养基因糖类分解产酸使 pH 值下降时，细菌所带的正电荷增加，这时选择酸性染料，易被染色。

2．碱性染料

碱性染料电离后染料离子带正电，可与酸性物质结合成盐。微生物实验室一般常用的碱性染料有美蓝、甲基紫、结晶紫、碱性复红、中性红、孔雀绿和番红等，在一般的情况下，细菌易被碱性染料染色。

3．中性（复合）染料

酸性染料与碱性染料的结合物称为中性（复合）染料，如瑞脱氏（Wright）染料和基姆萨氏（Gimsa）染料等，后者常用于细胞核的染色。

4．单纯染料

单纯染料的化学亲和力低，不能和被染的物质生成盐，其染色能力视其是否溶于被染物而定，因为它们大多数都属于偶氮化合物，不溶于水，但溶于脂肪溶剂中，如紫丹类（Sudanb）的染料。

（三）常用染色液的配制

1．吕氏美蓝染色液

（1）配方

A 液：美蓝（Methylene blue）0.3g、95% 乙醇 30.0mL。

B 液：氢氧化钾（KOH）0.01g、蒸馏水 100.0mL。

（2）制法　A 液和 B 液混合即成。

2．齐氏石炭酸复红染色液

（1）配方

A 液：碱性复红（Basic fuchsin）0.4g、95% 乙醇 10.0mL。

B 液：石炭酸（苯酚）5.0 g、蒸馏水 95.0mL。

（2）制法　将碱性复红溶于 95% 乙醇中，配成 A 液。将石炭酸溶于蒸馏水中，配成 B 液。将两者混合即成。

3．结晶紫染色液

（1）配方　结晶紫 1.0g、95％乙醇 20.0mL、1％草酸铵水溶液 80.0mL。

（2）制法　将结晶紫完全溶解于乙醇中，然后与草酸铵溶液混合。

4．卢戈碘液

（1）配方　碘 1.0g、碘化钾 2.0g、蒸馏水 300.0mL。

（2）制法　先将碘化钾溶于少量蒸馏水中，再将碘溶于碘化钾溶液中，溶时可稍加热，最后加足蒸馏水量。

5．番红染色液

（1）配方　番红 O（Safranin O）2.0g、蒸馏水 100.0mL。

（2）制法　用蒸馏水溶解番红 O 即成。

6．沙黄复染液

（1）配方　沙黄 0.25g、95％乙醇 10.0mL、蒸馏水 90.0mL。

（2）制法　将沙黄溶解于乙醇中，然后用蒸馏水稀释。

7．孔雀绿染色液

（1）配方　孔雀绿（Malachite green）5.0g、蒸馏水 100.0mL。

（2）制法　先将孔雀绿研细，加少许 95% 乙醇溶解，再加蒸馏水。

8．黑素染液

（1）配方　水溶性黑色素 5.0g、蒸馏水 100.0mL、福尔马林（40% 甲醛）0.5mL。

（2）制法　将黑素在蒸馏水中煮沸 5min，冷却后加入福尔马林作为防腐剂，用玻璃棉过滤。

9．镀银法鞭毛染色液

（1）配方

A 液：单宁酸 5.0g、$FeCl_3$1.5g、甲醛溶液（15%）2.0mL、1% NH_3OH 1.0mL、蒸馏水 100.0mL。

B 液：$AgNO_3$ 2.0g、蒸馏水 100.0mL 。

（2）制法　将 $AgNO_3$ 溶解后，取出 10mL 备用，向其他的 90mL 硝酸银液中加浓氢氧化铵，则形成很厚的沉淀，再继续滴加氢氧化铵到刚刚溶解沉淀成为澄清溶液为止。再将备用的硝酸银慢慢滴入，则出现薄雾，但轻轻摇动后，薄雾状的沉淀又消失，再滴入硝酸银，直到摇动后，仍呈现轻微而稳定的薄雾状沉淀为止。如雾重，则银盐沉淀析出，不宜使用，每次染色前，应现用现配，不能存放备用。

10．改良李夫森鞭毛染色液

（1）配方

A：20％单宁（鞣酸）2.0mL；

B：饱和钾明矾液（20%）2.0mL；

C：5％石炭酸 2.0mL；

D：碱性复红乙醇（95％）饱和液 1.5mL。

（2）制法　将以上各液于染色前 1 ～ 3d，将 B 加到 A 中，C 加到 A、B 混合液中，D 加到 A、B、C 混合液中的顺序，混合均匀，马上过滤 15 ～ 20 次，2 ～ 3d 内使用效果较好。

11．乳酸石炭酸棉蓝染色液

（1）配方　石炭酸（苯酚）10.0g、乳酸（相对密度 1.21）10.0mL、甘油 20.0mL、棉蓝（苯胺蓝）0.02g、蒸馏水 10.0mL。

（2）制法　将石炭酸加入蒸馏水中，加热溶解，再加入乳酸和甘油，最后加棉蓝。

12．0.2% 结晶紫水溶液（染细胞壁用）

（1）配方　结晶紫 0.2g、蒸馏水 100.0mL。

（2）制法　用蒸馏水溶解即成。

13．1% 甲绿染色液

（1）配方　甲基绿 1.0g、蒸馏水 99.0mL、冰醋酸 1.0mL。

（2）制法　将甲基绿溶解于蒸馏水中，再加入冰醋酸。

14．MBB 染色液（汞溴酚蓝染色液）

（1）配方　氯化汞 10.0g、溴酚蓝 0.001g、蒸馏水 100.0mL。

（2）制法　将以上成分充分溶解即成。

15．Tyler 染色液

（1）配方　结晶紫 0.1g、冰醋酸 0.25mL、蒸馏水 100.0mL。

（2）制法　用蒸馏水溶解结晶紫，再加冰醋酸即成。

16．伊红染色液

（1）配方　伊红 Y 1.0g、蒸馏水 90.0mL、苦味酸饱和水溶液 10.0mL。

（2）制法　将伊红 Y 加入蒸馏水，待其全部溶解后，加入苦味酸饱和水溶液。

17．负染色液

（1）配方　磷钨酸 2.0g、蒸馏水 100.0mL。

（2）制法　磷钨酸溶解于蒸馏水中，使用前调节溶液 pH 至中性。

微生物检测常用染料中英文对照及用途详见表 1-13。

表 1-13　微生物检测常用染料中英文对照及用途

名　称	性质	发色基	助色基	用　途
结晶紫（龙胆紫）（Crystal violet）	碱性	对位醌	$-NH_2$	革兰氏染色
番红（沙黄）（Safranino）	碱性	对位氮	$-NH_2$	革兰氏染色，核染色
碱性复红（品红）（Dasic fnchsin）	碱性	对位醌	$-NH_2$	核染色，鉴别结核杆菌
美蓝（Methyl blue）	碱性	对位醌	$-NH_2$	活体染色，放线菌染色，氧化还原指示剂
刚果红（Congo red）	酸性	双偶氮	$-NH_2$	细菌负染色，酵母菌染色
孔雀绿（Malachite green）	碱性	对位醌	$-NH_2$	细菌芽孢染色
苦味酸（Plicric acid）	酸性	$-NO_2$	-OH	染真菌细胞群，海藻细胞壁

名 称	性质	发色基	助色基	用 途
伊红 Y（曙红 Y）（EosinY）	酸性	对位醌	-OH	细胞质染色，细胞的嗜酸性颗粒染色
藻红（蓝）（Erythrosin）	酸性	对位醌	-OH	染色土壤细菌
酸性复红（品红）（Acid fuchsin）	酸性	对位醌	$-NH_2$	单染色等
中性红（Neutral red）	碱性	醌环	$-NH_2$	活体染色，鉴别培养基，鉴别肠道细菌等
亮绿（大皇绿）（Brilliant green）	酸性	对位醌	$-NH_2$	细菌、螺旋体染色，鉴别培养
苏丹Ⅲ（三号苏丹红）（Sodan Ⅲ）	酸性	双偶氮	-OH	脂肪染色
荧光素（Fluorescein）	酸性	羰基	-OH	荧光染色
黑素（水溶黑素）（Nigrosin）	混合物			负染色

二、食品微生物检测常用试剂

（一）通用试剂

1．1mol/L NaOH

（1）配方　NaOH 40.0g、蒸馏水 1 000.0mL。

（2）制法　将 NaOH 溶解于少量蒸馏水，定容至 1 000mL，121℃灭菌 20min。

2．0.1mol/L NaOH

（1）配方　NaOH 4.0g、蒸馏水 1 000.0mL。

（2）制法　将 NaOH 溶解于少量蒸馏水，定容至 1 000mL，121℃灭菌 20min。

3．1mol/L HCl

（1）配方　盐酸 90.0mL、蒸馏水 1 000.0mL。

（2）制法　取盐酸 90mL，用蒸馏水稀释至 1 000mL。

4．75% 乙醇

（1）配方　95% 乙醇 75.0mL、蒸馏水 20.0mL。

（2）制法　取 95% 乙醇 75mL，加蒸馏水 20mL，充分混匀即可。

5．0.85% 生理盐水

（1）配方　NaCl 8.5g、蒸馏水 1 000.0mL。

（2）制法　将 NaCl 溶于少量蒸馏水，充分溶解后定容至 1 000mL，121℃灭菌 20min。

（二）常用缓冲剂

1. 磷酸缓冲液

（1）配方

1 mol/L 磷酸二氢钠（$NaH_2PO_4 \cdot H_2O$）贮液：溶解 138g 磷酸二氢钠于足量蒸馏水中，使终体积为 1L。

1mol/L 磷酸氢二钠（Na_2HPO_4）贮液：溶解 142g 磷酸氢二钠于足量蒸馏水中，使终体积为 1L。

（2）制法　按照比例进行混合，获得所需 pH 值的缓冲液，见表 1-14。

表 1-14　不同缓冲范围缓冲液配制比例

1mol/L 磷酸二氢钠 /mL	1mol/L 磷酸氢二钠 /mL	缓冲液 pH 值
877	133	6.0
850	150	6.1
815	185	6.2
775	225	6.3
735	265	6.4
685	315	6.5
625	375	6.6
565	435	6.7
510	490	6.8
450	550	6.9
390	610	7.0
330	670	7.1
280	720	7.2

2. 醋酸缓冲液

（1）配方　微生物检测中使用的醋酸缓冲液缓冲范围通常在 pH 3.0 ～ 6.0，若低于 pH 3.0，醋酸缓冲液的缓冲容量会明显减小。

（2）制法　根据所需的缓冲液 pH，选取不同的制备方法，见表 1-15。

表 1-15　不同缓冲范围缓冲液配制方法

缓冲液（pH 值）	制备方法
醋酸盐缓冲液（pH 3.5）	取醋酸铵 25g，加水 25mL 溶解后，加 7mol/L 盐酸溶液 38mL，用 2mol/L 盐酸溶液或 5mol/L 氨溶液准确调节 pH 至 3.5（电位法指示），用水稀释至 100mL，即得
醋酸－锂盐缓冲液（pH 3.0）	取冰醋酸 50mL，加水 800mL 混合后，用氢氧化锂调节 pH 至 3.0，再加水稀释至 1 000mL，即得
醋酸－醋酸钠缓冲液（pH 3.6）	取醋酸钠 5.1g，加冰醋酸 20mL，再加水稀释至 250mL，即得
醋酸－醋酸钠缓冲液（pH 3.7）	取无水醋酸钠 20g，加水 300mL 溶解后，加溴酚蓝指示液 1mL 及冰醋酸 60 ～ 80mL，至溶液从蓝色转变为纯绿色，再加水稀释至 1 000mL，即得
醋酸－醋酸钠缓冲液（pH 3.8）	取 2mol/L 醋酸钠溶液 13mL 与 2mol/L 醋酸溶液 87mL，加每 1mL 含铜 1mg 的硫酸铜溶液 0.5mL，再加水稀释至 1 000mL，即得
醋酸－醋酸钾缓冲液（pH 4.3）	取醋酸钾 14g，加冰醋酸 20.5mL，再加水稀释至 1 000mL，即得
醋酸－醋酸钠缓冲液（pH 4.5）	取醋酸钠 18g，加冰醋酸 9.8mL，再加水稀释至 1 000mL，即得
醋酸－醋酸铵缓冲液（pH 4.5）	取醋酸铵 7.7g，加水 50mL 溶解后，加冰醋酸 6mL 与适量的水使成 100mL，即得
醋酸－醋酸钠缓冲液（pH 4.6）	取醋酸钠 5.4g，加水 50mL 使溶解，用冰醋酸调节 pH 至 4.6，再加水稀释至 100mL，即得
醋酸－醋酸钠缓冲液（pH 6.0）	取醋酸钠 54.6g，加 1mol/L 醋酸溶液 20mL 溶解后，加水稀释至 500mL，即得
醋酸－醋酸铵缓冲液（pH 6.0）	取醋酸铵 100g，加水 300mL 使溶解，加冰醋酸 7mL，摇匀，即得

3．柠檬酸－磷酸盐缓冲液

（1）配方

0.2mol/L 磷酸氢二钠：无水磷酸氢二钠 28.4g，溶解于双蒸水中，定容至 1L。

0.1mol/L 柠檬酸：无水柠檬酸 21.01g，溶解于蒸馏水中，定容至 1L。

（2）制法　按照比例进行混合，获得所需 pH 值的缓冲液，见表 1-16。

表 1-16　不同缓冲范围缓冲液配制比例

0.2mol/L 磷酸氢二钠 /mL	0.1mol/L 柠檬酸 /mL	缓冲液 pH	0.2mol/L 磷酸氢二钠 /mL	0.1mol/L 柠檬酸 /mL	缓冲液 pH
0.40	10.60	2.2	10.72	9.28	5.2
1.24	18.76	2.4	11.16	8.85	5.4

0.2mol/L 磷酸氢二钠 /mL	0.1mol/L 柠檬酸 /mL	缓冲液 pH	0.2mol/L 磷酸氢二钠 /mL	0.1mol/L 柠檬酸 /mL	缓冲液 pH
2.18	17.82	2.6	11.60	8.40	5.6
3.17	16.83	2.8	12.09	7.91	5.8
4.11	15.89	3.0	12.63	7.37	6.0
4.94	15.06	3.2	13.22	6.78	6.2
5.70	14.30	3.4	13.85	6.15	6.4
6.44	13.56	3.6	14.55	5.45	6.6
7.10	12.90	3.8	15.45	4.56	6.8
7.71	12.29	4.0	16.47	3.53	7.0
8.28	11.72	4.2	17.39	2.61	7.2
8.82	11.18	4.4	18.17	1.83	7.4
9.35	10.65	4.6	18.73	1.27	7.6
9.86	10.14	4.8	19.15	0.85	7.8
10.30	9.70	5.0	19.45	0.55	8.0

4．Tris 缓冲液

（1）配方　Tris 固体，6mol/L 盐酸、蒸馏水。

（2）制法

1mol/L Tris-HCl：称取 121.1g Tris 置于 1L 烧杯中；加入约 900mL 的蒸馏水，充分搅拌溶解，加入 6mol/L 盐酸调节所需要的 pH 值，将溶液用蒸馏水定容至 1L，高温高压灭菌后，室温保存。

注意：应使溶液冷却至室温后再调节 pH 值，因为 Tris 溶液的 pH 值随温度的变化差很大，温度每升高 1℃，溶液的 pH 值大约降低 0.03 个单位。

1.5mol/L Tris-HCl：称取 181.7g Tris 置于 1L 烧杯中，加入约 800mL 的蒸馏水，充分搅拌溶液，用 6mol/L 的盐酸调节所需要的 pH 值，将溶液定容至 1L，高温高压灭菌后，室温保存。

5．0.5mol/L EDTA 缓冲液（pH 8.0）

（1）配方　$Na_2EDTA \cdot 2H_2O$、蒸馏水。

（2）制法　称取 186.1g $Na_2EDTA \cdot 2H_2O$，置于 1L 烧杯中，加入约 800mL 的蒸馏水，充分搅拌溶解，用 NaOH 调节 pH 至 8.0（约 20g NaOH），加蒸馏水将溶液定容至 1L；适量分成小份后，高温高压灭菌，室温保存备用。注意：pH 至 8.0 时，EDTA 才能完全溶解。

6．TE 缓冲液

（1）配方　100mmol/L Tris-HCl、10mmol/L EDTA。

（2）制法　量取 1mol/L Tris-HCl Buffer（pH 7.4、7.6、8.0）100mL 和 500mmol/L EDTA（pH 8.0）20mL，置于 1L 烧杯中。向烧杯中加入约 800mL 的蒸馏水，均匀混合，将溶液定容至 1L 后，高温高压灭菌，室温保存备用。

7．20×SSC（3mol/L NaCl、0.3mol/L 柠檬酸钠）

（1）配方　NaCl、柠檬酸钠、10mol/L NaOH、蒸馏水。

（2）制法　准确称取 175.2g 氯化钠，准确称取 88.2g 二水柠檬酸钠，溶解于 800mL 蒸馏水，加入数滴 10mol/L 氢氧化钠溶液调节 pH 至 7.0，加蒸馏水定容至 1L。注意：可以按实验需要分装后进行高压灭菌。

8．X-gal

（1）配方　X-gal、二甲基酰胺。

（2）制法　根据用量需要，称取二基甲酰胺溶解 X-gal 配制成的 20mg/mL 的贮存液。保存于一玻璃管或聚丙烯管中，装有 X-gal 溶液的试管须用铝箔封裹以防因受光照而被破坏，并应贮存于 –20℃。X-gal 溶液无须过滤除菌。

9．IPTG

（1）配方　IPTC、蒸馏水。

（2）制法　在 8mL 蒸馏水中溶解 2g IPTG 后，用蒸馏水定容至 10mL，用 0.22μm 滤器过滤除菌，分装成 1mL 小份贮存于 –20℃。

10．1mol/L $MgCl_2$

（1）配方　$MgCl_2$、蒸馏水。

（2）制法　在 800mL 水中溶解 203.4g $MgCl_2 \cdot 6H_2O$，用水定容至 1L，分装成小份并高压灭菌备用。

11．1mol/L $CaCl_2$

（1）配方　$CaCl_2$、Milli-Ce 水。

（2）制法　在 20mL 纯水中（Milli-Ce 水或相当级别的水）溶解 5.4g $CaCl_2 \cdot 6H_2O$，用 0.22μm 滤器过滤除菌，分装成 10mL 小份贮存于 –20 ℃。

12．3mol/L 乙酸钠（pH 5.2 和 pH 7.0）

（1）配方　三水乙酸钠、冰乙酸、蒸馏水。

（2）制法　在 800mL 水中溶解 408.1g 三水乙酸钠，用冰乙酸调节 pH 至 5.2 或用稀乙酸调节 pH 至 7.0，加蒸馏水定容到 1L，分装后高压灭菌。

13．5mol/L NaCl

（1）配方　氯化钠、蒸馏水。

（2）制法　在 800mL 水中溶解 292.2g NaCl，加水定容至 1L，分装后高压灭菌。注意：加热溶解，温度 65℃左右。

14．10% 十二烷基硫酸钠（SDS）

（1）配方　十二烷基硫酸钠（SDS）、稀盐酸、蒸馏水。

（2）制法　在 90mL 水中溶解 100g 电泳级 SDS，加热至 68℃助溶，加入几滴浓盐酸调节溶液的 pH 至 7.2，加水定容至 1L，分装备用（注：SDS 的微细晶粒易于扩散，因此称量时要戴面具，称量完毕后要清除残余在工作区和天平上的 SDS，10%SDS 无需灭菌）。

（三）pH 指示剂

1．乙氧基黄叱精指示液

（1）配方　乙氧基黄叱精 0.1g、无水乙醇 100.0mL。

（2）制法　取乙氧基黄叱精 0.1g，加乙醇 100mL 使溶解，即得。变色范围 pH 3.5 ～ 5.5（红→黄）。

2．二甲基黄指示剂

（1）配方　二甲基黄 0.1g、无水乙醇 100.0mL。

（2）制法　取二甲基黄 0.1g，加乙醇 100mL 使溶解，即得。变色范围 pH 2.9 ～ 4.0（红→黄）。

3．二甲基黄－亚甲蓝混合指示液

（1）配方　二甲基黄 15.0mg、亚甲基蓝 15.0mg、氯仿 100.0mL。

（2）制法　取二甲基黄与亚甲蓝各 15mg，加氯仿 100mL，振摇使溶解（必要时微温），过滤，即得。

4．二甲基黄－溶剂蓝 19 混合指示液

（1）配方　二甲基黄 15.0mg、溶剂蓝 19 15.0mg、氯仿 100.0mL。

（2）制法　取二甲基黄与溶剂蓝 19 各 15mg，加氯仿 100mL 使溶解，即得。

5．二甲酚橙指示液

（1）配方　二甲酚橙 0.2g、蒸馏水 100.0mL。

（2）制法　取二甲酚橙 0.2g，加水 100mL 使溶解，即得。

6．二苯偕肼指示液

（1）配方　二苯偕肼 1.0g、无水乙醇 100.0mL。

（2）制法　取二苯偕肼 1g，加无水乙醇 100mL 使溶解，即得。

7．儿茶酚紫指示液

（1）配方　儿茶酚紫 0.1g、蒸馏水 100.0mL。

（2）制法 取儿茶酚紫 0.1g，加水 100mL 使溶解，即得。变色范围 pH 6.0 ～ 7.0 ～ 9.0（黄→紫→紫红）。

8．中性红指示液

（1）配方 中性红 0.5g、蒸馏水 100.0mL。

（2）制法 取中性红 0.5g，加水使溶解成 100mL，过滤，即得。变色范围 pH 6.8 ～ 8.0（红→黄）。

9．孔雀绿指示液

（1）配方 孔雀绿 0.3g、冰醋酸 100.0mL。

（2）制法 取孔雀绿 0.3g，加冰醋酸 100mL 使溶解，即得。变色范围 pH 0.0 ～ 2.0（黄→绿）；pH 11.0 ～ 13.5（绿→无色）。

10．石蕊指示液

（1）配方 石蕊粉末、无水乙醇、蒸馏水。

（2）制法 取石蕊粉末 10g，加乙醇 40mL，回流煮沸 1h，静置，倾去上层清液，再用同一方法处理 2 次，每次用乙醇 30mL，残渣用水 10mL 洗涤，倾去洗液，再加水 50mL 煮沸，放冷，过滤，即得。变色范围 pH 4.5 ～ 8.0（红→蓝）。

11．甲基红指示液

（1）配方 甲基红、0.05mol/L 氢氧化钠溶液、蒸馏水。

（2）制法 取甲基红 0.1g，加 0.05mol/L 氢氧化钠溶液 7.4mL 使溶解，再加水稀释至 200mL，即得。变色范围 pH 4.2 ～ 6.3（红→黄）。

12．甲基红－亚甲蓝混合指示液

（1）配方 0.1％甲基红的乙醇溶液、0.2％亚甲蓝溶液。

（2）制法 取 0.1％甲基红的乙醇溶液 20mL，加 0.2％亚甲蓝溶液 8mL，摇匀，即得。

13．甲基橙指示液

（1）配方 甲基橙 0.1g、蒸馏水 100.0mL。

（2）制法 取甲基橙 0.1g，加水 100mL 使溶解，即得。变色范围 pH 3.2 ～ 4.4（红→黄）。

14．甲基橙－二甲苯蓝 FF 混合指示液

（1）配方 甲基橙、二甲苯蓝。

（2）制法 取甲基橙与二甲苯蓝 FF 各 0.1g，加乙醇 100mL 使溶解，即得。

15．甲基橙－亚甲蓝混合指示液

（1）配方 甲基橙指示液、0.2％亚甲蓝溶液。

（2）制法 取甲基橙指示液 20mL，加 0.2％亚甲蓝溶液 8mL，摇匀，即得。

16．甲酚红指示液

（1）配方 甲酚红 0.1g、0.05mol/L 氢氧化钠溶液 5.3mL、蒸馏水。

（2）制法 取甲酚红 0.1g，加 0.05mol/L 氢氧化钠溶液 5.3mL 使溶解，再加水稀释至 100mL，即得。变色范围 pH 7.2 ～ 8.8（黄→红）。

17．甲酚红－麝香草酚蓝混合指示液

（1）配方 甲酚红指示液、0.1％麝香草酚蓝溶液。

（2）制法 取甲酚红指示液 1 份与 0.1％麝香草酚蓝溶液 3 份，混合，即得。

18．四溴酚酞乙酯钾指示液

（1）配方 四溴酚酞乙酯钾 0.1g、冰醋酸 100.0mL。

（2）制法 取四溴酚酞乙酯钾 0.1g，加冰醋酸 100mL，使溶解，即得。

19．对硝基酚指示液

（1）配方 对硝基酚 0.25g、蒸馏水 100.0mL。

（2）制法 取对硝基酚 0.25g，加水 100mL 使溶解，即得。

20．刚果红指示液

（1）配方 刚果红 0.5g、10% 乙醇 100.0mL。

（2）制法 取刚果红 0.5g，加 10％乙醇 100mL 使溶解，即得。变色范围 pH 3.0 ～ 5.0（蓝→红）。

21．苏丹Ⅳ指示液

（1）配方 苏丹Ⅳ 0.5g、氯仿 100.0mL。

（2）制法 取苏丹Ⅳ 0.5g，加氯仿 100mL 使溶解，即得。

22．含锌碘化钾淀粉指示液

（1）配方 碘化钾溶液、氯化锌溶液、淀粉混悬液、蒸馏水。

（2）制法 取水 100mL，加碘化钾溶液（3 → 20）5mL 与氯化锌溶液（1 → 5）10mL，煮沸，加淀粉混悬液（取可溶性淀粉 5g，加水 30mL 搅匀制成），随加随搅拌，继续煮沸 2min，放冷，即得。本液应在凉处密闭保存。

23．邻二氮菲指示液

（1）配方 硫酸亚铁 0.5g、硫酸少量、邻二氮菲 0.5g、蒸馏水 100.0mL。

（2）制法 取硫酸亚铁 0.5g，加水 100mL 使溶解，加硫酸 2 滴与邻二氮菲 0.5g，摇匀，即得。本液应临用新制。

24．间甲酚紫指示液

（1）配方 间甲酚紫、0.01mol/L 氢氧化钠溶液。

（2）制法 取间甲酚紫 0.1g，加 0.01mol/L 氢氧化钠溶液 10mL 使溶解，再加水稀释至 100mL，即得。变色范围 pH 7.5 ～ 9.2（黄→紫）。

25．金属钛指示液

（1）配方　金属钛 1.0g、蒸馏水 100.0mL。

（2）制法　取金属钛 1g，加水 100mL 使溶解，即得。

26．茜素磺酸钠指示液

（1）配方　茜素磺酸钠 0.1g、蒸馏水 100.0mL。

（2）制法　取茜素磺酸钠 0.1g，加水 100mL 使溶解，即得。变色范围 pH 3.7 ～ 5.2（黄→紫）。

27．荧光黄指示液

（1）配方　荧光黄 0.1g、无水乙醇 100.0mL。

（2）制法　取荧光黄 0.1g，加乙醇 100mL 使溶解，即得。

28．耐尔蓝指示液

（1）配方　耐尔蓝 1.0g、冰醋酸 100.0mL。

（2）制法　耐尔蓝 1g 加冰醋酸 100mL 使溶解，即得。变色范围 pH 10.1 ～ 11.1（蓝→红）。

29．钙黄绿素指示液

（1）配方　钙黄绿素 0.1g、氯化钾 10.0g。

（2）制法　取钙黄绿素 0.1g，加氯化钾 10g，研磨均匀，即得。

30．钙紫红素指示剂

（1）配方　钙紫红素 0.1g、无水硫酸钠 10.0g。

（2）制法　钙紫红素 0.1g，加无水硫酸钠 10g，研磨均匀，即得。

31．亮绿指示液

（1）配方　亮绿 0.5g、冰醋酸 100.0mL。

（2）制法　取亮绿 0.5g，加冰醋酸 100mL 使溶解，即得。变色范围 pH 0.0 ～ 2.6（黄→绿）。

32．姜黄指示液

（1）配方　姜黄粉末 20.0g、无水乙醇 100.0mL。

（2）制法　取姜黄粉末 20g，用冷水浸渍 4 次，每次 100mL，除去水溶性物质后，残渣在 100℃干燥，加乙醇 100mL，浸渍数日，过滤，即得。

33．结晶紫指示液

（1）配方　结晶紫 0.5g、冰醋酸 100.0mL。

（2）制法　取结晶紫 0.5g，加冰醋酸 100mL 使溶解，即得。

34．萘酚苯甲醇指示液

（1）配方　α- 萘酚苯甲醇 0.5g、冰醋酸 100.0mL。

（2）制法　取 α- 萘酚苯甲醇 0.5g，加冰醋酸 100mL 使溶解，即得。变色范围 pH 8.5 ～ 9.8（黄→绿）。

35．酚酞指示液

（1）配方　酚酞 1.0g、无水乙醇 100.0mL。

（2）制法　取酚酞 1g，加乙醇 100mL 使溶解，即得。变色范围 pH 8.3 ～ 10.0（无色→红）。

36．酚磺酞指示液

（1）配方　酚磺酞、0.05mol/L 氢氧化钠溶液、蒸馏水。

（2）制法　取酚磺酞 0.1g，加 0.05mol/L 氢氧化钠溶液 5.7mL 使溶解，再加水稀释至 200mL，即得。变色范围 pH 6.8 ～ 8.4（黄→红）。

37．铬黑 T 指示剂

（1）配方　铬黑 T 0.1g、氯化钠 10.0g。

（2）制法　取铬黑 T 0.1g，加氯化钠 10g，研磨均匀，即得。

38．铬酸钾指示液

（1）配方　铬酸钾 10.0g、蒸馏水 100.0mL。

（2）制法　铬酸钾 10g，加水 100mL 使溶解，即得。

39．偶氮紫指示液

（1）配方　偶氮紫 0.1g、二甲基甲酰胺 100.0mL。

（2）制法　取偶氮紫 0.1g，加二甲基甲酰胺 100mL 使溶解，即得。

40．淀粉指示液

（1）配方　可溶性淀粉、蒸馏水。

（2）制法　取可溶性淀粉 0.5g，加水 5mL 搅匀后，缓缓倾入 100mL 沸水中，随加随搅拌，继续煮沸 2min，放冷，倾取上层清液，即得。本液应临用新制。

41．硫酸铁铵指示液

（1）配方　硫酸铁铵 8.0g、蒸馏水 100.0mL。

（2）制法　取硫酸铁铵 8g，加水 100mL 使溶解，即得。

42．喹哪啶红指示液

（1）配方　喹哪啶红 0.1g、无水甲醇 100.0mL。

（2）制法　取喹哪啶红 0.1g，加甲醇 100mL 使溶解，即得。变色范围 pH 1.4 ～ 3.2（无色→红）。

43．碘化钾淀粉指示液

（1）配方　碘化钾 0.2g、淀粉指示剂 100.0mL。

（2）制法　取碘化钾 0.2g，加新制的淀粉指示液 100mL 使溶解，即得。

44．溴甲酚紫指示液

（1）配方 溴甲酚紫、0.02mol/L 氢氧化钠溶液、蒸馏水。

（2）制法 取溴甲酚紫 0.1g，加 0.02mol/L 氢氧化钠溶液 20mL 使溶解，再加水稀释至 100mL，即得。变色范围 pH 5.2 ～ 6.8（黄→紫）。

45．溴甲酚绿指示液

（1）配方 溴甲酚绿、0.05mol/L 氢氧化钠溶液、蒸馏水。

（2）制法 取溴甲酚绿 0.1g，加 0.05mol/L 氢氧化钠溶液 2.8mL 使溶解，再加水稀释至 200mL，即得。变色范围 pH 3.6 ～ 5.2（黄→蓝）。

46．溴酚蓝指示液

（1）配方 溴酚蓝、0.05mol/L 氢氧化钠溶液、蒸馏水。

（2）制法 取溴酚蓝 0.1g，加 0.05mol/L 氢氧化钠溶液 3.0mL 使溶解，再加水稀释至 200mL，即得。变色范围 pH 2.8 ～ 4.6（黄→蓝绿）。

47．溴麝香草酚蓝指示液

（1）配方 溴麝香草酚蓝、0.05mol/L 氢氧化钠溶液、蒸馏水。

（2）制法 取溴麝香草酚蓝 0.1g，加 0.05mol/L 氢氧化钠溶液 3.2mL 使溶解，再加水稀释至 200mL，即得。变色范围 pH 6.0 ～ 7.6（黄→蓝）。

48．溶剂蓝 19 指示液

（1）配方 0.5g 溶剂蓝 19、冰醋酸 100.0mL。

（2）制法 取 0.5g 溶剂蓝 19、加冰醋酸 100mL 使溶解，即得。

49．橙黄Ⅳ指示液

（1）配方 橙黄Ⅳ 0.5g、冰醋酸 100.0mL。

（2）制法 取橙黄Ⅳ 0.5g，加冰醋酸 100mL 使溶解，即得。变色范围 pH 1.4 ～ 3.2（红→黄）。

50．曙红钠指示液

（1）配方 曙红钠 0.5g、蒸馏水 100.0mL。

（2）制法 取曙红钠 0.5g，加水 100mL 使溶解，即得。

51．麝香草酚酞指示液

（1）配方 麝香草酚酞 0.1g、无水乙醇 100.0mL。

（2）制法 取麝香草酚酞 0.1g，加乙醇 100mL 使溶解，即得。变色范围 pH 9.3 ～ 10.5g（无色→蓝）。

52．麝香草酚蓝指示液

（1）配方 麝香草酚蓝 0.1g、0.05mol/L 氢氧化钠溶液、蒸馏水。

（2）制法 取麝香草酚蓝 0.1g，加 0.05mol/L 氢氧化钠溶液 4.3mL 使溶解，再加水稀释至200mL，即得。变色范围pH 1.2～2.8（红→黄）；pH 8.0～9.6（黄→紫蓝）。

（四）血清学反应试剂

1．抗凝剂

（1）肝素　纯的肝素10mg能抗凝65～125mL血液（按1mg等于125IU，10～20IU能抗1mL血液计）。肝素制剂的纯度高低以及其保存时间长短不等，因而其抗凝效果也不相同。配成1%肝素生理盐溶液，用时取0.1mL于试管内，100℃烘干，每管能抗凝5～10mL血液。

（2）草酸盐合剂　草酸铵1.2g、草酸钾0.8g、福尔马林1.0mL、蒸馏水加至100mL，每毫升血加草酸盐合剂0.1mL（即相当草酸铵1.2mg，草酸钾0.8mg）。根据取血量将计算好的草酸盐剂量加入玻璃容器内烤干备用。如取0.5mL于试管，烘干后每管可使5mL血不凝固。

注意事项：草酸的作用在于能够沉淀血凝过程中所必需的钙离子，而达到抗凝目的。用时注意加的量应适中，不能过多，以免妨碍去蛋白质血滤液的制取。不适用于血液内钙或钾的测定，也不能用于血液非蛋白氮测定。

（3）枸橼酸钠　配成3%～5%水溶液。也可直接加粉剂，每毫升血加3～5mg，即可达到抗凝目的。

（4）草酸钾　取草酸钾10g，加蒸馏水少许使溶解，再加蒸馏水至100mL。配制成10%水溶液，如每管加0.1mL则可使5～10mL血不凝。一般如作微量检验，用血量较少，可配制成2%溶液，如每管加0.1mL可使1～2mL血液不凝。

（5）（酸性）柠檬酸葡萄糖溶液B（ACD）（用于新鲜抽提或者是冻存的血样品，实验室常用）　柠檬酸0.48g、柠檬酸钠1.32g、葡萄糖1.47g，加水至100mL，灭菌后备用。

2．佐剂

（1）弗氏佐剂　弗氏佐剂是目前动物实验中最常用的佐剂，分为不完全弗氏佐剂和完全弗氏佐剂。

不完全弗氏佐剂是液状石蜡与羊毛脂混合而成，组分比为（1～5）∶1，可根据需要而定，通常为2∶1。不完全佐剂中加卡介苗（最终浓度为2～20mg/mL）或死的结核分枝杆菌，即为完全弗氏佐剂（FCA）。一般首次注射时用1/2体积FCA加上1/2体积的抗原进行乳化，第二次或第三次注射时用不完全佐剂或不用佐剂。如不加佐剂，则抗原量增大10～20倍。配制方法：按比例将羊毛脂与液状石蜡置容器内，用超声波使之混匀，高压灭菌，置4℃下保存备用。

在免疫动物前，先将弗氏佐剂与抗原按一定比例混合，佐剂和抗原体积比一般为

1∶1，制备成“油包水”乳状液。因为含SDS很易促使其乳化成油包水抗原乳化复合物，注射入动物体内时一定要保持乳化状态。抗原用量视抗原分子量不同及免疫原性及免疫动物不同而有一定差异，无统一标准和固定模式。一般是每兔（约2kg重）或每羊（约20kg重）第1次注射抗原1mg，以后逐次增加抗原量，最多每次不超过3mg。佐剂与抗原乳化可按如下方法进行：

①研磨法　先将佐剂加热并取适量放入无菌的玻璃研钵内，待冷却后再缓缓滴入等体积的抗原溶液，边滴边按同一方向研磨，滴加抗原的速度要慢。待抗原全部加入后，继续研磨一段时间，使之成为乳白色黏稠的油包水乳剂。本方法适于制备大量的佐剂抗原，缺点是研钵壁上黏附大量乳剂，抗原损失较大。

②注射器混合法　将等量的弗氏佐剂和抗原溶液分别吸入两个注射器内，两注射器之间以一细胶管相连，注意排净空气，然后交替推动针管，直至形成黏稠的乳剂为止。本方法优点是容易做到无菌操作，抗原损失少，适用于制备少量的抗原乳剂。但同时难以乳化完全，个别抗原，用塑料注射器根本推不动，而用玻璃注射器又有渗漏。制备好的乳化剂经鉴定才能适用。鉴定方法是将乳化剂滴入冷水中，若保持完整不分散，成滴状浮于水面，即乳化完全，为合格的油包水剂。

③超声　如果有超声破碎仪，可以使用超声激发制备。

（2）氢氧化铝佐剂　取5%硫酸铝溶液250mL，在强烈搅拌下加入5%氢氧化钠溶液100mL，用生理盐水离心洗涤沉淀2次，再悬入生理盐水中使达250mL。免疫接种时，取适量氢氧化铝佐剂加等体积抗原即可免疫。

（3）明矾佐剂　钾铝矾（硫酸铝钾）在一定pH条件下产生氢氧化铝胶体吸附抗原而产生佐剂效应。制备方法是用生理盐水溶解蛋白质抗原，在搅拌下缓慢滴入一定量10%硫酸铝钾溶液，用NaOH调pH到6.5，此时溶液变成乳状悬液，离心后去掉上清液，沉淀用生理盐水洗涤两次，加入硫柳汞防腐，4℃保存备用。明矾佐剂一般用于肌内注射，皮下注射容易引起肉芽肿和脓肿。

（4）脂质体　脂质体包封抗原后，可使抗原延缓释放，并且脂质体颗粒有刺激机体免疫反应的作用。因此，用脂质体包封的抗原免疫动物可提高免疫效果。

3．ELISA常用试剂

（1）包被缓冲液（pH 9.6±0.2　0.05mol/L碳酸盐缓冲液）Na_2CO_3 1.59g、$NaHCO_3$ 2.93g，加蒸馏水至1 000mL。用时稀释成1倍，加0.1%BSA。

（2）洗涤缓冲液（pH 7.4，0.15mol/L，PBST）0.05%Tween-20 0.5mL，加在PBS缓冲液1 000mL中。

PBS缓冲液：KH_2PO_4 0.2g、$Na_2HPO_4 \cdot 12H_2O$ 2.9g、NaCl 8g、KCl 0.2g，加蒸馏水至1 000mL。

（3）封闭缓冲液 2% 牛血清白蛋白（BSA）（或 5% 脱脂奶粉）2g，加洗涤缓冲液 100mL。

（4）稀释液 0.1% 牛血清白蛋白 0.1g，加 PBS 缓冲液 100mL。

（5）底物缓冲液（pH5.0）

配方一：取 0.2mol/L Na_2HPO_4（无水 28.4g/L 或带 12 结晶水 71.7g/L）25.7mL、0.1mol/L 柠檬酸（无水 19.2g/L 或带 1 结晶水 21.01g/L）24.3mL，加蒸馏水至 100mL。

配方二：$Na_2HPO_4 \cdot 12H_2O$ 1.84g、$C_6H_8O_7 \cdot H_2O$ 0.51g、加蒸馏水至 100mL。

（6）TMB（四甲基联苯胺）显色液（显蓝色） 2mg/mL TMB 0.05mL、底物缓冲液 0.95mL、30% H_2O_2 0.001mL，总体积 1mL。

（7）配 OPD（邻苯二胺）显色液（显黄棕色） OPD（干粉）0.004g、底物缓冲液 10mL、30% H_2O_2 0.015mL，总体积 10mL。现配避光。根据实际情况选择 TMB 显色液或 OPD 显色液。

（8）终止液（2mol/L H_2SO_4） 在 178.3mL 水中，逐滴加入浓硫酸（约 98%）21.7mL，边加边摇。

4．抗血清

（1）动物的选择 羊、马、鸡、猴、豚鼠、兔都是常用的免疫动物，在实验中，选择动物时应考虑抗原与动物的种属关系、抗原性质与动物种类、免疫血清的需要量、免疫血清的要求以及动物个体等因素。免疫用动物应选适龄、健壮，最好为雄性。最常用的实验动物是家兔，一般选择年龄在 6 个月以上当年繁殖的雄性，体重 2 ～ 3kg，健康家兔 3 只，免疫前用金属编号牌固定兔耳，或用染料涂抹在动物的背部，作出明确的标记。

（2）抗原制备

①抗原稀释 用灭菌生理盐水将抗原稀释为 2mg/mL，于免疫前一天加入青霉素或链霉素溶液，使每毫升抗原溶液含青霉素 1 000 IU 或链霉素 1 000 IU，放 4℃过夜。次日取出，与佐剂混合制成乳剂后用于动物免疫。免疫原的注射剂量应考虑其抗原性的强弱、分子量大小、动物的个体状态和免疫时间。对于纯的可溶性抗原的免疫剂量，通常小鼠首次抗原剂量为 50 ～ 100μg/ 次，大鼠为 100 ～ 200μg/ 次，兔为 100μg/ 次～ 1mg/ 次，合成免疫原为 2mg（半抗原为 20 ～ 200μg），一般需要与等量的福氏完全佐剂混合。加强免疫的剂量为首次计量的 1/2，通常用不完全福氏佐剂或不用佐剂。如需制备高度特异性的抗血清，可选用低剂量抗原短程免疫法；反之，欲获得高效价的抗血清，宜采用大剂量抗原长程免疫法。

②佐剂（福氏完全佐剂）的配制

配方：医用液状石蜡 20.0mL、羊毛脂 12.0g。

将液状石蜡和羊毛脂水浴溶化、混匀，分装于青霉素小瓶，用纱布、线绳扎紧瓶塞。高压蒸汽灭菌20min，4℃保存备用。于免疫前准备抗原乳剂制备时，以活卡介苗（有时亦用死卡介苗）代替死结核菌，每毫升试剂中加入10mg活卡，即为福氏完全佐剂。

③抗原乳剂的制备 制备方法一般有两种：

方法一：将等量的完全佐剂（注意佐剂必须预先加热熔化，但不超过50℃）和抗原溶液分别吸入两个5mL注射器内，在两个注射器的12#针头间套上一根长8～12cm的医用无毒塑料管，将两个注射器连接在一起（塑料管必须先经酒精浸泡消毒，使用时取出，用灭菌生理盐水冲洗后，与注射器针头相连接，塑料管与针头的口径须合适，不能松，稍紧些为宜），针头插进塑料管1～2cm，然后由两人相对而坐后缓缓推动针蕊，使管内溶液进入塑料管道至对侧注射器内，每次推动针芯时必须把管内容物全部推出，另一侧也同样操作，使管内液体往返混合，直至形成油包水乳剂（Water-in-oil enulsion）为止。

方法二：将等量的佐剂和抗原溶液倒入钵内，经过反复研磨，也可形成油包水乳剂，该方法主要优点是快速、可靠，不足方面主要是由于黏附过多，浪费佐剂及抗原。

制成的乳剂是否形成油包水乳剂直接影响免疫效果，因此，必须进行质量检查，检查的方法是将制成的乳剂滴一滴在凉水（自来水）表面，质量合格的乳剂滴入水面保持滴珠完整而不分散，不合格者进入水面后立即扩散，水面油亦逐渐扩大，这就必须要继续操作至质量合格为止。

（3）免疫途径、剂量和免疫周期

抗原注射途径可根据不同抗原及试验要求，选用皮内、皮下、肌内、静脉或淋巴结内等不同途径注入抗原进行免疫。一般常采用背部、足掌、淋巴结周围、耳后等处皮内或皮下多点注射。初次免疫与第二次免疫的间隔时间多为2～4周。常规免疫方案为抗原加CFA皮下多点注射进行基础免疫；再以免疫原加IFA作2～5次加强免疫，每次间隔2～3周，皮下或腹腔注射加强免疫。

①常规（皮内多点注射）免疫

第一次免疫：剂量为每只兔子注射1.0mL抗原乳剂（含抗原量1～2mg）。注射部位为两只后脚掌的皮内各注射0.2mL，其余0.6mL分多点注入脊柱两侧、颈部、腹股沟和腋窝等处淋巴结附近部位皮内，每点可注入0.05mL，分12点注入。

第二次免疫：初次免疫后20天左右，剂量为1.0mL/只（1～2mg/mL），加福氏不完全佐剂。注射部位在腹部皮下多点注射，每点注入0.1mL。

第三次免疫：再次免疫后两周内进行，注射剂量和部位同第二次免疫，免疫后7～14d抽取少许静脉血，分离血清，试血测定效价。

②淋巴结免疫 主要优点是可减少抗原用量。过程如下：

卡介苗致敏：免疫前足掌皮下每侧各注入活卡介苗（75mg/mL）0.3mL。10d 左右观察两侧腘窝淋巴结，一般可肿胀如蚕豆大小，此时即可进行淋巴结内免疫注射。

第一次免疫：用手指定淋巴结后在两侧腘窝淋巴结内各注入抗原乳剂 0.25mL，每只兔总量 0.5mL；为加强免疫，于初次免疫 20d 后，于腹部皮下多点注射不加佐剂抗原溶液 1mg/mL。

两周后可如同第一次免疫的剂量和途径再注射一次，一般可在第三次免疫注射前试血滴定效价，效价如已达到要求可不必进行第三次免疫。

有条件的情况下，免疫后要加强动物饲料管理，如给熟黄豆饲养等。

③腹腔免疫　一般不必加佐剂，适用于细胞性或颗粒性抗原，而且抗原性较强者，例如用绵羊红细胞免疫家兔或小鼠即可用此法。

（4）试血，测定抗体效价

一般在第三次免疫后 7 ～ 10d 即可于兔耳静脉或小鼠尾尖取少量血，分离出血清之后进行试血。

①环状试验　较为经典的方法，目前较少采用，如与 20μg/mL 以下的抗原于 30min 内能出现“＋＋”的沉淀环，即测定抗体效价达 1 ∶ 5 000 以上时为合格。

② 免疫双扩散法　这是最常用的试血方法，其具体方法是：中间孔加稀释的抗原（1mg/mL）10μL，周围孔顺时针方向加制备的抗血清分别为 1 ∶ 2、1 ∶ 4、1 ∶ 8、1 ∶ 16、1 ∶ 32 和 1 ∶ 64（用生理盐水或 PBS 稀释）。经 37℃保温 24h 后观察结果，效价在 1 ∶ 16 以上即可决定放血。

（5）放血

经效价检查合格后即可放血。放血前动物应停食 12h，以减少血清中的脂肪含量。如拟保留该免疫动物，可直接由心脏取血，或切开耳缘静脉滴血或心脏穿刺取血。取血后由静脉缓缓注入等量 5% 葡萄糖溶液以补足失血量。取血的动物经 2 ～ 3 个月休息，可再次加强免疫后取血。如拟一次放血致死，可用颈动脉放血的方法，各种取血方法如下。

①心脏取血　固定动物于仰卧位置，用食指探明心脏搏动量高部位（在胸骨左侧，由下向上数第 3 与第 4 肋骨之间，兔子），剪去少许毛，用 2.5% 碘酒和 75% 酒精消毒后，以 9 号针头在预定位置与胸部呈 45° 角刺入心脏，微微上下移动针头，待见血液进入针筒后，即将注射器位置固定取血。2.5kg 体重的家兔一次可取血 20 ～ 30mL。

②耳缘静脉滴血　先将耳缘静脉附近的毛剪去用无菌棉球将皮肤擦干净（不用酒精消毒，避免溶血）。用台灯照射耳部使血管因温度增高而扩张，然后用无菌刀片将耳缘静脉切一长 0.5cm 的纵切口，第一次切口应从耳尖部开始，以后再切时，逐步向耳根方向移动。用无菌试管或培养皿收集流出的血液。如切口凝血，血流不畅时，可用

无菌棉棒轻轻将切口处血凝块擦去（注意勿使切口损伤太大），血流仍可继续流出，直至达到所需要的血量为止。取血后用无菌棉球压迫切口止血。耳缘静脉取血一次可取血 50mL 左右而动物不死。

③颈动脉放血　使动物仰卧固定四肢，颈部剪毛、消毒后纵向切开前颈部皮肤长约 10cm，用止血钳将皮肤分开夹住，剥离皮下组织，露出肌层，用刀柄加以分离，即见搏动的颈动脉。小心将颈动脉和迷走神经剥离长约 5cm，选择血管中段，用止血钳夹住血管壁周围的筋膜。远心端用丝线结扎，近心端用动脉钳夹住，用酒精棉花球消毒血管周围，用无菌剪刀剪一个 V 形缺口。取长 2.5cm、直径 1.6mm 塑料管一段，将一端剪成针头样斜面，并将此端插入颈动脉中，另一端放入 200mL 无菌三角瓶内，然后放开止血钳，血即流入三角瓶内，动物流血至死，2.5kg 家兔可放血 80 ～ 100mL。

（6）分离血清　分离血清必须在无菌条件下进行，待收集于培养皿或三角瓶内的血液凝固之后，用无菌滴管在无菌环境（如超净工作台）中把血块与瓶壁剥离后，放入 37℃，1 ～ 2h 取出后放入 4℃过夜，使血清充分析出（不能冰冻，否则产生溶血），经离心沉淀分出血清，放进低温冰箱保存。使用前必须经过鉴定合格后再分装保存备用。

（7）抗血清的保存

①经鉴定合格后的抗血清，以 1 ∶ 100 比例加入 1% 的硫柳汞或 5% 的叠氮钠，使其最后浓度分别为 0.01% 或 0.05%。

②用无菌滴管将抗血清分装小管，每管装 1mL 左右。

③ –20℃以下保存，可保存 2 年以上。

④如有条件可将血清冷冻干燥保存于 4℃以下，保存时间更久。

（8）注意事项

①动物的免疫反应存在着个体差异，甚至有人报道不同品种动物一次免疫后产生的抗体的差别可高达 500 倍，所以制备抗血清时不能只免疫一只动物，一般最好免疫 3 ～ 4 只，因为有的动物可能产生抗体效价很低或不产生抗体，免疫反应好的动物所能提供的抗体往往高于一般动物 3 ～ 4 倍。

②为制备单价特异性高的抗血清，所用抗原纯度越高越好，因此，在纯化抗原过程中应尽量除去可能存在的杂蛋白，这样可以省去许多时间来吸收抗血清中的非特异性抗体。

③要制备高效价的抗体，必须要加佐剂（一般采用完全弗氏佐剂），加佐剂后免疫动物抗体效价至少可增加 5 倍。但也应考虑到，如果抗原中有微量的杂蛋白存在，即使 0.005mg，亦可因有佐剂而产生非特异性的抗体，所以要根据实验需要和抗原的纯度适当地使用佐剂。

④制成的抗原乳剂是否为油包水乳剂应进行检查，否则会影响免疫效果，如不是

油包水乳剂，应重新制备。

⑤当抗原量过少不易提纯时，可采用抗原抗体在琼脂扩散中形成的沉淀线直接免疫动物制备抗体。

⑥抗血清效价一般以抗血清稀释倍数表示。血清效价的检测方法很多，灵敏度各不同，因此在表示抗血清效价时，应标明检测方法。另外，在沉淀反应中，出现沉淀时的抗原、抗体比例有一较大的范围，如用不同浓度的抗原测定效价时，结果会因此有别，所以在测定抗血清效价时，需注意抗原的浓度。

⑦分装保存的抗血清应注明抗血清的名称、效价、制备日期以及包装量。

（五）生化试剂

1. 乙酰甲基甲醇试验所用试剂

（1）配方　40%KOH 溶液 100.0mL、肌酐（肌酸）0.3g。

（2）制法　将肌酐溶解于 KOH 溶液即成。

2. 吲哚试验所用试剂

（1）配方　对二甲基氨基苯甲醛 2.5g、95% 乙醇（丁醇、戊醇则更好）75.0mL、浓盐酸 25.0mL。

（2）制法　将对二甲基氨基苯甲醛溶于乙醇中，然后缓慢加入浓盐酸即成。

3. 靛基质试剂

（1）柯凡克试剂　将 5g 对二甲氨基甲醛溶解于 75mL 戊醇中，然后缓慢加入浓盐酸 25mL 。

（2）欧 - 波试剂　将 1g 对二甲氨基苯甲醛溶解于 95mL 95％乙醇内，然后缓慢加入浓盐酸 20mL。

4. 甲基红试验所用试剂

（1）配方　甲基红 0.02g、95% 乙醇 60.0mL、蒸馏水 40.0mL。

（2）制法　将甲基红充分溶解于乙醇，再加蒸馏水摇匀即成。

5. 过氧化氢酶试验所用试剂

（1）配方　3% 过氧化氢酶溶液（用时配制）。

（2）制法　分析纯 30%H_2O_2 溶液 1 滴与蒸馏水 5mL 混匀（储存约 3 周），使用时，每 5mL 蒸馏水中加入 1 滴上述溶液，现用现混合。

6. 硝酸盐还原试验所用试剂

A 液：取对氨基苯磺酸 0.8g 溶解于 100mL 的 0.5mol/L 醋酸中即成。

B 液：取 α- 萘胺 0.5g，溶解于 100mL 的 2.5mol/L 醋酸中即成。

7. 血浆凝固酶试验所用试剂

兔血浆：无菌生理盐水 =1 ∶ 4 的稀释兔血浆。

生理盐水：称取 0.9g 氯化钠，溶解在少量蒸馏水中，稀释到 100mL。

8．尿素分解试验所用试剂

（1）配方　蛋白胨 0.1g、葡萄糖 0.1g、氯化钠 0.5g、磷酸二氢钾 0.2g、尿素 0.2g（或 10% 尿素 2.0mL）。

（2）制法

①除葡萄糖、尿素外把其他药品称好放入水中煮沸，使溶解，调 pH 7.2 过滤，灭菌，此为基液。

②配制尿素（灭菌）液，每 100mL 基液内加 2mL 尿素（灭菌）液。

③配制 10% 葡萄糖（灭菌）液，每 100mL 加 0.1mL10% 葡萄糖（灭菌）液。

④分装小试管待用。

9．氧化酶试验所用试剂

（1）配方　盐酸二甲基对苯二胺（或四甲基对苯二胺）0.5g、蒸馏水 50.0mL。

（2）制法　取盐酸二甲基对苯二胺（或四甲基对苯二胺）0.5g 溶解于 50mL 蒸馏水中，然后贮存于棕色试剂瓶中备用（可保存一周，超期可能失效）。

任务五　食品微生物检测常用培养基

一、基础培养基

（一）平板计数琼脂（PCA）

1．配方

胰蛋白胨 5.0g、酵母浸膏 2.5g、葡萄糖 1.0g、琼脂 15.0g、蒸馏水 1 000.0mL，pH 7.0±0.2。

2．配法

将上述成分加于蒸馏水中，煮沸溶解，调节 pH。分装试管或三角瓶，121℃高压灭菌 15min。

（二）营养琼脂（NA）

1．配方

蛋白胨 10.0g、牛肉膏 3.0g、氯化钠 5.0g、琼脂 15.0 ～ 20.0g、蒸馏水 1 000.0mL，

pH 7.2 ～ 7.4。

2．配法

将除琼脂以外的各成分溶解于蒸馏水内，加入15%氢氧化钠溶液约2mL调节pH，加入琼脂，加热煮沸，使琼脂溶化，分装13mm×130mm试管，121℃高压灭菌15min。

（三）营养琼脂（NA，用于大肠埃希氏菌计数）

1．配方

蛋白胨5.0g、牛肉膏3.0g、琼脂15.0g、蒸馏水1 000.0mL，pH 7.3±0.1。

2．配法

将上述成分加于蒸馏水中，煮沸溶解，调节pH。分装合适的试管，121℃高压灭菌15min。

（四）半固体琼脂

1．配方

蛋白胨10.0g、牛肉膏3.0g、氯化钠5.0g、琼脂3.5 ～ 4.0g、蒸馏水1 000.0mL，pH 7.4±0.2。

2．配法

按以上成分配好，煮沸使溶解，并校正pH。分装小试管。121℃高压灭菌15min。直立凝固备用。

（五）马丁氏琼脂

1．配方

蛋白胨液500.0mL、肉浸液500.0mL、乙酸钠6.0g、葡萄糖10.0g、0.15g/mL氢氧化钠20.0mL、冰乙酸1.0mL。

2．配法

A．将蛋白胨液500mL与肉浸液500mL混合，加热至80℃，加冰乙酸1mL，摇匀，再煮沸5min。

B．加0.15g/mL氢氧化钠溶液约20mL，校正pH至7.2。

C．加乙酸钠6g，再校正pH至7.2。

D．继续煮沸10min，用滤纸过滤。在每1 000mL肉浸液与蛋白胨内，再加葡萄糖10g。然后装瓶，每瓶500mL。121℃高压灭菌15min，备用。

用途：供营养要求的细菌用。

[蛋白胨液的制备方法如下：取新鲜猪胃，去脂绞碎，称取350g加50℃左右蒸馏水1 000mL，充分摇匀。再加盐酸（化学纯，相对密度1.19）10mL，经充分混合后，置56℃温箱中消化24h（每小时搅拌1～2次），消化完毕后，加热，用滤纸过滤，备用。]

（六）肉汤培养基

1．配方

绞碎牛肉500.0g、氯化钠5.0g、蛋白胨10.0g、磷酸氢二钾2.0g、蒸馏水1 000.0mL。

2．配法

将绞碎后去筋膜牛肉500g加蒸馏水1 000mL，混合后放冰箱过夜，除去液面的浮油，隔水煮沸30min，使肉渣完全凝结成块，用纱布过滤，并挤压收集全部滤液，加水补足原量。加入蛋白胨、氯化钠和磷酸盐，溶解后校正pH至7.4～7.6，煮沸并过滤，分装。121℃高压灭菌15min。

（七）血琼脂

1．配方

pH 7.4～7.6豆粉琼脂100.0mL、脱纤维羊血（或兔血）5.0～10.0mL。

2．配法

加热溶化琼脂，冷却至50℃，以无菌操作加入脱纤维羊血，摇匀，倾注平板。或分装试管灭菌，摆成斜面。

（八）脑心浸出液肉汤（BHI）

1．配方

胰蛋白胨10.0g、氯化钠5.0g、磷酸氢二钠2.5g、葡萄糖2.0g、牛心浸出液500.0mL（17.5g）、蒸馏水1 000.0mL，pH 7.4±0.2。

2．配法

按照配方加热煮沸，溶解并定容至1L，调节pH，分装试管或三角瓶，121℃灭菌15min后备用。

（九）含0.6%酵母浸膏的胰酪胨大豆肉汤（TSB－YE）

1．配方

胰胨17.0g、多价胨3.0g、酵母膏6.0g、氯化钠5.0g、磷酸氢二钾2.5g、葡萄糖2.5g、蒸馏水1 000.0mL，pH 7.2～7.4。

2．配法

将上述各成分加热搅拌溶解，调节 pH，分装，121℃高压灭菌 15min，备用。

（十）含 0.6% 酵母浸膏的胰酪胨大豆琼脂（TSA － YE）

1．配方

胰胨 17.0g、多价胨 3.0g、酵母膏 6.0g、氯化钠 5.0g、磷酸氢二钾 2.5g、葡萄糖 2.5g、琼脂 15.0g、蒸馏水 1 000.0mL，pH 7.2 ～ 7.4。

2．配法

将上述各成分加热搅拌溶解，调节 pH，分装，121℃高压灭菌 15min，备用。

（十一）SIM 动力培养基

1．配方

胰胨 20.0g、多价胨 6.0g、硫酸铁铵 0.2g、硫代硫酸钠 0.2g、琼脂 3.5g、蒸馏水 1 000.0mL，pH 7.2±0.2。

2．配法

按配方称取药品后，加热搅拌溶解于蒸馏水中，调节 pH，分装三角瓶，121℃高压灭菌备用。

二、鉴别和选择培养基

（一）伊红美蓝琼脂培养基（EMB）

1．配方

蛋白胨 10.0g、乳糖 10.0g、磷酸氢二钾 2.0g、琼脂 15.0g、伊红 Y（水溶液）0.4g 或 2% 水溶液 20.0mL、美蓝溶液 0.065g 或 0.5% 水溶液 13.0mL、蒸馏水 1 000.0mL，pH 7.1±0.2。

2．配法

在 1 000mL 蒸馏水中煮沸溶解蛋白胨、磷酸盐和琼脂，加水补足。分装于三角瓶中。每瓶 100mL 或 200mL，调节 pH，121℃高压灭菌 15min。使用前将琼脂熔化，于每 100mL 琼脂中加 5mL 灭菌的 20% 乳糖溶液，2mL 的 2% 的伊红 Y 水溶液和 1.3mL 0.5% 的美蓝水溶液，摇匀，冷至 45 ～ 50℃倾注培养皿。

（二）Baird-Parker 培养基

1．配方

胰蛋白胨 10.0g、牛肉膏 5.0g、酵母膏 1.0g、丙酮酸钠 10.0g、甘氨酸 12.0g、氯化锂（$LiCl \cdot 6H_2O$）5.0g、琼脂 20.0g、蒸馏水 950.0mL，pH 7.0±0.2。

2．增菌剂的配法

30% 卵黄盐水 50mL 与经过除菌过滤的 1% 亚碲酸钾溶液 10mL 混合，保存于冰箱内。

3．制法

将各成分加到蒸馏水中，加热煮沸至完全溶解，调节 pH。分装每瓶 95mL，121℃高压灭菌 15min。临用时加热熔化琼脂，冷至 50℃，每 95mL 加入预热至 50℃的卵黄亚碲酸钾增菌剂 5mL，摇匀后倾注平板。培养基应是致密不透明的。使用前在冰箱储存不得超过 48h。

（三）亚硫酸铋（BS）琼脂

1．配方

蛋白胨 10.0g、牛肉膏 5.0g、葡萄糖 5.0g、硫酸亚铁 0.3g、磷酸氢二钠 4.0g、煌绿 0.025g 或 5.0g/L 水溶液 5.0mL、柠檬酸铋铵 2.0g、亚硫酸钠 6.0g、琼脂 18.0 ～ 20.0g、蒸馏水 1 000.0mL，pH 7.5±0.2。

2．配法

将前三种成分加入 300mL 蒸馏水（制作基础液），硫酸亚铁和磷酸氢二钠分别加入 20mL 和 30mL 蒸馏水中，柠檬酸铋铵和亚硫酸钠分别加入另一 20mL 和 30mL 蒸馏水中，琼脂加入 600mL 蒸馏水中。然后分别搅拌均匀，煮沸溶解。冷至 80℃左右时，先将硫酸亚铁和磷酸氢二钠混匀，倒入基础液中，混匀。将柠檬酸铋铵和亚硫酸钠混匀，倒入基础液中，再混匀。调节 pH，随即倾入琼脂液中，混合均匀，冷至 50 ～ 55℃。加入煌绿溶液，充分混匀后立即倾注培养皿。

注：本培养基不需要高压灭菌，在制备过程中不宜过分加热，避免降低其选择性，贮于室温暗处，超过 48h 会降低其选择性，本培养基宜于当天制备，第二天使用。

（四）三糖铁（TSI）琼脂

1．配方

蛋白胨 20.0g、牛肉膏 5.0g、乳糖 10.0g、蔗糖 10.0g、葡萄糖 1.0g、硫酸亚铁铵（含 6 个结晶水）0.2g、酚红 0.025g 或 5.0g/L 溶液 5.0mL、氯化钠 5.0g、硫代硫酸钠 0.2g、琼脂 12.0g、蒸馏水 1 000.0mL，pH 7.4±0.2。

2．配法

除酚红和琼脂外，将其他成分加入 400mL 蒸馏水中，搅拌均匀，静置约 10min，加热使完全溶化，冷却至 25℃左右校正 pH 至 7.4±0.2。另将琼脂加入 600mL 蒸馏水中，静置约 10min，加热使完全溶化。

将上述两溶液混合均匀后，再加入 5.0g/L 酚红水溶液 5mL，混匀，分装试管，每管约 3 mL，121℃灭菌 15min，灭菌后制成高层斜面，呈橘红色。如不立即使用，在 2 ～ 8℃条件下可储存一个月。

（五）邻硝基酚 β–D– 半乳糖苷（ONPG）酶培养基

1．配方

邻硝基酚 β-D- 半乳糖苷（ONPG）60.0mg、0.01mol/L 磷酸钠缓冲液（pH 7.5）10.0mL、1% 蛋白胨水（pH 7.5）30.0mL。

2．配法

将 ONPG 溶于缓冲液内，加入蛋白胨水，以过滤法除菌，分装于 10mm×75mm 试管，每管 0.5mL，用橡皮塞塞紧。

（六）麦康凯（MAC）琼脂

1．配方

蛋白胨 20.0g、乳糖 10.0g、3 号胆盐 1.5g、氯化钠 5.0g、中性红 0.03g、结晶紫 0.001g、琼脂 15.0g、蒸馏水 1 000.0mL，pH7.2±0.2。

2．配法

将以上成分混合加热溶解，冷却至 25℃左右校正 pH，分装，121℃高压灭菌 15min。冷却至 45 ～ 50℃，倾注平板。如不立即使用，在 2 ～ 8℃条件下可储存两周。

（七）马铃薯葡萄糖琼脂（PDA）

1．配方

马铃薯（去皮切块）300.0g、葡萄糖 20.0g、琼脂 20.0g、氯霉素 0.1g、蒸馏水 1 000.0mL，pH 自然。

2．配法

将马铃薯去皮切块，加 1 000mL 蒸馏水，煮沸 10 ～ 20min。用纱布过滤，补加蒸馏水至 1 000mL。加入葡萄糖和琼脂，加热溶化，分装，121℃高压灭菌 20min。倾注平板前，用少量乙醇溶解氯霉素加入培养基中。

（八）卵黄琼脂培养基

1．配方

（1）基础培养基 肉浸液 1 000.0mL、蛋白胨 15.0g、氯化钠 5.0g、琼脂 25.0 ～ 30.0g。

（2）50% 葡萄糖水溶液。

（3）50% 卵黄盐水悬液。

2．配法

制备基础培养基，调节 pH 至 7.5，分装每瓶 100mL。121℃高压灭菌 15min。临用时加热熔化琼脂，冷至 50℃，每瓶内加入 50% 葡萄糖水溶液 2mL 和 50% 卵黄盐水悬液 10 ～ 15mL，摇匀，倾注平板。

（九）蛋白胨水

1．配方

蛋白胨（或胰蛋白胨）20.0g、氯化钠 5.0g 、蒸馏水 1 000.0mL，pH 7.4±0.2 。

2．配法

将上述成分加入蒸馏水中，煮沸溶解，调节 pH，分装小试管，121℃高压灭菌 15min。

注：在 2 ～ 8℃条件下可储存一个月。

（十）葡萄糖肉汤培养基

1．配方

牛肉粉 3.0g、氯化钠 5.0g、蛋白胨 10.0g、磷酸氢二钾 2.0g、葡萄糖 10.0g、蒸馏水 1 000.0mL，pH 7.5±0.1。

2．配法

按配方称取上述药品，煮沸溶解并定容至 1 000mL，调节 pH，分装，121℃高压灭菌 15min 备用。

（十一）结晶紫中性红胆盐琼脂（VRBA）

1．配方

蛋白胨 7.0g、酵母膏 3.0g、氯化钠 5.0g、乳糖 10.0g、胆盐或 3 号胆盐 1.5g、结晶紫 0.002g、中性红 0.03g、琼脂 15.0 ～ 18.0g、蒸馏水 1 000.0mL，pH 7.4±0.1。

2．配法

按照上述成分溶于蒸馏水中，静置几分钟，充分搅拌，调节 pH。煮沸 2min，将培养基冷却至 45 ～ 50℃倾注平板，使用前临时制备，不得超过 3h。

（十二）木糖赖氨酸脱氧胆盐（XLD）琼脂

1．配方

酵母膏 3.0g、L- 赖氨酸 5.0g、乳糖 7.5g、蔗糖 7.5g、木糖 3.75g、氯化钠 5.0g、硫代硫酸钠 6.8g、柠檬酸铁铵 0.8g、去氧胆酸钠 2.5g、酚红 0.08g、琼脂 15.0g、蒸馏水 1 000.0mL，pH 7.4±0.2。

2．配法

除酚红和琼脂外，将其他成分加入 400mL 蒸馏水中，煮沸溶解，调节 pH。另将琼脂加入 600mL 蒸馏水中，煮沸溶解。将上述两溶液混合均匀后，再加入指示剂，待冷至 50 ～ 55℃倾注培养皿。

注：本培养基不需要高压灭菌，在制备过程中不宜过分加热，避免降低其选择性，贮于室温暗处。本培养基宜于当天制备，第二天使用。使用前必须去除平板表面上的水珠，在 37 ～ 55℃温度下，琼脂面向下、平板盖亦向下烘干。另外，如配制好的培养基不立即使用，在 2 ～ 8℃条件下可储存两周。

（十三）沙门氏菌属显色培养基

1．配方

特殊营养物质 49.5g、混合显色剂 0.5g、琼脂粉 15.0g、蒸馏水 1 000.0mL，pH 7.3±0.1。

2．配法

按照配方称取药品，溶解并定容至 1 000mL，校正 pH 后，冷却至 50℃后倾注平板备用。

（十四）孟加拉红培养基

1．配方

蛋白胨 5.0g、葡萄糖 10.0g、磷酸二氢钾 1.0g、硫酸镁（无水）0.5g、琼脂 20.0g、孟加拉红 0.033g、氯霉素 0.1g、蒸馏水 1 000.0mL。

2．配法

上述各成分加入蒸馏水中，加热溶化，补足蒸馏水至 1 000mL，分装后，121℃灭菌 20min。倾注平板前，用少量乙醇溶解氯霉素加入培养基中。

（十五）PALCAM 琼脂

1．配方

酵母膏 8.0g、葡萄糖 0.5g、七叶苷 0.8g、柠檬酸铁铵 0.5g、甘露醇 10.0g、酚红 0.1g、氯化锂 15.0g、酪蛋白胰酶消化物 10.0g、心胰酶消化物 3.0g、玉米淀粉 1.0g、肉胃酶消化物 5.0g、氯化钠 5.0g、琼脂 15.0g、蒸馏水 1 000.0mL，pH 7.2 ～ 7.4。

2．配法

将上述成分加热溶解，调节 pH，分装，121℃高压灭菌 15min，备用。

（1）PALCAM 选择性添加剂

多黏菌素 B5.0mg、盐酸吖啶黄 2.5mg、头孢他啶 10.0mg、无菌蒸馏水 500.0mL。

（2）配法

将 PALCAM 基础培养基熔化后冷却到 50℃，加入 2mL PALCAM 选择性添加剂，混匀后倾倒在无菌培养皿中，备用。

（十六）李斯特氏菌显色培养基

1．配方

营养物质 70.0g、显色剂 1.0g、李斯特氏菌添加剂 6.0g、李斯特氏菌抑菌剂 1（1mL）5 支、李斯特氏菌抑菌剂 2（1mL）5 支。

2．配法

称取基础培养基 14.2g 加入 180mL 蒸馏水，加热溶解并不停搅拌；另取 1.2g 李斯特氏菌添加剂，加入 20mL 无菌水，并加入一些玻璃球，不停振动，使其乳化均匀，将二者分别于 121℃高压灭菌 15min。冷至 50℃左右时，把李斯特氏菌添加剂加入基础培养基中，并加入李斯特氏菌抑菌剂 1 和 2 各 1 支，混匀，倾入无菌培养皿。使培养基的厚度约为 5mm，这样有利于观察不透明环。

（十七）MRS 培养基

1．配方

蛋白胨 10.0g、牛肉粉 5.0g、酵母粉 4.0g、葡萄糖 20.0g、吐温 80 1.0mL、$K_2HPO_4 \cdot 7H_2O$ 2.0g、醋酸钠 $\cdot 3H_2O$ 5.0g、柠檬酸三铵 2.0g、$MgSO_4 \cdot 7H_2O$ 0.2g、$MnSO_4 \cdot 4H_2O$ 0.05g、琼脂粉 15.0g，pH 6.2。

2．制法

将上述成分加入到 1 000mL 蒸馏水中，加热溶解，调节 pH，分装后 121℃高压灭菌 15 ～ 20min 备用。

（十八）莫匹罗星锂盐改良 MRS 培养基

1．成分

莫匹罗星锂盐储备液制备：称取 50mg 莫匹罗星锂盐加入到 50mL 蒸馏水中，用 0.22μm 微孔滤膜过滤除菌。

2．制法

将 MRS 培养基配方中的各成分加入到 950mL 蒸馏水中，加热溶解，调节 pH，分装后于 121℃高压灭菌 15 ～ 20min。临用时加热熔化琼脂，在水浴中冷至 48℃，用带有 0.22μm 微孔滤膜的注射器将莫匹罗星锂盐储备液加入熔化琼脂中，使培养基中莫匹罗星锂盐的浓度为 50μg/mL。

（十九）MC 培养基

1．配方

大豆蛋白胨 5.0g、牛肉粉 3.0g、酵母粉 3.0g、葡萄糖 20.0g、乳糖 20.0g、碳酸钙 10.0g、琼脂 15.0g、蒸馏水 1 000.0mL、1％中性红溶液 5.0mL，pH 6.0。

2．制法

将前面七种成分加入蒸馏水中，加热溶解，调节 pH，加入中性红溶液。分装后 121℃高压灭菌 15 ～ 20min。

（二十）溴甲酚紫葡萄糖蛋白胨培养基

1．配方

蛋白胨 10.0g、葡萄糖 5.0g、琼脂 4.0g、2% 溴甲酚紫乙醇溶液 0.6mL、蒸馏水 1 000.0mL，pH 7.1±0.1。

2．配法

在蒸馏水中加入蛋白胨、葡萄糖、琼脂，加热搅拌至完全溶解，调节 pH，然后再加入溴甲酚紫乙醇溶液，混匀后，115℃高压灭菌 30min。

（二十一）月桂基硫酸盐胰蛋白胨（LST）肉汤

1．配方

胰蛋白胨或胰酪胨 20.0g、氯化钠 5.0g、乳糖 5.0g、磷酸氢二钾 2.75g、磷酸二氢钾 2.75g、月桂基硫酸钠 0.1g、蒸馏水 1 000.0mL，pH 6.8±0.2。

2．配法

将上述成分溶于蒸馏水中，调节 pH。分装到有玻璃小倒管的试管中，每管 10mL。

121℃高压灭菌 15min。

（二十二）VRB – MUG 琼脂

1．配方

蛋白胨 7.0g、酵母膏 3.0g、乳糖 10.0g、氯化钠 5.0g、胆盐或 3 号胆盐 1.5g、中性红 0.03g、结晶紫 0.002g、琼脂 18.0g、4- 甲基伞形酮 -β-D- 葡萄糖苷（MUG）0.1g、蒸馏水 1 000.0mL，pH 7.4±0.1。

2．配法

将上述成分溶于蒸馏水中，静置几分钟，充分搅拌，调节 pH。煮沸 2min，冷却至 45 ～ 50℃使用。

（二十三）科玛嘉显色培养基

1．配方

蛋白胨 8.0g、盐类 51.4g、色素 0.3g、琼脂 15.0g，pH 9.0±0.2。

2．配法

（1）取瓶内干粉，溶于 1 000mL 蒸馏水或纯水中，可根据需求按 74.7g/L 的比例扩大、缩小。

（2）将上述干粉缓慢倒入蒸馏水中，充分搅拌溶解。

（3）加热至 100℃并按常规不断搅拌。混合物也可以在微波炉中加热，用此法加热，煮沸后混合物立即移出微波炉并轻轻搅拌，而后移入微波炉再加热，直至琼脂完全溶解（大量气泡代替泡沫产生，大约需要 2min）。

（4）将培养基水浴冷却至 48℃，倾注于已灭菌的培养皿中，使其凝固。

（5）成品培养基在室温条件下可保存一天，在冰箱内可保存数周（避光，2 ～ 8℃）。

（二十四）煌绿乳糖胆盐（BGLB）肉汤

1．配方

蛋白胨 10.0g、乳糖 10.0g、牛胆粉溶液 200.0mL、0.1% 煌绿水溶液 13.3mL、蒸馏水 800mL，pH 7.2±0.1。

2．配法

将蛋白胨、乳糖溶解于 500mL 蒸馏水中，加入牛胆粉溶液 200mL（将 20g 脱水牛胆粉溶于 200mL 蒸馏水中，调节 pH 至 7.0 ～ 7.5），用蒸馏水稀释到 975mL，调节 pH，再加入 0.1% 煌绿水溶液 13.3mL，用蒸馏水补足到 1 000mL，用棉花过滤后，分装到有玻璃小倒管的试管中，每管 10mL。121℃高压灭菌 15min。

（二十五）HE 琼脂

1．配方

蛋白胨 12.0g、牛肉膏 3.0g、乳糖 12.0g、蔗糖 12.0g、水杨素 2.0g、胆盐 20.0g、氯化钠 5.0g、琼脂 18.0 ～ 20.0g、蒸馏水 1 000.0mL、0.4% 溴麝香草酚蓝溶液 16.0mL、Andrade 指示剂 20.0mL、甲液 20.0mL、乙液 20.0mL，pH 7.5±0.2。

2．配法

将前面七种成分溶解于 400mL 蒸馏水内作为基础液；将琼脂加入 600mL 蒸馏水内，然后分别搅拌均匀，煮沸溶解。加入甲液和乙液于基础液内，调节 pH。再加入指示剂，并与琼脂液合并，待冷至 50 ～ 55℃，倾注培养皿。

注意事项：

（1）本培养基不需要高压灭菌，在制备过程中不宜过分加热，避免降低其选择性。

（2）甲液的配制　硫代硫酸钠 34.0g、柠檬酸铁铵 4.0g、蒸馏水 100.0mL。

（3）乙液的配制　去氧胆酸钠 10.0g、蒸馏水 100.0mL。

（4）Andrade 指示剂　酸性复红 0.5g、1mol/L 氢氧化钠溶液 16.0mL、蒸馏水 100.0mL。

将复红溶解于蒸馏水中，加入氢氧化钠溶液。数小时后如复红褪色不全，再加氢氧化钠溶液 1 ～ 2mL。

（二十六）DHL 琼脂

1．配方

蛋白胨 20.0g、牛肉膏 3.0g、乳糖 10.0g、蔗糖 10.0g、去氧胆酸钠 1.0g、硫代硫酸钠 2.3g、柠檬酸钠 1.0g、柠檬酸铁铵 1.0g、0.5% 中性红水溶液 6.0mL、琼脂 18.0 ～ 20.0g、蒸馏水 1 000.0mL，pH 7.3。

2．配法

将除中性红和琼脂以外的成分溶解于 400mL 蒸馏水中，调节 pH。再将琼脂于 600mL 蒸馏水中煮沸溶解，两液合并，并加入 0.5% 中性红水溶液 6mL，待冷至 50 ～ 55℃，倾注平板。

（二十七）WS 琼脂

1．配方

蛋白胨 12.0g、牛肉膏 3.0g、氯化钠 5.0g、乳糖 12.0g、蔗糖 12.0g、十二烷基硫酸钠 2.0g、琼脂 15.0g、Andrade 指示剂 20.0mL、0.4% 溴麝香草酚蓝溶液 16.0mL、甲液

20.0mL、蒸馏水 1 000.0mL，pH 7.0。

2．配法

除指示剂和甲液外，将其他成分加热溶解，不需消毒，调节 pH 后加入指示剂和甲液，倾注平板应呈草绿色。

注：Andrade 指示剂和甲液的配制同 HE 琼脂。

（二十八）SS 琼脂

配方

（1）基础培养基　牛肉膏 5.0g、蛋白胨 5.0g、三号胆盐 3.5g、琼脂 17.0 ～ 20.0g、蒸馏水 1 000.0mL。

将牛肉膏、蛋白胨和三号胆盐溶解于 400mL 蒸馏水中，将琼脂加入至 600mL 蒸馏水中，煮沸使其溶解，再将两液混合，121℃高压灭菌 15min，保存备用。

（2）完全培养基　基础培养基 100.0mL、乳糖 10.0g、柠檬酸钠 8.5g、硫代硫酸钠 8.5g、10% 柠檬酸铁溶液 10.0mL、1% 中性红溶液 2.5mL、0.1% 煌绿溶液 0.33mL。

加热溶解基础培养基，按比例加入上述染料以外之各成分，充分混合均匀，校正 pH 至 7.0，加入中性红和煌绿溶液，倾注平板。

注意事项：①制好的培养基宜当日使用，或保存于冰箱内于 48h 内使用。②煌绿溶液配好后应在 10d 以内使用。③可以购用 SS 琼脂的干燥培养基。

三、增菌培养基

（一）四硫黄酸钠煌绿（TTB）增菌液

1．配方

蛋白胨 10.0g、牛肉膏 5.0g、氯化钠 3.0g、碳酸钙 45.0g、蒸馏水 1 000.0mL，pH 7.0±0.2。

2．配法

除碳酸钙外，将各成分加入蒸馏水中，煮沸溶解，再加入碳酸钙，调节 pH，121℃高压灭菌 20min。

（二）亚硒酸盐胱氨酸（SC）增菌液

1．配方

蛋白胨 5.0g、乳糖 4.0g、磷酸氢二钠 10.0g、亚硒酸氢钠 4.0g、L- 胱氨酸 0.01g、蒸馏水 1 000.0mL，pH 7.0±0.2。

2．配法

除亚硒酸氢钠和 L- 胱氨酸外，将各成分加入蒸馏水中，煮沸溶解，冷至 55 ℃以下，以无菌操作加入亚硒酸氢钠和 1g/L L- 胱氨酸溶液 10mL（称取 0.1g L- 胱氨酸，加 1mol/L 氢氧化钠溶液 15mL，使溶解，再加无菌蒸馏水至 100mL 即成，如为 DL- 胱氨酸，用量应加倍）。摇匀，调节 pH。

（三）缓冲蛋白胨水（BPW）

1．配方

蛋白胨 10.0g、氯化钠 5.0g、磷酸氢二钠（含 12 个结晶水）9.0g、磷酸二氢钾 1.5g、蒸馏水 1 000.0mL，pH 7.2±0.2。

2．配法

将各成分加入蒸馏水中，搅拌均匀，静置约 10min，煮沸溶解，调节 pH，121℃高压灭菌 15min。

（四）庖肉增菌液

1．配方

牛肉浸液 1 000.0mL、蛋白胨 30.0g、酵母膏 5.0g、磷酸二氢钠 5.0g、葡萄糖 3.0g、可溶性淀粉 2.0g、碎肉渣适量、还原铁粉适量，pH 7.8。

2．配法

（1）称取新鲜除脂肪和筋膜的碎牛肉 500g，加蒸馏水 1 000mL 和 1mol/L 氢氧化钠溶液 25mL，搅拌煮沸 15min，充分冷却，除去表层脂肪，澄清，过滤，加水补足至 1 000mL。加入除碎肉渣外的各种成分，校正 pH。

（2）碎肉渣经水洗后晾至半干，分装 15mm×150mm 试管 2 ～ 3cm 高，每管加入还原铁粉 0.1 ～ 0.2g 或铁屑少许。将上述液体培养基分装至每管内超过肉渣表面约 1cm。上面覆盖溶化的凡士林或液状石蜡 0.3 ～ 0.4cm。121℃高压灭菌 15min。

（五）氯化钠胰酪胨大豆肉汤

1．配方

胰酪胨（或胰蛋白胨）17.0g、植物蛋白胨（或大豆蛋白胨）3.0g、氯化钠 100.0g、磷酸氢二钾 2.5g、葡萄糖 2.5g、蒸馏水 1 000.0mL，pH 7.3±0.2。

2．配法

上述成分混合，加热，轻轻搅拌并溶解，调节 pH，分装，每瓶 225mL，121℃高压灭菌 15min 。

（六）10% 氯化钠胰酪胨大豆肉汤

1．配方

胰酪胨（或胰蛋白胨）17.0g、植物蛋白胨（或大豆蛋白胨）3.0g、氯化钠 100.0g、磷酸氢二钾 2.5g、丙酮酸钠 10.0 g、葡萄糖 2.5g、蒸馏水 1 000.0mL，pH 7.3±0.2。

2．配法

将上述成分混合，加热并轻轻搅拌使其溶解，分装后，121℃高压灭菌 15min，最终 pH 7.3±0.2。

（七）亚硒酸盐煌绿增菌液

1．配方

蛋白胨 5g、酵母浸膏 5.0g、甘露醇 5.0g、牛磺胆酸钠 1.0g、20% 亚硒酸氢钠溶液 20.0mL、0.25mol/L 磷酸盐缓冲液（pH 7.0）100.0mL、2% 煌绿溶液 0.25mL、蒸馏水 900.0mL。

2．配法

将前面四种成分溶解于蒸馏水中，校正 pH，当用于干鸡蛋白样品时，pH 8.2±0.1；用于其他干蛋品时，pH 7.2±0.1；用于冰蛋品时 pH 7.0±0.1；121℃高压灭菌 15min，冷却备用。临用前加入灭菌的 20% 亚硒酸氢钠溶液及磷酸盐缓冲液，复查混合液的 pH，必要时进行校正。加入煌绿溶液，定量分装于灭菌的容器内，每瓶 150mL，于 1 ～ 5d 内使用。

（八）7.5% 氯化钠肉汤

1．配方

蛋白胨 10.0g、牛肉膏 5.0g、氯化钠 75.0g、蒸馏水 1 000.0mL，pH 7.4。

2．配法

将上述成分加热溶解，校正 pH，分装试管，121℃高压灭菌 15min。

（九）李氏增菌肉汤 LB（LB1，LB2）

1．配方

胰胨 5.0g、多价胨 5.0g、酵母膏 5.0g、氯化钠 20.0g、磷酸二氢钾 1.4g、磷酸氢二钠 12.0g、七叶苷 1.0g、蒸馏水 1 000.0mL，pH 7.2 ～ 7.4。

2．配法

将上述成分加热溶解，调节 pH，分装，121℃高压灭菌 15min，备用。

（1）李氏Ⅰ液（LB1）225mL 中加入：1% 萘啶酮酸（用 0.05 mol/L 氢氧化钠溶液配制）0.5mL、1% 吖啶黄（用无菌蒸馏水配制）0.3mL。

（2）李氏Ⅱ液（LB2）200mL 中加入：1 % 萘啶酮酸 0.4mL、1% 吖啶黄 0.5mL。

（十）氯化镁孔雀绿（MM）增菌液

1．配方

（1）甲液　胰蛋白胨 5.0g、氯化钠 8.0g、磷酸二氢钾 1.6g、蒸馏水 1 000.0mL。

（2）乙液　氯化镁 40.0g、蒸馏水 100.0mL。

（3）丙液　0.4% 孔雀绿水溶液。

2．配法

分别按上述成分配好后，121℃高压灭菌 15min，备用。临用时取甲液 90mL、乙液 9mL、丙液 0.9mL，以无菌操作混合即可。

四、生化培养基

（一）尿素琼脂（pH 7.2）

1．配方

蛋白胨 1.0g、氯化钠 5.0g、葡萄糖 1.0g、磷酸二氢钾 2.0g、0.4％酚红 3.0mL、琼脂 20.0g、蒸馏水 900.0mL、20% 尿素溶液 100.0mL，pH 7.2±0.2。

2．配法

除尿素、琼脂和酚红外，将其他成分加入 400mL 蒸馏水中，煮沸溶解，调节 pH。另将琼脂加入 600mL 蒸馏水中，煮沸溶解。

将上述两溶液混合均匀后，再加入指示剂后分装，121℃高压灭菌 15min。冷至 50 ～ 55℃，加入经 0.22μm 过滤膜除菌后的 20% 尿素溶液。尿素的最终浓度为 2％。分装于无菌试管内，放成斜面备用。

（二）氰化钾（KCN）培养基

1．配方

蛋白胨 10.0g、氯化钠 5.0g、磷酸二氢钾 0.225g、磷酸氢二钠 5.64g、蒸馏水 1 000.0mL，0.5％氰化钾 20.0 mL。

2．配法

将除氰化钾以外的成分加入蒸馏水中，煮沸溶解，分装后 121℃高压灭菌 15min。放在冰箱内使其充分冷却。每 100mL 培养基加入 0.5%氰化钾溶液 2.0mL（最后浓度为 1 ∶ 10 000），分装于无菌试管内，每管约 4mL，立刻用无菌橡皮塞塞紧，放在 4℃冰箱内，至少可保存两个月。同时，将不加氰化钾的培养基作为对照培养基，分装试管备用。

（三）赖氨酸脱羧酶试验培养基

1．配方

蛋白胨 5.0g、酵母浸膏 3.0g、葡萄糖 1.0g、蒸馏水 1 000.0mL 、1.6%溴甲酚紫 - 乙醇溶液 1.0mL、L 型或 DL 型赖氨酸和鸟氨酸 0.5g/100mL 或 1.0g/100mL，pH 6.8±0.2。

2．配法

除赖氨酸以外的成分加热溶解后，分装每瓶 100mL，分别加入赖氨酸和鸟氨酸。L-赖氨酸按 0.5%加入，DL- 赖氨酸按 1%加入。调节 pH。对照培养基不加赖氨酸。分装于无菌的小试管内，每管 0.5mL，上面滴加一层液状石蜡，115℃高压灭菌 10min。

（四）糖发酵管

1．配方

牛肉膏 5.0g、蛋白胨 10.0g、氯化钠 3.0g、磷酸氢二钠（含 12 个结晶水）2.0g、0.2%溴麝香草酚蓝溶液 12.0mL、蒸馏水 1 000.0mL ，pH 7.4±0.2。

2．配法

葡萄糖发酵管按上述成分配好后，调节 pH。按 0.5%加入葡萄糖，分装于有一个倒置小管的小试管内，121℃高压灭菌 15min。其他各种糖发酵管可按上述成分配好后，分装每瓶 100mL，121℃高压灭菌 15min。另将各种糖类分别配好 10%溶液，同时高压灭菌。将 5mL 糖溶液加入于 100mL 培养基内，以无菌操作分装小试管。

注：蔗糖不纯，加热后会自行水解者，应采用过滤法除菌。

（五）丙二酸钠培养基

1．配方

酵母浸膏 1.0g、硫酸铵 2.0g 、磷酸氢二钾 0.6g 、磷酸二氢钾 0.4g、氯化钠 2.0g 、丙二酸钠 3.0g、0.2%溴麝香草酚蓝溶液 12.0mL、蒸馏水 1 000.0mL，pH 6.8±0.2 。

2．配法

除指示剂以外的成分溶解于水，调节 pH，再加入指示剂，分装试管，121℃高压灭菌 15min。

（六）葡萄糖铵培养基

1．配方

氯化钠 5.0g、硫酸镁（$MgSO_4 \cdot 7H_2O$）0.2g、磷酸二氢铵 1.0g、磷酸氢二钾 1.0g、葡萄糖 2.0g、琼脂 20.0g、蒸馏水 1 000.0mL、0.2% 溴麝香草酚蓝水溶液 40.0mL，pH 6.8。

2．配法

先将盐类和糖溶解于水内，校正 pH，再加琼脂，加热溶化，然后加入指示剂，混合均匀后分装试管，121℃高压灭菌 15min，放成斜面。

（七）西蒙氏柠檬酸盐琼脂

1．配方

氯化钠 5.0g、硫酸镁（$MgSO_4 \cdot 7H_2O$）0.2g、磷酸二氢铵 1.0g、磷酸氢二钾 1.0g、柠檬酸钠 5.0g、琼脂 20.0g、0.2% 溴麝香草酚蓝溶液 40.0mL、蒸馏水 1 000.0mL，pH 6.8±0.2。

2．配法

先将盐类溶解于水内，调至 pH 6.8±0.2，加入琼脂，加热熔化。然后加入指示剂，混合均匀后分装试管，121℃灭菌 15min。制成斜面备用。

（八）缓冲葡萄糖蛋白胨水

1．配方

磷酸氢二钾 5.0g、多胨 7.0g、葡萄糖 5.0g、蒸馏水 1 000.0mL，pH 7.0。

2．配法

将上述成分溶解于蒸馏水中，调节 pH，分装试管，每管 1mL，121℃高压灭菌 15min，备用。

（九）葡萄糖半固体管

1．配方

蛋白胨 1.0g、牛肉膏 0.3g、氯化钠 0.5g、1.6% 溴甲酚紫乙醇溶液 0.1mL、葡萄糖 1.0g、琼脂 0.3g、蒸馏水 100.0mL，pH 7.4。

2．配法

将蛋白胨、牛肉膏和氯化钠加入水中，校正 pH 后加入琼脂加热溶解，再加入指示剂和葡萄糖，分装小试管，121℃灭菌 15min。

（十）Korser 柠檬酸盐肉汤

1．配方

磷酸氢二钠 1.5g、磷酸氢二钾 1.0g、硫酸镁 0.2g、柠檬酸钠（含 $2H_2O$）3.0g、蒸馏水 1 000.0mL，pH 6.7±0.2。

2．配法

将上述成分溶解于蒸馏水中，调节 pH，分装试管，每管 10mL，121℃高压灭菌 15min 备用。

五、专用培养基

（一）EC 肉汤

1．配方

胰蛋白胨（或胰酪胨）20.0g、3 号胆盐（或混合胆盐）1.5g、乳糖 5.0g、磷酸氢二钾 4.0g、磷酸二氢钾 1.5g、氯化钠 5.0g、蒸馏水 1 000.0mL，pH 6.9±0.1。

2．配法

将上述成分混合，溶解后，分装有发酵倒管的试管中，每管 8mL，121℃高压灭菌 15min，最终 pH 为 6.9±0.1。

（二）高氏一号培养基

1．配方

可溶性淀粉 2.0g、KNO_3 0.1g、K_2HPO_4 0.05g、$MgSO_4 \cdot 7H_2O$ 0.05g、NaCl 0.05g、$FeSO_4 \cdot 7H_2O$ 0.001g（母液）、琼脂 2.0g、蒸馏水 100.0mL，pH 7.2 ～ 7.4。

2．配法

配制时，先用少量冷水，将淀粉调成糊状，倒入少于所需水量的沸水中，在火上加热，边搅拌边依次逐一溶化其他成分，溶化后，补足水分到 100mL，调 pH，121℃灭菌 20min。

（三）麦芽汁培养基

1．配方

固体培养基：麦芽汁 150.0mL、琼脂 3.0g、pH 自然（约 6.4）。

液体培养基：麦芽汁 70.0mL，pH 自然（约 5.4）。

2. 配法

将新鲜麦芽（可用大麦或小麦发湿，在15℃阴暗处发芽，麦芽根伸长至麦粒2倍时停止发芽）汁滤液稀释到10～15°Bé，加2%琼脂，调节pH 6.4，115℃高压灭菌20min。若配制液体麦芽汁培养基不加琼脂。

（四）查氏培养基

1. 配方

硝酸钠3.0g、磷酸氢二钾1.0g、硫酸镁（$MgSO_4 \cdot 7H_2O$）0.5g、氯化钾0.5g、硫酸亚铁0.01g、蔗糖30.0g、琼脂20.0g、蒸馏水1 000.0mL，自然pH。

2. 配法

将以上各成分溶解于水，分装后121℃高压灭菌20min。

（五）高渗查氏培养基

1. 配方

硝酸钠2.0g、磷酸二氢钾1.0g、硫酸镁（$MgSO_4 \cdot 7H_2O$）0.5g、氯化钾0.5g、硫酸亚铁0.01g、氯化钠60.0g、蔗糖30.0g、琼脂20.0g、蒸馏水1 000.0mL，自然pH。

2. 配法

与查氏培养基相同。

（六）产毒培养基

1. 配方

蛋白胨20.0g、胰消化酪蛋白200.0mg（氨基酸）、氯化钠5.0g、磷酸氢二钾1.0g、磷酸二氢钾1.0g、氯化钙0.1g、硫酸镁0.2g、芋酸0.01g、蒸馏水1 000.0mL、琼脂10.0～12.0g（固体透析培养用），pH 7.2～7.4。

2. 配法

除琼脂外将所有成分混于水中，溶解后调pH，如用固体透析培养法再加入琼脂，121℃高压灭菌30min。

（七）萨氏（Sabouraud）培养基

1. 配方

蛋白胨10.0g、葡萄糖40.0g、琼脂20.0g、蒸馏水1 000.0mL，pH 5.5～5.7。

2．配法

按照配方称取药品，加热溶解并定容至 1L，校正 pH 后，115℃高压灭菌 15min 备用。

（八）嗜热耐酸菌琼脂

1．配方

酵母粉 1.25g、蛋白胨 2.5g、琼脂粉 6.5g、葡萄糖 0.5g、吐温 80 0.5mL、苹果酸 1.25g、蒸馏水 1 000.0mL，pH 3.7±0.1。

2．配法

在 1 000mL 的三角瓶中放入 500mL 蒸馏水，加入酵母粉、蛋白胨、琼脂粉、葡萄糖和吐温 80，使其溶解，轻轻盖上三角瓶的盖子，在 121℃高压灭菌 25min；在一个小烧杯中加入 10mL 蒸馏水和苹果酸，搅拌直至溶解，将苹果酸的水溶液用 0.45μm 的滤膜过滤，将处理过的苹果酸水溶液加入到灭菌的 K 氏培养基中，搅拌均匀，使其 pH 达到 3.7±0.1。当冷却到大约 50℃时，将 K 氏培养基倾注到培养皿中，凝固后在 0 ～ 5℃的冰箱中储存，有效期 60d，并记录配制日期。

（九）CVT 琼脂

1．配方

胰酪蛋白胨 5.0g、酵母浸膏 2.5g、葡萄糖 1.0g、结晶紫 0.001g、TTC 0.05g、琼脂粉 15.0g、蒸馏水 1 000.0mL，pH 7.0±0.2。

2．配法

按照配方称取药品，溶解并定容至 1L，校正 pH 后 121℃高压灭菌 20min 备用。

（十）Cary-Biair 运送培养基

1．配方

硫乙醇酸钠 1.5g、氯化钠 5.0g、磷酸氢二钠 1.1g、氯化钙 0.09g、琼脂 5.0g、蒸馏水 1 000.0mL，pH 8.4±0.1，25℃。

2．配法

按照配方称取药品后，溶解并定容至 1L，校正 pH 后流动蒸汽灭菌 15min 后备用。

注意：分装时需混匀培养基底部的沉淀。

任务六　食品微生物检测基础技术

一、普通光学显微镜的使用技术

显微镜的种类很多，有普通光学显微镜、荧光显微镜、暗视野显微镜、相差显微镜、电子显微镜等。一般对微生物的形态结构的观察，以普通光学显微镜最为常用。

（一）构造

普通光学显微镜的构造包括机械部分和光学部分，机械部分主要包括镜座、镜臂、镜筒、载物台、物镜转换器、粗调节螺旋、细调节螺旋、游标卡尺、标本移动螺旋、聚光器升降螺旋等部件。光学部分主要包括物镜、目镜、光源、聚光器、虹彩光圈、光源滑动变阻器等。如图 1-11 和图 1-12 所示。

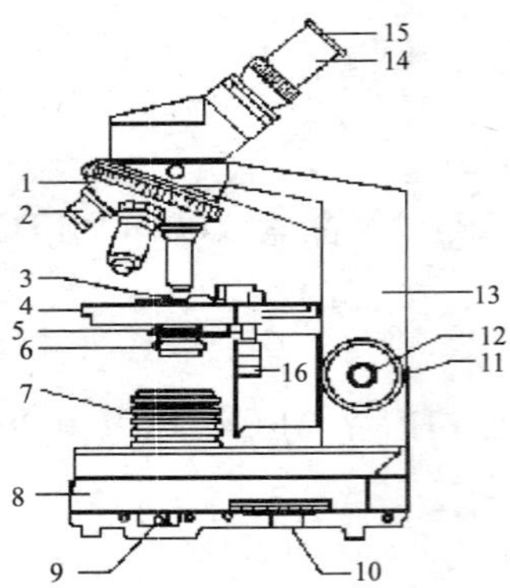

1．物镜转换器　2．接物镜　3．游标卡尺　4．载物台
5．聚光器　6．虹彩光圈 7．光源　8．镜座
9．光源滑动变阻器　10．电源开关　11．粗调节螺旋
12．细调节螺旋　13．镜臂　14．镜筒　15．接目镜
16．标本移动螺旋

图 1-11　普通光学显微镜的构造

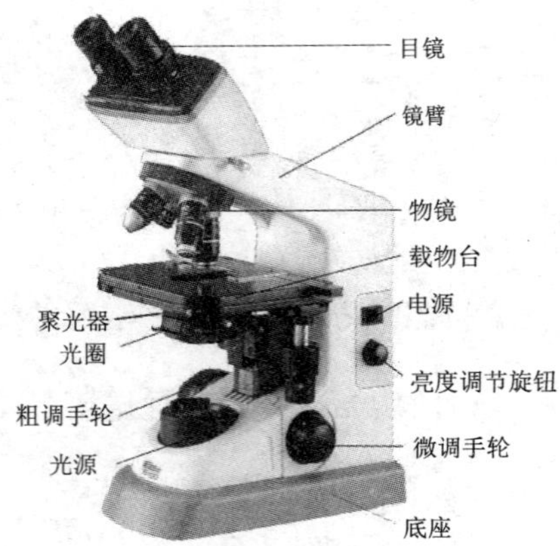

图 1-12　普通光学显微镜的构造

（二）使用方法

1. 取镜

从镜箱中取镜时，一只手握着镜臂，另一只手托着镜座，保持镜体直立，以防目镜等部件脱落。将显微镜平稳地放置在距离实验台边 3cm 处，使用者要坐姿端正（图 1-13）。

图 1-13　使用显微镜的正确姿势

2. 调光

接通电源，打开显微镜的开关。转动物镜转换器，将低倍物镜接通镜筒。开启光圈至视场周缘的外切处。调节光源滑动变阻器，使整个视野亮度适宜。

3. 低倍物镜观察

将低倍物镜与镜筒接通，再将标本放在载物台上，使标本位于物镜正下方。转动粗调节螺旋（提升载物台），使物镜距离标本约 0.5cm，然后缓慢拉大物镜与标本间的距离，当出现影像时，调节细调节螺旋，直至标本清晰可见，再推动标本找到理想的观察部位。使用低倍物镜可初步观察霉菌、酵母菌等，对于细菌必须进一步用油镜观察。

4. 高倍物镜观察

通过低倍物镜初步观察到霉菌和酵母菌后，拉大物镜与标本之间的距离，将高倍物镜（40 倍或 45 倍）接通镜筒，提升聚光镜，提高视野的亮度，慢慢缩小物镜与标本间的距离，直至二者几乎接触为止，然后通过目镜观察，调节粗调节螺旋缓慢下降载物台（即拉大物镜与标本间的距离），当出现影像时，调节细调节螺旋，直至标本清晰可见，再推动标本找到理想的观察部位，即可观察。用高倍物镜可更清晰地观察霉菌和酵母菌。

5. 油镜观察

油镜使用原理：细菌等原核细胞微生物个体微小，一般需要用油镜观察其形态与结构。油镜是放大倍数最大的物镜，油镜镜片极小，进入镜筒中的光线少，造成视野较暗；当油镜头与标本片之间以空气为介质时，视野黑暗；如果选用折光率为 1.515 的香柏油为介质时，能减少因折射所造成光线的损失，使视野光线明亮，提高物镜的分辨力，使物像明亮清晰，以分别空气和香柏油为介质的区别见图 1-14。

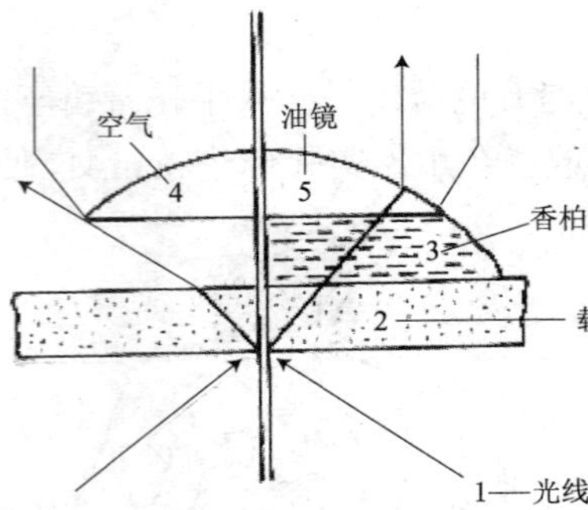

图 1-14　油浸的作用

观察细菌等原核细胞微生物必须使用油镜。先通过低倍物镜找到理想的观察部位后，拉大物镜与标本之间的距离，将油镜（100 倍）接通镜筒，提升聚光镜，在标本上加 1 滴香柏油，从侧面注视，将油镜头慢慢浸入香柏油中，直至与标本几乎接触为止，然后通过目镜观察，调节粗调节螺旋缓慢拉大物镜与标本之间的距离，当出现影像时，调节细调节螺旋，直到物像清晰，再推动标本找到理想的观察部位，即可观察。

6．镜检后显微镜的保养

（1）取下标本。

（2）先用擦镜纸擦去油镜头上的香柏油，再另取一张擦镜纸滴上少量乙醚的乙醇溶液（或二甲苯）将油镜头上的香柏油擦净，最后再换一张擦镜纸将油镜头上残留的试剂擦净。

（3）下降聚光器。

（4）下降载物台至最低点。

（5）将物镜转呈“八”字形。

（6）用擦镜布（或绸布）将显微镜各部位擦净，除去灰尘、油污、水汽，以免生霉长锈。

（7）盖好镜罩，将显微镜送回镜箱。

二、细菌的制片

（一）简单染色法

1．原理

细菌个体小，比较透明，在普通光学显微镜下不易识别，必须对其进行染色。细菌染色的目的就是让细菌细胞吸附染料而带有颜色，使菌体与背景形成明显的色差，易于观察菌体形态。

简单染色法，就是用一种染料对细菌进行染色的一种方法。用于染色的染料主要有碱性染料、酸性染料和中性染料。碱性染料电离后，染料带正电荷；酸性染料电离后，染料带负电荷；中性染料电离后，染料兼带正、负电荷。细菌蛋白质等电点较低，在中性、碱性或弱酸性溶液中，细菌细胞通常带负电荷，所以，常用碱性染料进行染色。常用的碱性染料有：美蓝、结晶紫、碱性复红、番红、孔雀绿等。当细菌分解糖类产酸使培养基 pH 下降时，细菌所带正电荷增加，则应用酸性染料使其着色。常用的酸性染料有：伊红、酸性复红、刚果红等。

2．制片步骤

（1）涂片　取一块载玻片，在其中央滴 1 小滴无菌水，取一个接种环并将其火焰灭菌（图 1-15），用接种环按无菌操作从细菌斜面培养物上挑取少许菌种，在水滴中涂成均匀的薄膜，涂抹直径约为 1cm，涂片后将接种环上残余的菌种在火焰上烧掉，详见图 1-16 和图 1-17。

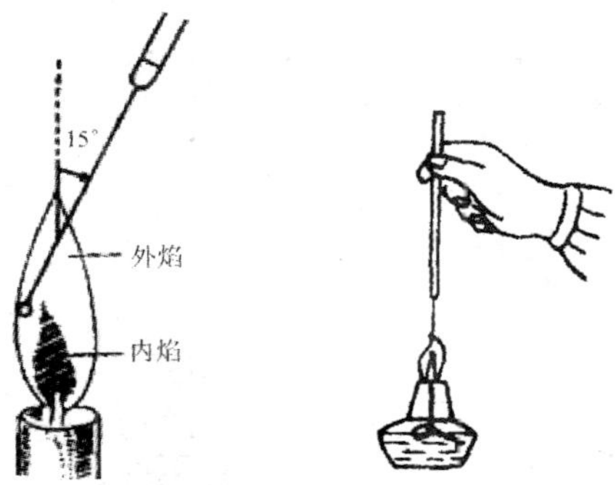

图 1-15　接种环在火焰上灭菌方法

（2）自然干燥　将涂片放在室温下自然干燥。

（3）火焰固定　将涂片（涂面朝上）在酒精灯火焰中以钟摆的速度来回移动 3 ～ 4 次，涂片温度不超过 60℃，以手背触及涂片背面微烫手为宜，温度过高易破坏细胞形态。

（4）染色　将草酸铵结晶紫染液 1 ～ 2 滴加到涂面上，以染液刚好覆盖涂面为宜，染色 0.5 ～ 1min。

（5）水洗　倾去染液，倾斜玻片，用细小的水流从载玻片上端缓缓流下，直至流下的水无色为止。水洗时，不要直接冲洗涂面，水流不宜过急、过大，以免涂面薄膜脱落。见图 1-18。

（6）干燥　甩去玻片上的水珠后自然晾干，或用吸水纸轻轻吸去水分（不可摩擦）

再干燥，见图 1-19，或在酒精灯火焰高处微火烤干。

（7）镜检　可见被染成紫色的细菌。

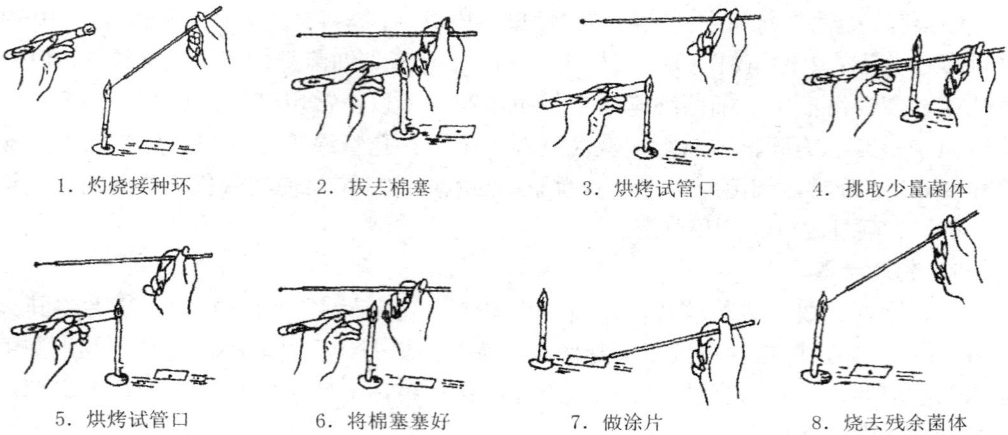

图 1-16　无菌操作取菌过程

（刘慧．现代食品微生物学实验技术．2006）

图 1-17　烧掉接种环上残余菌体

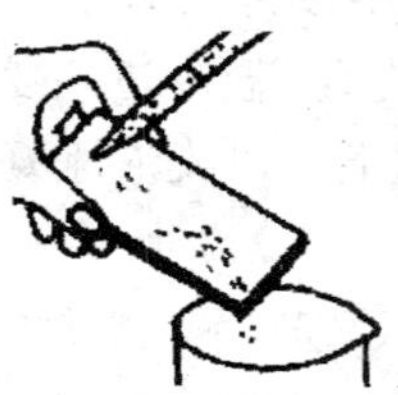

图 1-18　水洗涂片

（诸葛健，李华钟．微生物学（第二版）．2009）

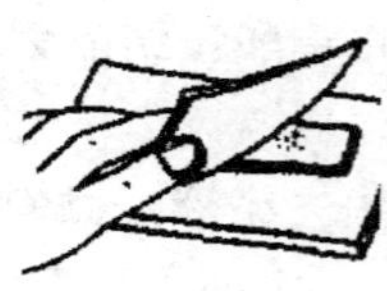

图 1-19　干燥涂片

（诸葛健，李华钟．微生物学（第二版）．2009）

（二）革兰氏染色法

1. 原理

革兰氏染色法是1884年由丹麦病理学家C.Gram创立的。革兰氏染色法是细菌学中最重要的鉴别染色法。通过革兰氏染色，可将所有细菌区分为两大类，即革兰氏阳性细菌（用G^+表示）和革兰氏阴性细菌（用G^-表示）。

革兰氏阳性细菌和革兰氏阴性细菌细胞壁的结构和化学组成不同。当细菌用结晶紫初染后，所有细菌都被染成初染剂的蓝紫色。碘作为媒染剂与结晶紫结合形成结晶紫-碘复合物，从而增强了染料与细菌的结合力。再用95%乙醇脱色，两类细菌的脱色效果不同，因为革兰氏阳性细菌的细胞壁主要由肽聚糖组成，其形成的网状结构致密而且厚，脂类物质含量低，用乙醇脱色处理时细胞壁脱水，使肽聚糖层的网状结构孔径缩小，细胞壁通透性降低，从而使结晶紫-碘复合物不易被洗脱而保留在细胞壁内，经复染后仍保留初染剂的蓝紫色；革兰氏阴性细菌的细胞壁肽聚糖含量低而且结构疏松，脂类物质含量高，当用乙醇处理时，脂类物质被乙醇溶解，细胞壁通透性增大，使结晶紫-碘复合物被洗脱出来，使细胞无色，再用复染剂复染后，细胞被染上复染剂的红色。结果是革兰氏阳性细菌呈蓝紫色；革兰氏阴性细菌呈红色。

2. 制片步骤

（1）涂片、自然干燥、火焰固定、结晶紫染色（初染）及水洗的方法和要求同简单染色。

（2）媒染　用卢戈碘液冲去残水，再将卢戈碘液1～2滴加到涂面上，以染液刚好覆盖涂面为宜，染色1min。

（3）水洗　方法及要求同简单染色。

（4）95%乙醇脱色　倾斜玻片，连续滴加95%乙醇冲洗脱色，直至流出的乙醇无明显的紫色（一般脱色20～30s）。脱色是革兰氏染色中关键的一步，脱色不足，革兰氏阴性菌会被误染成阳性菌，脱色过度，革兰氏阳性菌会被误染成阴性菌。

（5）水洗　方法及要求同简单染色。

（6）复染　将番红染色液1～2滴加到涂面上，以染液刚好覆盖涂面为宜，染色1～2min。

（7）水洗及干燥　方法及要求同简单染色。

（8）镜检　革兰氏阳性细菌呈蓝紫色，革兰氏阴性细菌呈红色。

（三）芽孢染色法

1. 原理

芽孢具有厚而致密的壁，透性低，不易着色，如果用一般的染色法只能使菌体着色而芽孢不着色（芽孢呈无色透明状）。芽孢染色法就是根据细菌的芽孢和营养细胞对染料的亲和力不同，用不同的染料进行染色，使芽孢和菌体呈现不同的颜色而便于区别。芽孢虽难以染色，但是，芽孢一旦着色后又难以脱色，因此，所有芽孢染色法都是基于这个原则设计的。先用着色力强的染色剂（如孔雀绿或石炭酸复红），在加热条件下进行染色，使菌体和芽孢均着色，再用水冲洗，则菌体被脱色，而芽孢不能脱色。然后，用另一种与初染色剂对比度大的复染剂（如沙黄或美蓝）染色后，芽孢仍保留初染色剂的颜色，而菌体和芽孢囊被染成复染剂的颜色，使芽孢和菌体易于区分。

2．制片步骤

（1）常规的 Schaeffer—Fulton 氏染色法

①涂片、自然干燥及火焰固定的方法和要求同简单染色。

②孔雀绿染色　在涂面上滴加孔雀绿水溶液 3 ～ 5 滴（以染液铺满涂面为度），用木夹夹住载玻片一端，在酒精灯上方微火加热至染液冒蒸汽时开始计时 5min。注意：染液需产生蒸汽但不沸腾，加热过程中随时补加染液保持涂片不干。

③水洗脱色　待涂片冷却后，倾去染液，倾斜玻片，用自来水从载玻片上端缓缓流下冲洗，直至流下的水无色为止。水洗脱色时，水流不要直接冲在涂面处，水流不宜过急、过大，以免涂面薄膜脱落。

④番红复染　将番红水溶液 1 ～ 2 滴加到涂面上，以染液刚好覆盖涂面为宜，染色 1 ～ 2min。

⑤水洗及干燥的方法和要求同简单染色。

结果：芽孢呈绿色，菌体和芽孢囊呈红色。

（2）改良的 Schaeffer—Fulton 氏染色法

①制备菌悬液　取 1 ～ 2 滴生理盐水于小试管中，用接种环挑取芽孢杆菌（如枯草芽孢杆菌）斜面培养物 2 ～ 3 环于试管水中，搅拌均匀，制成菌悬液。

②孔雀绿染色　滴加 2 ～ 3 滴孔雀绿水溶液于菌悬液中，用接种环搅拌使染料与菌悬液混合均匀。

③加热　将染色后的菌悬液试管置于沸水浴中，加热 15 ～ 20min。

④涂片　用接种环从菌悬液试管底部取菌液数环于洁净的载玻片上，涂成薄膜，晾干。

⑤固定　方法及要求同简单染色。

⑥水洗脱色　方法及要求同常规的 Schaeffer—Fulton 氏染色法。

⑦番红复染　将番红水溶液 1 ～ 2 滴加到涂面上，以染液刚好覆盖涂面为宜，染色 2 ～ 3min。

⑧干燥　倾去染色液，不用水洗，直接用吸水纸吸干。

结果：芽孢呈绿色，菌体和芽孢囊呈红色。

（四）荚膜染色法

1．原理

荚膜是包绕在细菌细胞壁外的一层黏液性物质，其化学成分为多糖、多肽或糖蛋白。荚膜与染料间的亲和力弱，不易着色。荚膜染色法有负染色法、湿墨水法、干墨水法。负染色法，是让菌体和背景着色而荚膜不着色，从而使荚膜在菌体周围呈一透明圈。由于荚膜含水量在 90% 以上，因此，染色时一般不进行加热固定，以免荚膜皱缩变形。

2．制片步骤

（1）负染色法

①制片　取洁净的载玻片 1 块，加 1 滴蒸馏水，用接种环按无菌操作从斜面培养物上挑取少许菌种，在水滴中涂成均匀的薄膜，涂面直径约为 1cm。

②干燥　将涂片放在空气中晾干或用电吹风冷风吹干。

③染色　将石炭酸复红染色液 1 ～ 2 滴加在涂面上，以染液刚好覆盖涂面为宜，染色 2 ～ 3min。

④水洗　方法与要求同简单染色。

⑤干燥　将染色后的涂片放在空气中晾干或用电吹风冷风吹干。

⑥涂黑素　在染色涂面左边加 1 小滴黑素溶液，取一块边缘光滑的载玻片，让载玻片一端的边缘轻轻接触黑素溶液左边，使黑素溶液沿载玻片接触处散开，然后向右一拖，使黑素溶液在染色涂面上成为一薄层，并迅速风干。注意：此操作的关键是涂抹黑素要薄。

⑦镜检　背景灰色，菌体红色，荚膜无色透明。

（2）湿墨水法

①制菌液　在一洁净的载玻片上加 1 滴墨水，用接种环挑取少量菌体与这滴墨水混合均匀。

②加盖玻片　用镊子夹取一洁净无油污的盖玻片，先使其一边与菌液充分接触，再慢慢放下盖玻片。然后在盖玻片上放一张滤纸，向下轻压，吸去多余的菌液。

③镜检　背景灰色，菌体较暗，在菌体周围呈现一明亮的透明圈即为荚膜。

（3）干墨水法

①制菌悬液　取 1 滴 6% 葡萄糖水溶液于洁净载玻片的一端，用接种环挑取少量菌体与此滴葡萄糖水溶液充分混合，再加入 1 滴墨水充分混匀。

②制片　另取一块边缘光滑的载玻片，让此载玻片一端的边缘与菌液充分接触，使菌液沿此玻片接触处散开，然后用此玻片以 30° 角迅速而均匀地将菌液拉到载玻片的另一端，将菌液铺成一薄膜，见图 1-20。

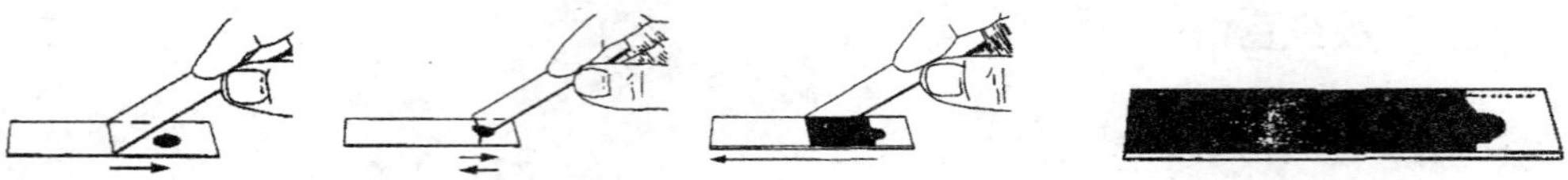

图 1-20　荚膜干墨水染色的涂片方法

（刘慧．现代食品微生物学实验技术．2006）

③干燥　将涂片放在空气中自然干燥。

④化学固定　在涂面上滴加甲醇，以覆盖涂面为宜，固定 1min，然后立即倾去甲醇。

⑤干燥　将涂片放在酒精灯上方（火焰较高处）用文火干燥，勿使玻片发热。

⑥染色　将 1% 甲基紫水溶液 1 ～ 2 滴加在涂面上，以染液刚好覆盖涂面为宜，染色 1 ～ 2min。

⑦水洗　方法与要求同简单染色。

⑧干燥　将涂片放在空气中自然干燥。

⑨镜检　背景灰色，菌体紫色，菌体周围的清晰透明圈即为荚膜。

（五）鞭毛染色法

1．原理

鞭毛是细菌的运动器官。细菌是否具有鞭毛，以及鞭毛着生的位置和数目是细菌的重要特征。细菌的鞭毛极细，其直径一般为 10 ～ 20nm，除了极少数能形成鞭毛束的细菌可以用相差显微镜直接观察到鞭毛束的存在外，一般细菌的鞭毛均不能用普通光学显微镜直接观察到，而只能用电子显微镜才能直接观察到。如果用普通光学显微镜观察细菌的鞭毛，必须采用特殊的染色法，即鞭毛染色法。鞭毛染色的方法很多，但其基本原理相同，即在染色前先用媒染剂处理，让媒染剂沉积在鞭毛上，使鞭毛直径加粗，然后再进行染色。

采用鞭毛染色法虽能观察到鞭毛的形态、着生位置和数目，但此方法既费时又麻烦。如果仅需了解某菌是否有鞭毛，可采用悬滴法或水封片法（即压滴法）直接在光学显微镜下检查活细菌是否具有运动能力，以此判断细菌是否具有鞭毛。此方法较快速、简便。

悬滴法就是将菌液滴加在洁净的盖玻片中央，在其周边涂上凡士林，然后将它倒盖在凹玻片的凹窝上方，使菌液正好悬在凹窝的中央，再将此凹玻片放置在普通光学显微镜下观察。水封片法是将菌液滴在普通的载玻片上，然后盖上盖玻片，放置在普通光学显微镜下观察。镜检时要仔细辨别是细菌的运动还是分子运动（即布朗运动），前者在视野下可见细菌有明显位移，而后者仅在原处左右摆动，有位移者表明细菌有运动性。

有鞭毛的细菌在幼龄时具有较强的运动力，衰老的细胞鞭毛易脱落，故观察时宜选用幼龄菌体。

2．鞭毛染色

（1）涂片 取高度洁净、无油渍、无划痕的载玻片，在其一端加1滴蒸馏水，用接种环从活化菌种中取少许菌苔（注意不要带培养基），在载玻片的水滴中轻蘸几下，制成菌悬液。将载玻片稍倾斜，使菌悬液缓缓流到另一端，以使菌悬液摊薄，用吸水纸吸去多余的菌液，然后平放载玻片。

（2）干燥 将涂片放在空气中自然干燥。

（3）镀银法染色

①滴加鞭毛染色液A液，染色3～5min。

②用蒸馏水充分洗净A液，使背景清晰。

③将残水沥干或用B液冲去残水。

④滴加鞭毛染色液B液，在酒精灯火焰上方用微火加热至微冒蒸汽，维持0.5～1min，加热时应随时补充蒸发掉的染液，不可使玻片出现干涸区。待冷却后，用蒸馏水轻轻冲洗干净，自然干燥。

注意事项：

①镀银法染色液必须现用现配，不能存放。

②细菌鞭毛极细，很容易脱落，在整个操作过程中，必须仔细小心，以防鞭毛脱落。

③染色时一定要充分洗净A液后再加B液，否则背景不清晰。

④染色用的玻片干净无油污是鞭毛染色成功的先决条件。

（4）镜检 菌体呈深褐色，鞭毛呈浅褐色。

3．细菌运动性观察

（1）水封片法

①制备菌液 取幼龄枯草杆菌数环，放入装有1～2mL无菌水的试管中，制成轻度混浊的菌悬液。

②滴加菌液 取1块洁净无油污的载玻片，取2～3环菌悬液于载玻片中央，再加1环0.01%的美蓝水溶液，混匀。

③加盖玻片 用镊子夹一洁净无油污的盖玻片，先使其一边接触菌液，然后慢慢地放下盖玻片，避免产生气泡，见图1-21。

④镜检 辨别细菌是否有明显的位移，以此判断细菌有无运动性。

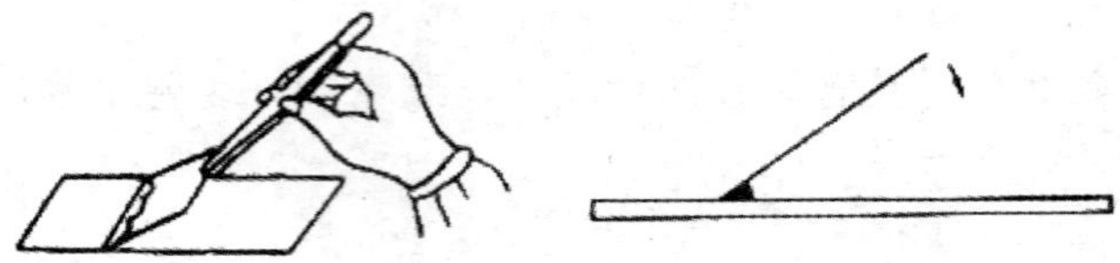

图 1-21　加盖玻片方法

（黄秀梨．微生物学实验指导．1999；钱爱东．食品微生物学（第二版）．2008）

（2）悬滴法

①制备菌液　在幼龄枯草杆菌斜面上，加入 3 ～ 4mL 无菌水，制成轻度混浊的菌悬液。

②涂凡士林　取洁净无油污的盖玻片 1 块，在其四周涂少许凡士林。

③滴加菌液　在已涂凡士林的盖玻片中央加 1 小滴菌悬液，并用记号笔在此滴菌液的边缘画一记号圈，以便在用显微镜观察时，易于寻找菌液的位置。

④盖凹玻片　将凹玻片的凹窝向下，使凹窝中心对准盖玻片中央的菌液，轻轻地盖在盖玻片上，使凹玻片与盖玻片黏在一起（注意菌液不得与凹玻片接触）。然后小心地翻转凹玻片，使菌液正好悬在凹窝的中央，再用铅笔或火柴棒轻压盖玻片四周使其封闭，以防菌液干燥。

⑤镜检　先用低倍物镜找到记号圈，再稍微移动凹玻片即可找到菌液的边缘，然后将菌液移到视野中央，再换高倍物镜观察。由于菌体是透明的，镜检时可适当缩小光圈或降低聚光器以增大反差。见图 1-22。

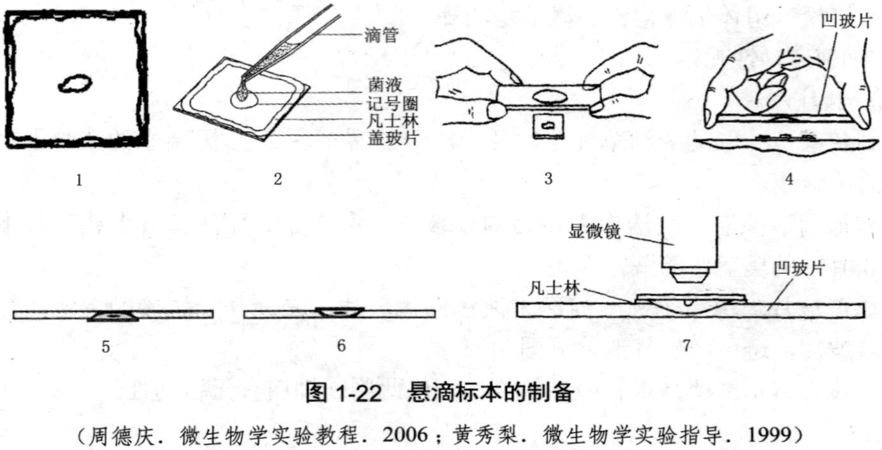

图 1-22　悬滴标本的制备

（周德庆．微生物学实验教程．2006；黄秀梨．微生物学实验指导．1999）

注意事项：

①检查细菌运动性所用的载玻片和盖玻片都要洁净无油污，否则会影响细菌的运动。

②制水封片时菌液不可加得太多，过多的菌液会在盖玻片下流动，因而在视野内只见大量的细菌朝一个方向运动，从而影响了对细菌正常运动的观察。

③若使用油镜观察，应在盖玻片上滴加香柏油。

④温度太低时有些细菌不能运动。

三、放线菌的制片

（一）原理

放线菌的菌丝分为基内菌丝、气生菌丝和孢子丝。在显微镜下直接观察时，气生菌丝在上层，色暗；基内菌丝在下层，较透明；气生菌丝较基内菌丝略粗。

由于基内菌丝深入培养基内生长，用一般的接种工具不易挑取，因此用普通制片法很难得到放线菌的完整、直观、自然生长状态的玻片标本，必须采取适当的培养与制片方法。常用的培养与制片方法有玻璃纸法、印片法、插片法、搭片法等。现多采用玻璃纸法观察放线菌。玻璃纸具有半透膜特性，利用玻璃纸在琼脂平板表面上的透析特性，使放线菌孢子能通过玻璃纸膜从培养基里吸取养料，并在其表面形成菌苔。另外，玻璃纸的透光性好，其透光性与载玻片基本相同，所以可将生长到不同阶段的放线菌同玻璃纸一起取下来进行镜检或摄影。此法不仅能方便地观察放线菌的个体形态，还能观察其菌落形成的各个阶段，是一种比较理想的观察放线菌菌落特征的方法。

（二）制片方法

1．玻璃纸法

（1）制备无菌玻璃纸　将玻璃纸剪成盖玻片大小，用报纸或牛皮纸隔层叠好，于155～160℃干热灭菌2h。也可用滤纸与玻璃纸交互重叠，置于培养皿中进行湿热灭菌。

（2）制平板培养基　将高氏1号琼脂培养基熔化并冷却至约46℃，倒入无菌培养皿内，每皿15～20mL，待其凝固，即为高氏1号平板培养基。

（3）铺玻璃纸　在无菌操作下，用无菌镊子将无菌玻璃纸片铺在高氏1号平板培养基表面，用无菌玻璃涂布棒将玻璃纸压平，使其紧贴在平板培养基的表面，玻璃纸与平板培养基之间不产生气泡。每个平板可铺5～10块玻璃纸片。

（4）接种与培养　用接种环挑取放线菌斜面培养物在平板培养基上的玻璃纸上划线接种。将接种后的平板倒置于28℃恒温箱中培养3～7d。

（5）镜检　用镊子取出1块已培养放线菌的玻璃纸片，将有菌面朝上放在载玻片上，使玻璃纸片平贴在载玻片上，避免玻璃纸与载玻片间产生气泡，以免影响观察标本。先用低倍物镜观察放线菌菌落边缘的特征，再用高倍物镜观察放线菌的基内菌丝、气生菌丝、孢子丝及孢子。

2．印片法

（1）制平板培养基　将高氏1号琼脂培养基融化并冷却至约46℃，倒入无菌培养皿内，每皿15～20mL，待其凝固，即为高氏1号平板培养基。

（2）接种与培养　用接种环挑取放线菌斜面培养物在平板培养基上划线接种。将接种后的平板倒置于28℃恒温箱中培养3～7d。

（3）印片　用无菌小刀切取1小块带培养基的菌苔，菌面朝上放在洁净的载玻片上；另取一洁净载玻片置火焰上方微热后，盖在菌苔上，轻轻按压，使气生菌丝、孢子丝及孢子黏附（“印”）在后一块载玻片上。

（4）火焰固定　将载玻片有印迹面朝上，通过酒精灯火焰3～4次，以手背触及载玻片背面微烫手为宜（温度不超过60℃），温度过高易破坏菌体形态。

（5）结晶紫染色　将草酸铵结晶紫染液1～2滴加到菌面上，以染液刚好覆盖菌面为宜，染色1min。

（6）水洗　倾去染液，倾斜载玻片，用细小的水流从载玻片上端缓缓流下，直至流下的水无色为止。

（7）干燥　甩去玻片上的水珠后，自然晾干，切勿用吸水纸吸干。

（8）镜检　在油镜下观察气生菌丝、孢子丝、孢子以及孢子的排列情况等特征。

3．插片法

（1）制平板培养基及接种的方法和要求同“印片法”。

（2）插片　在无菌条件下，用无菌镊子将无菌盖玻片以45º角插在平板的接种线上，插入深度约为盖玻片的1/3或1/2（图1-23），插入盖玻片的数量视需要而定。

（3）培养　将插片平板倒置于28℃恒温箱中，培养3～7d。

（4）镜检　用无菌镊子取出一块用插片法培养的盖玻片，轻轻擦去背面的培养物，将长有菌的一面朝上放在洁净的载玻片上，然后镜检观察自然生长状态的放线菌。

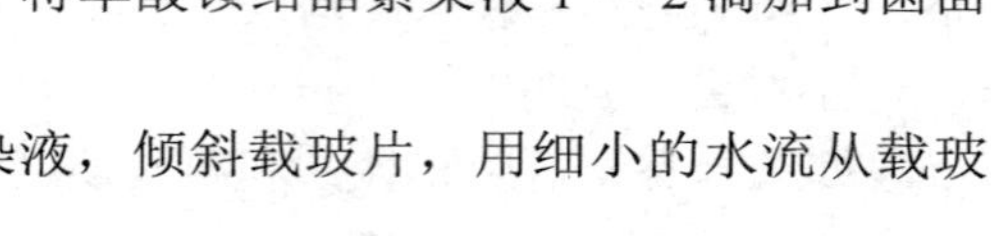

图1-23　放线菌的插片培养示意

（刘慧．现代食品微生物学实验技术．2006）

四、真菌的制片

（一）原理

酵母菌是单细胞微生物，个体形态为卵圆形、圆柱形、柠檬形等。有些酵母菌可形成假菌丝。酵母菌的繁殖方式也较复杂，无性繁殖主要是出芽繁殖，有性繁殖产生子囊孢子。观察酵母菌可采取水浸片法制片，镜检时注意区分酵母菌的细胞、芽体和假菌丝。

利用美蓝染液染色酵母菌，不仅效果清晰，还可区别酵母菌的死活细胞，测定其死亡率。这是因为活细胞的新陈代谢作用，使细胞内氧化还原电位低，且还原能力强，当无毒的染料进入活细胞后，可以被还原脱色，但染料进入死细胞及代谢缓慢的衰老细胞中，这些细胞因无还原能力或还原能力差而被着色，因此可以用此来区别酵母菌的死活细胞。

霉菌的营养体是菌丝体，按菌丝中有无横隔膜分为有隔菌丝和无隔菌丝。霉菌菌丝体和孢子的形态特征是霉菌分类的重要依据。观察霉菌常用以下三种方法：

直接制片法：将霉菌置于乳酸石炭酸棉蓝染色液中，制成霉菌标本片。由于霉菌菌丝粗大，细胞易收缩变形，而且孢子很容易飞散，若将菌丝置于水中易变形，所以霉菌不易用水制片。霉菌的菌丝染色往往不均匀，因为菌丝对染料的亲和力不一样，幼龄霉菌菌丝容易着色，老龄菌丝不容易着色。

载玻片培养法：通过无菌操作将马铃薯蔗糖琼脂培养基在载玻片上涂一薄层，在此薄层培养基上接种霉菌，并在其上盖上盖玻片，置于28℃培养，霉菌即可在载玻片和盖玻片之间的有限空间内沿盖玻片横向生长。此方法既可以保持霉菌的自然生长状态，又便于观察霉菌的不同发育阶段。

玻璃纸透析培养法：将无菌玻璃纸平铺在马铃薯蔗糖琼脂平板培养基表面，再将霉菌接种在玻璃纸上，利用玻璃纸的透析性，经培养，霉菌在玻璃纸上生长形成菌苔，然后将此玻璃纸取下放在载玻片上直接镜检。此方法既可以得到清晰、完整、保持自然生长状态的霉菌，又便于观察不同生长期的霉菌的形态特征。

（二）水浸片法制片观察酵母菌

1．观察死活酵母菌细胞

（1）涂菌　取一片洁净载玻片，在其中央加1滴美蓝染色液。在无菌操作下，用接种环取啤酒酵母少许，涂于美蓝染液中，充分混匀。

（2）盖上盖玻片　取一块盖玻片，先将盖玻片的一边与染液接触，然后将盖玻片慢慢放下（注意不要产生气泡），再将多余染液用吸水纸吸干，染色 3min。

（3）镜检　注意观察酵母菌的形状和出芽方式。根据酵母菌是否染上蓝色来区别死活酵母菌细胞。活细胞无色，死细胞为蓝色。染色 0.5h 后再次进行观察，注意死细胞数量是否增加。

（4）计算酵母菌死亡率　在一个视野里计数酵母菌死细胞和活细胞数目，共计数 5 ～ 6 个视野。

$$死亡率=\frac{死细胞总数}{死活细胞总数}\times 100\%$$

2．观察自然状态的酵母菌

在载玻片中央加 1 滴美蓝染液，取酱油或酸菜白膜于染色液中，盖上盖玻片，镜检。观察酵母菌细胞形态、芽体及假菌丝。

3．观察酵母菌的假菌丝

取一无菌载玻片浸入已经熔化的马铃薯蔗糖琼脂培养基中。在一无菌培养皿中放入一层已吸润 20% 甘油的滤纸，其上放一块无菌玻璃架。将浸入马铃薯蔗糖琼脂培养基中的载玻片取出，放在培养皿中的玻璃架上，待载玻片上的培养基凝固后，用接种环取少许啤酒酵母在此载玻片上划线接种，然后将一无菌盖玻片平放在接菌线上（图 1-24），盖上培养皿盖，置于 28℃恒温箱中培养 2 ～ 3d 后，取出载玻片，擦去载玻片背面的培养基，置于显微镜下观察啤酒酵母形成的藕节状假菌丝（图 1-25）。

（三）制片观察霉菌

1．水浸片法

（1）制备霉菌培养物　将总状毛霉、黑根霉、米曲霉、产黄青霉分别接种在米曲汁琼脂培养基斜面上，在 28 ～ 30℃恒温箱中培养 2 ～ 3d。

（2）涂菌　取一块洁净的载玻片，于载玻片中央加 1 滴乳酸石炭酸棉蓝染液，用接种钩挑取少许霉菌涂于染液中，用拨针将菌丝摊开。

（3）盖上盖玻片　用镊子夹一洁净的盖玻片，先使其一边接触染液，然后慢慢地放下盖玻片，避免产生气泡，否则影响观察结果。

（4）镜检　注意区别总状毛霉与黑根霉的异同点，观察菌丝有无横隔膜，以及假根、匍匐菌丝、孢子囊梗、孢子囊及孢囊孢子的形态特点；观察米曲霉菌丝有无横隔膜，以及分生孢子梗、顶囊、小梗及分生孢子形态特点；观察产黄青霉菌丝有无横隔膜，以及分子孢子梗、小梗及分生孢子的形态特点。

2．载玻片培养法

（1）取一套无菌培养皿，其内放一层已吸润 20%甘油的滤纸，在此滤纸上放两根

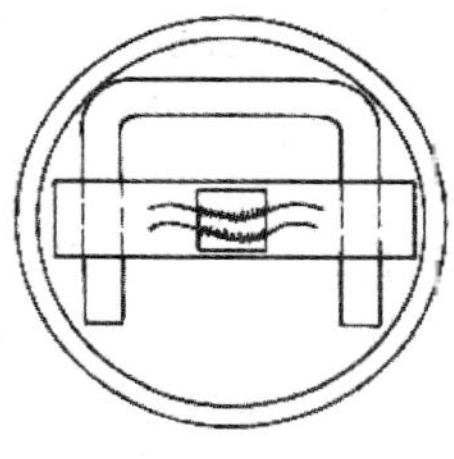

图 1-24　酵母菌假菌丝的培养

（黄秀梨．微生物学实验指导．1999）

图 1-25　酵母菌藕节状假菌丝形态

（黄秀梨．微生物学实验指导．1999）

无菌的短玻璃棒。

（2）取一块干燥无菌的载玻片，于载玻片的中央加 1 滴熔化的查氏琼脂培养基，并使此滴培养基直径不大于 0.5cm，在培养基凝固前，点植接种霉菌孢子，再用无菌镊子夹一块干燥无菌的盖玻片，立即盖于其上。盖玻片与载玻片之间的距离不高于 0.04mm，但盖玻片不能紧贴在载玻片上，要有极小缝隙，以便通气和霉菌各部分平行排列生长，便于观察。

（3）将制好的载玻片放入培养皿中的玻璃棒上，盖好培养皿盖。

（4）将制备好的培养皿置于 28℃恒温箱中培养 3 ～ 5d。

（5）在霉菌生长发育的不同时期用显微镜直接观察。

3．玻璃纸透析培养法

（1）将无菌的玻璃纸剪成似盖玻片大小的小块。

（2）将无菌的玻璃纸小片铺在查氏琼脂平板培养基的表面，用无菌涂布棒或接种环将玻璃纸压平，使其紧贴在培养基平板表面，不留空隙，每个平板可铺 5 ～ 10 块玻璃纸片。

（3）用接种环挑取霉菌斜面培养物在玻璃纸小片上划线接种。

（4）将接种后的平板培养基倒置于 28℃恒温箱中培养 3 ～ 5d。

（5）取出 1 块玻璃纸片，将有菌面朝上放在洁净的载玻片上，置于显微镜下观察。

4．黏片观察法

取一块洁净的载玻片，在载玻片中央加 1 滴棉蓝染色液，用一段透明胶带在霉菌平板培养物上黏取菌体，然后将此胶带黏面（有菌面）朝下，放在载玻片上的染液上，将此载玻片置于显微镜下观察。

5．假根培养法

（1）用接种环取根霉菌孢子，在马铃薯蔗糖琼脂平板培养基表面划线接种。

（2）将接种后的平板培养基倒置，并在培养皿盖内放一块无菌载玻片，然后将此倒置的平板放在 28℃恒温箱中培养 2 ～ 3d 后，即可见到根霉的气生菌丝倒挂成胡须状，有许多菌丝与载玻片接触，并在载玻片上分化出假根和匍匐菌丝等结构。

（3）取出培养皿盖内的载玻片，在附着有菌丝体的一面盖上盖玻片，置于显微镜下观察，可观察到匍匐菌丝、假根、孢子囊梗、孢子囊及孢囊孢子。

五、微生物菌落识别技术

（一）原理

通过微生物的个体形态和群体特征来识别微生物。微生物个体形态的识别，需要采取一定方法制片后，通过显微镜才能识别，细菌、放线菌和真菌的识别技术前面已经介绍；微生物群体特征是通过微生物的菌落特征进行识别。

菌落是指将一个或同种几个微生物接种在固体培养基上，在适宜的环境条件下，使其不断进行分裂繁殖，形成肉眼可见的、具有一定形态特征的群体。不同微生物菌落的形态、大小、结构、质地、色泽等特征各不相同，但同一种微生物在同一条件下，所形成的菌落特征具有一定的一致性，这是鉴定微生物的重要依据。

细菌的菌落特征：表面光滑、湿润，半透明或不透明，大多数呈圆形，也有呈分枝状或不规则的扩展状，有各种颜色，有的表面干燥而褶皱，菌体与培养基结合不紧，易挑取。

放线菌的菌落特征：菌落质地硬而致密，一般为圆形，菌落较小，不广泛延伸，菌落表面呈紧密的绒状，或坚实、干燥、多皱，不易挑取，当形成大量孢子时，菌落表面呈现絮状、粉末状、颗粒状，菌落正反面常呈现不同的颜色，菌落边缘具有放射状菌丝。

酵母菌的菌落特征：与细菌相似，但比细菌菌落大而厚，菌落呈圆形，一般直径 3 ～ 5mm，菌落表面光滑、湿润、黏稠，较透明，容易挑取，质地均匀，多数呈乳白色，少数呈红色，个别黑色。菌落正反面或边缘与中央部位的颜色较一致，有酒香味。

霉菌的菌落特征：菌落较大，质地疏松，外观干燥，不透明，菌落常呈绒毛状、棉絮状、蜘蛛网状、绒毡状，不易挑取，菌落正面与反面的颜色、构造，以及边缘与中心的颜色、构造常不一致。菌落初期白色或浅色，形成孢子后，菌落表面呈现肉眼可见的不同结构和色泽等特征。

识别菌落的方法可以采取涂布平板法、倾注平板法、弹土法接种培养形成菌落，进而识别菌落特征。土壤是微生物生活的大本营，土壤中微生物的种类和数量最多，许多微生物的纯培养是从土壤中分离得到的。下面以土壤为例，介绍识别细菌、放线菌、酵母菌和霉菌菌落特征的方法。

（二）弹土接种法

1．制备已知菌的单菌落

（1）制平板培养基　将熔化后凉至46℃左右的牛肉膏蛋白胨琼脂培养基、马铃薯蔗糖琼脂培养基、高氏一号琼脂培养基分别倒入无菌培养皿，每皿15～20mL，待其凝固即为平板培养基。

（2）接种　无菌操作，通过平板划线法将大肠杆菌、金黄色葡萄球菌接种在牛肉膏蛋白胨琼脂培养基平板上，将酿酒酵母、解脂假丝酵母、黏红酵母接种在马铃薯蔗糖琼脂培养基平板上，将细黄链霉菌、灰色链霉菌接种在高氏一号琼脂培养基平板上；通过点植法（三点接种）将米曲霉、黑曲霉、产黄青霉接种在马铃薯蔗糖琼脂培养基平板上。

（3）培养　将接种细菌的平板倒置于37℃恒温箱中培养48h；将接种酵母菌、霉菌和放线菌的平板倒置于28℃恒温箱中，其中酵母菌培养2～3d，霉菌和放线菌培养5～7d。

（4）观察　待长成菌落后，仔细观察这些已知菌的菌落特征，并详细记录观察结果，例如菌落的形态、大小、边缘特征、质地、厚度、透明度、干湿情况、颜色、光泽等，以此作为细菌、放线菌、酵母菌和霉菌菌落识别的要点。

2．制备未知菌的单菌落

（1）制平板培养基　制备牛肉膏蛋白胨琼脂培养基平板、马铃薯蔗糖琼脂培养基平板、高氏一号琼脂培养基平板，同“制备已知菌的单菌落”。

（2）接种　采用弹土法接种。将风干磨碎后的校园土壤，撒在无菌的硬板纸表面，先弹去纸面浮土，然后分别打开平板培养基的培养皿盖，将含土的纸面对着平板培养基的表面，用手指轻弹硬板纸背面，即可将纸面上的细土接种到平板培养基上。

（3）培养　将牛肉膏蛋白胨琼脂培养基的平板倒置于37℃恒温箱中培养2～3d，将马铃薯蔗糖琼脂培养基平板和高氏一号琼脂培养基平板倒置于28℃恒温箱中培养3～5d。

（4）鉴别微生物类别　待菌落长好后，挑选各种微生物的单菌落，并进行编号，根据细菌、放线菌、酵母菌和霉菌菌落识别要点，鉴定未知菌的类群。

（三）涂布平板法和倾注平板法

涂布平板法和倾注平板法同“微生物的分离、接种与培养技术”中的“微生物的分离与纯化技术”，经培养获得菌落后，挑选各种微生物的单菌落，并进行编号，根据细菌、放线菌、酵母菌和霉菌菌落识别要点，鉴定未知菌的类群。

六、常用消毒与灭菌技术

常用的消毒灭菌技术有热力灭菌法、紫外线灭菌法、化学灭菌法等。热力灭菌法可分为干热灭菌法和湿热灭菌法。干热灭菌法包括火焰灭菌法和热空气灭菌法；湿热灭菌法包括高压蒸汽灭菌法、煮沸消毒法、巴氏消毒法、间歇灭菌法、流通蒸汽灭菌法。

（一）火焰灭菌法

火焰灭菌法就是利用火焰直接烧灼的方法。该方法灭菌迅速、简便、彻底。实验室常用酒精灯火焰灭菌金属器械（镊子、剪子、解剖刀、接种环等）、试管口、瓶口、吸管等，见图 1-26；急用的搪瓷容器、金属器械，可蘸取少量 95% 乙醇，慢慢转动容器或器械，使乙醇分布均匀，点燃乙醇燃烧 1 ～ 2min（乙醇燃烧至熄灭）。

（二）热空气灭菌法

1．原理

热空气灭菌法就是利用高温干燥空气使微生物细胞内的蛋白质凝固变性及细胞干燥而死亡，从而达到灭菌的目的。常利用干热灭菌器或电烘箱（图 1-26）进行干热灭菌。灭菌温度为 160 ～ 170℃，维持 2h；为避免包装纸或棉塞烤焦，可采用温度 140℃，维持 3h。此方法适用于耐热、耐干燥物品的灭菌，如玻璃器皿、金属器具、瓷器、液状石蜡、药粉、软膏等。带有橡胶的物品、塑料制品、培养基等不能采用干热灭菌法。

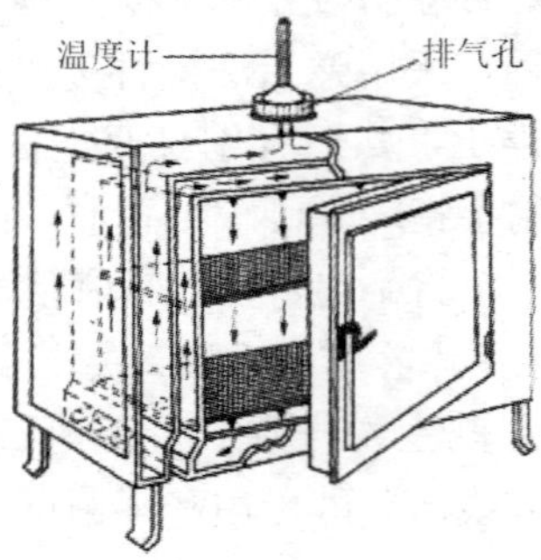

图 1-26　干热灭菌器

（周德庆．微生物学实验教程．2006）

2．步骤

（1）将待灭菌物品包装后放入电烘箱内，玻璃器皿需充分干燥并且用报纸包好后再装入电烘箱。关好电烘箱门。

（2）接通电源，打开排气孔，使电烘箱内湿空气能逸出，保持加热升温状态，至电烘箱内温度达到 100℃时关闭排气孔。打开恒温调节器。

（3）继续加热，当温度升到 160 ～ 170℃时，通过恒温调节器的自动控制，保持此温度 2h。

（4）切断电源，自然降温至 70℃以下时，打开箱门，取出灭菌物品。

注意事项：

①玻璃器皿要充分干燥。

②物品不要摆放太挤，以免干热空气流通不畅，影响灭菌效果。

③物品不要接触电烘箱内壁的铁板，也不要将物品直接放在底板上，以免包装纸烤焦起火。

④最高温度不超过 180℃。

⑤灭菌结束时，温度未降至 70℃以前，不可打开电烘箱门，否则温度骤降导致玻璃器皿炸裂。

（三）高压蒸汽灭菌法

1. 原理

高压蒸汽灭菌法是根据蒸汽的温度随压力的增加而提高的原理设计的。压力越大，温度越高，水的沸点随水蒸气压力的增加而上升，从而得到 100℃以上的高温，可在短时间内杀死全部微生物，达到灭菌的目的。同时，高温使微生物细胞内的蛋白质凝固变性微生物死亡。

将待灭菌物品放入高压蒸汽灭菌锅内，通过加热，使锅内的水沸腾并产生蒸汽，随着水蒸气不断增加，逐渐将锅内的冷空气从排气阀驱尽，然后关闭排气阀，此时锅内已是密闭条件，继续加热，锅内压力增加，水的沸点升高，当锅内压力达到 0.103MPa，温度达到 121℃，维持 20 ～ 30min，锅内微生物全部被杀死，被灭菌物品达到无菌状态。

高压蒸汽灭菌法是灭菌效果最好、最理想的方法。此方法适用于耐高温高压物品的灭菌，如生理盐水、无菌水、普通培养基、各种缓冲溶液、玻璃器皿、金属器具、工作服等。灭菌所需时间和温度取决于被灭菌物品的耐热性、体积和容器类型等因素。一般物品灭菌采用压力 0.103MPa，温度 121℃，灭菌 20 ～ 30min；对某些体积较大热传导性较差的物品灭菌（如固体曲料、土壤、食用菌的原种和栽培种等），加热时间应适当延长，采用压力 0.14MPa，温度 126℃，维持 1h；含糖培养基及不耐热物品灭菌可采用压力 0.05MPa，温度 112℃，维持 20min；脱脂乳、全脂牛乳培养基灭菌可采用压力 0.07MPa，温度 115℃，维持 20min。

高压蒸汽灭菌必须排尽锅内冷空气。如果高压蒸汽灭菌锅内含有冷空气时，在同一压力下，含冷空气的蒸汽温度低于饱和蒸汽温度，达不到所要求的灭菌温度，使灭菌不彻底。

实验室通常采用手提式高压蒸汽灭菌锅（图 1-27）、立式高压蒸汽灭菌锅进行高压蒸汽灭菌。

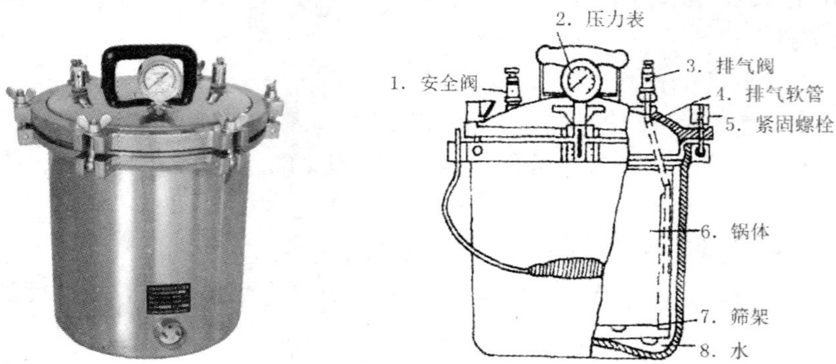

图 1-27 手提式高压蒸汽灭菌器

（张青，葛菁萍．微生物学．2004）

2．手提式高压蒸汽灭菌锅的使用方法

全自动立式高压蒸汽灭菌锅的使用方法在任务三中已阐述，这里只介绍手提式高压蒸汽灭菌锅使用方法。

（1）将高压锅的内锅取出，向外层锅内加入适量的水（约 4 000mL），使水面与三角搁架相平，放回内层锅。注意加水要适量，水量过少易引起高压锅爆炸；水分过多，不仅灭菌时间延长，沸腾的水分易扑湿灭菌物品。

（2）将待灭菌物品放入高压锅的内锅，最上面放一层报纸，以防止水蒸气打湿包装纸及棉塞。物品摆放不要太挤，以免妨碍蒸汽流通，影响灭菌效果。

（3）盖上锅盖，并将锅盖上的排气软管插入内锅的排气管槽内，再以两两对称的方式旋紧螺栓，使螺栓松紧一致。

（4）接通电源，打开高压锅开关，同时打开排气阀，开始加热。

（5）排尽高压锅内的冷空气，当排气阀冒热气 3 ～ 5min 时，证明高压锅内冷空气已排尽，关闭排气阀。

（6）继续加热，高压锅内的温度随蒸汽压力增加而逐渐上升。通过压力表显示高压锅内压力达到 0.103MPa，温度为 121℃时，开始计时 20 ～ 30min。可以通过控制电源，维持此压力和温度。或者通过安全阀的自动排气，使压力控制在 0.14MPa，温度 126℃，计时 20 ～ 30min。安全阀自动排气降压，以保证锅内压力不超过最高压力 0.16MPa。

（7）达到灭菌所要求的时间时，切断电源，停止加热，高压锅内的压力开始下降。

（8）通过压力表显示，当高压锅内的压力降至零位时，打开排气阀，旋松锅盖上的螺栓，打开锅盖，取出灭菌物品。如果锅内压力未降至零就打开锅盖，锅内物品易喷射出来。

如果灭菌试管培养基，应将试管培养基取出后趁热摆成斜面，斜面长度为试管长度的 1/2 为宜。

（9）随机抽取 1 支试管培养基放入 37℃恒温箱中培养 24h，检查灭菌是否彻底。

（四）紫外线灭菌法

1．原理

紫外线照射能杀死微生物。紫外线的波长在 200 ～ 300nm 范围内具有杀菌作用，其中以波长为 265 ～ 266nm 杀菌力最强。紫外线的杀菌原理是因为紫外线能破坏微生物的 DNA 结构，导致相邻的胸腺嘧啶形成二聚体，形成嘧啶水合物和使 DNA 发生断裂和交联，造成微生物的蛋白质无法形成，微生物立即死亡或失去繁殖能力；同时，紫外线能使空气中的氧气产生微量臭氧，从而达到共同杀菌的目的。紫外线能杀灭细菌、霉菌、病毒和单细胞藻类。

不同微生物或微生物的不同生理阶段对紫外线的抵抗力不同。例如，革兰氏阴性菌对紫外线最敏感，革兰氏阳性菌次之；营养细胞对紫外线的抵抗力弱，而芽孢对紫外线的抵抗力强；酵母菌在对数期对紫外线的抵抗力最强，而在长期缺氧环境中对紫外线的抵抗力最弱。

由于紫外线以直线传播，可被固形物反射或吸收，所以，紫外线穿透能力差，不能透过普通玻璃、纸张、尘埃、水蒸气等。因此，紫外线只用于物体表面消毒和空气消毒，适于不能用高温或化学药品消毒的物品表面消毒。应用紫外线杀菌时，室内必须清洁，否则影响杀菌效果；空气湿度超过 55% ～ 60% 时，紫外线的杀菌效果迅速下降。紫外线对人的皮肤、眼角膜有损伤。

2．应用

紫外线灭菌广泛用于微生物实验室、医院、公共场所的空气消毒。在实验室常用紫外光灯进行无菌室灭菌、超净工作台灭菌。将紫外线（波长 253.7nm）制成 30W 的紫外光灯，照射距离 1.52m，照射时间 30min，可杀死空气中的微生物。多数微生物被照射 30min 即死亡，芽孢需 20h 才能死亡。

七、微生物的分离、接种与培养技术

自然界中各种微生物是在相互依赖的关系下共同生活的，如果要获得某一特定微生物的纯培养，必须从微生物群体中将其分离出来。微生物的分离、接种与培养技术是微生物实验和相关研究的基本操作技能，无菌操作是微生物的分离和接种技术的关键，几乎贯穿于所有的微生物学实验过程中。由于实验目的、培养基种类及实验器皿等不同，分离和接种的方法不同。常用的接种工具见图 1-28。斜面接种、液体接种、固体接种和穿刺接种等操作均是获得生长良好的纯种微生物分离技术。

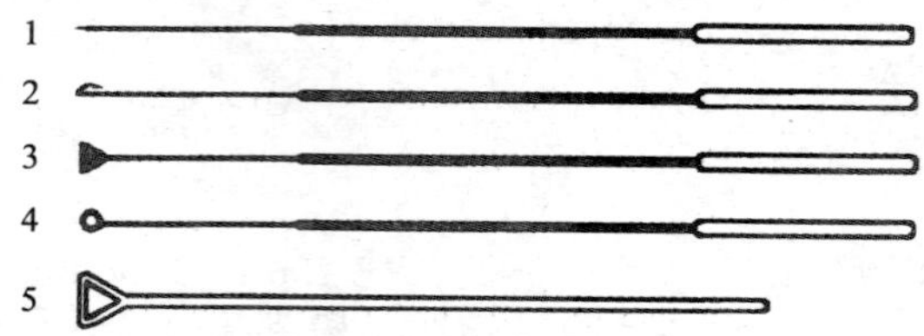

1．接种针　2．接种钩　3．接种耙　4．接种环　5. 玻璃涂棒

图 1-28　常用的接种工具

（一）微生物的分离与纯化技术

1．平板划线分离法

以平板划线分离细菌为例。

（1）制平板培养基　将牛肉膏蛋白胨琼脂培养基熔化，待冷却至约 46℃时，无菌操作倒入无菌培养皿中，待培养基凝固后即为平板培养基（图 1-29、图 1-30）。最好是将平板培养基放在室温 2 ～ 3d，或 37℃培养 48h，检查无菌落及皿盖无冷凝水后再使用。

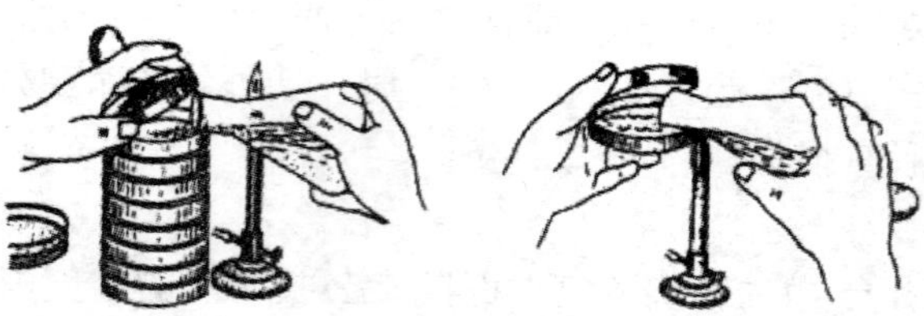

图 1-29　倒培养基

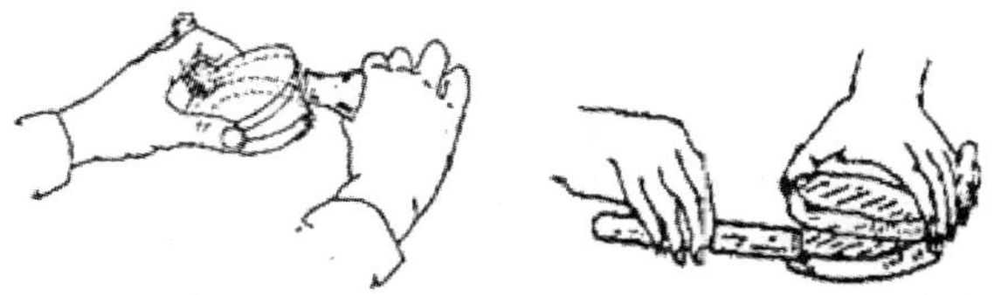

图 1-30　倒培养基时手拿三角瓶塞或试管塞

（2）划线接种　左手持试管菌种，右手持接种环并松动试管棉塞，在火焰上灼烧接种环；右手小指与手掌边取下棉塞，接种环伸入菌种管中取出菌，棉塞用火烤一下，重新塞入试管（注意不要用菌种管口去迎棉塞）；在火焰旁将平板培养基打开一缝，将菌种划线接种到平板上，划线方法有分区划线法和“Z”字形划线法两种，见图 1-31，立即盖上培养皿；在酒精灯火焰上灼烧接种环灭菌，烧掉残余菌种。

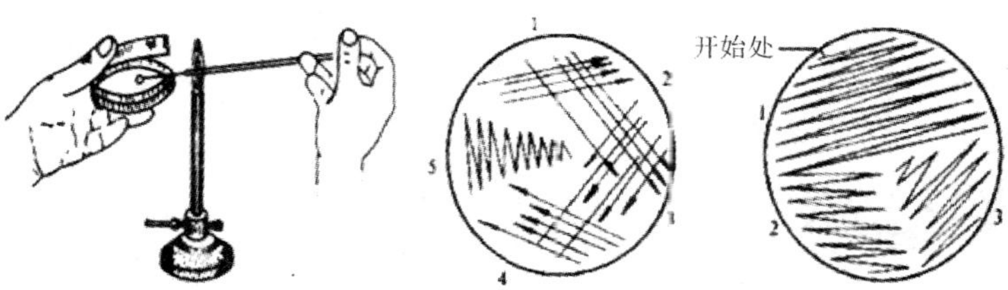

1．划线接种　　2．分区划线法　　3．“Z”字形划线法

图 1-31　划线分离示意

（3）培养　在接种后的平板底面用记号笔写上菌种名称和接种时间或贴标签，倒置放入 37℃恒温培养箱中，培养 48h。

（4）分离单菌落　将培养后长出的单个菌落分别挑取，接种在相应的牛肉膏蛋白胨琼脂培养基的斜面上，置于 37℃恒温箱中培养，待菌落长出后，检查菌落是否单纯，如果是单纯菌落，再进行微生物制片，在显微镜下镜检是否是单一的微生物，如果有其他杂菌混生，必须再进行分离、纯化，直到获得纯培养为止。

2．涂布平板法

以分离土壤中的细菌、放线菌和霉菌为例。

（1）制平板培养基　将牛肉膏蛋白胨琼脂培养基、高氏一号琼脂培养基、查氏琼脂培养熔化，待冷却至约 46℃时，向熔化的高氏一号琼脂培养基中加入 10% 酚数滴，向熔化的查氏琼脂培养基中加入链霉素溶液，使每毫升培养基中含链霉素 30μg，然后在无菌操作下分别倒入无菌培养皿中，每种培养基倒三个无菌培养皿，倒培养基的方法同平板划线分离法。

（2）制备土壤稀释液　采用 10 倍系列稀释法进行稀释。称取土样 10g，放入盛

90mL 无菌生理盐水的三角瓶(装有玻璃珠)中,充分振摇约 5min,制成 1 ∶ 10 的稀释液。用 1mL 无菌吸管吸取 1 ∶ 10 的稀释液 1mL，注入标有 10^{-2} 试管的 9mL 无菌生理盐水中（沿管壁慢慢注入），摇匀，制成 1 ∶ 100 的稀释液。另取 1 支 1mL 无菌吸管插入 1 ∶ 100 的稀释液中，反复吹吸菌悬液 3 次，充分混合均匀后，再从中吸取 1mL，注入标有 10^{-3} 试管的 9mL 无菌生理盐水中，摇匀，制成 1 ∶ 1 000 的稀释液。按此法稀释至所需要的浓度（图 1-32）。

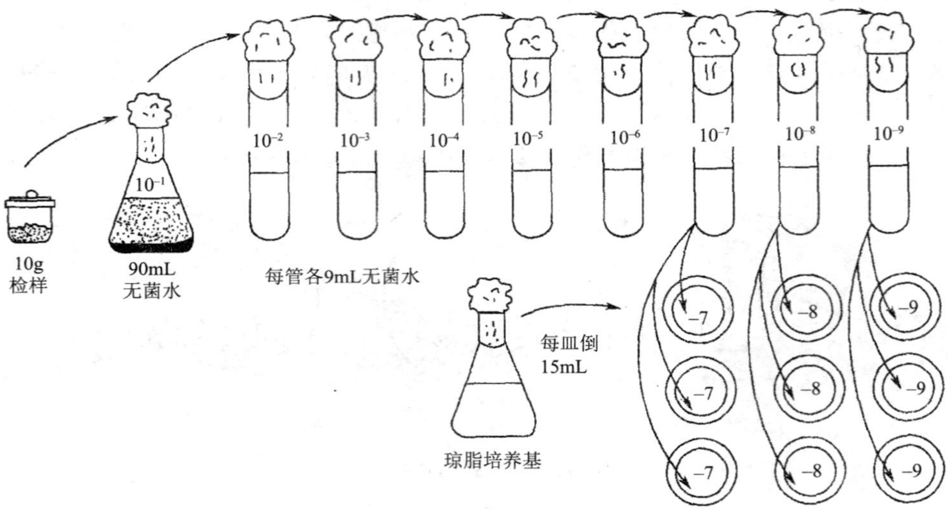

图 1-32　10 倍系列稀释法稀释样品和稀释液的取样培养

（张青，葛菁萍．微生物学．2004）

注意事项：

①每递增稀释 1 次，更换 1 支无菌吸管，否则稀释不准确。

②每次移液前，需将菌液来回吹吸 3 次后吸取。

③吹吸菌液时不能过猛过快。

④吸时将吸管插入管底，吹时将吸管提到接近液面以下，避免将吸管中的过滤棉花浸湿或吸管内液体外溢。

⑤在将菌液注入无菌生理盐水中时，吸管尖不能碰到液面。

⑥样品稀释过程要无菌操作。

（3）涂布平板　将上述每种培养基的三个平板底面分别用记号笔写上所选择的三种合适稀释度，如 10^{-7}、10^{-8}、10^{-9} 三个稀释度。在无菌条件下，用三支 1mL 无菌吸管分别从所选择的三个稀释度试管中各吸取 1mL 对号放入已写好稀释度的平板中，再用无菌涂布棒在培养基表面轻轻地涂布均匀，如图 1-33 所示。

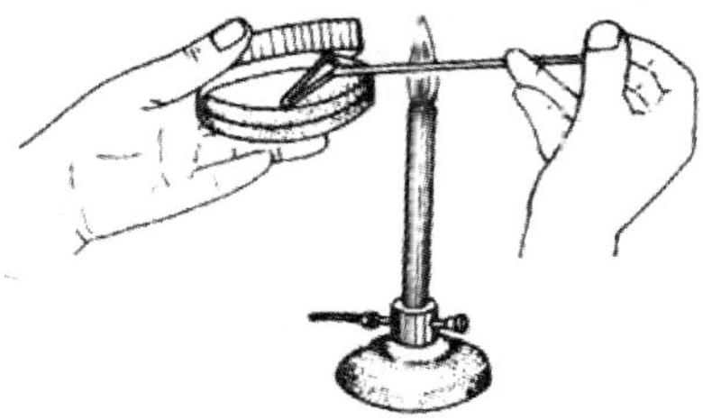

图 1-33　在平板培养基表面涂布菌液

（4）培养　将牛肉膏蛋白胨培养基平板倒置于 37℃恒温箱中，培养 48h，将高氏一号培养基平板和查氏培养基平板倒置于 28℃恒温箱中培养 3 ～ 7d。

（5）挑选菌落　将培养后长出的单个菌落分别挑取，接种在相应的牛肉膏蛋白胨琼脂培养基、高氏一号琼脂培养基和查氏琼脂培养基的斜面上，分别置于 37℃和 28℃恒温箱中培养，待菌落长出后，检查菌落是否单纯，如果是单纯菌落，再进行微生物制片，在显微镜下镜检是否是单一的微生物，如果有其他杂菌混生，必须再进行分离、纯化，直到获得纯培养为止。

3．倾注平板法

（1）制备土壤稀释液　方法同涂布平板法。

（2）接种菌液　分别吸取 0.5mL 所选择的三个稀释度（如 10^{-7}、10^{-8}、10^{-9}）的土壤稀释液对号放入无菌培养皿内。

（3）倒培养基　将融化后并冷却至 46℃的牛肉膏蛋白胨琼脂培养基、高氏一号琼脂培养基和查氏琼脂培养基分别倒入相对应的已接种的培养皿中，边倒边摇匀，使土壤稀释液与培养基混合均匀，待培养基凝固即成平板。

（4）培养　将凝固后的平板分别倒置于 37℃和 28℃恒温箱中培养，其他同涂布平板法。

（5）挑选菌落　方法同涂布平板法。

（二）接种技术

将微生物的纯种或含菌材料（如水、食品、空气、土壤、排泄物等）转接到培养基上的过程称为接种。由于接种的目的不同、微生物种类及培养基不同，采用的接种方法不同。例如，为了分离微生物，采用涂布法、倾注法、划线法等进行接种；为了菌种保藏，采用斜面接种；为了检查细菌有无运动性，采用半固体培养基穿刺接种；

为了增殖微生物，采用液体培养基接种；为了培养专性寄生微生物（如病毒），以活的生物作为培养基进行接种；针对霉菌的特点，采用点植法接种霉菌。

1．斜面菌种转接

以转接细菌为例，采用牛肉膏蛋白胨琼脂培养基进行接种。

（1）准备斜面培养基　制备牛肉膏蛋白胨斜面培养基。

（2）超净工作台灭菌　将所用物品放入超净工作台内，并用紫外光灯灭菌 30min，操作前 10min 将风机打开。

（3）手消毒　操作前，用 75% 酒精擦手消毒，待酒精挥发后再点燃酒精灯。接种过程均在超净工作台内酒精灯的烤手区域内进行。

（4）取菌转接　用接种环蘸取少量斜面菌种，然后在新鲜的斜面培养基表面划线接种。具体操作如下：

①手持试管　拿起斜面菌种和待接斜面两支试管，用左手四指托住两管管身，用拇指压住管底，或者将两支试管用大拇指和其他四指握在左手中，使中指位于两试管之间部位，斜面朝上并面向操作者，而且使两管呈水平位置，如图 1-34 所示。

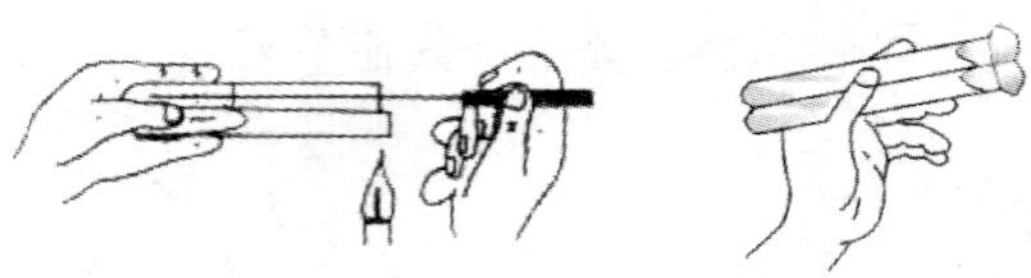

图 1-34　手持斜面菌种管和待接斜面管的方法

②旋松管塞　用右手松动斜面菌种管和待接斜面管的管塞（棉塞或胶塞或塑料管盖），以方便接种时拔出。

③接种环火焰灭菌　右手拿接种环，如握钢笔一样，在火焰上（外焰）将环端灼烧灭菌，横向燃烧，再纵向燃烧，并将有可能伸入试管的其余部分灼烧灭菌，重复操作 1 ～ 2 次，如图 1-15 所示。

④拔管塞　用右手的无名指、小指和手掌边，先后取下菌种管和待接斜面管的管塞，试管口缓缓过火灭菌，切勿烧得过烫。

⑤取菌并接种　将接种环伸到菌种管口处稍停片刻待其冷却，再伸入菌种管里面轻轻蘸取少量菌体，然后将接种环移出菌种管（不要使接种环上的菌种碰到管壁），避开火焰，迅速伸入待接斜面试管内，从斜面培养基表面的底部开始至斜面上部呈“Z”字形划线，切勿划破培养基；也可用接种针在斜面培养基表面的中央划一条直线，直线接种可观察不同菌种的生长特点，如图 1-35 所示。

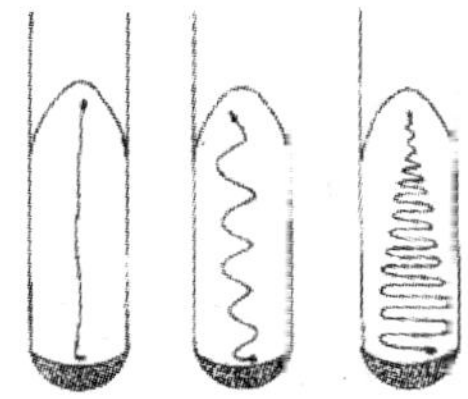

图 1-35　斜面划线接种方法

⑥塞管塞　取出接种环，灼烧试管口，在火焰上方微热处烤一下管塞，再将两管塞塞上，注意不要用管口去迎管塞，以免管口在移动时进入不洁空气。管塞塞上后再用右手拇指和食指再将管塞塞紧。

⑦接种环灭菌　用酒精灯火焰烧掉接种环上残余菌体，再将接种环放回原处。接种过程详见图 1-36。

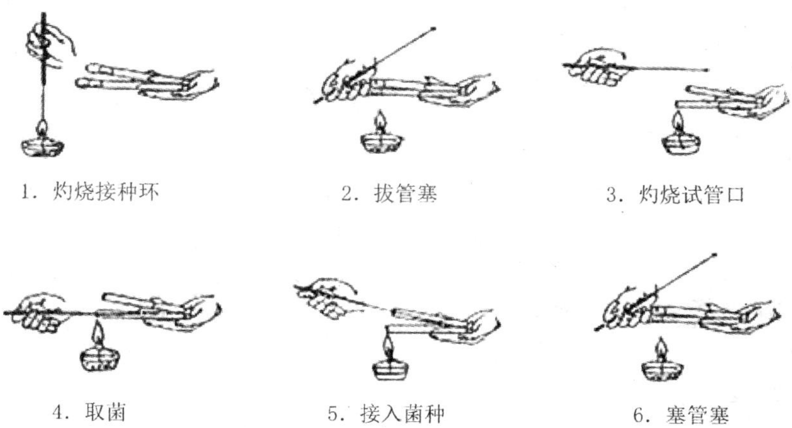

图 1-36　斜面菌种转接过程

⑧贴标签　将新接种的斜面试管贴上标签，注明菌种名称、接种时期、接种人姓名等，标签贴在斜面正面、斜面上端（以不影响观察斜面上菌体生长情况为宜）。

（5）培养　将接种后的斜面试管置于 37℃ 恒温箱中培养 24h。

放线菌和酵母菌的接种方法及接种工具与细菌相同，而霉菌使用接种钩将菌种取下来后点植到培养基表面（可以点植多个位点）。

2．液体培养基接种

（1）斜面菌种接入液体培养基　操作方法与斜面菌种转接基本相同，所不同的是：要将液体培养基的试管口或三角瓶口略高一点，避免液体培养基流出；用接种环取来的菌体涂抹在液体培养基液面处的管内壁上（或涂抹在液体培养基液面下的管内壁上），再振摇液体培养基，使管内壁上的菌体脱离管壁分散到液体培养基中。

如果要求接种量大或定量接种，可以将无菌水注入斜面菌种管内，用接种环将菌苔刮下，摇匀，制成菌悬液，再将菌悬液用无菌吸管定量吸出，加入液体培养基中。或者直接将液体培养基注入斜面菌种管内，用接种环将菌苔刮下，摇匀，再将含菌的液体培养基倒入无菌的试管或三角瓶中即可。

（2）液体菌种接入液体培养基　如果菌种是液体培养物，可用无菌吸管或滴管定量吸出，再加入液体培养基中；或直接将液体培养物倒入液体培养基中。

3．穿刺接种

穿刺接种常用于菌种保藏或细菌运动性的检查。

在无菌操作条件下，先用接种针蘸取少许菌种，再伸入半固体培养基的试管中，从半固体培养基的中心刺入，直到接近管底部，但不要穿透培养基，然后沿原穿刺线慢慢拔出接种针，注意接种针在拔出过程中不要移动，如图 1-37 所示，其他操作要求同斜面菌种转接。

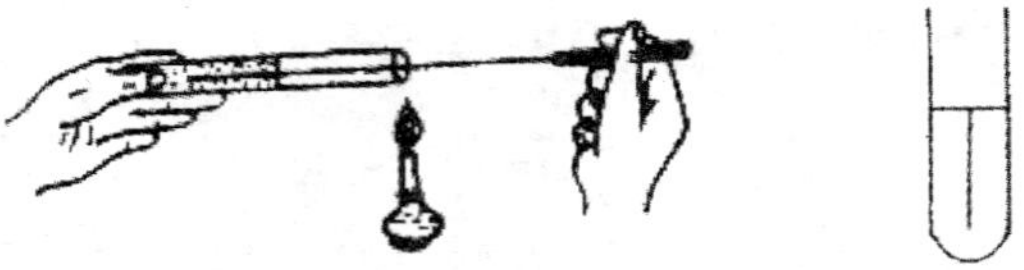

图 1-37　穿刺接种

八、显微镜直接计数技术

（一）原理

显微镜直接计数法是将少量样品的菌悬液置于一种特别的具有确定面积和容积的载玻片（称为计数板）上，在显微镜下直接计数的方法。该方法适用于各种单细胞菌体的纯培养悬浮液，如有杂菌或杂质，则难以直接测定。该方法优点是直观、快速、操作简单，缺点是所测得的结果是死菌与活菌的总和。常用的计数板有血球计数板和彼得罗夫·霍泽（Petrof Hausser）计数板，它们的结构和原理相同，只是厚薄有别。血球计数板较厚，盖上盖玻片后，计数板中计数室的深度为 0.1mm，用于较大菌体（如酵母菌或霉菌孢子）的计数；彼得罗夫·霍泽计数板较薄，盖上盖玻片后，计数板中计数室的深度为 0.02mm，用于较小菌体（如细菌）的计数，并且可以使用油镜。

血球计数板是一块特制的载玻片，其上有 4 条槽而构成 3 个平台。中间的平台较宽而且比两边平台低 0.1mm，该平台又被一短横槽隔成上下两个小平台，每个小平台上各刻有一个方格网（图 1-38）。每个方格网共分九个正方格（为了区别以下正方格，现将九个正方格都称为大方格）（图 1-39），中间的正方格称为计数室，用作微生物的计数。

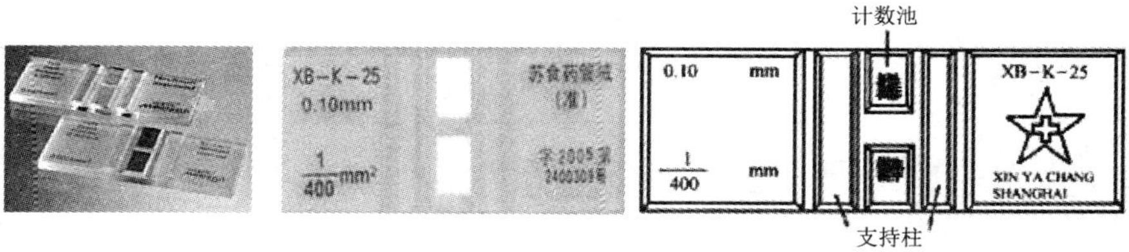

图 1-38　血球计数板及其正面

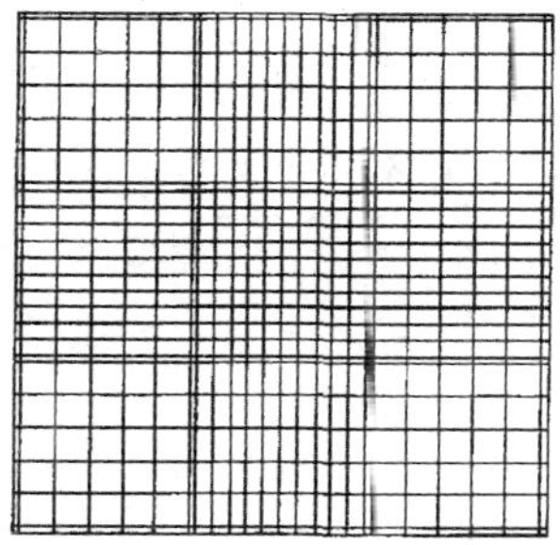

图 1-39　血球计数板方格网

（张青，葛菁萍．微生物学．2004）

计数室的刻度有两种规格：一种是 25×16，计数室被双线分成 25 个正方格（为了区别，将此 25 个正方格称为中方格），而每个中方格又被单线分成 16 个小的正方格（称为小方格），见图 1-40 中的 1；另一种是 16×25，即计数室被双线分成 16 个正方格（为了区别，将此 16 个正方格称为中方格），而每个中方格又被单线分成 25 个小的正方格（称为小方格），见图 1-40 中的 2。无论是哪一种规格，计数室都由 400 个小方格组成。

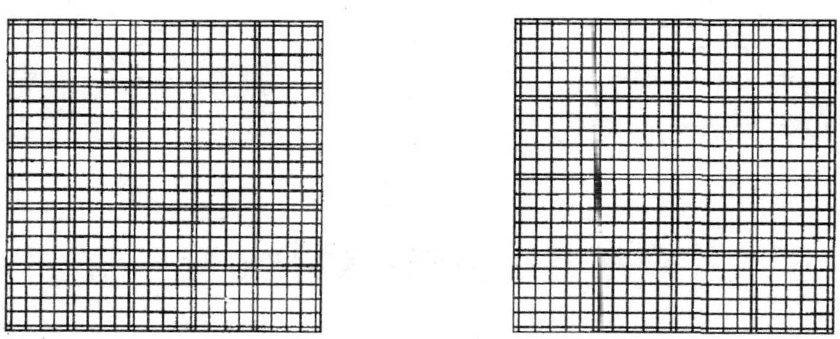

1．25×16　　2．16×25

图 1-40　血球计数板计数室

（张青，葛菁萍．微生物学．2004）

计数室边长为1mm，计数室面积为$1mm^2$，盖上盖玻片后，盖玻片与计数室之间的高度为0.1mm，所以计数室容积为$0.1mm^3$（相当于10^{-4}mL），如图1-41所示。

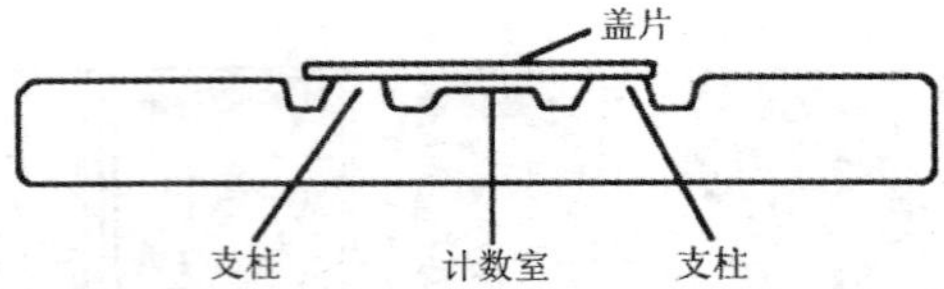

图1-41　血球计数板上盖上盖玻片的侧面

使用25×16规格的计数板计数时，代表性地计数计数室中四个角及中间共5个中方格（图1-42中的1涂黑色部分）（即80个小方格）的菌数，再算出25个中方格的总菌数；使用16×25规格的计数板计数时，代表性地计数计数室中四个角共4个中方格（图1-42中的2涂黑色部分）（即100个小方格）的菌数，再算出16个中方格的总菌数；最后换算出每毫升（或每克）样品中的微生物数量。

按下列公式计算出每毫升（或每克）样品中的菌数：

1．25×16规格的计数板

$$\text{菌数（个/mL）}=\frac{\text{80个小方格内的总菌数}}{80}\times 400\times 10\,000\times \text{稀释倍数}$$

2．16×25规格的计数板

$$\text{菌数（个/mL）}=\frac{\text{100个小方格内的总菌数}}{100}\times 400\times 10\,000\times \text{稀释倍数}$$

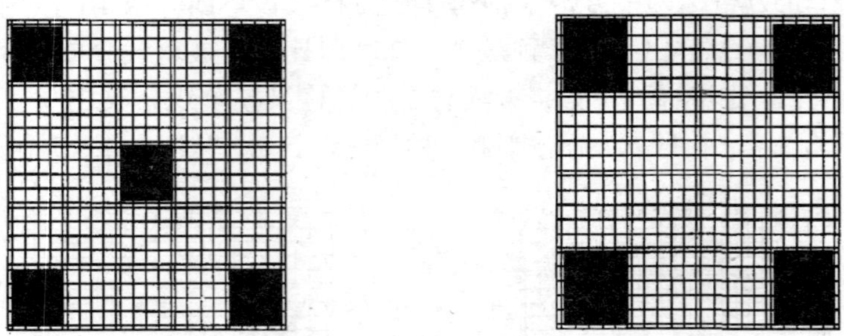

1．25×16规格计数的5个中方格　　2．16×25规格计数的4个中方格

图1-42　涂黑色部分为代表性计数的中方格

（二）计数步骤

使用25×16规格的计数板，以计数酵母菌为例。

1．稀释

根据待测菌悬液浓度，加无菌生理盐水适量稀释（可采用 10 倍系列稀释法），其浓度以计数室中每个小方格有 5 ～ 10 个菌体为宜。

2．染色

在稀释后的菌悬液中加入 0.1％的亚甲蓝染液 0.5mL，摇匀，使酵母菌着色。

3．镜检计数室

在滴加样品前，先对血球计数板的计数室进行镜检。若有污物，则需清洗，然后用电吹风吹干后才能使用；镜检计数室方格网的大方格、中方格及小方格。

4．加样品

将盖玻片放在血球计数板的上下两个方格网上方。将菌悬液摇匀，用无菌滴管吸取少许菌悬液，从盖玻片的边缘滴加 1 小滴（两个方格网可以各加 1 滴），让菌液自行渗入到方格网内，注意不可产生气泡，静置 5min，用吸水纸吸去多余菌液。

5．计数

将血球计数板置于显微镜上找到计数室，找到代表性的中方格（图 1-43），并进行计数。将计数结果填入下表中，并计算每毫升酵母菌菌悬液中的菌数。

计数次数	各中方格中菌数					5 个中方格总菌数	稀释倍数	菌数 /(个 /mL)	平均值
	左上	右上	左下	右下	中间				
第一次									
第二次									

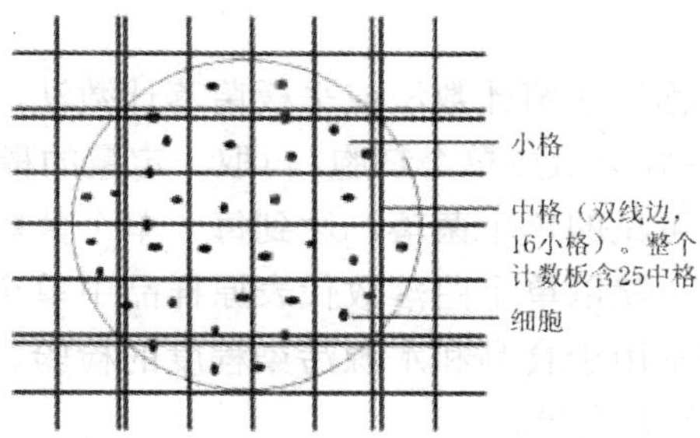

图 1-43 计数其中一个中方格的菌数

6．注意事项

（1）视野中的光线不宜太强，否则不易看清计数室的方格线。

（2）如果菌体位于中方格的双线上，遵循查上不查下，查左不查右的原则，即只计数上方和右方线（或下方线和左方线）上的菌体，以免重查或漏查，见图 1-44。

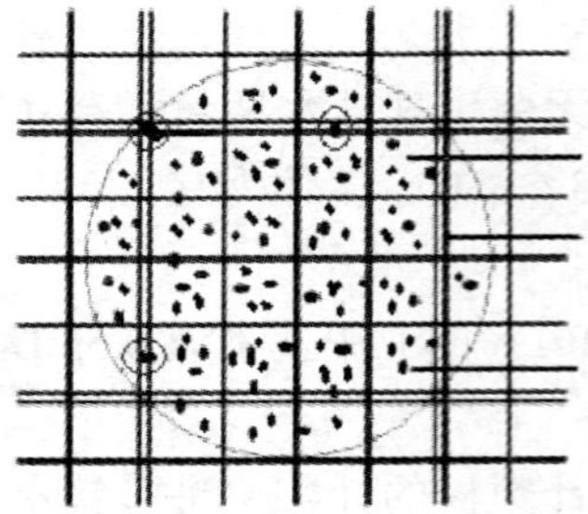

图 1-44 位于线上的菌体

（3）对于出芽的酵母菌，当芽体达到母细胞大小 1/2 时，可作为两个菌体计数。

（4）通过调节细调节螺旋，上下液层的菌体均可见到，并计数。

（5）同一样品重复计数 2 ～ 3 次，取其平均值。每次数值不应相差过大，否则应重新操作。

7．清洗

计数完毕后，将血球计数板用自来水的急水流冲洗干净，切勿用硬物洗刷或抹擦，以免损坏网格刻度。洗净后自行晾干或用电吹风吹干，也可用滤纸吸去水分再用擦镜纸擦干，镜检计数室无污物或残留菌体即可。

九、平板计数技术

（一）原理

平板计数法，也称为活菌计数法或平板菌落计数法，就是将待测样品经过适当稀释后，使样品中的微生物分散成单个细胞，再取一定量的稀释样液接种到平板培养基上，经过培养，形成肉眼可见的单个菌落，达到每一单个菌落由原样品中的一个单细胞繁殖形成，因此计数时，就以单个菌落数代表原样品中单个细胞数，以此来判断原样品的含菌数。此方法通常用于食品和水源污染程度的检验、生物制品的检验、土壤含菌量的测定、某些产品的鉴定等。

平板计数法常用的接种方法有涂布平板法和倾注平板法。

（二）步骤

以倾注平板接种法、检验样品中的细菌为例，以下操作均为无菌操作。

1．制备平板计数琼脂培养基（PCA）

（1）配方　详见“项目一食品微生物检测基础知识”任务五。

（2）制备步骤　将胰蛋白胨、酵母浸膏、葡萄糖溶解后，调 pH 至适宜范围，加入琼脂并使其完全熔化，定容。

2．制备样品稀释液

（1）称取样品 25mL，放入盛 225mL 无菌生理盐水的三角瓶（装有玻璃珠）中，充分振摇约 5min，制成 1 ∶ 10 的稀释液。

（2）用 1mL 无菌吸管吸取 1 ∶ 10 的稀释液 1mL，注入标有 10^{-2} 试管的 9mL 无菌生理盐水中（沿管壁慢慢注入），摇匀，制成 1 ∶ 100 的稀释液。

（3）另取 1 支 1mL 无菌吸管插入 1 ∶ 100 的稀释液中，反复吹吸菌悬液 3 次，充分混合均匀后，再从中吸取 1mL，注入标有 10^{-3} 试管的 9mL 无菌生理盐水中，摇匀，制成 1 ∶ 1 000 的稀释液。

按此法稀释至所需要的浓度（参考图 1-32）。注意事项同微生物的分离与纯化技术中涂布平板法的样品稀释。

3．接种样品稀释液

（1）选择稀释度　根据检验标准的要求或根据样品污染情况的估计，选择 2 ～ 3 个适宜稀释度，如 10^{-2}、10^{-3}、10^{-4} 三个稀释度。

（2）标记稀释度　取九套无菌培养皿，将每三套无菌培养皿分别用记号笔写上所选择的三种适宜稀释度。

（3）接入样品稀释液　用三支 1mL 无菌吸管分别从所选择的三个稀释度试管中各吸取 1mL 稀释液，对号放入已写好稀释度的无菌培养皿中。

4．倾注培养基

当样品稀释液接入无菌培养皿后，应及时倾注平板计数琼脂培养基。先将平板计数琼脂培养基熔化，待冷却至约 46℃时，注入已接种样品稀释液的培养皿中，每皿倒 15 ～ 20 mL，轻轻转动培养皿，使培养基与样品稀释液混合均匀。

如果样品中可能含有在琼脂培养基表面弥漫生长的菌落时，可在凝固后的琼脂表面再覆盖一薄层平板计数琼脂培养基（约 4mL）。

5．培养

待培养基凝固后，将平板翻转，置于 37℃恒温箱中培养 48h。

6．菌落计数

做平板菌落计数时，可用肉眼观察，必要时用放大镜检查，以防遗漏。记下各平板的菌落数，求出同稀释度的各平板平均菌落数，再乘以稀释倍数，即为 1mL 样品中所含的细菌数目。

十、微生物大小测定技术

（一）原理

测定微生物个体大小是利用测微尺（图 1-45）在显微镜下进行测量的。测微尺分为目镜测微尺和镜台测微尺。目镜测微尺是特制的圆形玻片，直径约 2.0cm，在玻片中央把 5mm 长度分成 50 等份，或把 10mm 长度分成 100 等份，使用时需要将其放入目镜内，用于测量微生物个体大小。镜台测微尺是中央刻有精确等分线的专用载玻片，其大小约为 7.5cm×2.5cm，其等分线是将 1mm 长度分成 100 等份，每格长 10mm（即 0.01mm），专门用来校正目镜测微尺每格长度。目镜测微尺每格长度随显微镜放大倍数不同而改变，所以目镜测微尺使用前必须用镜台测微尺进行校正，以求出在某一放大倍数下目镜测微尺每格所代表的实际长度，然后再用已校正的目镜测微尺测量微生物个体大小。目镜测微尺和镜台测微尺结构见图 1-46 和图 1-47。

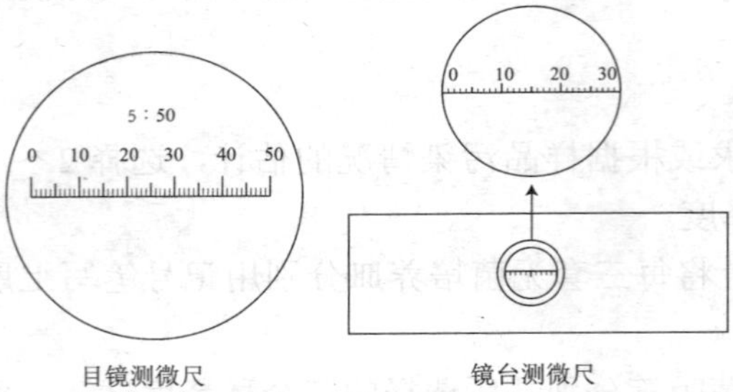

图 1-45 测微尺

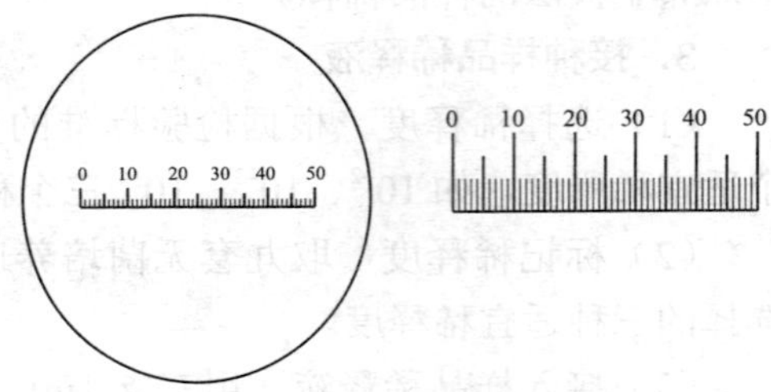

图 1-46 目镜测微尺及其放大的等分线

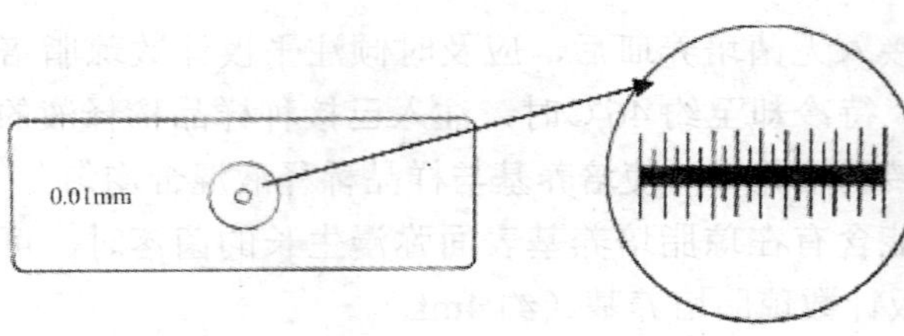

图 1-47 镜台测微尺及其放大的等分线

（二）步骤

1. 目镜测微尺的校正

旋开目镜上透镜，将目镜测微尺（有刻度的一面朝下）放在目镜的隔板上，再旋紧目镜上透镜。将镜台测微尺（有刻度的一面朝上）放在显微镜的载物台上。镜检镜台测微尺的刻度，此时所采用的放大倍数应与测量菌体时的放大倍数一致。转动目镜，使目镜测微尺的刻度线与镜台测微尺的刻度线相平行，并使两尺左边的一条刻度线重合，再向右寻找另外一条两尺相重合的刻度线，见图 1-48。分别数出两重合线之间目镜测微尺和镜台测微尺所具有的格数，再利用已知的镜台测微尺每格长度为 10mm，即可计算出目镜测微尺每格所代表的长度（校正值），计算公式如下：

$$\text{目镜测微尺每格长度（μm）}=\frac{\text{两重合线间镜台测微尺的格数}\times 10\text{μm}}{\text{两重合线间目镜测微尺的格数}}$$

例如，在某一放大倍数下，目镜测微尺 20 个小格的长度等于镜台测微尺 3 个小格的长度，已知镜台测微尺每格为 10μm，则目镜测微尺每格长度（校正值）为（3×10）÷20=1.5μm。

由于不同显微镜的放大倍数不同，因此校正目镜测微尺必须针对固定的显微镜进行，而且，在固定的显微镜上求得的校正值只能在该显微镜上重复使用，当更换不同的显微镜时，必须重新校正目镜测微尺每格所代表的长度。

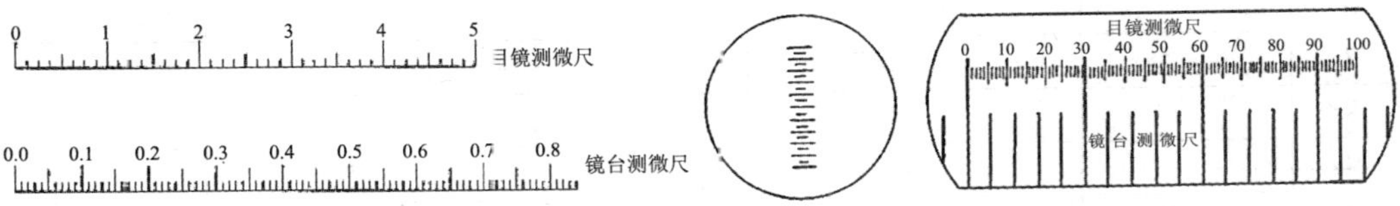

1．某低倍镜下两尺重合情况　　2．某高倍镜下两尺重合情况

图 1-48　目镜测微尺和镜台测微尺重合的刻度线

2．菌体大小的测定

将待测菌培养至对数生长期再测定菌体大小。以测量酵母菌为例。

（1）将酵母菌斜面制成一定浓度的菌悬液（约稀释 100 倍）。

（2）取一滴酵母菌菌悬液制成水浸片。

（3）移去镜台测微尺，换上酵母菌水浸片，镜检酵母菌，此时所采用的放大倍数应与校正目镜测微尺每格长度时的放大倍数一致。转动目镜，并移动标本，使酵母菌的纵轴与目镜测微尺纵轴平行，数出酵母菌的长度占目镜测微尺的格数，不足一格的部分估计到小数点后一位数；同样，转动目镜，并移动标本，使酵母菌的横轴与目镜测微尺纵轴平行，数出酵母菌的宽度占目镜测微尺的格数。将数出的酵母菌的长和宽占目镜测微尺的格数分别乘以校正值，即等于该菌的长和宽。一般测量菌体的大小要在同一个标本片上测量 10 ～ 20 个菌体，求出平均值，才能代表该菌的大小。

（4）将测量结果填入表中

①目镜测微尺校正结果。

目镜放大倍数	物镜放大倍数	两重合线间目镜测微尺格数	两重合线间镜台测微尺格数	目镜测微尺每格代表的长度（校正值）/μm

②测量菌体大小的结果。

菌体编号	菌体长度/μm			菌体宽度/μm			长×宽/μm
	菌体长度占目镜测微尺格数	菌体长度/μm	平均值/μm	菌体宽度占目镜测微尺格数	菌体宽度/μm	平均值/μm	
1							
2							
3							
4							
5							
6							
7							
8							
9							
10							

十一、微生物的生理生化鉴定技术

不同微生物体内的酶系统不同，新陈代谢的类型不同，所以对各种物质利用后所产生的代谢产物也不同，因此可以利用微生物的生理生化反应来测定微生物的代谢产物，来鉴定在形态上难以区别的微生物。此方法多用于水的细菌学检验。大肠杆菌虽然为非致病菌，但其在饮用水中如果超过一定数量，表示该水受粪便污染。产气肠杆菌广泛存在于自然界中，检验水时要将其与大肠杆菌区分开。

（一）乙酰甲基甲醇试验（VP 试验）

1. 原理

某些细菌在糖代谢过程中，能分解葡萄糖产生丙酮酸，两个分子丙酮酸经缩合和脱羧生成乙酰甲基甲醇。乙酰甲基甲醇在碱性条件下，被空气中的氧气氧化成二乙酰，二乙酰与蛋白胨中精氨酸等胍基化合物的胍基起作用，生成红色化合物，此反应为乙酰甲基甲醇的阳性反应，没有红色化合物产生则为阴性反应。如果培养基中胍基太少，可加少量含胍基的化合物（如肌酸），使反应更加明显。在培养基中加入少量的 *α*- 萘酚作为颜色增强剂，可使反应加快。此试验又称为伏一普试验。

$$2CH_3COCOOH \longrightarrow CH_3COCHOHCH_3 + 2CO_2$$

丙酮酸　　　　乙醇甲基甲醇

$$CH_3COCHOHCH_3 \longrightarrow CH_3COCOCH_3$$

乙酰甲基甲醇　　　　二乙酰

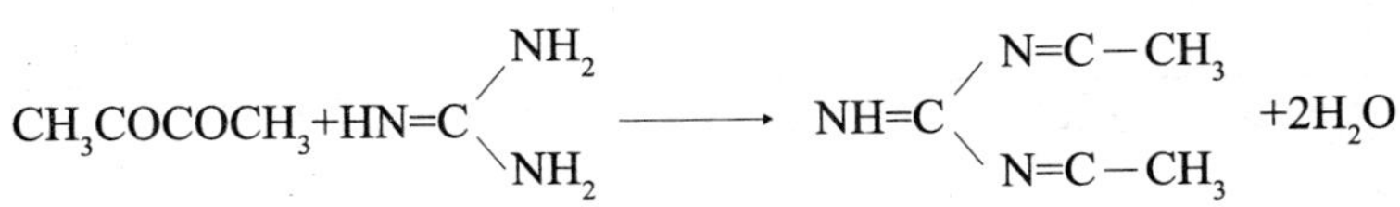

胍　　　　红色化合物

2．步骤

（1）制备缓冲葡萄糖蛋白胨水培养基（详见“项目一食品微生物检测基础知识”中任务五），装入试管中，每管 10mL。

（2）制备大肠杆菌、枯草杆菌和产气肠杆菌的斜面培养物。

（3）取葡萄糖蛋白胨水培养基 12 管，留 3 管作对照（不接菌），其余 9 管分 3 组分别接种大肠杆菌、枯草杆菌和产气肠杆菌，每组接种 3 管。

（4）将以上 12 管置于 37℃恒温箱内培养。

（5）培养 2 ～ 7d 后取出，每管加入 40%KOH 溶液 10 ～ 20 滴，摇匀，再加入等量的 5% *α*- 萘酚乙醇溶液，拔去管塞用力振动，以使空气中的氧气溶入，如果需要还可在试管中加入微量肌酸（用牙签挑入 0.5 ～ 1mg），再将试管放在 37℃恒温箱中保温培养 15 ～ 30min（或在沸水浴中加热 1 ～ 2min）后，如果培养液出现红色，此反应即为 VP 试验阳性（用“＋”表示），如果不呈红色，则为 VP 试验阴性（用“－”表示），将 VP 反应结果记录下表中。

菌　名	VP 试验反应结果		
	2d	4d	7d
大肠杆菌 1			
大肠杆菌 2			

菌 名	VP 试验反应结果		
	2d	4d	7d
大肠杆菌 3			
枯草杆菌 1			
枯草杆菌 2			
枯草杆菌 3			
产气肠杆菌 1			
产气肠杆菌 2			
产气肠杆菌 3			
空白对照 1			
空白对照 2			
空白对照 3			

注：阳性反应用“＋”表示，阴性反应用“－”表示。

（二）甲基红试验（MR 试验）

1．原理

甲基红试验是用来检测葡萄糖产生的有机酸。有些微生物在糖代谢过程中，分解葡萄糖产生丙酮酸，丙酮酸进一步被分解为甲酸、乙酸、乳酸、琥珀酸等，使培养基变成酸性，其 pH 下降至 4.2 或更低，使加入到培养基中的甲基红指示剂由橘黄色（pH 6.3）变为红色（pH 4.2），变为红色的现象称为甲基红试验阳性反应（用“＋”表示），如果仍为黄色，则为甲基红试验阴性反应（用“－”表示）。甲基红的变色范围为 pH 4.2（红色）至 pH 6.3（黄色）。

虽然所有的肠道微生物都能发酵葡萄糖产生有机酸，但通过甲基红试验仍然可以将大肠杆菌和产气肠杆菌区分出来。二者在培养的早期都产生有机酸，但大肠杆菌在培养后期仍能维持酸性（pH 4），而产气肠杆菌则会将有机酸转化为非酸性末端产物，如乙醇、丙酮酸等，使 pH 由 4 上升至 6，所以，大肠杆菌为甲基红试验阳性反应，产气肠杆菌为甲基红试验阴性反应。

有些微生物能将新产生的酸进一步转化为中性化合物，如乙酰甲基甲醇、2,3- 丁二醇，表现为 VP 反应阳性。因此，甲基红试验与乙酰甲基甲醇试验对鉴定肠道细菌非常重要。

2．步骤

（1）制备缓冲葡萄糖蛋白胨水培养基（详见“项目一食品微生物检测基础知识”中的任务五），装入试管中，每管 10mL。

（2）配制甲基红试剂 甲基红 0.1g、95% 乙醇 300.0mL、蒸馏水 300.0mL。

（3）制备大肠杆菌和产气肠杆菌的斜面培养物。

（4）取葡萄糖蛋白胨水培养基 9 管，留 3 管作对照（不接菌），其余 6 管分 2 组分别接种大肠杆菌和产气肠杆菌，每组接种 3 管。

（5）将以上 9 管置于 37℃恒温箱内培养。

（6）培养 2 ～ 5d 后取出，每管加入甲基红试剂 1 ～ 3 滴，注意沿管壁慢慢加入，不要加太多，以免出现假阳性。仔细观察培养液上层，如果培养液上层变为红色，即为甲基红试验阳性，如果仍为黄色，则为甲基红试验阴性。将甲基红试验反应结果记录下表中。

菌 名	甲基红试验反应结果	
	2d	5d
大肠杆菌 1		
大肠杆菌 2		
大肠杆菌 3		
产气肠杆菌 1		
产气肠杆菌 2		
产气肠杆菌 3		
空白对照 1		
空白对照 2		
空白对照 3		

注：阳性反应用“＋”表示，阴性反应用“－”表示。

（三）靛基质试验

1. 原理

靛基质试验是用来检测吲哚的产生。有些细菌能产生色氨酸酶，氧化分解蛋白胨中的色氨酸生成吲哚和丙酮酸，吲哚无色，但吲哚可与对二甲基氨基苯甲醛结合，生成红色的玫瑰吲哚，产生玫瑰红色的现象，即为靛基质试验阳性反应（用“+”表示），如果没有产生玫瑰红色的现象，即为靛基质试验阴性反应（用“－”表示）。不是所有的微生物都具有分解色氨酸产生吲哚的能力，因此，靛基质试验可以作为微生物生化检测的指标。大肠杆菌靛基质试验反应阳性，产气肠杆菌靛基质试验反应阴性。

如果玫瑰红色不明显，可加入 4 ～ 5 滴乙醚，充分振动，使乙醚分散到培养液中，如果培养液中有吲哚产生，吲哚可溶于乙醚中，再将培养液静置片刻，待乙醚浮到液面形成明显的乙醚层后，再加靛基质试剂，吲哚和靛基质试剂被浓缩，使颜色反应更明显。

2．步骤

（1）制备缓冲葡萄糖蛋白胨水培养基（详见“项目一食品微生物检测基础知识”中的任务五），装入试管中，每管 10mL。

（2）配制靛基质试剂。

（3）制备大肠杆菌和产气肠杆菌的斜面培养物。

（4）取葡萄糖蛋白胨水培养基 9 管，留 3 管作对照（不接菌），其余 6 管分 2 组分别接种大肠杆菌和产气肠杆菌，每组接种 3 管。

（5）将以上 9 管置于 37℃恒温箱内培养。

（6）培养 2 ～ 5d 后取出，在每管培养液中加入 4 ～ 5 滴乙醚，充分振动，再静置 1 ～ 3min，使乙醚层浮在培养液的上面。

（7）沿管壁缓慢加入 5 ～ 10 滴吲哚试剂，如果乙醚层与培养液界面出现红色环状物，即为靛基质试验阳性，否则为靛基质试验阴性。注意加入靛基质试剂后不可再振动，以防止破坏乙醚层，影响观察结果。将靛基质试验反应结果记录下表中。

菌 名	靛基质试验反应结果	
	2d	5d
大肠杆菌 1		
大肠杆菌 2		
大肠杆菌 3		
产气肠杆菌 1		
产气肠杆菌 2		
产气肠杆菌 3		
空白对照 1		
空白对照 2		
空白对照 3		

注：阳性反应用“＋”表示，阴性反应用“－”表示。

（四）硫化氢试验

1．原理

硫化氢试验是检测硫化氢的产生，也是用于肠道细菌检查的常用生化试验。某些微生物能产生脱氨酶，使含硫氨基酸（如胱氨酸、半胱氨酸、甲硫氨酸等）脱去氨基，产生硫化氢气体，在培养基中加入柠檬酸铁铵或醋酸铅，硫化氢与培养基中的铅盐或铁盐作用，生成黑色的硫化铅或硫化亚铁沉淀物，此现象称为硫化氢试验阳性反应，如果没有黑色沉淀物产生，即为硫化氢试验阴性反应。产气肠杆菌为硫化氢试验阳性，大肠杆菌为硫化氢试验阴性。

该试验采取穿刺接种方法，因为醋酸铅培养基中的硫代硫酸钠为还原剂，能保持还原环境，使硫化氢不至于被氧化。如果所供给的氧气能满足细胞代谢，就不会产生硫化氢，因此，此试验不能采用通气过多的培养方式，如斜面培养。

$$\underset{\text{半胱氨酸}}{CH_2SHCHNH_2COOH}+H_2O \longrightarrow \underset{\text{丙酮酸}}{CH_3COCOOH}+H_2S\uparrow+NH_3$$

$$\underset{\text{醋酸铅}}{Pb(NH_3COO)_2}+H_2S \longrightarrow \underset{\text{硫化铅}}{PbS\downarrow}+2CH_3COOH$$

$$Fe^{2+}+H_2S \xrightarrow{-2H} \underset{\text{硫化亚铁}}{FeS\downarrow}$$

2．步骤

（1）制备醋酸铅柱状培养基

配方：牛肉膏蛋白胨琼脂培养基 100.0mL（pH 7.4）、硫代硫酸钠 0.25g、10% 醋酸铅水溶液 1.0mL。

配制：将牛肉膏蛋白胨琼脂培养基 100mL 加热溶解，待其冷却至 60℃时加入硫代硫酸钠 0.25g，调至 pH 7.2，趁热分装于三角瓶中，115℃灭菌 15min。取出后待冷却至 55 ～ 60℃时，在无菌操作下，加入无菌的 10% 醋酸铅水溶液 1mL，混匀后趁热分装无菌试管中，每管高度 4 ～ 5cm，然后立即置于冷水中冷却凝固。

（2）制备大肠杆菌、产气肠杆菌的斜面培养物。

（3）取醋酸铅柱状培养基 9 管，留 3 管作对照（不接菌），其余 6 管分 2 组分别接种大肠杆菌和产气肠杆菌，并采取穿刺接种方法，每组接种 3 管，再用凡士林封住管口。

（4）将以上 9 管置于 37℃恒温箱内培养 2 ～ 5d。

（5）每天观察记录，如果穿刺线周围变黑，即为阳性反应，不变者为阴性反应。将硫化氢试验反应结果记录下表中。

菌　名	硫化氢试验反应结果			
	2d	3d	4d	5d
大肠杆菌 1				
大肠杆菌 2				

菌 名	硫化氢试验反应结果			
	2d	3d	4d	5d
大肠杆菌 3				
产气肠杆菌 1				
产气肠杆菌 2				
产气肠杆菌 3				
空白对照 1				
空白对照 2				
空白对照 3				

注：阳性反应用“＋”表示，阴性反应用“－”表示。

（五）糖发酵试验

1．原理

细菌具有分解不同糖类、醇类、苷类的酶，因而分解各种糖类、醇类、苷类的能力不同。常用于鉴定细菌糖发酵能力的单糖有葡萄糖、果糖、木糖、半乳糖、甘露糖等；双糖有蔗糖、麦芽糖、乳糖等；多糖有淀粉、糊精、棉籽糖等；醇类有甘露醇、肌醇、甘油等；苷类有水杨苷、松柏苷等。

根据细菌分解利用糖能力的差异表现出是否产酸产气作为鉴定菌种的依据。鉴定细菌是否产酸，可以在糖发酵培养基中加入溴甲酚紫指示剂（即 B.C.P 指示剂）或溴麝香草酚蓝指示剂。溴甲酚紫指示剂的变色范围 pH 5.2（黄色）～ 6.8（紫色），即 pH 5.2 以下呈黄色，pH 6.8 以上呈紫色，由紫遇酸变黄；溴麝香草酚蓝指示剂的变色范围 pH 6.0（黄色）～ 7.6（蓝色），即 pH 6.0 以下呈黄色，pH 7.6 以上呈蓝色，由蓝遇酸变黄。经培养后，根据指示剂的颜色变化来判断培养液的酸碱性。鉴定细菌是否产气，可以在糖发酵培养基中放入倒置的杜氏小管观察是否有气体产生。如果细菌能分解糖产酸，即为阳性反应，用“＋”表示；不能分解糖不产酸，即为阴性反应，用“－”表示。细菌能分解糖产酸并产气，即为阳性反应，用“⊕”表示；不能分解糖不产气，即为阴性反应，用“⊖”表示。

2．步骤

（1）制备糖发酵培养基：详见“项目一食品微生物检测基础知识”中的任务五。用此方法分别配制葡萄糖、蔗糖、乳糖发酵培养基。在糖发酵培养基中放入倒置的杜氏小管，见图 1-49。

（2）制备菌种　制备大肠杆菌、产气肠杆菌、普通变形杆菌的斜面培养物。

（3）试管标记　分别取葡萄糖、蔗糖、乳糖发酵培养基各 4 管，将每种糖发酵培养基的 4 支试管分别标记大肠杆菌、产气肠杆菌、普通变形杆菌和空白对照。

（4）接种培养　在无菌操作下，分别挑取少量大肠杆菌、产气肠杆菌、普通变形杆菌的斜面菌种，接种到以上对应的糖发酵培养基试管中，空白对照不接菌。然后置于 37℃恒温箱内培养 2 ～ 3d，如果反应迟缓需培养 14 ～ 30d。

（5）观察记录，如果培养液保持原有颜色，即为阴性反应，表明该细菌不能分解该种糖类，记录用“－”表示；如果培养液变为黄色，即为阳性反应，表明该细菌能分解该种糖类，记录用“＋”表示。如果培养液中杜氏小管内有气泡，即为阳性反应，见图 1-50，表明该细菌能分解该种糖类产酸并产气，记录用“⊕”表示；如果杜氏小管内没有气泡，即为阴性反应，表明该细菌不能分解该种糖类不产气，记录用“⊖”表示。将糖发酵试验反应结果记录下表中。

糖发酵培养基	菌　名	糖发酵试验反应结果		
		1d	2d	3d
葡萄糖发酵培养基	大肠杆菌			
	产气肠杆菌			
	普通变形杆菌			
	空白对照			
蔗糖发酵培养基	大肠杆菌			
	产气肠杆菌			
	普通变形杆菌			
	空白对照			
乳糖发酵培养基	大肠杆菌			
	产气肠杆菌			
	普通变形杆菌			
	空白对照			

注：产酸的阳性反应用“＋”表示，不产酸的阴性反应用“－”表示；产气的阳性反应用“⊕”表示，不产气的阴性反应用“⊖”表示。

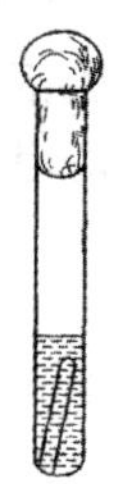

图 1-49　试管中装有杜氏小管

图 1-50　杜氏小管中有气泡

（六）淀粉水解试验

1．原理

淀粉水解试验是测定淀粉是否被水解。有些微生物可产生淀粉酶，将淀粉分解成麦芽糖和葡萄糖，再被微生物作为碳源利用。例如根霉、曲霉可产生葡萄糖淀粉酶，巨大芽孢杆菌可产生 β-淀粉酶，枯草杆菌可产生 α-淀粉酶。淀粉水解成糊精时，遇碘变为蓝色；例如淀粉被细菌水解以后，遇碘不再变为蓝色，表明细菌产生淀粉酶。

2．步骤

（1）制备淀粉培养基

配方：可溶性淀粉 20.0g、硝酸钾 1.0g、氯化钠 0.5g、磷酸氢二钾 0.5g、硫酸镁（$MgSO_4 \cdot 7H_2O$）0.1g、琼脂 20.0g，蒸馏水 1 000.0mL，pH 7.2 ～ 7.4。

配制：先用少量水将淀粉调成糊状，然后微火加热，边搅拌边加水及其他成分，全部溶化后补足水分至 1 000.0mL，调 pH，分装于三角瓶中，0.1 MPa 高压灭菌 20min。

（2）配制碘液

配方：碘片 1.0g、碘化钾 2.0g、蒸馏水 300.0mL。

配制：先用 3 ～ 5mL 水溶解碘化钾，再加入碘片，待碘全部溶解后，加水稀释至 300mL。

（3）制备菌种　制备大肠杆菌、产气肠杆菌、枯草杆菌的斜面培养物。

（4）制备淀粉平板培养基　在水浴锅中将淀粉培养基融化，待冷却至约 46℃，在无菌操作下倒入无菌培养皿中，每皿 15 ～ 20mL，待其凝固，即为淀粉平板培养基。如果平板培养基表面潮湿，可置于 55℃温箱中，20min 后取出接种。

（5）接种　取 9 个淀粉平板培养基，分 3 组分别接种大肠杆菌、产气肠杆菌和枯草杆菌，每组接种 3 个平板。

（6）培养　将以上 9 个平板倒置于 30℃恒温箱内培养 2 ～ 5d。

（7）观察结果　当平板上出现菌落后，取出，在菌落上滴加碘液，使其布满菌落表面。10min 后，观察菌落周围是否仍呈蓝色。有水解淀粉能力的细菌，在菌落周围出现无色透明圈，说明淀粉已被细菌分解；透明圈越大，说明淀粉酶活性越强。没有水解淀粉能力的细菌，整个菌落表面均为蓝色。将淀粉水解试验反应结果记录下表中。此方法仅可作为定性或半定量的对比试验。

菌名	淀粉水解试验反应结果			
	2d	3d	4d	5d
大肠杆菌 1				
大肠杆菌 2				
大肠杆菌 3				
产气肠杆菌 1				
产气肠杆菌 2				
产气肠杆菌 3				
枯草杆菌 1				
枯草杆菌 2				
枯草杆菌 3				

（七）柠檬酸盐试验

1．原理

柠檬酸盐试验是用来检测柠檬酸盐是否被利用。有些细菌（如产气肠杆菌）能利用柠檬酸钠作为碳源，有些细菌（如大肠杆菌）不能利用柠檬酸盐。因此，可利用柠檬酸盐试验区分大肠杆菌和产气肠杆菌。细菌在分解柠檬酸盐及培养基中的磷酸铵（作为氮源）后，产生碱性化合物，使培养基的 pH 升高，当加入 1% 溴麝香草酚蓝指示剂时，培养基由绿色变为蓝色。溴麝香草酚蓝指示剂的变色范围 pH 6.0（黄色）～ 7.6（蓝色），过渡颜色是绿色，pH 6.0 以下呈黄色，pH 6.0 ～ 7.0 呈绿色，pH 7.6 以上呈蓝色。柠檬酸盐试验反应培养基由绿色变为蓝色，即为阳性反应（用“＋”表示），表明柠檬酸盐被利用；培养基仍呈绿色，即为阴性反应（用“－”表示），表明柠檬酸盐没有被利用。产气肠杆菌为阳性反应，大肠杆菌为阴性反应。

2．步骤

（1）制备柠檬酸盐斜面培养基

配方：磷酸二氢铵 1.0g、磷酸氢二钾 1.0g、氯化钠 5.0g、硫酸镁 0.2g、柠檬酸钠 2.0g、琼脂 15.0 ～ 20.0g、蒸馏水 1 000.0mL、1% 溴麝香草酚蓝乙醇溶液 10.0mL，pH 6.8。

配制：将配方中各成分（除溴麝香草酚蓝乙醇溶液以外）溶解后，调 pH 6.8，然后加入溴麝香草酚蓝乙醇溶液，摇匀，用脱脂棉过滤，分装试管，制成的培养基呈黄绿色。注意配制时控制好 pH，不要过碱，以黄绿色为准。121℃高压灭菌 20min，趁热摆成斜面。

（2）制备菌种　制备大肠杆菌、产气肠杆菌、枯草杆菌的斜面培养物。

（3）取柠檬酸盐斜面培养基 12 管，留 3 管作对照（不接菌），其余 9 管分 3 组分别接种大肠杆菌、产气肠杆菌和枯草杆菌，每组接种 3 管。

（4）将以上 12 管置于 37℃恒温箱内培养 2 ～ 5d。

（5）观察记录，如果柠檬酸盐斜面培养基上有细菌生长，并且培养基由绿色变为蓝色，即为阳性反应（记录用“＋”表示）；如果培养基仍呈绿色，即为阴性反应（记录用“－”表示）。将柠檬酸盐试验反应结果记录下表中。

菌　名	柠檬酸盐试验反应结果			
	2d	3d	4d	5d
大肠杆菌 1				
大肠杆菌 2				
大肠杆菌 3				
产气肠杆菌 1				
产气肠杆菌 2				
产气肠杆菌 3				
枯草杆菌 1				
枯草杆菌 2				
枯草杆菌 3				
空白对照 1				
空白对照 2				
空白对照 3				

注：阳性反应用“＋”表示，阴性反应用“－”表示。

任务七　食品微生物检测总则

在食品微生物的检测过程中，检测程序必须符合国标 GB 4789.1—2010 的要求，并且取样和制样技术至关重要，只有掌握了正确的取样技术，以及样品传递、保存和制备技术，才能保证从取样到制样整个过程中的一致性，才能得到准确的检测结果。如果样品不具有代表性，或在样品抽取、运送、保存或制备的过程中操作不当，就会使实验室检测结果变得毫无意义。因此食品微生物的检测对操作人员提出了很高的专业要求，既要保证样品的代表性和一致性，又要保证整个过程在无菌操作的条件下完成。

一、检测的基本程序

（一）实验室基本要求

1．环境

（1）实验室环境不应影响检验结果的准确性。

（2）实验室的工作区域应与办公室区域明显分开。

（3）实验室工作面积和总体布局应能满足从事检验工作的需要，实验室布局应采用单方向工作流程，避免交叉污染。

（4）实验室内环境的温度、湿度、照度、噪声和洁净度等应符合工作要求。

（5）一般样品检验应在洁净区域（包括超净工作台或洁净实验室）进行，洁净区域应有明显的标示。

（6）病原微生物分离鉴定工作应在二级生物安全实验室（Biosafety level 2，BSL-2）进行。

2．人员

（1）检验人员应具有相应的教育、微生物专业培训经历，具备相应的资质，能够理解并正确实施检验。

（2）检验人员应掌握实验室生物检验安全操作知识和消毒知识。

（3）检验人员应在检验过程中保持个人整洁与卫生，防止人为污染样品。

（4）检验人员应在检验过程中遵守相关预防措施的规定，保证自身安全。

（5）有颜色视觉障碍的人员不能执行涉及辨色的实验。

3．设备

（1）实验设备应满足检验工作的需要。

（2）实验设备应放置于适宜的环境条件下，便于维护、清洁、消毒与校准，并保持整洁与良好的工作状态。

（3）实验设备应定期进行检查、检定（加贴标志）、维护和保养，以确保工作性能和操作安全。

（4）实验设备应有日常性监控记录和使用记录。

4．检测用品

（1）常规检验用品主要有接种环（针）、酒精灯、镊子、剪刀、药匙、消毒棉球、硅胶（棉）塞、微量移液器、吸管、吸球、试管、培养皿、微孔板、广口瓶、量筒、玻棒及L形玻棒等。

（2）检验用品在使用前应保持清洁和（或）无菌。常用的灭菌方法包括湿热法、干热法、化学法等。

（3）需要灭菌的检验用品应放置在特定容器内或用合适的材料（如专用包装纸、铝箔纸等）包裹或加塞，应保证灭菌效果。

（4）可选择适用于微生物检验的一次性用品来替代反复使用的物品与材料（如培养皿、吸管、吸头、试管、接种环等）。

（5）检验用品的储存环境应保持干燥和清洁，已灭菌与未灭菌的用品应分开存放并明确标志。

（6）灭菌检验用品应记录灭菌 / 消毒的温度与持续时间。

5．培养基和试剂

（1）培养基　实验室制备培养基的原料（包括商业脱水配料和单独配方组分）应在适当的条件下储存，如低温、干燥和避光。所有的容器应密封，尤其是盛放脱水培养基的容器。不得使用结块或颜色发生改变的脱水培养基。除非试验方法有特殊要求，培养基、试剂及稀释剂配制用水应该经蒸馏、去离子或反渗透处理水，培养基要求无菌、无干扰和抑制剂。培养基是微生物检验的关键试验材料，实验室必须对自配或购买的培养基的可靠性采用一定的方法进行鉴定，确保培养基的有效性。如果为自配的培养基则必须保存配制记录。

（2）试剂　检验试剂的质量及配制应适用于相关检验。对检验结果有重要影响的关键试剂应进行适用性验证。

6．菌株

（1）应使用微生物菌种保藏专门机构或同行认可机构保存的、可溯源的标准或参考菌株。

（2）应对从食品、环境或人体分离、纯化、鉴定的，未在微生物菌种保藏专门机构登记注册的原始分离菌株（野生菌株）进行系统、完整的菌株信息记录，包括分离时间、来源、表型及分子鉴定的主要特征等。

（3）实验室应保存能满足实验需要的标准或参考菌株，在购入和传代保藏过程中，应进行验证试验，并进行文件化管理。

（二）样品的采集

1．采样原则

（1）根据检验目的、食品特点、批量、检验方法、微生物的危害程度等确定采样方案。

（2）应采用随机原则进行采样，确保所采集的样品具有代表性。

（3）采样过程遵循无菌操作程序，防止一切可能的外来污染。

（4）样品在保存和运输的过程中，应采取必要的措施防止样品中原有微生物的数量变化，保持样品的原有状态。

2. 采样数量

根据不同的食物种类，采样数量有所不同，见表 1-17。

表 1-17　各种样品采样数量（姚勇芳. 食品微生物检验技术. 2011）

检样种类	采样数量	备　注
肉及肉制品	生肉：取屠宰后两腿内侧肌或背最长肌 250g 脏器：根据检验目的而定 光禽：每份样品 1 只 熟肉制品：熟禽、肴肉、烧烤肉、肉灌肠、酱卤肉、熏蒸火腿，取 250g 熟肉干制品：肉松、油酥肉松、肉松粉、肉干、肉脯、肉糜脯、其他熟肉干制品等，取 250g	要在容器的不同部位取
乳及乳制品	鲜乳：250mL 干酪：250g 消毒、灭菌乳：250mL 乳粉：250g 稀奶油、奶油：250g 酸奶：250g（mL） 全脂炼乳：250g 乳清粉：250g	每批样品按 0.1% 采样，不足千件者抽 250g
蛋　品	巴氏杀菌冰全蛋、冰蛋黄、冰蛋白：每件各采样 250g 皮蛋、糟蛋、咸蛋等：每件各采样 250g	一日或一班生产为一批，检验沙门氏菌按 5% 抽样，每批不少于 3 个检样；测定菌落总数和大肠菌群：每批按装听过程前、中、后流动取样 3 次，每次 100g，每批合为一个检样
水产食品	鱼、大贝甲类：每个为一件（不少于 250g） 小虾蟹类 鱼糜制品：鱼丸、虾丸等 即食动物性水产干制品：鱼干、鱿鱼干 腌醉制生食动物性水产品、即食藻类食品：每件样品均取 250g	

检样种类	采样数量	备 注
罐 头	可采取下述方法之一： 1．按杀菌锅抽样 （1）低酸性食品罐头杀菌冷却后抽样两罐，3kg以上大罐每锅抽样一罐 （2）酸性食品罐头每锅抽一罐，一般一个班的产品组成一个检验批，各锅的样罐组成一个样批组，每批每个品种取样基数不得少于3罐 2．按生产班（批）次抽样 （1）取样数为1/6 000，尾数超过2 000者增取1罐，每班（批）每个品种不得少于3罐 （2）某些产品班产量较大，则以3 000罐为基数，其取样数按1/6 000；超过30 000罐以上的按1/20 000；尾数超过4 000罐者增取1罐 （3）个别产品量过小，同品种同规格可合并班次为一批取样，但并班总数不超过5 000罐，每个批次样数不得少于3罐	产品如按锅分堆放，在遇到由于杀菌操作不当引起问题时，也可以按锅处理
冷冻饮品	冰棍、雪糕：每批不得少于3件，每件不得少于3支 冰淇淋：原装4杯为1件，散装250g 食用冰块：每件样品取250g	班产量20万支以下者，一班为一批；以上者以工作台为一批
饮 料	瓶（桶）装饮用纯净水：原装1瓶（不少于250mL） 瓶（桶）装饮用水：原装1瓶（不少于250mL） 茶饮料、碳酸饮料、低温复原果汁、含乳饮料、乳酸菌饮料、植物蛋白饮料、果蔬汁饮料：原装1瓶（不少于250mL） 固体饮料：原装1瓶和（或）袋（不少于250g） 可可粉固体饮料：原装1瓶和（或）袋（不少于250g） 茶叶：罐装取1瓶（不少于250g），散装取250g	
调味品	酱油：原装1瓶（不少于250mL） 酱：原装1瓶（不少于250mL） 食醋：原装1瓶（不少于250mL） 袋装调味料：原装1瓶（不少于250g） 水产调味料：鱼露、蚝油、虾油、虾酱、蟹酱（蟹糊）等原装1瓶（不少于250g或250mL）	
糕点、蜜饯、糖果	糖果、糕点、饼干、面包、巧克力、淀粉糖（液体葡萄糖、麦芽糖饮品、果葡糖浆等）、蜂蜜、胶姆糖、果冻、食糖等每件样品各取250g或250mL	

检样种类	采样数量	备　注
酒　类	鲜啤酒、熟啤酒、葡萄酒、果酒、黄酒等瓶装 2 瓶为 1 件	
非发酵豆制品及面筋、发酵豆制品	非发酵豆制品及面筋：定性包装取 1 袋（不少于 250g） 发酵豆制品：原装一瓶（不少于 250g）	
粮谷及果蔬类食品	膨化食品、油炸小食品、早餐谷物、淀粉类食品等：定型包装取 1 袋（不少于 250g），散装取 250g 方便面：定型包装取 1 袋和（或）碗（不少于 250g） 速冻预包装面米食品：定型包装取 1 袋（不少于 250g），散装取 250g 酱腌菜：定型包装取 1 瓶（不少于 250g） 干果食品、烘炒食品：定型包装取 1 袋（不少于 250g），散装取 250g	

3．采样方案及方法

（1）采样方案　采样方案分为二级和三级采样方案。二级采样方案设有 n、c 和 m 值，三级采样方案设有 n、c、m 和 M 值。其中 n 代表同一批次产品应采集的样品件数；c 代表最大可允许超出 m 值的样品数；m 代表微生物指标可接受水平的限量值；M 代表微生物指标的最高安全限量值。

按照二级采样方案设定的指标，在 n 个样品中，允许有 $\leqslant c$ 个样品其相应微生物指标检验值大于 m 值。

按照三级采样方案设定的指标，在 n 个样品中，允许全部样品中相应微生物指标检验值小于或等于 m 值；允许有 $\leqslant c$ 个样品其相应微生物指标检验值在 m 值和 M 值之间；不允许有样品相应微生物指标检验值大于 M 值。

例如：n=5，c=2，m=100 CFU/g，M=1 000 CFU/g。含义是从一批产品中采集 5 个样品，若 5 个样品的检验结果均小于或等于 m 值（$\leqslant$ 100 CFU/g），则这种情况是允许的；若 $\leqslant$ 2 个样品的结果（X）位于 m 值和 M 值之间（100 CFU/g $< X \leqslant$ 1 000 CFU/g），则这种情况也是允许的；若有 3 个及以上样品的检验结果位于 m 值和 M 值之间，则这种情况是不允许的；若有任一样品的检验结果大于 M 值（$>$ 1 000 CFU/g），则这种情况也是不允许的。

（2）各类食品的采样方法　采样应遵循无菌操作程序，采样工具和容器应无菌、干燥、防漏，形状及大小适宜。

①即食类预包装食品　取相同批次的最小零售原包装，检验前要保持包装的完整，避免污染。

②非即食类预包装食品　原包装小于500g的固态食品或小于500mL的液态食品，取相同批次的最小零售原包装；大于500mL的液态食品，应在采样前摇动或用无菌棒搅拌液体，使其达到均质后分别从相同批次的n个容器中采集5倍或以上检验单位的样品；大于500g的固态食品，应用无菌采样器从同一包装的几个不同部位分别采取适量样品，放入同一个无菌采样容器内，采样总量应满足微生物指标检验的要求。

③散装食品或现场制作食品　根据不同食品的种类和状态及相应检验方法中规定的检验单位，用无菌采样器现场采集5倍或以上检验单位的样品，放入无菌采样容器内，采样总量应满足微生物指标检验的要求。

④食源性疾病及食品安全事件的食品样品　采样量应满足食源性疾病诊断和食品安全事件病因判定的检验要求。

4．采集样品的标记

应对采集的样品进行及时、准确的记录和标记，采样人应清晰填写采样单（包括采样人、采样地点、时间、样品名称、来源、批号、数量、保存条件等信息）。

5．采集样品的贮存和运输

采样后，应将样品在接近原有贮存温度条件下尽快送往实验室检验。运输时应保持样品完整。如不能及时运送，应在接近原有贮存温度条件下贮存。

（三）样品检测

1．样品处理

（1）实验室接到送检样品后应认真核对登记，确保样品的相关信息完整并符合检验要求。

（2）实验室应按要求尽快检验。若不能及时检验，应采取必要的措施保持样品的原有状态，防止样品中目标微生物因客观条件的干扰而发生变化。

（3）冷冻食品应在45℃以下不超过15min，或2～5℃不超过18h解冻后进行检验。

2．检测方法的选择

（1）应选择现行有效的国家标准方法。

（2）食品微生物检验方法标准中对同一检验项目有两个及两个以上定性检验方法时，应以常规培养方法为基准方法。

（3）食品微生物检验方法标准中对同一检验项目有两个及两个以上定量检验方法时，应以平板计数法为基准方法。

（四）生物安全与质量控制

1．实验室生物安全要求

微生物实验室所用实验器材、培养物等未经消毒处理，一律不得带出实验室。

（1）经培养的污染材料及废弃物应放在严密的容器或铁丝筐内，并集中存放在指定地点，统一进行高压灭菌。

（2）经微生物污染的培养物，必须经 121℃、30min 高压灭菌。

（3）染菌后的吸管，使用后放入 5% 煤酚皂溶液或石炭酸液中，最少浸泡 24h（消毒液体不得低于浸泡的高度），再经 121℃、30min 高压灭菌。

（4）涂片染色冲洗片的液体，一般可直接冲入下水道；烈性菌的冲洗液必须冲在烧杯中，经高压灭菌后方可倒入下水道。染色的玻片放入 5% 煤酚皂溶液中浸泡 24h，煮沸洗涤。做凝集试验用的玻片或培养皿，必须高压灭菌后洗涤。

（5）打碎的培养物立即用 5% 煤酚皂溶液或石炭酸液喷洒和浸泡被污染部位，浸泡 30min 后再擦拭干净。

（6）污染的工作服或进行烈性试验所穿戴的工作服、帽、口罩等，应放入专用消毒袋内，经高压灭菌后方能洗涤。

2．质量控制

（1）实验室应定期对实验用菌株、培养基、试剂等设置阳性对照、阴性对照和空白对照。

（2）实验室应对重要的检验设备（特别是自动化检验仪器）设置仪器比对。

（3）实验室应定期对实验人员进行技术考核和人员比对。

（五）记录与报告

1．记录

检验过程中应即时、准确地记录观察到的现象、结果和数据等信息。

2．报告

实验室应按照检验方法中规定的要求，准确、客观地报告每一项检验结果。

（六）检测后样品的处理

检验结果报告后，被检样品方能处理。检出致病菌的样品要经过无害化处理，剩余样品或同批样品不进行微生物项目的复检。

二、食品生产环境检测样品的采集与处理

（一）食品用水检测样品的采集与处理

1. 对容器的要求

容器及瓶塞、瓶盖应能经受灭菌的温度，并且在这个温度下不释放或产生任何能抑制生物活动或导致死亡或促进生长的化学物质。玻璃或聚丙烯塑料容器用自来水和洗涤剂洗涤，然后用自来水彻底冲洗。用硝酸溶液（1+1）浸泡，再用自来水和蒸馏水洗净。

2. 容器灭菌

热力灭菌是最可靠而普遍应用的方法。热力灭菌分干热灭菌和高压蒸汽灭菌两类。聚丙烯瓶只能用高压蒸汽灭菌，玻璃瓶可用两种方法灭菌。干热灭菌之后，玻璃容器是干燥的，便于保存和应用；高压蒸汽灭菌之后，应自灭菌器中取出放在烤箱内烤干，干热灭菌所需温度较高、时间较长。高压蒸汽灭菌法要求 121℃、15min，即可杀死芽孢。干热灭菌法杀死芽孢需 160 ～ 180℃、维持 2h。

3. 除余氯

为了除去余氯，在灭菌前向容器里加入硫代硫酸钠以还原余氯 [每 125mL 水样加 0.1mL 硫代硫酸钠（100g ／ L）]。

4. 取自来水样

取自来水时，需先用清洁布将水龙头擦干，再用酒精灯灼烧水龙头灭菌，然后把水龙头完全打开，放水 5 ～ 10min 后再将水龙头关小，采集水样。经常取水的水龙头放水 1 ～ 3min 即可采集水样。

5. 保存与运送

水样采集后，应于 2h 内送到检验室。若路途较远，应连同水样瓶一并置于 6 ～ 10℃的冰瓶内运送，运送时间不得超过 6h，洁净的水最多不超过 12h。水样送到后，应立即进行检验，如条件不许可，则可将水样暂时保存在冰箱中，但不超过 4h。运送水样时应避免玻璃瓶摇动，水样溢出后又回流瓶中，从而增加污染。检验时应将水样摇匀。

（二）空气检测样品的采集与处理

空气是人类、畜禽传播疾病的主要媒介。因此，测定空气中微生物的数量和种类，对于保证食品的安全性以及预防某些传染病都有着十分重要的意义。

空气样品的微生物检验，通常是测定 1m^3 空气中的细菌数和空气污染的标志菌（溶血性链球菌和绿色链球菌），只有在特殊情况下才进行病原微生物的检查。空气体积大，

菌数相对稀少，并因气流、日光、温度及湿度和人、动物的活动，使细菌在空气中的分布和数量不稳定，即使在同一室内，分布也不均匀，检查时常得不到精确的结果。

空气的采样方法，常见的有以下三种，即直接沉降法、过滤法、气流撞击法，气流撞击法最为完善，因为这种方法能较准确地表示出空气中细菌的真正含量。

1．直接沉降法

在检验空气中细菌含量的各种沉降法中，郭霍简单平皿法是最早的方法之一。郭霍简单平皿法就是将琼脂平板或血琼脂平板放在空气中暴露一定时间（t），然后37℃培养48h，计算所生长的菌落数，按奥梅梁斯基计算法，即在面积（A）为100cm^{2}的培养基表面，5min沉降下来的细菌数相当于10L空气中所含的细菌数（N）。其计算公式为：

$$1\text{m}^3\text{细菌数}=1\,000\div\left(\frac{A}{100}\times t\times\frac{10}{5}\right)\times N$$

将上述公式简化后得：

$$1\text{m}^3\text{细菌数}=\frac{50\,000}{At}N$$

由于应用上述方法检验出空气中的细菌数约比克罗托夫仪器获得的菌数少2/3。因此，有人建议将面积100cm^{2}的培养基（培养皿直径约为11cm）暴露5min后，即放入37℃下培养24h，所得的细菌数可看作3L（而不是10L）空气中所含有的细菌数。其计算公式为：

$$1\text{m}^3\text{细菌数}=1\,000\div\left(\frac{A}{100}\times t\times\frac{3}{5}\right)\times N=\frac{167\,000}{At}N$$

设：A=100cm^2，t=5min

$$\text{则：}1\text{m}^3\text{细菌数}=\frac{167\,000}{At}N=334N$$

2．过滤法

过滤法的原理是使定量的空气通过吸收剂，而后将吸收剂培养，计算出菌落数。

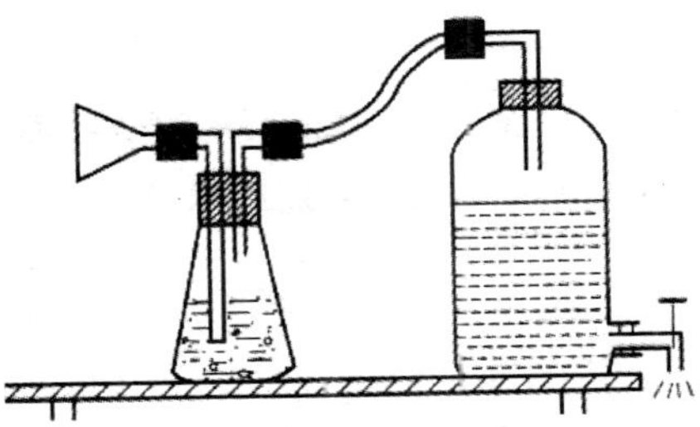

图1-51　过滤法收集空气样品装置

（魏明奎．食品微生物检验技术．2010）

如图 1-51 所示，使空气通过盛有定量无菌生理盐水及玻璃珠的三角瓶。液体能阻挡空气中的尘粒通过，并吸收附着其上的细菌，通过空气时须振荡玻璃瓶数次，使得细菌充分分散于液体内，然后将此生理盐水 1mL 接种至琼脂培养基，在 37℃下培养 48h，计算菌落数。由已知吸收空气的体积和液体量推算出 $1m^3$ 空气中的细菌数。若欲检查空气中病原微生物，可接种于特殊培养基上观察。其计算公式为：

$$1m^3\text{ 细菌数}=\frac{1\,000NV}{V'}$$

式中：V——吸收液体积，mL；

V'——滤过空气量，L；

N——细菌数。

检验空气也可采用滤膜法，其步骤是：在无菌滤器上放两块圆形的灭菌滤纸，然后再放上滤膜，把滤器拧紧，以每分钟 5 ～ 10L 的速度吸取检验所需的空气 50 ～ 100L。将滤膜轻轻取下，平放在培养基表面，经过培养后，各种菌落可在滤膜上生长出来。也可将滤膜上的细菌用无菌水洗下，以洗液做倾注培养。

3．气流撞击法

气流撞击法需要特殊仪器，如布尔济利翁仪器及克罗托夫仪器等，较为常见的是克罗托夫仪器，它包括 3 个连接部分：选取空气样品的部分、微气压计、电气部分，见图 1-52。

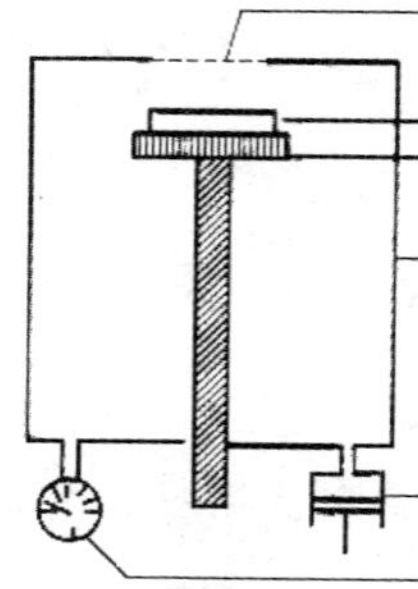

图 1-52 通过楔形孔隙收集空气样品装置

（魏明奎．食品微生物检验技术．2010）

如图 1-52 所示，将琼脂平板置于仪器主要部分的圆盘上，然后将仪器密闭，开启电流开关。通风机以 4 000 ～ 5 000r/min 旋转，将空气吸入，空气由楔形孔隙进入仪器而撞击在琼脂平板的表面，并黏着在培养基上，由于空气的旋流，使带有平皿的圆盘产生低速转动，使细菌可在培养基表面均匀散布。根据细菌污染程度，可吸取不同量的空气，以供检验。每分钟的空气量可用微气压计测知，空气流量的大小可通过电气部分加以调节。

（三）食品生产工具检测样品的采集与处理

在食品的生产过程中，食品的原料都是含菌的，经过清洗、紫外线照射、蒸煮、烘烤、超高温杀菌等加热杀菌工艺后，微生物含量急剧下降或达到商业性无菌状态。但是，这些经过高温制作的食品在冷却、输送、灌装、封口、包装过程中，往往会被微生物二次污染。因此，除保持空气的清洁度和生产人员的卫生外，保持与食品直接接触的各种机械设备的清洁卫生和无菌，是防止和减少成品二次污染的关键。

1．食品生产工具样品的采集与处理

（1）表面擦拭法　设备表面的微生物检验，也常用表面擦拭法进行取样，一般是用刷子擦洗法或海绵擦拭法。

①刷子擦洗法　用无菌刷子在无菌溶液中蘸湿，反复刷洗设备表面 200 ～ 400cm^2 的面积，然后把刷子放入盛有 225mL 无菌生理盐水的容器中充分洗涤，将此含菌液进行微生物检验。

②海绵擦拭法　用无菌镊子或戴橡胶手套取体积为 4cm×4cm×4cm 的无菌海绵或无菌脱脂棉球，浸蘸无菌生理盐水，反复擦洗设备表面 100 ～ 200cm^2，然后将带菌海绵或脱脂棉球放入 225mL 无菌生理盐水中，进行充分洗涤，将此含菌液进行微生物检验。

（2）冲洗法　一般容器和设备可用一定量无菌生理盐水反复冲洗与食品接触的表面，然后用倾注法检查此冲洗液中的活菌总数，必要时进行大肠菌群或致病菌项目的检验。

对于较大型设备，可以用循环水通过设备。采集定量的冲洗水，用滤膜法进行微生物检测。

2．食品生产工具样品的检验

一般情况下，设备卫生的微生物检验只进行菌落总数的测定，报告设备表面每平方厘米的含菌量。特殊情况下，需再进行大肠菌群检测、致病菌或特殊目标菌检验，具体内容可参考后面有关章节。

三、食品微生物检测常见样品的采集与处理

取样方法对抽样方案的有效执行和保证样品的有效性及代表性至关重要。采样必须遵循无菌操作程序，在采集过程中，应防止食品中固有微生物的数量和生长能力发生变化。确定检验批次，要注意产品的均质性和来源，以确保检样的代表性。食品常

用的采样方法如下：

（1）液体食品，充分混匀，用无菌操作开启包装，用100mL无菌注射器抽取，注入无菌盛样容器。

（2）半固体食品，用无菌操作拆开包装，用无菌勺子从几个部位挖取样品，放入无菌盛样容器。

（3）固体样品，大块整体食品应用无菌刀具和镊子从不同部位割取，割取时应兼顾表面与深部，注意样品的代表性，小块大包装食品应从不同部位的小块上切取样品，放入无菌盛样容器。

（4）冷冻食品，大包装小块冷冻食品按小块个体采取，大块冷冻食品可以用无菌刀从不同部位削取样品或用无菌小手锯从冻块上锯取样品，也可以用无菌钻头钻取碎屑状样品，放入盛样容器。

（5）若需检验食品污染情况，可取表层样品；若需检验其品质情况，应取深部样品。

所有盛样容器必须有和样品一致的标记。标记应牢固，具防水性。采样结束后需尽快将样品送往检验室检验。如不能及时运送，冷冻样品应存放在–20℃冰箱或冷藏库内；冷却和易腐食品存放在0～4℃冰箱或冷却库内；其他食品可放在常温冷暗处。样品一般不超过36h。样品采集后，应由专人立即送检。并做好样品运送记录，写明运送条件、日期、到达地点及其他需要说明的情况，并由运送人签字。

样品的制备是指对所采集的样品再进行分取、粉碎以及混匀等过程。制备的方法可以根据被检食品的性状和检验要求，采用振摇、搅拌、粉碎、研磨等方法。

下面介绍几类常见食品微生物检验样品的采集与处理方法。

（一）肉及肉制品

健康畜禽的肉、血液以及有关脏器组织，一般是无菌的。随着加工过程的顺序进行取样检验，前面工序的肉可检出的菌数少，越到后面的工序和最后的肉，包装之前细菌污染越严重，1g肉可检出亿万个细菌，少者也有几万个细菌。

肉制品大多要经过浓盐或高温处理，肉上的微生物（包括病原微生物），凡不耐浓盐和高温的都会死亡。但形成的芽孢或孢子却不受高浓度盐或高温的影响而保存下来，如肉毒杆菌的芽孢体，可以在腊肉、火腿、香肠中存活。

1．样品的采集和送检

（1）生肉及脏器检样　屠宰场宰后的畜肉，可于开腔后用无菌刀采取两腿内侧肌肉各50g（或劈半后采取两侧背最长肌肉各50g）；冷藏或销售的生肉，可用无菌刀取肥肉或其他部位的肌肉100g。检样采取后放入无菌容器内，立即送检；如条件不许可时，最好不超过3h。送检时应注意冷藏，不得加入任何防腐剂。检样送往化验室应立即检验或放置冰箱暂存。

（2）禽类（包括家禽和野禽）　采取整只，放无菌容器内，以下处理要求同生肉。

（3）各类熟肉制品一般采取熟禽整只，均放无菌容器内，立即送检。

（4）腊肠、香肠等生灌肠采取整根、整只；小型的可采数根、数只，其总量不得少于 250g。

2．检样的处理

（1）生肉及脏器检样的处理　将检样先进行表面消毒（在沸水内烫 3 ～ 5s，或灼烧消毒），再用无菌剪子剪取检样深层肌肉 25g，放入无菌乳钵内用灭菌剪子剪碎后，加灭菌海砂或玻璃砂研磨，磨碎后加入灭菌水 225mL，混匀后即为 1 ： 10 稀释液。

（2）鲜家禽检样的处理　将检样先进行表面消毒，用灭菌剪子或刀去皮后，剪取肌肉 25g，以下处理同生肉。带毛野禽去毛后，同家禽检样处理。

（3）各类熟肉制品检样的处理　直接切取或称取 25g，以下处理同生肉。

（4）腊肠、香肠等生灌肠检样处理　先对生灌肠表面进行消毒，用灭菌剪子剪取内容物 25g，以下处理同生肉。

以上样品的采集和送检及检样的处理均以检验肉禽及其制品内的细菌含量，从而判断其质量鲜度为目的。如需检验肉禽及其制品受外界环境污染的程度或检索其是否带有某种致病菌，应用棉拭采样法。

3．棉拭采样法和检样处理

检验肉禽及其制品受污染的程度，一般可用板孔 $5cm^2$ 的金属制规板压在受检物上，将灭菌棉拭稍蘸湿，在板孔 $5cm^2$ 的范围内揩抹多次，然后将板孔规板移压另一点，用另一棉拭揩抹，如此共移压揩抹 10 次，总面积 $50cm^2$，共用 10 支棉拭。每支棉拭在揩抹完毕后应立即剪断或烧断后投入盛有 50mL 灭菌水的三角瓶或大试管中，立即送检。检验时先充分振摇三角瓶、管中的液体，作为原液，再按要求做 10 倍递增稀释。

检验致病菌，不必用规板，在可疑部位用棉拭揩抹即可。

（二）乳及乳制品

1．样品的采集和送检

（1）散装或大型包装的乳品　用灭菌刀、勺取样，在移采另一件样品前，刀、勺应先清洗灭菌。采样时要注意采样部位具有代表性。每件样品数量不少于 200g，放入灭菌容器内及时送检。鲜乳一般不应超过 3h，在气温较高或路途较远的情况下应进行冷藏，不得使用任何防腐剂。

（2）小型包装的乳品　应采取整件包装，采样时应注意包装的完整。各种小型包装的乳与乳制品，每件样品量为：牛奶 1 瓶或 1 包；消毒奶 1 瓶或 1 包；奶粉 1 瓶或 1

包（大包装者 200g）；奶油 1 块；酸奶 1 瓶或 1 罐；炼乳 1 瓶或 1 罐；奶酪（干酪）1 个。

（3）成批产品　对成批产品进行质量鉴定时，其采样数量每批以 1/1 000 计算，不足千件者抽取 1 件。

2. 检样的处理

（1）鲜奶、酸奶　以无菌操作去掉瓶口的纸罩、纸盖，瓶口经火焰消毒后以无菌操作吸取 25mL 检样，放入装有 225mL 灭菌生理盐水的三角瓶内，振摇均匀（酸乳如有水分析出于表层，应先去除）。

（2）炼乳　将瓶或罐先用温水洗净表面，再点燃酒精棉球消毒瓶或罐的上表面，然后用灭菌的开罐器打开罐（瓶），以无菌操作称取 25g（mL）检样，放入装有 225mL 灭菌生理盐水的三角瓶内，振摇均匀。

（3）奶油　以无菌操作打开包装，取适量检样置于灭菌三角瓶内，在 45℃水浴或温箱中加温，溶解后立即将三角瓶取出，用灭菌吸管吸取 25mL 奶油放入另一含 225mL 灭菌生理盐水或灭菌奶油稀释液的三角瓶内（瓶装稀释液应预置于 45℃水浴中保温，做 10 倍递增稀释时所用的稀释液亦同），振摇均匀，从检样融化到接种完毕，时间不应超过 30min。

注：奶油稀释液：格林氏液（配法：氯化钠 9.0g、氯化钾 0.12g、氯化钙 0.24g、碳酸氢钠 0.2g、蒸馏水 1 000.0mL）250mL、蒸馏水 750mL、琼脂 1g，加热溶解，分装每瓶 225mL，121℃灭菌 15min。

（4）奶粉　罐装奶粉的开罐取样同炼乳处理，袋装奶粉应用蘸有 75% 酒精的棉球涂擦消毒袋口，以无菌操作开封取样，称取检样 25g，放入装有适量玻璃珠的灭菌三角瓶内，将 225mL 温热的灭菌生理盐水徐徐加入（先用少量生理盐水将奶粉调成糊状，再全部加入，以免奶粉结块），振摇使之充分溶解和混匀。

（5）奶酪　先用灭菌刀削去表面部分封蜡，用点燃的酒精棉球消毒表面，然后用灭菌刀切开奶酪，以无菌操作切取表层和深层检样各少许，置于灭菌乳钵内切碎，加入少量生理盐水研成糊状。

（三）蛋及蛋制品

1. 样品的采集和送检

（1）鲜蛋用流水冲洗外壳，再用 75% 酒精棉球涂擦消毒后放入灭菌袋内，加封做好标记后送检。

（2）全蛋粉、巴氏消毒全蛋粉、蛋黄粉、蛋白片　在包装铁箱上开口处用 75% 酒精棉球消毒，然后将盖开启，用灭菌的金属制双层旋转式套管采样器斜角插入箱底，使套管旋转收取检样，再将采样器提出箱外，用灭菌小匙自上、中、下部收取检样，装入灭菌广口瓶中，每个检样质量不少于 100g，标明后送检。

（3）冰全蛋、巴氏消毒冰全蛋、冰蛋黄、冰蛋白　先将铁听开口处用 75% 酒精棉球消毒，然后将盖开启，用灭菌电钻由顶到底斜角钻入，徐徐钻取检样，然后抽出电钻，从中取出 200g 检样装入灭菌广口瓶中，标明后送检。

（4）对成批产品进行质量鉴定时的采样数量　全蛋粉、巴氏消毒全蛋粉、蛋黄粉、蛋白片等产品以一日或一班生产量为一批，检验沙门氏菌时，按每批总量 5% 抽样（即每 100 箱中抽检 5 箱，每箱 1 个检样），最少不得少于 3 个检样；测定菌落总数和大肠菌群时，每批按装听过程前、中、后取样 3 次，每次取样 50g，每批合为 1 个检样。冰全蛋、巴氏消毒冰全蛋、冰蛋黄、冰蛋白等产品按每 500kg 取样 1 件。菌落总数测定和大肠菌群测定时，在每批装听过程前、中、后取样 3 次，每次取样 50g 合为 1 个检样。

2．检样的处理

（1）鲜蛋外壳　用灭菌生理盐水浸湿的棉拭充分擦拭蛋壳，然后将棉拭直接放入培养基内增菌培养，也可将整只鲜蛋放入灭菌小烧杯或培养皿中，按检样要求加入定量灭菌生理盐水或液体培养基，用灭菌棉拭将蛋壳表面充分擦洗后，以擦洗液作为检样检验。

（2）鲜蛋蛋液　将鲜蛋在流水下洗净，待干后再用 75% 酒精棉球消毒蛋壳，然后根据检验要求，开蛋壳取出蛋白、蛋黄或全蛋液，放入带有玻璃珠的灭菌瓶内充分摇匀待检。

（3）全蛋粉、巴氏消毒全蛋粉、蛋白片、冰蛋黄　将检样放入带有玻璃珠的灭菌瓶内，按比率加入灭菌生理盐水充分摇匀待检。

（4）冰全蛋、巴氏消毒冰全蛋、冰蛋白、冰蛋黄　将装有冰蛋检样的瓶子浸泡于流动冷水中，待检样融化后取出，放入带有玻璃珠的灭菌瓶内充分摇匀待检。

（5）各种蛋制品沙门氏菌增菌培养　以无菌操作称取检样，接种于亚硒酸盐煌绿或煌绿肉汤等增菌培养基中（此培养基预先置于盛有适量玻璃珠的灭菌瓶内），盖紧瓶盖，充分摇匀，然后放入 36℃ ±1℃恒温箱中培养 20h±2h。

（6）接种以上各种蛋与蛋制品数量及培养基的数量和浓度　凡用亚硒酸盐煌绿进行增菌培养时，各种蛋与蛋制品的检样接种数量都为 30g，培养基数量都为 150mL。凡用煌绿肉汤进行增菌培养时，检样接种数量、培养基数量和浓度见表 1-18。

表 1-18 蛋品检样煌绿肉汤增菌培养

（魏明奎．食品微生物检验技术．2010）

检样种类	检样接种数量 /g	培养基数量 /mL	煌绿浓度 /（g/mL）
全蛋粉	6（加 24mL 灭菌水）	120	1/6 000 ～ 1/4 000
蛋黄粉	6（加 24mL 灭菌水）	120	1/6 000 ～ 1/4 000
蛋白片	6（加 24mL 灭菌水）	120	1/1 000 000
冰全蛋	30	150	1/6 000 ～ 1/4 000
冰蛋黄	30	150	1/6 000 ～ 1/4 000
冰蛋白	30	150	1/60 000 ～ 1/50 000

（四）罐头食品

1．罐头食品的商业无菌

罐头食品经过适度热杀菌后，不含致病的微生物，也不含在通常温度下能在其中繁殖的非致病性微生物，这种状态称为商业无菌。商业无菌并非完全灭菌，其中可能存在耐高温的、无毒的嗜热芽孢杆菌，在适当的加工和贮藏条件下处于休眠状态，不会出现食品安全问题。由于绝对灭菌指完全不存在活菌，如达到完全灭菌，则加热过程中，温度达到 121℃以上时，会使罐头食品加速香味的消散、色泽和坚实度的改变以及营养成分的损失，因而采用商业无菌的方法。

2．罐头食品的商业无菌检验

（1）审查生产操作记录　工厂检验部门对送检产品的下述操作记录应认真进行审阅。妥善保存至少三年备查。

①杀菌记录　杀菌记录包括自动记录仪的记录纸和相应的手记记录。记录纸上要标明产品品名、规格、生产日期和杀菌锅号。每一项图表记录都应由杀菌锅操作者亲自记录和签字，由车间专人审核签字，最后由工厂检验部门审定后签字。

②杀菌后的冷却水有效氯含量测定的记录。

③罐头密封性检验记录　罐头密封性检验的全部记录应包括空罐和实罐卷边封口质量和焊缝质量的常规检查记录，记录上应明确标记批号和罐数等，并由检验人员和主管人员签字。

（2）抽样方法　可采用下述方法之一。

①按杀菌锅抽样　低酸性食品罐头在杀菌冷却完毕后每杀菌锅抽样两罐，3kg 以上的大罐每锅抽 1 罐，酸性食品罐头每锅抽 1 罐，一般一个班的产品组成一个检验批，将各锅的样罐组成一个样批送检，每批每个品种取样基数不得少于 3 罐。产品如按锅

划分堆放，在遇到由于杀菌操作不当引起问题时，也可以按锅处理。

②按生产班（批）次抽样　取样数为1/6 000，尾数超过2 000者增取1罐，每班（批）每个品种不得少于3罐；某些产品班产量较大，则以30 000罐为基数，其取样数按1/6 000；超过30 000罐以上的按1/20 000计，尾数超过4 000罐者增取1罐；个别产品产量过小，同品种同规格可合并班次为一批取样，但并班总数不超过5 000罐，每个批次取样数不得少于3罐。

（3）称量　用电子秤或台天平称量，1kg及以下的罐头精确到1g，1kg以上的罐头精确到2g，各罐头的质量减去空罐的平均质量即为该罐头的净重。称量前对样品进行记录编号。

（4）保温　将全部样罐按下述分类在规定温度下按规定时间进行保温，见表1-19。保温过程中应每天检查，如有胖听或泄漏等现象，立即剔除作开罐检查。

表1-19　样品保温时间和温度（GB/T 4789.26—2003）

罐头种类	温度/℃	时间/d
低酸性罐头食品	36±1	10
酸性罐头食品	30±1	10
预定要输往热带地区（40℃以上）的低酸性食品	55±1	5～7

（5）开罐　取保温过的全部罐头，冷却到常温后，按无菌操作开罐检验。

将样罐用温水和洗涤剂洗刷干净，用自来水冲洗后擦干。放入无菌室，以紫外光灯照射30min杀菌。

将样罐移置于超净工作台上，用75%酒精棉球擦拭无代号端，并点燃酒精棉球灭菌（胖听罐不能烧）。用灭菌的卫生开罐刀或罐头打孔器开启（带汤汁的罐头开罐前适当振摇），开罐时不能伤及卷边结构。

（6）留样　开罐后，用灭菌吸管或其他适当工具以无菌操作取出内容物10～20mL(g)，移入灭菌容器内，保存于冰箱中。待该批罐头检验得出结论后可弃去。

（7）pH测定　取样测定pH，与同批中正常罐相比，看是否有显著的差异。

（8）感官检查　在光线充足、空气清洁无异味的检验室中将罐头内容物倾入白色搪瓷盘内，由有经验的检验人员对产品的外观、色泽、状态和气味等进行观察和嗅闻，用餐具按压食品或戴薄指套以手指进行触感，鉴别食品有无腐败变质的迹象。

（9）涂片染色镜检

①涂片　对感官或pH检查结果认为可疑的，以及腐败时pH反应不灵敏的（如肉、禽、鱼类等）罐头样品，均应进行涂片染色镜检。带汤汁的罐头样品可用接种环挑取

汤汁涂于载玻片上。固态食品可以直接涂片或用少量灭菌生理盐水稀释后涂片。待干后用火焰固定。油脂性食品涂片自然干燥并火焰固定后，用二甲苯流洗，自然干燥。

②染色镜检 用革兰氏染色法染色，镜检，至少观察5个视野，记录细菌的染色反应、形态特征以及每个视野的菌数。与同批的正常样品进行对比，判断是否有明显的微生物增殖现象。

（10）接种培养 保温期间出现的胖听、泄漏，或开罐检查发现 pH、感官质量异常，腐败变质，进一步镜检发现有异常数量细菌的样罐，均应及时进行微生物接种培养。

对需要接种培养的样罐（或留样）用灭菌的适当工具移出约 1mL（g）内容物，分别接种培养。接种量约为培养基的 1/10。要求在 55℃培养基管，在接种前应在 55℃水浴中预热至该温度，接种后立即放入 55℃恒温箱培养。低酸性罐头食品（每罐）接种培养基、管数及培养条件见表 1-20；酸性罐头食品（每罐）接种培养基、管数及培养条件见表 1-21。

表 1-20 低酸性罐头食品的检验（GB/T 4789.26—2003）

培养基	管 数	培养条件 /℃	时间 /h
庖肉培养	2	36±1（厌氧）	96 ～ 120
庖肉培养	2	55±1（厌氧）	24 ～ 72
溴甲酚紫葡萄糖肉汤（带倒管）	2	36±1（需氧）	96 ～ 120
溴甲酚紫葡萄糖肉汤（带倒管）	2	55±1（需氧）	24 ～ 72

表 1-21 酸性罐头食品的检验（GB/T 4789.26—2003）

培养基	管 数	培养条件 /℃	时间 /h
酸性肉汤	2	55±1（需氧）	48
酸性肉汤	2	30±1（需氧）	96
麦芽浸膏汤	2	30±1（需氧）	96

（11）微生物培养检验程序及判定

①将按表 1-20 或表 1-21 接种的培养基管分别放入规定温度的恒温箱进行培养，每天观察培养生长情况。

对在 36℃培养有菌生长的溴甲酚紫肉汤管，观察产酸产气情况，并涂片染色镜检。如果是含杆菌的混合培养物或球菌、酵母菌或霉菌的纯培养物，不再往下检验；如仅有芽孢杆菌则判为嗜温性需氧芽孢杆菌；如仅有杆菌无芽孢则为嗜温性需氧杆菌，如需进一步证实是否是芽孢杆菌，可转接于锰盐营养琼脂平板在 36℃培养后再作判定。

对在 55℃培养有菌生长的溴甲酚紫肉汤管，观察产酸产气情况，并涂片染色镜检。

如有芽孢杆菌，则判为嗜热性需氧芽孢杆菌；如仅有杆菌而无芽孢则判为嗜热性需氧杆菌，如需要进一步证实是否是芽孢杆菌，可转接于锰盐营养琼脂平板，在55℃培养后再作判定。

对在36℃培养有菌生长的庖肉培养基管，涂片染色镜检，如为不含杆菌的混合菌相，不再往下进行；如有杆菌，带或不带芽孢，都要转接于两个血琼脂平板（或卵黄琼脂平板），在36℃分别进行需氧和厌氧培养。在需氧平板上有芽孢生长，则为嗜温性兼性厌氧芽孢杆菌；在厌氧平板上生长为一般芽孢则为嗜温性厌氧芽孢杆菌，如为梭状芽孢杆菌，应用庖肉培养基原培养液进行肉毒梭菌及肉毒毒素检验。

对在55℃培养有菌生长的庖肉培养基管，涂片染色镜检。如有芽孢，则为嗜热性厌氧芽孢杆菌或硫化腐败性芽孢杆菌；如无芽孢仅有杆菌，转接于锰盐营养琼脂平板，在55℃厌氧培养，如有芽孢则为嗜热性厌氧芽孢杆菌，如无芽孢则为嗜热性厌氧杆菌。

②对有微生物生长的酸性肉汤和麦芽浸膏汤管进行观察，并涂片染色镜检。按发现的微生物类型判定。

（12）罐头密封性检验　对确定有微生物繁殖的样罐均应进行密封性检验以判定该罐是否泄漏。将已洗净的空罐，经35℃烘干，根据各单位的设备条件进行减压或加压试漏。

①减压试漏　将烘干的空罐内小心注入清水至八九成满，将一带橡胶圈的有机玻璃板妥当安放罐头开启端的卷边上，使能保持密封。启动真空汞，关闭放气阀，用手按住盖板，控制抽气，使真空表从0 Pa升到6.8×10^4 Pa（510mmHg）的时间在1min以上，并保持此真空度1min以上。倾侧空罐仔细观察罐内底盖卷边及焊缝处有无气泡产生，凡同一部位连续产生气泡，应判断为泄漏，记录漏气的时间和真空度，并在漏气部位做上记号。

②加压试漏　用橡皮塞将空罐的开孔塞紧，开动空气压缩机，慢慢开启阀门，使罐内压力逐渐加大，同时将空罐浸没在盛水玻璃缸中，仔细观察罐外底盖卷边及焊缝处有无气泡产生，直至压力升至0.7kg/cm^{2}并保持2min，凡同一部位连续产生气泡，应判断为泄漏，记录漏气的时间和压力，并在漏气部位做上记号。

（13）结果判定

①该批（锅）罐头食品经审查生产操作记录，属于正常；抽取样品经保温试验未胖听或泄漏；保温后开罐，经感官检查，pH测定或涂片镜检，或接种培养，确证无微生物增殖现象，则为商业无菌。

②该批（锅）罐头食品经审查生产操作记录，未发现问题；抽取样品经保温试验有1罐及1罐以上发生胖听或泄漏；或保温后开罐，经感官检查、pH测定或涂片镜检和接种培养，确证有微生物增殖现象，则为非商业无菌。

3．罐头食品商业无菌检验专用培养基

（1）溴甲酚紫葡萄糖肉汤

①成分 蛋白胨 10.0g、牛肉浸膏 3.0g、葡萄糖 10.0g、氯化钠 5.0g、溴甲酚紫 0.04g（或 1.6% 酒精溶液 2.0mL）、蒸馏水 1 000.0mL。

②制法 将上述各成分（溴甲酚紫除外）加热搅拌溶解，调至 pH 7.0±0.2，加入溴甲酚紫，分装于带有小倒管的中号试管中，每管 10mL，121℃灭菌 10min。

（2）酸性肉汤

①成分 多价蛋白胨 5.0g、酵母浸膏 5.0g、葡萄糖 5.0g、磷酸氢二钾 4.0g、蒸馏水 1 000.0mL。

②制法 将以上各成分加热搅拌溶解，调至 pH 5.0±0.2，121℃灭菌 15min，勿过分加热。

（3）麦芽浸膏汤

①成分 麦芽浸膏 15.0g、蒸馏水 1 000.0mL。

②制法 将麦芽浸膏在蒸馏水中充分溶解，滤纸过滤，调至 pH 4.7±0.2，分装，121℃灭菌 15min。如无麦芽浸膏，可按下法制备；用饱满健壮大麦粒在温水中浸透，置温暖处发芽，幼芽长达 2cm 时，沥干余水，干透，磨细使成麦芽粉。制备培养基时，取麦芽粉 30g 加水 300mL，混匀，在 60 ～ 70℃浸渍 1h，吸出上层水。再同样加水浸渍一次，取上层水，并补加水至 1 000mL，滤纸过滤。调至 pH 4.7±0.2，分装，121℃灭菌 15min。

（4）锰盐营养琼脂 按 GB 4789.28 配制营养琼脂，每 1 000mL 加入硫酸锰水溶液 1mL（100mL 蒸馏水溶解 3.08g 硫酸锰）。观察芽孢形成情况，最长不超过 10d。

（五）鱼及鱼制品

1．样品的采集和送检

现场采取鱼类食品样品时，应按检验目的和鱼的种类确定采样量。除个别大型鱼类只能割取其局部作为样品外，一般都采完整的个体，待检验时再按要求在一定部位采取检样。以判断质量鲜度为目的时，鱼类虽然应以个体为一件样品，单独采取，但若需对一批水产品作质量判断时，应采取多个个体做多件检样以反映全面质量；鱼糜制品（如灌肠、鱼丸等）和熟制品采取 250g，放灭菌容器内。

鱼类食品含水较多，体内酶的活力旺盛，容易发生变质。采样后应在 3h 以内送检，在送检过程中一般加冰保藏。

2．检样的处理

用流水将鱼体体表冲净、去鳞，再用 75% 酒精的棉球擦净鱼背，待干后用灭菌刀在鱼背部沿脊椎切开 5cm，沿垂直于脊椎的方向切开两端，使两块背肌分别向两侧翻开，用无菌剪子剪取 25g 鱼肉，放入灭菌乳钵内，用灭菌剪子剪碎，加灭菌海砂或玻璃砂研磨（有条件的情况下可用均质器），检样磨碎后加入 225mL 灭菌生理盐水，混匀成稀释液。

鱼糜制品和熟制品应放在乳钵内进一步捣碎后，再加入生理盐水混匀成稀释液。

（六）其他食品

1．虾蟹贝类的采集与处理

（1）虾类　采取检样的部位为腔节内的肌肉。

将虾体在流水下冲净，摘去头胸节，用灭菌剪子剪除腹节与头胸节连接处的肌肉，然后挤出腔节内的肌肉，称取 25g 放入灭菌乳钵内，以后操作同鱼类检样处理。

（2）蟹类　采取检样的部位为胸部肌肉。

将蟹体在流水下冲净，剥去壳盖和腹脐，去除鲸条，再置流水下冲净。用 75% 酒精棉球擦拭前后外壁，置灭菌搪瓷盘上待干。然后用灭菌剪子剪开成左右两片，用双手将一片蟹体的胸部肌肉挤出（用手指从足根一端向剪开的一端挤压），称取 25g，置灭菌乳钵内。以下操作同鱼类检样处理。

（3）贝壳类　采样部位为贝壳内容物。

用流水刷洗贝壳，刷净后放在铺有灭菌毛巾的清洁的搪瓷盘或工作台上，采样者将双手洗净，75% 酒精棉球涂擦消毒，用灭菌小钝刀从贝壳的张口处缝隙中缓缓切入，撬开壳、盖，再用灭菌镊子取出整个内容物，称取 25g 置灭菌乳钵内，以下操作同鱼类检样处理。

2．清凉饮料样品的采集与处理

（1）样品的采集和送检

①瓶装汽水、果味水、果子露、鲜果汁水、酸梅汤、可乐型饮料应采取原瓶、袋和盒装样品；散装者应用无菌操作采取 500mL，放入灭菌磨口瓶中。

②冰淇淋、冰棍采取原包装样品；散装者用无菌操作采取，放入灭菌磨口瓶中，再放入冷藏或隔热容器中。

③食用冰块取冷冻冰块放入灭菌容器内。

所有的样品采取后，应立即送检，最长不得超过 3h。

（2）检样的处理

①瓶装饮料用点燃的酒精棉球烧灼瓶口灭菌，用石炭酸纱布盖好，塑料瓶口可用 75% 酒精棉球擦拭灭菌，用灭菌开瓶器将盖启开，含有二氧化碳的饮料可倒入另一灭菌容器内，口勿盖紧，覆盖一灭菌纱布，轻轻摇动，待气体全部逸出后进行检验。

②冰棍用灭菌镊子除去包装纸，将冰棍部分放入灭菌磨口瓶内，木棒留在瓶外，盖上瓶盖，用力抽出木棒，或用灭菌剪子剪掉木棒，置于45℃水浴30min。融化后立即进行检验。

③冰淇淋放在灭菌容器内，待其融化，立即进行检验。

3．调味品样品的采集与处理

（1）样品的采集和送检

①酱油和食醋装瓶者采取原包装，散装样品可用灭菌吸管采取。

②酱类用灭菌勺子采取，放入灭菌磨口瓶内送检。

（2）检样的处理

①瓶装调味品用点燃的酒精棉球烧灼瓶口灭菌，用石炭酸纱布盖好，再用灭菌开瓶器启开后进行检验。

②酱类用无菌操作称取25g，放入灭菌容器内，加入灭菌蒸馏水225mL，制成混悬液。

③食醋用20%～30%灭菌碳酸钠溶液调pH到中性。

4．冷食菜、豆制品样品的采集与处理

（1）样品的采取和送检

①冷食菜将样品混匀，采取后放入灭菌容器内。

②豆制品采集接触盛器边缘、底部及上面不同部位样品，放入灭菌容器内。

（2）检样的处理　以无菌操作称取25g检样，放入225mL灭菌蒸馏水，制成混悬液。

5．糖果、糕点、果脯样品的采集与处理

糕点、果脯等此类食品大多是由糖、牛奶、鸡蛋、水果等为原料而制成的甜食。部分食品有包装纸，污染机会较少，但由于包装纸、盒不清洁，或没有包装的食品放于不洁的容器内也可造成污染。带馅的糕点往往因加热不彻底，存放时间长或温度高，可使细菌大量繁殖。带有裱花的糕点存放时间长时，细菌可大量繁殖，造成食品变质。

（1）样品的采集和送检　糕点、果脯可用灭菌镊子夹取不同部位样品，放入灭菌容器内；糖果采取原包装样品，采取后立即送检。

（2）样品采集数量

①糕点　如为原包装，用灭菌镊子夹下包装纸，采取外部及中心部位；如为带馅糕点，取外皮及内馅25g；裱花糕点，采取裱花及糕点部分各一半共25g，加入225mL灭菌生理盐水中，制成混悬液。

②果脯　采取不同部位称取25g检样，加入灭菌生理盐水225mL，制成混悬液。

③糖果　用灭菌镊子夹去包装纸，称取数块共25g，加入预温至45℃的灭菌生理盐水225mL待溶化后检验。

6．酒类样品的采集与处理

酒类一般不进行微生物学检验，进行检验的主要是酒精度低的发酵酒。因酒精度低，不能抑制细菌生长。污染主要来自原料或加工过程中不注意卫生操作而沾染水、土壤及空气中的细菌，尤其是散装生啤酒，因不加热往往生存大量细菌。

（1）样品的采集和送检　瓶装酒类应采取原包装样品；散装酒类应用灭菌容器采取，放入灭菌磨口瓶中。

（2）检样的处理

①瓶装酒类用点燃的酒精棉球烧灼瓶口灭菌，用石炭酸纱布盖好，再用灭菌开瓶器将盖启开，含有二氧化碳的酒类可倒入另一灭菌容器内，口勿盖紧，覆盖一纱布，轻轻摇荡，待气体全部逸出后，进行检验。

②散装酒类可直接吸取，进行检验。

7．粮食样品的采集与处理

粮食最易被霉菌污染，由于遭受到产毒霉菌的侵染，不但发生霉败变质，造成经济上的巨大损失，而且能够产生各种不同性质的霉菌毒素。因此，加强对粮食中的霉菌检验具有重要意义。

（1）样品的采集　根据粮囤、粮垛的大小和类型，按三层五点法取样，或分层随机采取不同的样品混匀，取500g左右做检验用，每增加1 000t，增加一个混样。

（2）样品的处理　为了分离侵染粮粒内部的霉菌，在分离培养前，必须先将附在粮粒表面的霉菌除去。取粮粒10～20g，放入灭菌的150mL三角瓶中，以无菌技术加入无菌水超过粮粒1～2cm，塞好棉塞充分振荡1～2min，将水倒净，再换水振荡，如此反复洗涤10次，最后将水弃去，将粮粒倒在无菌培养皿中备用。如为原粮（如玉米、小麦等）须先用75%酒精浸泡1～2min，以脱去粮粒表面的蜡质，倾去酒精后再用无菌水洗涤粮粒，备用。

【科苑导读】

国际上常见的取样方案

目前国内外使用的取样方案多种多样，如一批产品采若干个样后混合在一起检验，按百分比抽样；按食品的危害程度不同抽样；按数理统计的方法决定抽样个数等。不管采取何种方案，对抽样代表性的要求是一致的。最好对整批产品的单位包装进行编号，实行随机抽样。下面列举当今世界上较为常见的几种取样方案。

（1）ICMSF的取样方案

国际食品微生物规范委员会（简称ICMSF）的取样方案是依据事先给食品进行的

危害程度划分来确定的，将所有食品分成三种危害度：Ⅰ类危害是指老人和婴幼儿食品及在食用前可能会增加危害的食品；Ⅱ类危害是指立即食用的食品，在食用前危害基本不变；Ⅲ类危害是指食用前经加热处理，危害减小的食品。另外，将检验指标对食品卫生的重要程度分成一般、中等和严重三档，根据以上危害度的分类，又将取样方案分成二级法和三级法。

①二级法　设定取样数 n，指标值 m，超过指标值 m 的样品数为 c，只要 $c>0$，就判定整批产品不合格。

②三级法　设定取样数 n，指标值 m，附加指标值 M，介于 m 与 M 之间的样品数 c。只要有一个样品值超过 M 或 c 规定的数就判整批产品不合格。

取样方案详见表 1-22。

表 1-22　ICMSF 按微生物指标的重要性和食品危害度分类后确定的取样方案

（魏明奎．食品微生物检验技术．2010）

取样方法	指标重要性	指标菌	食品危害度		
			Ⅲ（轻）	Ⅱ（中）	Ⅰ（重）
三级法	一般	菌落总数 大肠菌群 大肠杆菌 金黄色葡萄球菌	n=5 c=3	n=5 c=2	n=5 c=1
	中等	金黄色葡萄球菌 蜡样芽孢杆菌 产气荚膜梭菌	n=5 c=2	n=5 c=1	n=5 c=1
二级法	中等	沙门氏菌 副溶血性弧菌 致病性大肠杆菌	n=5 c=0	n=10 c=0	n=20 c=0
	严重	肉毒梭菌 霍乱弧菌 伤寒沙门氏菌 副伤寒沙门氏菌	n=15 c=0	n=30 c=0	n=60 c=0

（2）美国 FDA 的取样方案

美国食品及药品管理局（FDA）的取样方案与 ICMSF 的取样方案基本一致，所不同的是严重指标菌所取的 15、30、60 个样可以分别混合，混合的样品量最大不超过 375g。也就是说所取的样品每个为 100g，从中取出 25g，然后将 15 个 25g 混合成一个 375g 样品，混匀后再取 25g 作为试样检验，剩余样品妥善保存备用。各类食品检验时的混合样品的最低数量见表 1-23。

表 1-23　FDA 规定的各类食品检验时混合样品的最低数量

食品危害度	混合样品的最低数
I	4
II	2
III	1

（3）联合国粮食与农业组织（FAO）规定的取样方案

1979 年版 FAO 食品与营养报告中的食品质量控制手册的微生物学分析中列举了各种食品的微生物限量标准，由于是按 ICMSF 的取样方案判定的，所以在此引用，见表 1-24。

表 1-24　FAO 规定的各种食品的微生物限量标准

（魏明奎．食品微生物检验技术．2010）

食　品	检验项目	采样数（*n*）	污染样品数（*c*）	*m*	*M*
液蛋、冰蛋干蛋	嗜中温性需氧菌 大肠菌群 沙门氏菌	*n*=5 *n*=5 *n*=10	*c*=2 *c*=2 *c*=0	5×10^4 10 0	10^6 10^3
干奶	嗜中温性需氧菌 大肠菌群 沙门氏菌 葡萄球菌	*n*=5 *n*=5 *n*=10 *n*=5	*c*=2 *c*=2 *c*=0 *c*=1	5×10^4 2 0 10	5×10^5 10^2 10^2
冰淇淋	嗜中温性需氧菌 大肠菌群 沙门氏菌 葡萄球菌	*n*=5 *n*=5 *n*=10 *n*=5	*c*=2 *c*=2 *c*=0 *c*=1	2.5×10^4 10^2 0 10	2.5×10^5 10^3 10^2
生肉及禽肉	嗜中温性需氧菌 沙门氏菌	*n*=5 *n*=5	*c*=3 *c*=0	10^6 0	10^7
冻鱼、冻虾、冻大红虾尾	嗜中温性需氧菌 大肠菌群 沙门氏菌 葡萄球菌	*n*=5 *n*=5 *n*=5 *n*=5	*c*=3 *c*=3 *c*=0 *c*=3	10^6 4 0 10^3	10^7 4×10^2 5×10^3
冷熏鱼、冷虾、对虾、大红虾尾、蟹肉	嗜中温性需氧菌 大肠菌群 沙门氏菌 葡萄球菌 副溶血性弧菌	*n*=5 *n*=5 *n*=5 *n*=5 *n*=5	*c*=2 *c*=2 *c*=0 *c*=2 *c*=0	10^6 4 0 5×10^4 10^2	10^6 10^2 5×10^5
生及冷蔬菜	大肠埃希氏菌	*n*=5	*c*=2	10	10^3

食　品	检验项目	采样数（n）	污染样品数（c）	m	M
干菜	大肠埃希氏菌	n=5	c=2	2	10^2
干果	大肠埃希氏菌	n=5	c=2	2	10
婴幼儿食品	大肠菌群	n=5	c=2	2	20
挂糖衣饼干	沙门氏菌	n=10	c=0	0	
干食品及速食食品	嗜中温性需氧菌	n=5	c=2	10^3	10^4
	大肠菌群	n=5	c=1	2	20
	沙门氏菌	n=10	c=0	0	
食前需加热的干食品	嗜中温性需氧菌	n=5	c=3	10^4	10^5
	大肠菌群	n=5	c=2	2	10^2
	沙门氏菌	n=5	c=0	0	
冷冻食品	嗜中温性需氧菌	n=5	c=2	10^5	10^5
	大肠菌群	n=5	c=2	10^2	10^4
	沙门氏菌	n=10	c=0	0	
	葡萄球菌	n=5	c=2	10	10^3
	大肠埃希氏菌	n=5	c=0	2	10^2
坚果	霉菌	n=5	c=2	10^2	10^4
	大肠菌群	n=5	c=2	10	10^3
	沙门氏菌	n=10	c=0	0	
谷类及产品	嗜中温性需氧菌	n=5	c=3	10^4	10^5
	大肠埃希氏菌	n=5	c=2	2	10
	霉菌	n=5	c=2	10^2	10^4
调味料	嗜中温性需氧菌	n=5	c=2	10	10^3
	大肠菌群	n=5	c=2	10^4	10^6
	霉菌	n=5	c=2	10^2	10^4
	大肠埃希氏菌	n=5	c=2	10	10^3

【项目小结】

食品的微生物污染来源可分为内源性污染和外源性污染。控制微生物污染食品的措施：搞好废弃物的无害化处理，加强食品生产的卫生管理。引起食品腐败变质的因素有物理因素、化学因素和生物因素，其中微生物污染引起食品腐败变质最重要。只有微生物、食品的基质条件、环境条件三者综合作用才能造成食品的腐败变质。食品微生物检测是一门应用微生物学理论与实验方法的一门科学，是对食品中微生物的存在与否及种类和数量的验证。在食品微生物检测的过程中，取样的方法、样品的制备技术是食品微生物检测工作中非常重要的环节。样品的选择要有代表性，根据样品的种类，确定采样的数量和方法。运送要尽可能保持样品原有的物理和微生物状态。根据食品样品的种类，经过相应的预处理后，进行卫生学及致病菌的检测。检测工作必须确保公正、准确，遵守检测的规则和程序。食品微生物检测也包括食品加工过程中和食品接触的生产环境的检测。

【案例导入】

食品原料被微生物污染造成食品的微生物污染

2013 年 8 月 3 日，新西兰初级产业部官方通报，新西兰恒天然集团一家工厂发现其 2012 年 5 月生产的浓缩乳清蛋白粉检出肉毒杆菌，这次污染源是恒天然在新西兰北岛怀卡托地区豪塔普工厂的一根受污染的管道，很可能是细菌通过空气飞入生产管线，恰巧又逃过了定期消毒程序。这种浓缩乳清蛋白粉被广泛用于婴儿奶粉、儿童成长奶粉和运动饮料中。

部分受肉毒杆菌污染的浓缩乳清蛋白粉已经销往中国。中国杭州娃哈哈保健食品有限公司、可口可乐中国公司、多美滋婴幼儿食品有限公司三家企业使用了受肉毒杆菌污染的浓缩乳清蛋白粉生产了相关产品。对此，国家食品药品监督管理总局于 8 月 3 日发出紧急通知，要求上海市、浙江省食品药品监管局会同质量技术监督局，立即开展对新西兰浓缩乳清蛋白粉肉毒杆菌问题调查，布置进行系列检验检测，做好风险防范工作。

多美滋婴幼儿食品有限公司 8 月 3 日声明称，已查明其生产的优阶贝护和多领加二阶段产品共 12 批次可能受到影响，公司将对问题产品实施预防性召回，并全部销毁。可口可乐中国公司已确认，相关 4 800kg 原材料中的 4 775kg 已被安全隔离，其余 25kg 用于生产了个别批次的美汁源果粒奶优，该公司正在启动产品召回。娃哈哈集团 8 月 4 日表示，进口恒天然 2012 年 5 月生产的批号为 JW22 的 WPC-80 乳清蛋白 14.475t，已用于钙好喝等酸性产品中，相关产品自 2012 年 10 月出厂销售，基本已销售完毕。娃哈哈集团对使用该乳清蛋白产品的出厂检测记录进行复查，未发现肉毒毒素；而且正要求销售人员核查市场及零售商是否在售该批号所涉产品，一旦发现将立即召回。同时，娃哈哈集团已委托国家权威机构对产品留样进行肉毒梭状杆菌及肉毒毒素的检验。

【项目训练题】

一、填空

1．食品的微生物污染来源可分为（　）和（　）两大方面。

2．外源性污染的来源可分为（　）、（　）、（　）、（　）、（　）、（　）、（　）等方面。

3．微生物可通过（　）、（　）、（　）、（　）、（　）、（　）等途径污染食品。

4．引起食品腐败变质的因素很多，有（　）、（　）和（　）。

5．只有（　）、（　）、（　）三者综合作用才能造成食品的腐败变质。

6．根据食品 pH 范围的特点，可将食品分为两大类：（　）和（　）。

7．普通光学显微镜的构造包括两大部分：（　）和（　）。

8．普通光学显微镜的机械部分主要包括（　）、（　）、（　）、（　）、（　）、（　）、（　）等。

9．通过革兰氏染色，可将所有细菌区分为两大类，即（　）和（　）。

10．湿热灭菌法包括（　）、（　）、（　）、（　）、（　）等。

11．微生物实验室检验用品常用的灭菌方法是（　）、（　）和（　）。

12．食品微生物检测样品的采集过程必须遵循（　）程序，防止一切可能的外来污染。

13．采集水样时，通过添加（　）按照每 125mL 水样加 0.1mL（　）除去余氯。

14．空气的采样方法，常见的有（　）、（　）、（　）三种。

二、判断

1．内源性污染是食品第一次被微生物污染。（　）

2．外源性污染是食品第二次被微生物污染。（　）

3．外源性污染主要指来自动物体表的污染。（　）

4．pH 在 4.5 以上的食品称为非酸性食品，如肉类、乳类、蔬菜等。（　）

5．pH 在 4.5 以下的食品称为酸性食品，如水果、乳酸发酵制品。（　）

6．微生物在高渗透压的食品中较容易生长。（　）

7．健康畜禽机体组织（如肌肉、脂肪、心、肝、肾等）内部一般是无菌的。（　）

8．简单染色法就是用一种染料对细菌进行染色的一种方法。（　）

9．革兰氏染色最关键的步骤是火焰固定。（　）

10．镜台测微尺是中央刻有精确等分线的专用载玻片，其每格长度是 10mm。（　）

11．食品微生物实验室的工作区域应与办公室区域明显分开。（　）

12．微生物涂片染色冲洗片的液体，可直接冲入下水道。（　）

13．高压蒸汽灭菌法的一般条件为 121℃、10min。（　）

14．一般情况下，设备的卫生微生物学检验只进行菌落总数的测定，特殊情况下才进行大肠菌群及致病菌的检验。（　）

15．病原微生物分离鉴定工作可以在普通微生物检测实验室中进行。（　）

16. 实验室布局应采用单方向工作流程，避免交叉污染。（　）
17. 罐头食品的商业无菌指高温杀灭包括芽孢在内的所有微生物。（　）
18. 酒类除酒精度低的发酵酒外，一般不进行微生物学检验。（　）

三、简答题

1. 如何控制微生物污染食品？
2. 食品卫生微生物检验实验室环境有何要求？
3. 食品微生物样品采集的原则是什么？

项目二　食品卫生细菌学检测技术

【知识目标】

1. 理解食品卫生细菌学检测的意义。
2. 理解食品中菌落总数和大肠菌群检测的原理，掌握其检测的方法。

【技能目标】

1. 学会食品中细菌总数的计数。
2. 学会食品中大肠菌群 MPN 计数法的计数。
3. 学会食品中大肠埃希氏菌 MPN 计数法和平板计数法的计数。
4. 学会食品中粪大肠菌群的计数。

任务一　食品卫生细菌学菌落总数检测技术

一、食品中菌落总数测定的常用方法

（一）基本原理

食品的微生物学检验包括细菌总数、大肠菌群、肠道致病菌及肠道病毒，其中以检测细菌总数和大肠菌群为主。

细菌总数是指 1g 或 1mL 检样中所含细菌菌落的总数。菌落总数是指食品检样经过处理，在一定条件下（如培养基、培养温度和培养时间等）培养后，所得每克（毫升）检样中形成的微生物菌落总数。细菌菌落总数的检测方法通常采用平板活菌计数法。

每种细菌都有它一定的生理特性，培养时只有分别满足不同的培养条件（如培养基、培养温度、培养时间、需氧性质等），才能将各种细菌培养出来。在实际工作中，细菌菌落总数的测定方法采用国家制定的标准平板培养计数方法，能反映多数食品的卫生质量，一般只针对那些能在普通营养琼脂中生长发育的、嗜温的、需氧和兼性厌氧的细菌测定其菌落数，并且不能区分细菌的种类。但是，嗜冷菌、嗜热菌、嗜酸菌、厌氧菌、微嗜氧菌以及对营养有特殊要求的一些细菌等，对这些细菌必须分别满足其不

同的培养条件，才能比较正确地反映出某些食品的卫生质量。例如，嗜冷菌培养温度 20 ～ 25℃时，培养时间 5 ～ 7d；培养温度 5 ～ 10℃时，培养时间 10 ～ 14d。嗜热菌培养温度 45 ～ 55℃时，培养时间 2 ～ 3d。

以细菌菌落总数代表细菌总数，是依据一个细菌细胞经纯培养形成一个菌落而设计的。而检样中的细菌往往不易完全分散成单个细胞，不能保证每个菌落都是由单个细菌繁殖而来，可能是由成双、链状、葡萄状、成堆的细菌繁殖形成的菌落，因此，平板活菌计数法所得结果应以单位质量、容积或表面积内的菌落数或菌落形成单位数（Colony-forming Units，CFU）报告之。食品中菌落总数测定的常用方法参考 GB 4789.2—2010。

（二）设备和材料

除微生物实验室常规灭菌及培养设备外，其他设备和材料如下：

恒温培养箱（36℃ ±1℃、30℃ ±1℃）、冰箱（2 ～ 5℃）、恒温水浴箱（46℃ ±1℃）、天平（感量为 0.1g）、均质器、振荡器、1mL 无菌吸管（具 0.01mL 刻度）、10mL 无菌吸管（具 0.1mL 刻度）、微量移液器及吸头、无菌锥形瓶（250mL、500mL）、无菌培养皿（直径 90mm）、pH 计或 pH 比色管或精密 pH 试纸、放大镜、菌落计数器。

（三）培养基和试剂

1．平板计数琼脂培养基（Plate Count Agar，PCA）：详见“项目一食品微生物检测基础知识”中的任务五。

2．无菌生理盐水：详见“项目一食品微生物检测基础知识”中的任务四。

3．磷酸盐缓冲液

（1）成分　磷酸二氢钾（KH_2PO_4）34.0g、蒸馏水 500.0mL，pH 7.2。

（2）制法

贮存液：称取 34.0g 磷酸二氢钾溶于 500mL 蒸馏水中，用大约 175mL 的 1mol/L 氢氧化钠溶液调节 pH，用蒸馏水稀释至 1 000mL 后贮存于冰箱。

稀释液：取贮存液 1.25mL，用蒸馏水稀释至 1 000mL，分装于适宜容器中，121℃高压灭菌 15min。

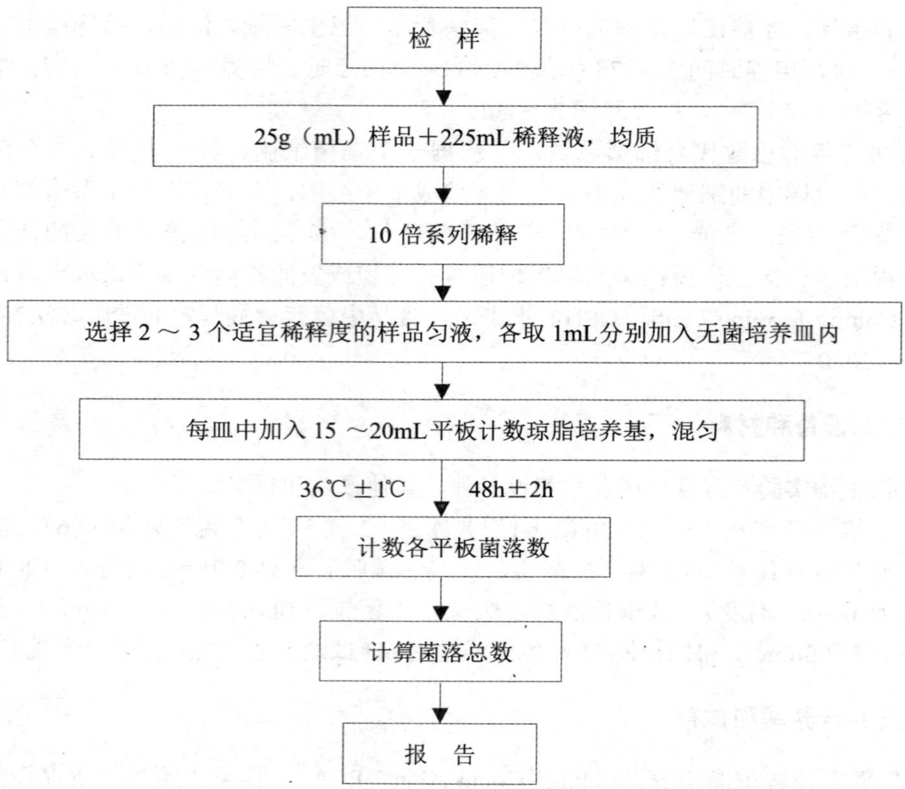

图 2-1 菌落总数的检测程序

（四）检测程序

（五）操作步骤

1．样品的稀释

（1）固体和半固体样品 称取25g样品，放入盛有225mL磷酸盐缓冲液或生理盐水的无菌均质杯内，8 000～10 000r/min均质1～2min，或放入盛有225mL稀释液的无菌均质袋中，用拍击式均质器拍打1～2min，制成1∶10样品匀液。

（2）液体样品 用无菌吸管吸取25mL样品，倒入盛有225mL磷酸盐缓冲液或生理盐水的无菌锥形瓶（瓶内预置适当数量的无菌玻璃珠）中，充分混匀，制成1∶10样品匀液。

（3）用1mL无菌吸管或微量移液器吸取1∶10样品匀液1mL，沿管壁缓慢注入盛有 9mL 稀释液的无菌试管中（注意吸管及吸管尖端不要触及稀释液面），振摇试管或换用 1 支吸管反复吹打使其混合均匀，制成 1 ∶ 100 的样品匀液。

（4）按（3）操作程序，制备 10 倍系列稀释样品匀液。每递增稀释一次，换用 1 次 1mL 无菌吸管或吸头。

2．样品接种

（1）接种样品稀释液　根据对样品污染情况的估计，选择 2 ～ 3 个适宜稀释度的样品匀液（液体样品可包括原液），在进行 10 倍递增稀释时，吸取 1mL 样品匀液于无菌培养皿内，每个稀释度做两个培养皿。同时，分别吸取 1mL 空白稀释液加入两个无菌培养皿内作空白对照。

（2）倾注培养基　及时将 15 ～ 20mL 冷却至 46℃的平板计数琼脂培养基（可放置于 46℃ ±1℃恒温水浴箱中保温）倾注培养皿中，并转动培养皿使其混合均匀。

3．培养

（1）待琼脂凝固后，将平板倒置于 36℃ ±1℃恒温培养箱中培养 48h ± 2h，水产品在 30℃ ±1℃培养 72h±3h。

（2）如果样品中可能含有在琼脂培养基表面弥漫生长的菌落时，可在凝固后的琼脂表面覆盖一薄层琼脂培养基（约 4mL），凝固后按上面方法进行培养。

4．观察并记录

肉眼观察（必要时可用放大镜或菌落计数器），记录稀释倍数和相应的菌落数量。

5．菌落计数

（1）菌落计数，以菌落形成单位（Colony-forming Units，CFU）表示。

（2）选取菌落数在 30 ～ 300CFU、无蔓延菌落生长的平板计数菌落总数。低于 30CFU 的平板记录具体菌落数，大于 300CFU 的可记录为多不可计。每个稀释度的菌落数应采用两个平板的平均数。

（3）如果其中一个平板有较大片状菌落生长时，则不宜采用，而应以无片状菌落生长的平板作为该稀释度的菌落数；如果片状菌落不到平板的一半，而其余一半中菌落分布又很均匀，即可计算半个平板后乘以 2，代表一个平板菌落数。

（4）当平板上出现菌落间无明显界线的链状生长时，则将每条单链作为一个菌落计数。

6．结果与报告

（1）菌落总数的计算方法

①如果只有一个稀释度平板上的菌落数在适宜计数范围内，计算两个平板菌落数的平均值，再将平均值乘以相应稀释倍数，作为每克（毫升）样品中菌落总数结果。

②如果有两个连续稀释度的平板菌落数在适宜计数范围内时，按公式（1）计算：

$$N=\frac{\sum C}{(n_1+0.1n_2)d} \tag{1}$$

式中：N——样品中菌落数；

ΣC——平板（含适宜范围菌落数的平板）菌落数之和；

n_1——第一稀释度（低稀释倍数）平板个数；

n_2——第二稀释度（高稀释倍数）平板个数；

d——稀释因子（第一稀释度）。

③如果所有稀释度的平板上菌落数均大于300CFU，则对稀释度最高的平板进行计数，其他平板可记录为多不可计，结果按平均菌落数乘以最高稀释倍数计算。

④如果所有稀释度的平板菌落数均小于30CFU，则应按稀释度最低的平均菌落数乘以稀释倍数计算。

⑤如果所有稀释度（包括液体样品原液）平板均无菌落生长，则以小于1乘以最低稀释倍数计算。

⑥如果所有稀释度的平板菌落数均不在30～300CFU，其中一部分小于30CFU或大于300CFU时，则以最接近30CFU或300CFU的平均菌落数乘以稀释倍数计算。

（2）菌落总数的报告

①菌落数小于100CFU时，按“四舍五入”原则修约，以整数报告。

②菌落数大于或等于100CFU时，第3位数字采用“四舍五入”原则修约后，取前2位数字，后面用0代替位数；也可用10的指数形式来表示，按“四舍五入”原则修约后，采用两位有效数字。

③如果所有平板上为蔓延菌落而无法计数，则报告菌落蔓延。

④如果空白对照上有菌落生长，则此次检测结果无效。

⑤如果是称重取样，以CFU/g为单位报告；如果是体积取样，以CFU/mL为单位报告。

二、食品中菌落总数测定的其他方法

（一）平板表面涂布法

1．平板计数琼脂培养基制成平板，并在50℃下干燥1～2h，或在35℃下干燥18～20h。

2．在平板上滴加稀释后的样品匀液0.2mL，再用L形玻璃涂布器涂布于整个平板表面，放置约10min。由于取样量较少，代表性受到一定影响。

3．将平板倒置于36℃ ±1℃恒温箱内培养24h ± 2h，水产品30℃培养48h ± 2h。

4．菌落计数方法同“食品中菌落总数测定的常用方法”。菌落生长于平板表面，便于识别与计数。

5．计算：菌落数乘以 5 换算为 1mL 检样的菌落数，再乘以样品的稀释倍数，即为每克（毫升）检样所含菌落数。

（二）平板表面点滴法

1．平板计数琼脂培养基制成平板，并在 50℃下干燥 1 ～ 2h，或在 35℃下干燥 18 ～ 20h。

2．用记号笔在平板的背面划分 4 个区域。

3．用标定好的微量吸管或注射器针头按滴（每滴相当于 0.025mL）将稀释后的样品匀液滴加于平板上，每个区域滴加 1 滴，每个稀释度滴加 2 个区域，作为平行试验。将平板平置 5 ～ 10min。由于取样量很少，代表性受到影响。

4．将平板倒置于 36℃ ±1℃恒温箱内培养 6 ～ 8h。

5．菌落计数方法同“食品中菌落总数测定的常用方法”。

6．计算：菌落数乘以 40 换算为 1mL 检样的菌落数，再乘以样品的稀释倍数，即为每克（毫升）检样所含菌落数。

三、非常见细菌菌落总数的测定方法

（一）嗜冷菌的测定

1．用无菌吸管吸取冷藏的检样液 0.1mL 或 1mL，滴加于 TS 琼脂或 CVT 琼脂（表面已干燥）上。

2．用无菌的 L 形玻璃涂布器涂布均匀，放置片刻。

3．放入 30℃恒温箱内培养 3d。

4．观察计数菌落。

（二）嗜热菌（芽孢）计数

取 25g 样品，放入盛有 225mL 无菌水的锥形瓶中，迅速煮沸 5min 以杀死细菌营养体和耐热性差的芽孢，然后将三角瓶浸入冷水中冷却。

1．平酸菌计数

（1）在 5 个无菌培养皿中各注入 2mL 煮沸冷却已处理过的样品。

（2）将葡萄糖 - 胰蛋白琼脂培养基倾注到已接种样品的培养皿中，待凝固。

（3）将平板置 50 ～ 55℃恒温箱内培养 48 ～ 72h。

（4）观察计数。平酸菌在平板上的菌落为圆形，直径 2 ～ 5mm，具有不透明的中心和黄色晕圈，晕圈很狭。产酸弱的细菌，其菌落周围不存在或不易观察到黄色晕圈。平板取出后应立即进行计数，因为黄色晕圈极易消退。如果 48h 后不易辨别是否产酸，则可培养至 72h。

（5）计算平板上菌落的平均数。

2．不产生硫化氢的嗜热性厌氧菌检验

（1）将已处理的样品加入等量新制备的去氧肝汤（总量为 20mL）于试管中，再用 2% 无菌琼脂封顶。

（2）先加热到 50 ～ 55℃，然后在 55℃培养 72h。

（3）当有气体生成（琼脂塞破裂，气味似干酪）时，可认为有嗜热性厌氧菌存在。

3．产生硫化氢的嗜热性厌氧菌计数

（1）将已处理的样品加入到已熔化的亚硫酸盐琼脂培养基试管中，共 6 份。

（2）将试管浸入冷水中，待培养基固化后，加热到 50 ～ 55℃，然后在 55℃培养 48h。

（3）能产生硫化氢的细菌会在亚硫酸盐琼脂培养基试管中形成特征性的黑小片（因为硫化氢转化为硫化铁等硫化物）。计算黑小片的数目。某些嗜热菌不产生硫化氢，但是能产生还原性氢，使全部培养基变成黑色。

（三）厌氧菌计数

1．取 1mL 稀释后的样品匀液，注入已熔化并凉至 45 ～ 50℃的硫乙醇酸钠琼脂管内，摇匀，倾注平板。

2．待凝固后，在其上再叠一层 3% 无菌琼脂，待其凝固。

3．在 37℃恒温箱中培养 96h。

4．菌落计数。

（四）革兰氏阴性菌计数

1．制备平板计数琼脂培养基平板。

2．取 0.1mL 稀释后的样品匀液，注入平板上，立即用无菌的 L 形玻璃涂布器涂布均匀，共 2 份，放置片刻。

3．再层叠已熔化并凉至 45 ～ 50℃的 VRB 培养基 3 ～ 4mL。

4．置于 30℃恒温箱中培养 48h。

5．菌落计数。

任务二　食品中大肠菌群检测技术

一、食品中大肠菌群 MPN 计数法

（一）基本原理

人的许多传染病都能通过消化道传染，尤其是肠道传染病，肠道传染病主要是病原菌随粪便排出后污染食品、饮用水等，再经口传染。但是从食品、饮用水中直接检查肠道传染病菌是有困难的。通过对肠道细菌的检验来作为粪便污染食品、饮用水的指标，既能说明食品、饮用水的清洁卫生程度，又能间接地表示有无病原菌污染的可能。大肠菌群主要来源于人畜粪便，故以此作为粪便污染指标来评价食品、饮用水的卫生质量。

大肠菌群并非细菌学分类名词，而是卫生细菌领域的用语，它不代表某一个或某一属细菌。大肠菌群是指在一定培养条件下，能发酵乳糖产酸、产气的需氧及兼性厌氧的革兰氏阴性无芽孢杆菌的总称，包括大肠埃希氏菌、柠檬酸杆菌、产气克雷伯氏菌和阴沟肠杆菌等。

食品中大肠菌群的计数采用大肠菌群 MPN 计数法（第一法）和大肠菌群平板计数法（第二法）。大肠菌群 MPN 计数法是利用大肠菌群能发酵乳糖产酸、产气的特性而设计的试验，常用多管发酵法。最可能数（The Most Probable Number）是基于泊松分布的一种间接计数方法，简称 MPN。食品中大肠菌群的计数参考 GB 4789.3—2010。

（二）设备和材料

除微生物实验室常规灭菌及培养设备外，其他设备和材料如下：

恒温培养箱（36℃ ±1℃）、冰箱（2 ～ 5℃）、恒温水浴箱（46℃ ±1℃）、天平（感量为 0.1g）、均质器、振荡器、1mL 无菌吸管（具 0.01mL 刻度）、10mL 无菌吸管（具 0.1mL 刻度）、无菌锥形瓶（容量 500mL）、无菌培养皿（直径 90mm）、pH 计或 pH 比色管或精密 pH 试纸、放大镜、菌落计数器。

（三）培养基和试剂

1．月桂基硫酸盐胰蛋白胨（Lauryl Sulfate Tryptose，LST）肉汤

2．煌绿乳糖胆盐（Brilliant Green Lactose Bile，BGLB）肉汤

3．结晶紫中性红胆盐琼脂（Violet Red Bile Agar，VRBA）

以上三种培养基详见“项目一食品微生物检测基础知识”中的任务五。

4．磷酸盐缓冲液：详见“任务一食品卫生细菌学菌落总数检测技术”

5．无菌生理盐水

6．无菌 1mol/L NaOH

7．无菌 1mol/L HCl

以上三种试剂详见“项目一食品微生物检测基础知识”中的任务四。

（四）检测程序

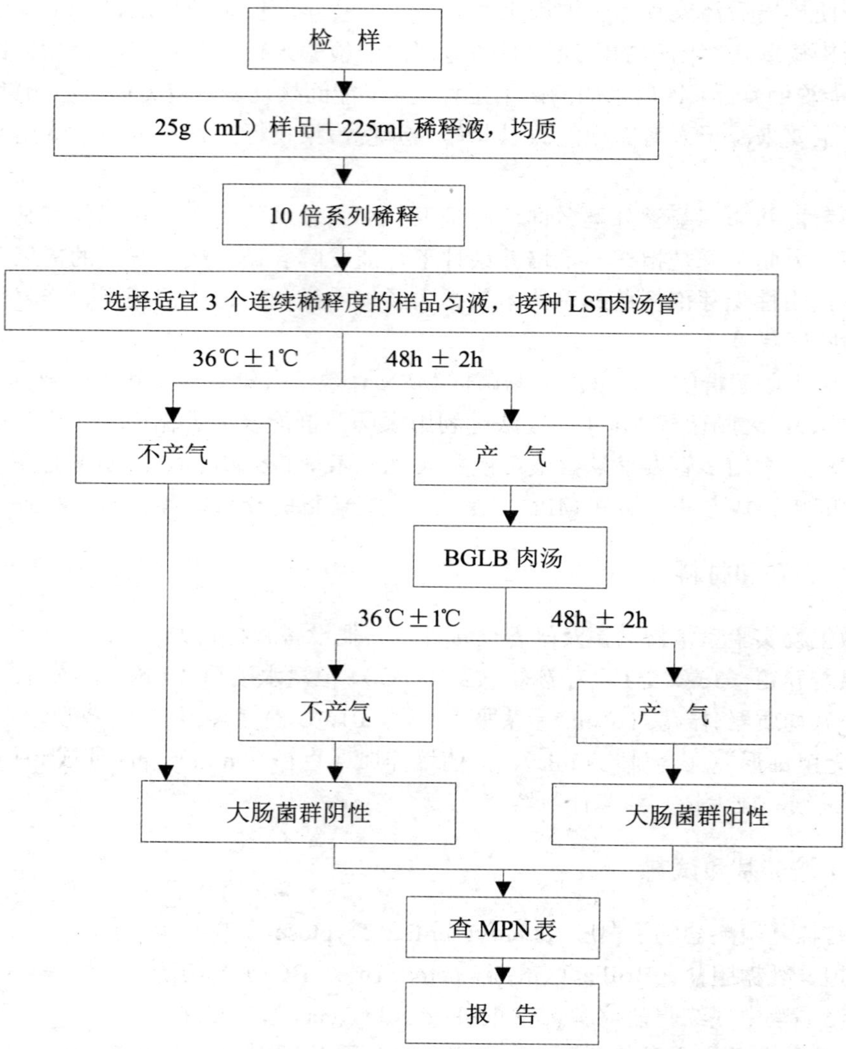

图 2-2　大肠菌群 MPN 计数法检测程序

（五）操作步骤

1．样品的稀释

（1）固体和半固体样品　称取 25g 样品，放入盛有 225mL 磷酸盐缓冲液或生理盐水的无菌均质杯内，8 000 ～ 10 000r/min 均质 1 ～ 2min，或放入盛有 225mL 磷酸盐缓冲液或生理盐水的无菌均质袋中，用拍击式均质器拍打 1 ～ 2min，制成 1 ∶ 10 样品匀液。

（2）液体样品　用无菌吸管吸取 25mL 样品，倒入盛有 225mL 磷酸盐缓冲液或生理盐水的无菌锥形瓶（瓶内预置适当数量的无菌玻璃珠）中，充分混匀，制成 1 ∶ 10 样品匀液。

（3）样品匀液的 pH 应在 6.5 ～ 7.5，必要时分别用 1mol/L NaOH 或 1mol/L HCl 调节。

（4）用 1mL 无菌吸管或微量移液器吸取 1 ∶ 10 样品匀液 1mL，沿管壁缓缓注入 9mL 磷酸盐缓冲液或生理盐水的无菌试管中（注意吸管或吸头尖端不要触及稀释液面），振摇试管或换用 1 支 1mL 无菌吸管反复吹打，使其混合均匀，制成 1 ∶ 100 的样品匀液。

（5）根据对样品污染状况的估计，按上述操作，依次制成 10 倍递增系列稀释样品匀液。每递增稀释 1 次，换用 1 支 1mL 无菌吸管或吸头。从制备样品匀液至样品接种完毕，全过程不得超过 15min。

2．初发酵试验

（1）每个样品，选择 3 个适宜的连续稀释度的样品匀液（液体样品可以选择原液）。

（2）每个稀释度接种 3 管月桂基硫酸盐胰蛋白胨（LST）肉汤，每管接种 1mL（如接种量超过 1mL，则用双料 LST 肉汤）。

（3）在 36℃ ±1℃培养 24h ± 2h，观察倒置小管内是否有气泡产生，培养 24h ± 2h 产气者（图 2-3）进行复发酵试验，如未产气（图 2-4）则继续培养至 48h ± 2h，产气者进行复发酵试验。未产气者为大肠菌群阴性。

图 2-3　倒置小管内产生气体的试管

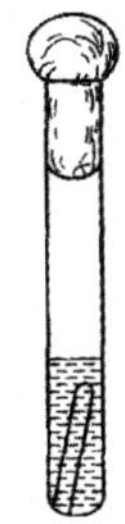

图 2-4　倒置小管内未产生气体的试管

3．复发酵试验

（1）用接种环从产气的 LST 肉汤管中分别取培养物 1 环，移种于煌绿乳糖胆盐肉汤（BGLB）管中。

（2）在 36℃ ±1℃培养 48h ± 2h，观察产气情况。产气者，计为大肠菌群阳性管。

4．大肠菌群最可能数（MPN）的报告

按“复发酵试验”确证的大肠菌群 LST 阳性管数，检索 MPN 表（表 2-1），报告每克（毫升）样品中大肠菌群的 MPN 值。

表 2-1　大肠菌群最可能数（MPN）检索

阳性管数			MPN	95% 可信限		阳性管数			MPN	95% 可信限	
0.10	0.01	0.001		下限	上限	0.10	0.01	0.001		下限	上限
0	0	0	< 3.0	—	9.5	2	2	0	21	4.5	42
0	0	1	3.0	0.15	9.6	2	2	1	28	8.7	94
0	1	0	3.0	0.15	11	2	2	2	35	8.7	94
0	1	1	6.1	1.2	18	2	3	0	29	8.7	94
0	2	0	6.2	1.2	18	2	3	1	36	8.7	94
0	3	0	9.4	3.6	38	3	0	0	23	4.6	94
1	0	0	3.6	0.17	18	3	0	1	38	8.7	110
1	0	1	7.2	1.3	18	3	0	2	64	17	180
1	0	2	11	3.6	38	3	1	0	43	9	180
1	1	0	7.4	1.3	20	3	1	1	75	17	200
1	1	1	11	3.6	38	3	1	2	120	37	420
1	2	0	11	3.6	42	3	1	3	160	40	420
1	2	1	15	4.5	42	3	2	0	93	18	420
1	3	0	16	4.5	42	3	2	1	150	37	420
2	0	0	9.2	1.4	38	3	2	2	210	40	430
2	0	1	14	3.6	42	3	2	3	290	90	1 000
2	0	2	20	4.5	42	3	3	0	240	42	1 000
2	1	0	15	3.7	42	3	3	1	460	90	2 000
2	1	1	20	4.5	42	3	3	2	1 100	180	4 100
2	1	2	27	8.7	94	3	3	3	> 1 100	420	—

注：1. 本表采用 3 个稀释度 [0.1g（mL）、0.01g（mL）、0.001g（mL）]，每个稀释度接种 3 管。

2. 表内所列检样量如改用 1g（mL）、0.1g（mL）、0.01g（mL）时，表内数字应相应降低 10 倍；如改用 0.01g（mL）、0.001g（mL）、0.000 1g（mL）时，则表内数字应相应增高 10 倍，其余类推。

二、食品中大肠菌群平板计数法

（一）检验程序

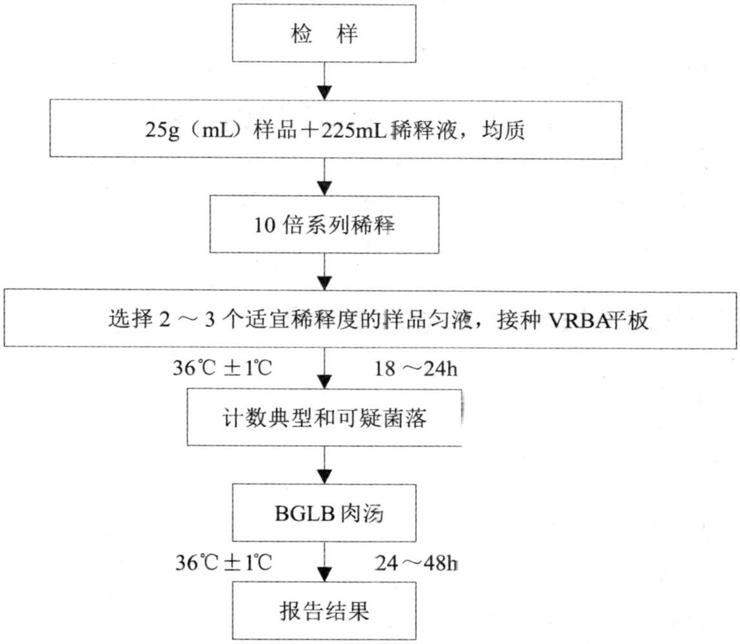

图 2-5　大肠菌群平板计数法检测程序

（二）操作步骤

1．样品的稀释

按大肠菌群 MPN 计数法的样品稀释进行。

2．平板计数

（1）选取 2 ～ 3 个适宜的连续稀释度，每个稀释度接种 2 个无菌平皿，每皿 1mL。同时取 1mL 生理盐水加入无菌平皿作空白对照。

（2）及时将 15 ～ 20mL 冷至 46℃的结晶紫中性红胆盐琼脂（VRBA）倾注于每个平皿中。小心旋转平皿，将培养基与样液充分混匀，待琼脂凝固后，再加 3 ～ 4mL VRBA 覆盖平板表层。翻转平板，置于 36℃ ±1℃培养 18 ～ 24h。

3．平板菌落数的选择

选取菌落数在 15 ～ 150CFU 的平板，分别计数平板上出现的典型和可疑大肠菌群菌落。典型菌落为紫红色，菌落周围有红色的胆盐沉淀环，菌落直径为 0.5mm 或更大。

4．证实试验

从 VRBA 平板上挑取 10 个不同类型的典型和可疑菌落，分别移种于 BGLB 肉汤管内，36℃ ±1℃培养 24 ～ 48h，观察产气情况。凡 BGLB 肉汤管产气，即可报告为大肠菌群阳性。

5．大肠菌群平板计数的报告

经最后证实为大肠菌群阳性的试管比例乘以计数的平板菌落数，再乘以稀释倍数，即为每克（毫升）样品中大肠菌群数。如：10^{-4} 样品稀释液 1mL，在 VRBA 平板上有 100 个典型和可疑菌落，挑取其中 10 个接种 BGLB 肉汤管，证实有 6 个阳性管，则该样品的大肠菌群数为：$100 \times 6/10 \times 10^4$/g（mL）=$6.0 \times 10^5$CFU/g（mL）。

三、食品中大肠埃希氏菌的计数技术

（一）基本原理

大肠埃希氏菌（Escherichia Coli）又称为“大肠杆菌”，广泛存在于人和温血动物的肠道中，能够在 44.5℃发酵乳糖产酸产气，IMViC（靛基质、甲基红、VP 试验、柠檬酸盐）生化试验为＋＋－－或－＋－－的革兰氏阴性杆菌。以此作为粪便污染指标来评价食品的卫生状况，推断食品中肠道致病菌污染的可能性。

大肠埃希氏菌的计数采用大肠埃希氏菌 MPN 计数法（第一法）、大肠埃希氏菌平板计数法（第二法）（不适用于贝类产品）。最可能数（The Most Probable Number）是基于泊松分布的一种间接计数方法，简称 MPN。食品中大肠埃希氏菌的计数参考 GB 4789.38—2012。

（二）设备和材料

除微生物实验室常规灭菌及培养设备外，其他设备和材料如下：

恒温培养箱（36℃ ±1℃）、冰箱（2 ～ 5℃）、恒温水浴箱（44.5℃ ±0.2℃）、天平（感量为 0.1g）、均质器、振荡器、1mL 无菌吸管（具 0.01mL 刻度）和 10mL 无菌吸管（具 0.1mL 刻度）或微量移液器及吸头、无菌锥形瓶（容量 500mL）、无菌培养皿（直径 90mm）、pH 计或 pH 比色管或精密 pH 试纸、菌落计数器、紫外灯（波长 360 ～ 366nm，功率≤ 6 W）。

（三）培养基和试剂

1．月桂基硫酸盐胰蛋白胨（Lauryl Sulfate Tryptose，LST）肉汤

2．EC 肉汤（E.coli broth）

3．缓冲葡萄糖蛋白胨水 [甲基红（MR）和 V-P 试验用]

4．西蒙氏柠檬酸盐培养基

5．伊红美蓝（EMB）琼脂

6．营养琼脂斜面

7．结晶紫中性红胆盐琼脂（VRBA）

以上七种培养基详见“项目一食品微生物检测基础知识”中的任务五。

8．革兰氏染色液（结晶紫染色液、革兰氏碘液、沙黄复染液）

9．无菌 1mol/L NaOH

10．无菌 1mol/L HCl

以上三种试剂详见“项目一食品微生物检测基础知识”中的任务四。

11．Kovacs 靛基质试剂

成分：对二甲氨基苯甲醛 5.0g、戊醇 75.0mL、盐酸（浓）25.0mL。

制法：将对二甲氨基苯甲醛溶于戊醇中，然后慢慢加入浓盐酸即可。

试验方法：将培养物接种蛋白胨水，36℃ ±1℃培养 24h ± 2h 后，加 Kovacs 靛基质试剂 0.2 ～ 0.3mL，上层出现红色为靛基质阳性反应。

12．磷酸盐缓冲液：详见“任务一食品卫生细菌学菌落总数检测技术”。

13．蛋白胨水

（1）配方　胰胨或胰酪胨 10.0g、蒸馏水 1 000.0mL，pH 6.9±0.2；分装试管，每管 5mL。

（2）制法　加热搅拌溶解胰胨或胰酪胨于蒸馏水中。分装试管，每管 5mL。121℃高压灭菌 15min。

14．结晶紫中性红胆盐 -4- 甲基伞形酮 -β-D- 葡萄糖苷琼脂（VRBA-MUG）

（1）成分　蛋白胨 7.0g、酵母膏 3.0g、乳糖 10.0g、氯化钠 5.0g、胆盐或 3 号胆盐 1.5g、中性红 0.03g、结晶紫 0.002g、琼脂 15 ～ 18g、蒸馏水 1 000.0mL、4- 甲基伞形酮 -β-D- 葡萄糖苷（MUG）0.1g，pH 7.4±0.1。

（2）制法　将上述成分溶于蒸馏水中，静置几分钟，充分搅拌，调节 pH。煮沸 2min，将培养基冷至 45 ～ 50℃使用。

（四）大肠埃希氏菌 MPN 计数法（第一法）

1．检验程序

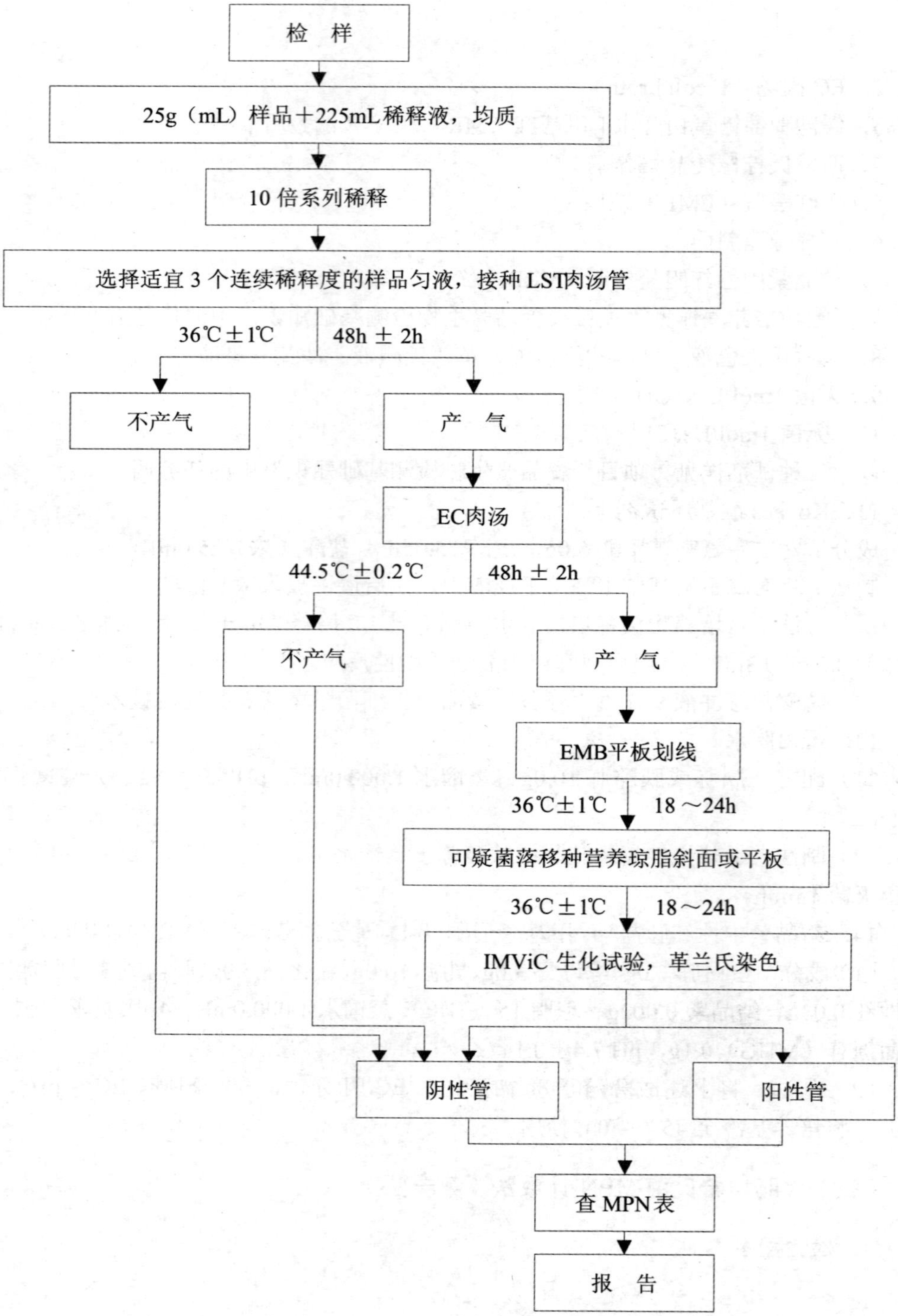

图 2-6 大肠埃希氏菌 MPN 计数法检测程序

2．操作步骤

（1）样品的稀释

①固体和半固体样品　称取25g样品，放入盛有225mL磷酸盐缓冲液的无菌均质杯内，8 000 ～ 10 000r/min均质1 ～ 2min，制成1 ∶ 10样品匀液，或放入盛有225mL磷酸盐缓冲液的无菌均质袋中，用拍击式均质器拍打1 ～ 2min，制成1 ∶ 10样品匀液。

②液体样品　用无菌吸管吸取25mL样品，倒入盛有225mL磷酸盐缓冲液的无菌锥形瓶（瓶内预置适当数量的无菌玻璃珠）中，充分混匀，制成1 ∶ 10样品匀液。

③样品匀液的pH应在6.5 ～ 7.5，必要时分别用1mol/L NaOH或1mol/L HCl调节。

④用1mL无菌吸管或微量移液器吸取1 ∶ 10样品匀液1mL，沿管壁缓慢注入盛有9mL磷酸盐缓冲液的试管中（注意吸管或吸头尖端不要触及稀释液面），振摇试管或换用1支1mL无菌吸管或吸头反复吹打，使其混合均匀，制成1 ∶ 100样品匀液。

⑤根据对样品污染状况的估计，按上述操作，依次制成10倍递增系列稀释样品匀液。每递增稀释1次，换用1支1mL无菌吸管或吸头。从制备样品匀液至样品接种完毕，全过程不得超过15min。

（2）初发酵试验

①每个样品，选择3个适宜的连续稀释度的样品匀液（液体样品可以选择原液）。

②每个稀释度接种3管月桂基硫酸盐胰蛋白胨（LST）肉汤，每管接种1mL（如接种量超过1mL，则用双料LST肉汤）。

③在36℃ ±1℃培养24h ± 2h，观察倒置小管内是否有气泡产生，培养24h ± 2h产气者进行复发酵试验，如未产气则继续培养至48h ± 2h，产气者进行复发酵试验。如果所有LST肉汤管均未产气，即可报告大肠埃希氏菌MPN结果。

（3）复发酵试验

①用接种环从产气的LST肉汤管中分别取培养物1环，移种于已提前预温至45℃的EC肉汤管中。

②将已接种的EC肉汤管放入带盖的44.5℃ ± 0.2℃水浴箱内。水浴的水面应高于肉汤培养基液面。培养24h ± 2h。检查小倒管内是否有气泡产生，如未有产气则继续培养至48h ± 2h。记录在24h和48h内产气的EC肉汤管数。如果所有EC肉汤管均未产气，即可报告大肠埃希氏菌MPN结果；如有产气者，则进行EMB平板分离培养。

（4）伊红美蓝平板分离培养

①轻轻振摇各产气管，用接种环取培养物分别划线接种于EMB平板。

② 36℃ ±1℃培养18 ～ 24h。观察平板上有无具黑色中心有光泽或无光泽的典型菌落。

(5) 营养琼脂斜面或平板培养

①从每个平板上挑 5 个典型菌落，如无典型菌落则挑取可疑菌落。用接种针接触菌落中心部位，移种到营养琼脂斜面或平板上。

② 36℃ ±1℃，培养 18 ～ 24h。

③取培养物进行革兰氏染色和生化试验。

(6) 鉴定

取培养物进行靛基质试验、MR-VP 试验和柠檬酸盐利用试验。大肠埃希氏菌与非大肠埃希氏菌的生化鉴别见表 2-2。

表 2-2 大肠埃希氏菌与非大肠埃希氏菌的生化鉴别

靛基质（I）	甲基红（MR）	VP 试验（VP）	柠檬酸盐（C）	鉴定（型别）
+	+	−	−	典型大肠埃希氏菌
−	+	−	−	非典型大肠埃希氏菌
+	+	−	+	典型中间型
−	+	−	+	非典型中间型
−	−	+	+	典型产气肠杆菌
+	−	+	+	非典型产气肠杆菌

注：1. 如出现此表以外的生化反应类型，表明培养物可能不纯，应重新划线分离，必要时做重复试验。
2. 生化试验也可以选用生化鉴定试剂盒或全自动微生物生化鉴定系统等方法，按照产品说明书进行操作。

3. 大肠埃希氏菌 MPN 计数的报告

(1) 大肠埃希氏菌为革兰氏阴性无芽孢杆菌，发酵乳糖、产酸、产气，IMViC 生化试验为＋＋－－或－＋－－。

(2) 只要有 1 个菌落鉴定为大肠埃希氏菌，其所代表的 LST 肉汤管即为大肠埃希氏菌阳性。依据 LST 肉汤阳性管数查 MPN 表（表 2-3），报告每克（毫升）样品中大肠埃希氏菌 MPN 值。

表 2-3 大肠埃希氏菌最可能数（MPN）检索表

阳性管数			MPN	95% 可信限		阳性管数			MPN	95% 可信限	
0.10	0.01	0.001		下限	上限	0.10	0.01	0.001		下限	上限
0	0	0	＜3.0	—	9.5	2	2	0	21	4.5	42
0	0	1	3.0	0.15	9.6	2	2	1	28	8.7	94
0	1	0	3.0	0.15	11	2	2	2	35	8.7	94
0	1	1	6.1	1.2	18	2	3	0	29	8.7	94
0	2	0	6.2	1.2	18	2	3	1	36	8.7	94

阳性管数			MPN	95% 可信限		阳性管数			MPN	95% 可信限	
0.10	0.01	0.001		下限	上限	0.10	0.01	0.001		下限	上限
0	3	0	9.4	3.6	38	3	0	0	23	4.6	94
1	0	0	3.6	0.17	18	3	0	1	38	8.7	110
1	0	1	7.2	1.3	18	3	0	2	64	17	180
1	0	2	11	3.6	38	3	1	0	43	9	180
1	1	0	7.4	1.3	20	3	1	1	75	17	200
1	1	1	11	3.6	38	3	1	2	120	37	420
1	2	0	11	3.6	42	3	1	3	160	40	420
1	2	1	15	4.5	42	3	2	0	93	18	420
1	3	0	16	4.5	42	3	2	1	150	37	420
2	0	0	9.2	1.4	38	3	2	2	210	40	430
2	0	1	14	3.6	42	3	2	3	290	90	1 000
2	0	2	20	4.5	42	3	3	0	240	42	1 000
2	1	0	15	3.7	42	3	3	1	460	90	2 000
2	1	1	20	4.5	42	3	3	2	1 100	180	4 100
2	1	2	27	8.7	94	3	3	3	> 1 100	420	—

注：1. 本表采用 3 个稀释度 [0.1g（mL）、0.01g（mL）、0.001g（mL）]，每个稀释度接种 3 管。

2. 表内所列检样量如改用 1g（mL）、0.1g（mL）、0.01g（mL）时，表内数字应相应降低 10 倍；如改用 0.01g（mL）、0.001g（mL）、0.000 1g（mL）时，则表内数字应相应增高 10 倍，其余类推。

（五）大肠埃希氏菌平板计数法（第二法）

1. 检验程序

2. 操作步骤

（1）样品稀释　按大肠埃希氏菌 MPN 计数（第一法）进行。

（2）平板计数

①选取 2 ～ 3 个适宜的连续稀释度的样品匀液，每个稀释度接种 2 个无菌平皿，每皿 1mL。同时取 1mL 稀释液加入无菌平皿做空白对照。

②将 10 ～ 15mL 冷至 45℃ ±0.5℃的结晶紫中性红胆盐琼脂（VRBA）倾注于每个平皿中。小心旋转平皿，将培养基与样品匀液充分混匀。待琼脂凝固后，再加 3 ～ 4mL VRBA-MUG 覆盖平板表层。待其凝固。

③翻转平板，36℃ ±1℃培养 18 ～ 24h。

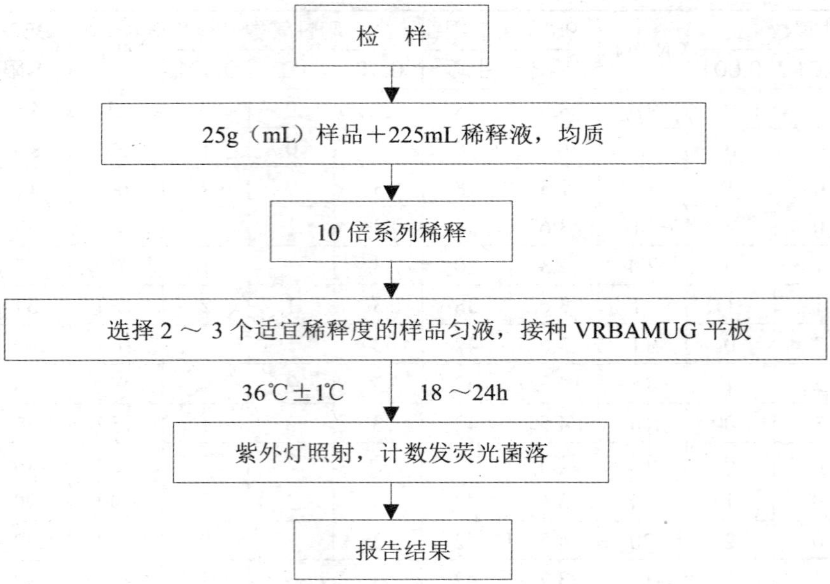

图2-7 大肠埃希氏菌平板计数法检测程序

3．平板菌落数的选择

（1）选择菌落数在10～100CFU的平板，暗室中360～366nm波长紫外灯照射下，计数平板上发浅蓝色荧光的菌落。

（2）检验时用已知MUG阳性菌株（如大肠埃希氏菌ATCC 25922）和产气肠杆菌（如ATCC 13048）做阳性和阴性对照。

4．大肠埃希氏菌平板计数的报告

两个平板上发荧光菌落数的平均数乘以稀释倍数，报告每克（毫升）样品中大肠埃希氏菌数，以CFU/g (mL)表示。若所有稀释度（包括液体样品原液）平板均无菌落生长，则以小于1乘以最低稀释倍数报告。

四、食品中粪大肠菌群计数

（一）基本原理

粪大肠菌群（faecal colifotm）是指一群在44.5℃培养24～48h能发酵乳糖、产酸产气的需氧和兼性厌氧的革兰氏阴性无芽孢杆菌。该菌群来自人和温血动物粪便，作为粪便污染指标评价食品的卫生状况，推断食品中肠道致病菌污染的可能性。

粪大肠菌群是大肠菌群的一种，又名耐热大肠菌群，粪大肠菌群是生长在人和温血动物肠道中的一组肠道细菌，随粪便排出体外，约占粪便干重的1/3以上，故称为粪大肠菌群。通常情况下，粪大肠菌群与大肠菌群相比，在人和动物粪便中所占的比例较大，而且由于在自然界容易死亡等原因，粪大肠菌群的存在可认为食品直接或间接地受到了比较近期的粪便污染。因此，在食品中检出粪大肠菌群，与大肠菌群相比，说明食品受到了更为不清洁的加工，含有肠道致病菌和食物中毒菌的可能性更大。粪大肠菌群比大肠菌群能更贴切地反映食品受人和动物粪便污染的程度，而且检测方法比大肠杆菌简单得多。食品中粪大肠菌群的计数采用MPN计数法，参考GB 4789.39—2013。

（二）设备和材料

除微生物实验室常规灭菌及培养设备外，其他设备和材料如下：

恒温培养箱（36℃ ±1℃）、冰箱（2 ～ 5℃）、恒温水浴箱（44.5℃ ±0.2℃）、天平（感量为0.1g）、均质器、振荡器、1mL无菌吸管（具0.01mL刻度）和10mL无菌吸管（具0.1mL刻度）或微量移液器及吸头、无菌锥形瓶（容量500mL）、无菌培养皿（直径90mm）、pH计或pH比色管或精密pH试纸。

（三）培养基和试剂

1．月桂基硫酸盐胰蛋白胨（Lauryl Sulfate Tryptose，LST）肉汤

2．EC肉汤（E.coli broth）

以上两种培养基详见“项目一食品微生物检测基础知识”中的任务五。

3．无菌生理盐水

4．1mol/L NaOH

5．1mol/L HCl

以上三种试剂详见“项目一食品微生物检测基础知识”中的任务四。

（四）检验程序

（五）操作步骤

1．样品的稀释

（1）固体和半固体样品　称取25g样品，放入盛有225mL磷酸盐缓冲液或生理盐水的无菌均质杯内，8 000 ～ 10 000r/min均质1 ～ 2min，制成1 ∶ 10样品匀液，或放入盛有225mL稀释液的无菌均质袋中，用拍击式均质器拍打1 ～ 2min，制成1 ∶ 10样品匀液。

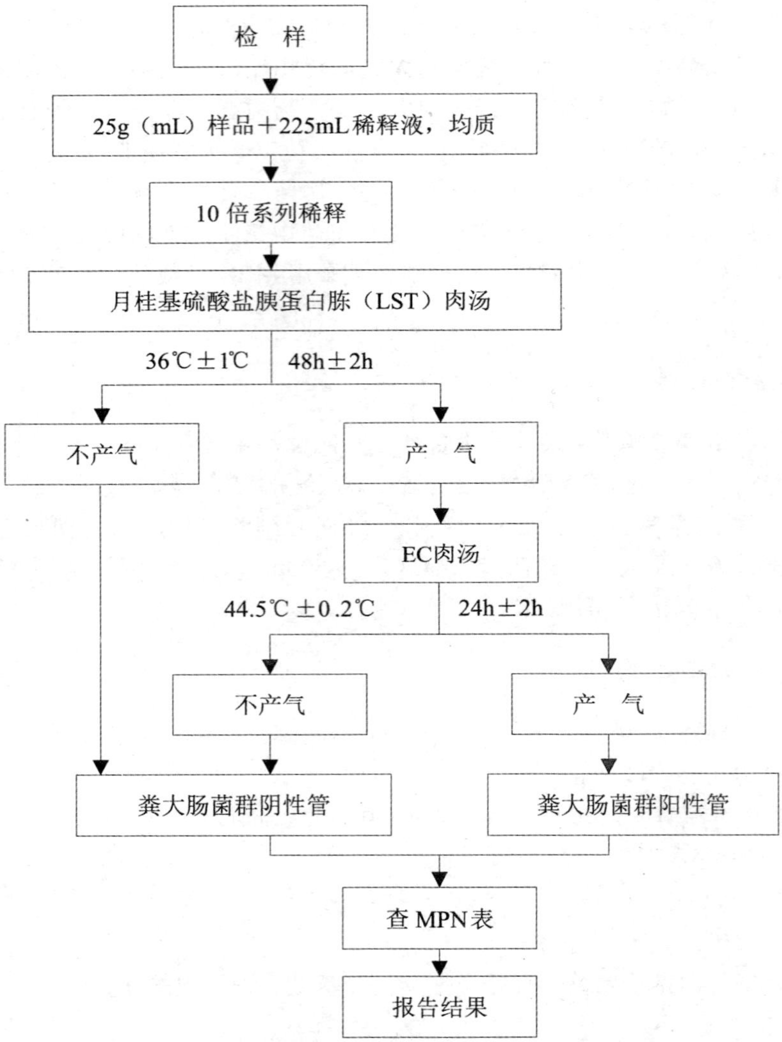

图 2-8 粪大肠菌群 MPN 计数法检测程序

（2）液体样品 用无菌吸管吸取 25mL 样品，倒入盛有 225mL 磷酸盐缓冲液或生理盐水的无菌锥形瓶（瓶内预置适当数量的无菌玻璃珠）中，充分混匀，制成 1 ∶ 10 样品匀液。

（3）样品匀液的 pH 应在 6.5 ～ 7.5，必要时分别用 1mol/L NaOH 或 1mol/L HCl 调节。

（4）用 1mL 无菌吸管或微量移液器吸取 1 ∶ 10 样品匀液 1mL，沿管壁缓慢注入盛有 9mL 磷酸盐缓冲液或生理盐水的试管中（注意吸管或吸头尖端不要触及稀释液面），振摇试管或换用 1 支 1mL 无菌吸管反复吹打，使其混合均匀，制成 1 ∶ 100 样品匀液。

（5）根据对样品污染状况的估计，依次制成 10 倍递增系列稀释样品匀液。每递增稀释 1 次，换用 1 支 1mL 无菌吸管或吸头。从制备样品匀液至样品接种完毕，全过程不得超过 15min。

2．初发酵试验

（1）每个样品，选择 3 个适宜的连续稀释度的样品匀液（液体样品可以选择原液）。

（2）每个稀释度接种 3 管月桂基硫酸盐胰蛋白胨（LST）肉汤，每管接种 1mL（如果接种量需要超过 1mL，则用双料 LST 肉汤）。

（3）在 36℃ ±1℃培养 24h ± 2h，观察倒管内是否有气泡产生，24h 产气者进行复发酵试验，如未产气则继续培养至 48h ± 2h。记录在 24h 和 48h 内产气的 LST 肉汤管数。未产气者为粪大肠菌群阴性，产气者则进行复发酵试验。

（4）如采用多个稀释度，最终确定最适的三个连续稀释度。在 10^{-1} ～ 10^{-5} 五个连续稀释度中确定最适的三个连续稀释度方法如下：

①有一个以上的稀释度 3 管均为阳性。选择三管都是阳性结果的最高稀释度及其相连的两个更高稀释度（表 2-4 示例 a、b，表中带下划线的数字对应的接种样品量为最终选取的最适稀释度，下同）；在未选择的较高稀释度中还有阳性结果时，则顺次下移到下一个更高三个连续稀释度（表 2-4 示例 c）；如果中间有某个稀释度没有阳性结果，但更高稀释度有阳性结果，则将此阳性结果加到前一稀释度，进而确定三个连续稀释度（表 2-4 示例 d）；如果不能按照这个原则找到三个合适的稀释度，则选择前一个较低的稀释度（表 2-4 示例 e）。

②没有任何一个稀释度 3 管均为阳性。如果没有一个稀释度的 3 管均为阳性，则选择三个最低稀释度（表 2-4 示例 f）；如果在更高的没有被选择的稀释度还有阳性结果，将此阳性结果加到选择的最高稀释度，进而确定三个连续稀释度（表 2-4 示例 g）。MPN 计算阳性结果的选择示例见表 2-4。

表 2-4 关于 MPN 计算阳性结果的选择示例

示例编号	接种样品量 /mL					选择的三个连续稀释度阳性（管数）	MPN/g(mL)
	0.1g	0.01 g	0.001 g	0.000 1 g	0.000 01 g		
a	3	3	1	0	0	3-1-0	430
b	2	3	1	0	0	3-1-0	430
c	3	2	2	1	0	2-2-1	280
d	3	2	2	0	1	2-2-1	280
e	3	3	3	3	2	3-3-2	110 000

示例编号	接种样品量 /mL					选择的三个连续稀释度阳性（管数）	MPN/g(mL)
	0.1g	0.01 g	0.001 g	0.000 1 g	0.000 01 g		
f	<u>0</u>	<u>0</u>	<u>1</u>	0	0	0-0-1	3
g	<u>2</u>	<u>2</u>	<u>1</u>	1	0	2-2-2	35

注：下划线表示应选择的连续稀释度。

3. 复发酵试验

（1）用接种环从产气的 LST 肉汤管中分别取培养物 1 环，移种于预先升温至 45℃ EC 肉汤管中。

（2）将所有接种的 EC 肉汤管放入带盖的 44.5℃ ±0.2℃恒温水浴箱内，水浴的水面应高于肉汤培养基液面，培养 24h ± 2h，记录 EC 肉汤管的产气情况。产气管为粪大肠菌群阳性，不产气为粪大肠菌群阴性。

定期以已知为 44.5℃产气阳性的大肠杆菌和 44.5℃不产气的产气肠杆菌或其他大肠菌群细菌作阳性和阴性对照。

4. 粪大肠菌群 MPN 计数的报告

根据证实为粪大肠菌群的阳性管数，查粪大肠菌群最可能数（MPN）检索表（表 2-5），报告每克（毫升）样品中粪大肠菌群的 MPN 值。

表 2-5 粪大肠菌群最可能数（MPN）检索

阳性管数			MPN	95% 可信限		阳性管数			MPN	95% 可信限	
0.10	0.01	0.001		下限	上限	0.10	0.01	0.001		下限	上限
0	0	0	< 3.0	—	9.5	2	2	0	21	4.5	42
0	0	1	3.0	0.15	9.6	2	2	1	28	8.7	94
0	1	0	3.0	0.15	11	2	2	2	35	8.7	94
0	1	1	6.1	1.2	18	2	3	0	29	8.7	94
0	2	0	6.2	1.2	18	2	3	1	36	8.7	94
0	3	0	9.4	3.6	38	3	0	0	23	4.6	94
1	0	0	3.6	0.17	18	3	0	1	38	8.7	110
1	0	1	7.2	1.3	18	3	0	2	64	17	180
1	0	2	11	3.6	38	3	1	0	43	9	180
1	1	0	7.4	1.3	20	3	1	1	75	17	200
1	1	1	11	3.6	38	3	1	2	120	37	420
1	2	0	11	3.6	42	3	1	3	160	40	420
1	2	1	15	4.5	42	3	2	0	93	18	420

阳性管数			MPN	95% 可信限		阳性管数			MPN	95% 可信限	
0.10	0.01	0.001		下限	上限	0.10	0.01	0.001		下限	上限
1	3	0	16	4.5	42	3	2	1	150	37	420
2	0	0	9.2	1.4	38	3	2	2	210	40	430
2	0	1	14	3.6	42	3	2	3	290	90	1 000
2	0	2	20	4.5	42	3	3	0	240	42	1 000
2	1	0	15	3.7	42	3	3	1	460	90	2 000
2	1	1	20	4.5	42	3	3	2	1 100	180	4 100
2	1	2	27	8.7	94	3	3	3	>1 100	420	—

注：1. 本表采用 3 个稀释度 [0.1g（mL）、0.01g（mL）、0.001g（mL）]，每个稀释度接种 3 管。

2. 表内所列检样量如改用 1g（mL）、0.1g（mL）、0.01g（mL）时，表内数字应相应降低 10 倍；如改用 0.01g（mL）、0.001g（mL）、0.000 1g（mL）时，则表内数字应相应增高 10 倍，其余类推。

【项目小结】

细菌总数是指 1g 或 1mL 检样中所含细菌菌落的总数。菌落总数是指食品检样经过处理，在一定条件下（如培养基、培养温度和培养时间等）培养后，所得每克（毫升）检样中形成的微生物菌落总数。细菌菌落总数的检测方法通常采用平板活菌计数法。大肠菌群是指在一定培养条件下，能发酵乳糖产酸、产气的需氧及兼性厌氧的革兰氏阴性无芽孢杆菌的总称。食品中大肠菌群的计数采用大肠菌群 MPN 计数法（第一法）和大肠菌群平板计数法（第二法）。大肠埃希氏菌的计数采用大肠埃希氏菌 MPN 计数法（第一法）和大肠埃希氏菌平板计数法（第二法）（不适用于贝类产品）。粪大肠菌群是指一群在 44.5℃培养 24 ～ 48h 能发酵乳糖、产酸产气的需氧和兼性厌氧的革兰氏阴性无芽孢杆菌。粪大肠菌群比大肠菌群能更贴切地反映食品受人和动物粪便污染的程度，食品中粪大肠菌群的计数采用 MPN 计数法。

【项目训练题】

一、填空

1. 细菌菌落计数选取菌落数在（　）CFU 之间进行计数。

2. 食品卫生细菌学菌落总数检测菌落数计算时，如果有两个连续稀释度的平板菌落数在适宜计数范围内时，按（　）公式计算。

3. 大肠菌群主要包括（　）、（　）、（　）和（　）等。

4．月桂基硫酸盐胰蛋白胨（ ）肉汤中装有（ ）小试管。

5．大肠埃希氏菌 MPN 计数法中，将已接种的 EC 肉汤管放入（ ）℃水浴箱内培养。

6．细菌菌落总数的检测方法通常采用（ ）计数法。

7．食品卫生细菌学菌落总数检测所用培养基是（ ）。

二、判断

1．细菌菌落计数，以菌落形成单位（CFU）表示。 （ ）

2．食品卫生细菌学菌落总数检测过程中，倾注培养基待凝固后，将平板倒置于36℃ ±1℃恒温培养箱中培养。 （ ）

3．大肠菌群 MPN 计数法中，月桂基硫酸盐胰蛋白胨（LST）肉汤管未产气者进行复发酵试验。 （ ）

4．大肠菌群 MPN 计数法中，煌绿乳糖胆盐肉汤（BGLB）管产气者，计为大肠菌群阳性管。 （ ）

5．粪大肠菌群是指一群在 44.5℃培养 24 ～ 48h 能发酵乳糖、产酸产气的需氧和兼性厌氧的革兰氏阴性无芽孢杆菌。 （ ）

三、简答题

1．食品卫生细菌学菌落总数检测的基本程序。

2．食品中大肠菌群 MPN 计数法，怎样进行复发酵试验？

项目三　食品卫生真菌学检测技术

【知识目标】

1. 理解食品卫生真菌学检测的意义。
2. 理解食品中霉菌和酵母菌计数的原理，掌握其计数的方法。

【技能目标】

1. 学会食品中霉菌和酵母菌的计数、霉菌直接镜检计数。
2. 学会常见产毒霉菌的鉴定。
3. 学会食品中黄曲霉毒素 M_1 和 B_1 的检测。

任务一　霉菌和酵母菌计数技术

一、基本原理

霉菌和酵母菌在自然界中广泛分布，肖常污染食品，引起食品的腐败变质。尤其在酸度较低、湿度较低、含盐较高、含糖较高的食品中，霉菌和酵母菌容易生长繁殖。因此，霉菌和酵母菌作为评价食品卫生质量的指示菌，并以食品中霉菌和酵母菌的数量来判定食品被污染的程度。

食品中霉菌和酵母菌的计数方法是将食品检样经过处理，在一定条件下培养后，1g 或 1mL 检样中所含霉菌和酵母菌菌落数，粮食的检测是指 1g 粮食表面的霉菌总数。检测所用培养基要根据具体情况而定，霉菌和酵母菌在 PDA 培养基上会生长良好，但采用 PDA 培养基做平板计数时，必须加入抗生素来抑制细菌生长。孟加拉红培养基中的孟加拉红和氯霉素具有抑制细菌的作用；孟加拉红还可抑制霉菌菌落的蔓延生长；在菌落背面，由孟加拉红产生的红色有助于霉菌和酵母菌菌落的计数。粮食和食品中常见的曲霉和青霉在高盐查氏培养基上的分离效果良好，它具有抑制细菌和减缓毛霉科菌种生长速度的作用。检测方法参考 GB 4789.15—2010。

二、设备和材料

冰箱（2 ～ 5℃）、恒温培养箱（28℃ ±1℃）、恒温振荡器、超净工作台、恒温水浴箱、均质器、显微镜（10× ～ 100×）、电子天平（感量 0.1g）；无菌锥形瓶（容量 500mL、250mL）、无菌广口瓶（500mL）、1mL 无菌吸管（具 0.01mL 刻度）、10mL 无菌吸管（具 0.1mL 刻度）、无菌培养皿（直径 90mm）、无菌试管（10mm×75mm）、无菌牛皮纸袋和塑料袋、酒精灯、试管架、待检测食品等。

三、培养基和试剂

1．马铃薯 - 葡萄糖 - 琼脂培养基：详见“项目一食品微生物检测基础知识”中的任务五。配制 1 000mL 培养基加氯霉素 0.1g。倾注平板前，用少量乙醇溶解氯霉素加入培养基中。

2．孟加拉红培养基：详见“项目一食品微生物检测基础知识”中的任务五。

3．无菌蒸馏水。

四、检测程序

霉菌和酵母菌计数的检测程序见图 3-1。

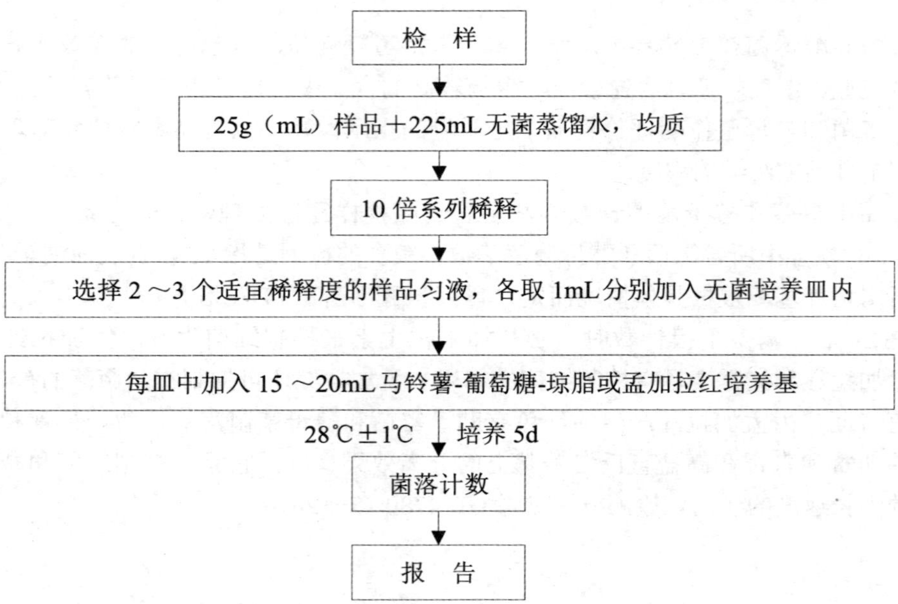

图 3-1　霉菌和酵母菌计数的检测程序

五、操作步骤

1．样品稀释

（1）固体和半固体样品　称取 25g 样品至盛有 225mL 无菌蒸馏水的三角瓶中，充分振摇，使其混合均匀，即为 1 ∶ 10 样品匀液。或放入盛有 225mL 无菌蒸馏水的均质袋中，月拍击式均质器拍打 2min，制成 1 ∶ 10 样品匀液。

（2）液体样品　用无菌吸管吸取 25mL 样品至盛有 225mL 无菌蒸馏水的锥形瓶（瓶内预置适当数量的无菌玻璃珠）中，充分混匀，制成 1 ∶ 10 样品匀液。

（3）用 1mL 无菌吸管吸取 1 ∶ 10 样品匀液 1mL 注入含有 9mL 无菌蒸馏水的试管中，另换一支 1mL 无菌吸管反复吹吸，使其混合均匀，制成 1 ∶ 100 样品匀液。同样的方法，稀释至所需要的浓度，每递增稀释一次，更换一次 1mL 无菌吸管。此方法即为 10 倍系列稀释法。

2．样品接种

根据对样品污染情况的估计，选择 2 ～ 3 个适宜稀释度的样品匀液（液体样品可包括原液）。在进行 10 倍递增稀释的同时，每个稀释度分别吸取 1mL 样品匀液于无菌培养皿内，每个稀释度做两个培养皿。同时，分别取 1mL 空白稀释液加入两个无菌培养皿内作空白对照。

3．倾注培养基

及时将 15 ～ 20mL 冷却至 46℃的马铃薯 - 葡萄糖 - 琼脂或孟加拉红培养基（可放置于 46℃ ±1℃恒温水浴箱中保温）倾注于已接样品匀液及空白对照的培养皿中，并转动培养皿使其混合均匀。

注意：马铃薯 - 葡萄糖 - 琼脂或孟加拉红培养基倾注平板前，将用少量乙醇溶解的氯霉素加入培养基中。

4．培养

待琼脂凝固后，将平板倒置于 28℃ ±1℃恒温箱中培养 5d。

5．观察并记录

肉眼观察（必要时可用放大镜），根据菌落形态特征，记录各稀释倍数和相应的霉菌及酵母菌菌落数。

6．菌落计数

霉菌和酵母菌菌落计数，以菌落形成单位（Colony Forming Units，CFU）表示。选取菌落数在 10 ～ 150CFU 的平板，霉菌蔓延生长覆盖整个平板的可记录为多不可计。菌落数应采用两个平板的平均数。

7. 结果与报告

（1）结果计算方法　计算两个平板菌落数的平均值，再将平均值乘以稀释倍数计算。

①如果所有平板上菌落数均大于150CFU，则对稀释度最高的平板进行计数，其他平板可记录为多不可计，结果按稀释度最高的平均菌落数乘以稀释倍数计算。

②如果所有平板上菌落数均小于10CFU，则应按稀释度最低的平均菌落数乘以稀释倍数计算。

③如果所有稀释度平板均无菌落生长，则以小于1乘以最低稀释倍数计算；如果为原液，则以小于1计数。

（2）报告

①如果菌落数在100以内，按"四舍五入"原则修约后，以整数报告。

②如果菌落数大于或等于100时，前3位数字采用"四舍五入"原则修约后，取前2位数字，后面用0代替位数表示结果；也可用10的指数形式来表示，也按"四舍五入"原则修约，采用两位有效数字。

如果称重取样，则以CFU/g为单位报告；如果体积取样，则以CFU/mL为单位报告。报告或分别报告霉菌数和（或）酵母菌数。

任务二　霉菌直接镜检计数技术

一、基本原理

霉菌直接镜检计数法称为郝氏霉菌计数法，或称为霍华德霉菌计数法。本方法适用于番茄酱罐头。此方法是在一个标准计数玻片上，计数含有霉菌菌丝的显微镜视野的百分数。霉菌直接镜检计数法参考GB 4789.15—2010。

二、设备和材料

折光仪、显微镜、郝氏计测玻片（具有标准计测室的特制玻片）、测微器（具有标准刻度的玻片）、无菌烧杯、无菌吸管、无菌玻璃棒、无菌盖玻片、待检测番茄酱罐头等。

三、试剂

无菌蒸馏水。

四、操作步骤

1．检样的制备

取定量检样，加蒸馏水稀释至折光指数为 1.344 7 ～ 1.346 0（即浓度为 7.9% ～ 8.8%），备用。

2．显微镜标准视野的校正

将显微镜按放大率 90 ～ 125 倍调节标准视野，使其直径为 1.382mm。

3．涂片

洗净郝氏计测玻片，将制好的标准液，用玻璃棒均匀地摊布在计测室，以备观察。

4．观测

将制好的载玻片放在显微镜标准视野下进行霉菌观测，一般每一检样观察 50 个视野，同一检样应由两人进行观察。

5．结果与计算

在标准视野下，如果发现有霉菌菌丝长度超过标准视野（1.382mm）的 1/6 或三根菌丝总长度超过标准视野的 1/6（即测微器的一格）时，即为阳性（＋），否则为阴性（－）；按 100 个视野计，其中发现有霉菌菌丝体存在的视野数，即为霉菌的视野百分数。

任务三　常见产毒霉菌的鉴定技术

一、基本原理

霉菌广泛存在于自然界，陆生性较强，种类繁多，在空气中到处散布霉菌的孢子。目前已知的最常见的有毒霉菌主要有曲霉属的黄曲霉、杂色曲霉、寄生曲霉、构巢曲霉、赭曲霉；青霉属的黄绿青霉、橘青霉、圆弧青霉、展开青霉、岛青霉、纯绿青霉、皱褶青霉、产紫青霉；镰刀菌属的串珠镰刀菌、禾谷镰刀菌、梨孢镰刀菌、三线镰刀菌、雪腐镰刀菌、拟枝孢镰刀菌、木贼镰刀菌、尖孢镰刀菌、茄病镰刀菌；木霉属的木霉；头孢霉属的头孢霉；单端孢霉属的粉红单端孢霉；交链孢霉属的交链孢霉；葡萄状穗霉属的黑葡萄状穗霉；节菱孢霉属的节菱孢霉等。这些有毒霉菌虽然在已知数万种霉菌中只是极少数，但是它们在自然界中分布广泛，适应性强，给人类的身体健康造成极大的威胁。

这些有毒霉菌都是食品中常见的寄生性或腐生性霉菌。有毒霉菌引起的中毒，主要是由于它们产生的有毒毒素造成的，并且毒性一般都很大。很多霉菌产生的毒素能在体内蓄积，使人体的肝脏、肾脏等产生病变。因此，食品中霉菌的分离鉴定对食品的卫生学评价具有一定意义。在食品微生物检验中，对有毒霉菌的检验，主要是根据霉菌的菌丝体或孢子的颜色、形态特征等进行鉴别。

二、设备和材料

显微镜、目镜测微尺、物镜测微尺、恒温箱、冰箱、超净工作台；无菌接种罩、放大镜、酒精灯、接种钩及环、分离针、载玻片、盖玻片、小刀、滴瓶等。

三、培养基和试剂

1．查氏培养基：详见“项目一　食品微生物检测基础知识”中的任务五。

2．乳酸 - 苯酚液。

四、操作步骤

1．将从待检样品中分离出的霉菌进行纯培养；或将从待检样品中分离出的霉菌孢子培养后进行纯培养。

2．平板菌落观察

（1）制平板　制备查氏平板培养基，每种霉菌准备两个平板。

（2）接种　采用点植法将霉菌的纯培养物接种到查氏平板培养基上，每种霉菌接种两个平板培养基。

（3）培养　将接种的平板置于 25 ～ 28℃恒温箱中培养 5 ～ 14d。

（4）观察记录　将培养后的平板取出观察，记录霉菌菌落颜色和形态特征。

3．斜面菌落观察

（1）制斜面　制备查氏斜面培养基。

（2）接种　采用划线法或点植法将霉菌的纯培养物接种到查氏斜面培养基上。

（3）培养　将接种的斜面置于 25 ～ 28℃恒温箱中培养 5 ～ 14d。

（4）观察记录　将培养后的斜面取出观察，记录霉菌菌落颜色和形态特征。

4．制片

（1）在一洁净的载玻片上加 1 滴乳酸 - 苯酚液。

（2）用接种钩取一小块霉菌的纯培养物，置于乳酸 - 苯酚液中，用两支分离针将培养物撕开成小块，切忌涂抹，以免破坏霉菌结构。

（3）加盖玻片。如有气泡，可在酒精灯上加热排除。

（4）注意：制片时最好在接种罩内操作，以防止孢子飞扬。

5．镜检

将制好的霉菌标本片放在显微镜下，观察霉菌的菌丝和孢子的形态特征、孢子的排列等，并详细记录。

6．报告

根据菌落观察和镜检观察，对照某类霉菌的标准形态特征及相对应的霉菌分类检索表，确定所鉴定霉菌的种类。

任务四　食品中黄曲霉毒素的检测技术

一、食品中黄曲霉毒素 M_1 和 B_1 的检测技术

（一）基本原理

黄曲霉毒素主要由黄曲霉菌和寄生曲霉菌产生。黄曲霉毒素常存在于土壤、动植物、各种坚果特别是花生和核桃中。在大豆、稻谷、玉米、调味品、牛奶、奶制品、食用油等中也经常发现黄曲霉毒素。

黄曲霉毒素是二氢呋喃杂萘邻酮的衍生物，根据其在紫外线照射下发出的荧光颜色不同，将黄曲霉毒素分为两类：一类为发出蓝色荧光的 B 类，包括 B_1、B_2、$B_{2\alpha}$；另一类为发出绿色荧光的 G 类，包括 G_1、G_2、$G_{2\alpha}$、M_1、M_2、P_1、GM_1 等。黄曲霉毒素 B 类的毒性和致癌性最强，其中，在天然污染的食品中以黄曲霉毒素 B_1 最为常见，其毒性和致癌性也最强，其毒性比氰化钾大 10 倍，为砒霜的 68 倍，LD_{50} 为 0.294mg/kg（口服），所以在食品微生物检测中通常以黄曲霉毒素 B_1 作为污染的一个指标。

食品中黄曲霉毒素 M_1 与 B_1 的检测方法参考 GB 5009.24—2010。样品经提取、浓缩、薄层分离后，黄曲霉毒素 M_1 与 B_1 在紫外光（波长 365nm）下产生蓝紫色荧光，根据其在薄层上显示荧光的最低检出量来测定含量。本方法适用于牛乳及其制品、奶油及新鲜猪组织（肝、肾、血及瘦肉）等食品中黄曲霉毒素 M_1 与 B_1 的测定。

（二）试剂和材料

1．甲醇：分析纯。

2．石油醚：分析纯。

3．三氯甲烷：分析纯。

4．无水硫酸钠：分析纯。

5．异丙醇：分析纯。

6．硅胶 G：层析用。

7．氯化钠及氯化钠溶液（40g/L）。

8．硫酸（1+3）。

9．玻璃砂：用酸处理后洗净干燥，约相当 20 目。

10．黄曲霉毒素 M_1 标准溶液：用三氯甲烷配制成每毫升相当于 10μg 的黄曲霉毒素 M_1 标准溶液。以三氯甲烷作空白试剂，黄曲霉毒素 M_1 的紫外最大吸收峰的波长应接近 357nm，摩尔消光系数为 19 950。避光，置于 4℃冰箱中保存。

11．黄曲霉毒素 M_1 与 B_1 混合标准使用液：用三氯甲烷配制成每毫升相当于各含 0.04μg 黄曲霉毒素 M_1 与 B_1。避光，置于 4℃冰箱中保存。

（三）仪器和设备

1．10 目圆孔筛。

2．小型粉碎机。

3．玻璃板：5cm×20cm。

4．展开槽：长 25cm，宽 6cm，高 4cm。

5．紫外光灯：100 ～ 125W，带 365nm 滤光片。

6．微量注射器。

（四）操作步骤

整个操作过程需在暗室条件下进行。

1．样品提取

（1）样品提取制备表 见表 3-1。

表 3-1 试样制备

样品名称	称样量 /g	加水量 /mL	加甲醇量 /mL	提取液量 ※/mL	加 40g/L 氯化钠溶液量 /mL	浓缩体积 /mL	滴加体积 /μL	方法灵敏度 /（μg/kg）
牛乳	30	0	90	62	25	0.4	100	0.1
炼乳	30	0	90	52	35	0.4	50	0.2
牛乳粉	15	20	90	59	28	0.4	40	0.5
乳酪	15	5	90	56	31	0.4	40	0.5

样品名称	称样量 / g	加水量 / mL	加甲醇量 /mL	提取液量※/ mL	加 40g/L 氯化钠溶液量 /mL	浓缩体积 /mL	滴加体积 /μL	方法灵敏度 / (μg/kg)
奶油	10	45	55	80	0	0.4	40	0.5
猪肝	30	0	90	59	28	0.4	50	0.2
猪肾	30	0	90	61	26	0.4	50	0.2
猪瘦肉	30	0	90	58	29	0.4	50	0.2
猪血	30	0	90	61	26	0.4	50	0.2

※ 提取液量按式（1）计算：

$$X=\frac{8}{15}\times(90+A+B) \tag{1}$$

式中：X——提取液量，mL；

A——试样中的水分量，mL（牛乳、炼乳及猪组织的取样量为 30g，牛乳粉、乳酪的取样量为 15g）；

B——加水量，mL。

样品中的水分量参照《食物成分表》。

因各提取液中含 48mL 甲醇，需 39mL 水才能调到甲醇与水之体积比为（55+45），因此加入 40g/L 的氯化钠溶液的体积等于甲醇和水的总体积（87mL）减去提取液的体积（mL）。

（2）乳与炼乳　称取 30.00g 混匀的样品，置于小烧杯中，再分别用 90mL 甲醇移至 300mL 具塞三角瓶中，盖严防漏，振荡 30min，用折叠式快速滤纸滤于 100mL 具塞量筒中。按表 3-1 收集 62mL 乳与 52mL 炼乳（各相当于 16g 样品）提取液。

（3）乳粉　取 15.00g 样品，置于具塞锥形瓶中，加入 20mL 水，使样品湿润后再加入 90mL 甲醇，振荡 30min，用折叠式快速滤纸滤于 100mL 具塞量筒中。按表 3-1 收集 59mL 提取液（相当于 8g 样品）。

（4）干酪　称取 15.00g 切细、过 10 目圆孔筛混匀样品，置于具塞锥形瓶中，加 5mL 水和 90mL 甲醇，振荡 30min，用折叠式快速滤纸滤于 100mL 具塞量筒中。按表 3-1 收集 56mL 提取液（相当于 8g 样品）。

（5）奶油　称取 10.00g 样品，置于小烧杯中，用 40mL 石油醚将奶油溶解并移至具塞锥形瓶中。加 45mL 水和 55mL 甲醇，振荡 30min，将全部液体移至分液漏斗中。再加入 1.5g 氯化钠摇动溶解，待分层后，按表 3-1 收集 80mL 提取液（相当于 8g 样品）。

（6）新鲜猪组织　取新鲜或冷冻保存的猪组织样品（包括肝、肾、血、瘦肉），先切细，混匀后称取 30.00g，置于小乳钵中，加玻璃砂少许磨细，新鲜全血用打碎机打匀，或用玻璃珠振摇抗凝。混匀后称取 30.00g，将各样品置于 300mL 具塞锥形瓶中，加入 90mL 甲醇，振荡 30min，用折叠式快速滤纸滤于 100mL 具塞量筒中。按表 3-1 收集

59mL 猪肝、61mL 猪肾、58mL 猪瘦肉及 61mL 猪血等提取液（各相当于 16g 样品）。

2．净化

（1）用石油醚分配净化　将以上收集的提取液移入 250mL 分液漏斗中，再按各种食品加入一定体积的氯化钠溶液（40g/L）（表 3-1）。再加入 40mL 石油醚，振摇 2min，待分层后，将下层甲醇 - 氯化钠水层移至原量筒中，将上层石油醚溶液从分液漏斗上口倒出，弃去。再将量筒中溶液转移至原分液漏斗中。再重复用石油醚提取两次，每次 30mL，最后将量筒中溶液仍移至分液漏斗中。奶油样液总共用石油醚提取两次，每次 40mL。

（2）用三氯甲烷分配提取　在原量筒中加入 20mL 三氯甲烷，摇匀后，再倒入原分液漏斗中，振摇 2min。待分层后，将下层三氯甲烷移至原量筒中，再重复用三氯甲烷提取两次，每次 10mL 合并于原量筒中。弃去上层甲醇水溶液。

（3）用水洗三氯甲烷层与浓缩制备　将合并后的三氯甲烷层倒回原分液漏斗中，加入 30mL 氯化钠溶液（40g/L），振摇 30s，静置。待上层混浊液有部分澄清时，即可将下层三氯甲烷层收集至原量筒中。加入 10g 无水硫酸钠，振摇放置澄清后，将此液经装有少许无水硫酸钠的定量慢速滤纸过滤至 100mL 蒸发皿中。氯化钠水层用 10mL 三氯甲烷提取一次，并经过滤器一并滤至蒸发皿中。最后将无水硫酸钠也一起倒于滤纸上，用少量三氯甲烷洗量筒与无水硫酸钠，也一并滤至蒸发皿中，于 65℃水浴上通风挥干，用三氯甲烷将蒸发皿中残留物转移至浓缩管中，蒸发皿中残渣太多，则经滤纸滤入浓缩管中。于 65℃用减压吹气法将此液浓缩至 0.4mL 以下，再用少量三氯甲烷洗管壁后，浓缩定量至 0.4mL 备用。

3．测定

（1）硅胶 G 薄层板的制备　薄层板厚度为 0.3mm，105℃活化 2h，在干燥器内可保存 1 ～ 2d。

（2）点板　取薄层板（5cm×20cm）两块，距板下端 3cm 的基线上各滴加两点，在距两板的左边缘 0.8 ～ 1cm 处各滴加 10μL 黄曲霉毒素 M_1 与 B_1 混合标准使用液，在距两板左边缘 2.8 ～ 3cm 处各滴加同一样液点（各种食品的滴加体积见表 3-1），在第二板的第 2 点上再滴加 10μL 黄曲霉毒素 M_1 与 B_1 混合标准使用液。一般可将薄层板放在盛有干燥硅胶的层析槽内进行滴加，边加边用冷风机冷风吹干。

（3）展开

①横展　在槽内加入 15mL 事先用无水硫酸钠脱水的无水乙醚（每 500mL 无水乙醚中加 20g 无水硫酸钠）。将薄层板靠近标准点的长边置于槽内，展至板端后，取出挥干，再同上继续展开一次。

②纵展　将横展两次挥干后的薄层板再用异丙醇 - 丙酮 - 苯 - 正己烷 - 石油醚（沸

程 60 ～ 90℃）- 三氯甲烷（5+10+10+10+10+55）混合展开剂纵展至前沿距原点距离为 10 ～ 12cm，取出挥干。

③横展　将纵展挥干后的板再用乙醚横展 1 ～ 2 次，展开方法同“①横展”。

（4）观察与评定结果

①在紫外光灯下将第一、第二板相互比较观察。如果第二板的第二点在黄曲霉毒素 M_1 与 B_1 标准点的相应处出现最低检出量（M_1 与 B_1 的比移值依次为 0.25 和 0.43），而在第一板相同位置上未出现荧光点，则样品中黄曲霉毒素 M_1 与 B_1 含量在其所定的方法灵敏度以下（表 3-1）。

②如果第一板的相同位置上出现黄曲霉毒素 M_1 与 B_1 的荧光点，则第二板第二点的样液点是否各与滴加的标准点重叠，如果重叠，再进行以下的定量与确证试验。

（5）稀释定量　样液中的黄曲霉毒素 M_1 与 B_1 荧光点的荧光强度与黄曲霉毒素 M_1 与 B_1 的最低检出量（0.000 4μg）的荧光强度一致，则乳、炼乳、乳粉、干酪与奶油样品中黄曲霉毒素 M_1 与 B_1 的含量依次为 0.1μg/kg、0.2μg/kg、0.5μg/kg、0.5μg/kg、0.5μg/kg；新鲜猪组织（肝、肾、血、瘦肉）样品均为 0.2μg/kg（表 3-1）。如果样液中黄曲霉毒素 M_1 与 B_1 的荧光强度比最低检出量强，则根据其强度逐一进行测定，估计减少滴加微升数或经稀释后再滴加不同微升数，直至样液点的荧光强度与最低检出量点的荧光强度一致为止。

（6）确证试验　在做完定性或定量的薄层板上，将要确证的黄曲霉毒素 M_1 与 B_1 的点用大头针圈出。喷以硫酸溶液（1+3），放置 5min 后，在紫外光灯下观察，如果样液中黄曲霉毒素 M_1 与 B_1 点与标准点一样均变为黄色荧光，则进一步确证检出的荧光点是黄曲霉毒素 M_1 与 B_1。

（五）分析结果的表述

黄曲霉毒素 M_1 与 B_1 的含量按式（2）进行计算。

$$X = 0.000\,4 \times \frac{V_1}{V_2} \times D \times \frac{1\,000}{m} \tag{2}$$

式中：X——黄曲霉毒素 M_1 与 B_1 含量，μg/kg；

V_1——样液浓缩后体积，mL；

V_2——出现最低荧光样液的滴加体积，mL；

D——浓缩样液的总稀释倍数；

m——浓缩样液中所相当的试样质量，g；

0.000 4——黄曲霉毒素 M_1 与 B_1 的最低检出量，μg。

二、食品中黄曲霉毒素 B_1 的检测技术

（一）基本原理

试样中黄曲霉毒素 B_1 经过提取、浓缩和薄层分离后，在波长 365nm 紫外光下产生蓝紫色荧光，根据其在薄层上显示荧光的最低检出量来测定含量。

本方法适用于粮食、花生及其制品、薯类、豆类、发酵食品、酒类等各种食品中黄曲霉毒素 B_1 的测定，薄层板上黄曲霉毒素 B_1 的最低检出量为 0.000 4μg，检出限为 5μg/kg。检测方法参考 GB/T 5009.22—2003。

（二）试剂

1．三氯甲烷

2．正己烷或石油醚（沸程 30 ～ 60℃或 60 ～ 90℃）

3．甲醇

4．苯

5．乙腈

6．无水乙醚或乙醚经无水硫酸钠脱水

7．丙酮

以上试剂在试验时先进行一次试剂空白试验，如不干扰测定即可使用，否则需逐一进行重蒸。

8．硅胶 G（薄层色谱用）

9．三氟乙酸

10．无水硫酸钠

11．氯化钠

12．苯 - 乙腈混合液：量取苯 98mL，加乙腈 2mL，混匀

13．甲醇水溶液（55+45）

14．黄曲霉毒素 B_1 标准溶液

（1）仪器校正　测定重铬酸钾溶液的摩尔消光系数，以求出使用仪器的校正因素。

①准确称取 25mg 经干燥的重铬酸钾（基准级），用硫酸（0.5+1 000）溶解后并准确稀释至 200mL，相当于 [c（$K_2Cr_2O_7$）＝ 0.000 4mol/L]。

②吸取 25mL 重铬酸钾稀释液（0.000 4mol/L 溶液）于 50mL 容量瓶中，加硫酸（0.5+1 000）稀释至刻度，相当于 0.000 2mol/L 溶液。

③吸取 25mL 重铬酸钾稀释液（0.000 2mol/L 溶液）于 50mL 容量瓶中，加硫酸

（0.5+1 000）稀释至刻度，相当于 0.000 1mol/L 溶液。

④用 1cm 石英杯，在最大吸收峰的波长（接近 350nm 处），用硫酸（0.5+1 000）作空白，测得以上三种不同浓度的摩尔溶液的吸光度，并按式（3）计算出以上三种浓度的摩尔消光系数的平均值。

$$E_1 = \frac{A}{c} \tag{3}$$

式中：E_1——重铬酸钾溶液的摩尔消光系数；

A——测得重铬酸钾溶液的吸光度；

c——重铬酸钾溶液的摩尔浓度，mol/L。

再以此平均值与重铬酸钾的摩尔消光系数 3 160 比较，求出使用仪器的校正因素，按式（4）进行计算。

$$f = \frac{3\ 160}{E} \tag{4}$$

式中：f——使用仪器的校正因素；

E——测得的重铬酸钾摩尔消光系数平均值。

如果 f 大于 0.95 或小于 1.05，则使用仪器的校正因素可略而不计。

（2）黄曲霉毒素 B_1 标准溶液的制备　准确称取 1 ～ 1.2mg 黄曲霉毒素 B_1 标准品，先加入 2mL 乙腈溶解后，再用苯稀释至 100mL，该标准溶液约为 10μg/mL。避光，置于 4℃冰箱中保存。用紫外分光光度计测此标准溶液的最大吸收峰的波长及该波长的吸光度值。黄曲霉毒素 B_1 标准溶液的浓度按式（5）进行计算。

$$X = \frac{A \times M \times 1\ 000 \times f}{E_2} \tag{5}$$

式中：X——黄曲霉毒素 B_1 标准溶液的浓度，μg/mL；

A——测得的吸光度值；

f——使用仪器的校正因素；

M——黄曲霉毒素 B_1 的相对分子质量 312；

E_2——黄曲霉毒素 B_1 在苯 - 乙腈混合液中的摩尔消光系数 19 800。

根据计算，用苯 - 乙腈混合液调到标准溶液浓度恰为 10.0μg/mL，并用分光光度计核对其浓度。

（3）纯度的测定　取 5μL 黄曲霉毒素 B_1 标准溶液（10μg/mL 溶液），滴加于涂层厚度 0.25mm 的硅胶 G 薄层板上，用甲醇 - 三氯甲烷（4+96）与丙酮 - 三氯甲烷（8+92）展开剂展开，在紫外光灯下观察荧光的产生，应符合以下条件：

①在展开后，只有单一的荧光点，无其他杂质荧光点。

②原点上没有任何残留的荧光物质。

15．黄曲霉毒素 B_1 标准使用液

（1）准确吸取 1mL 黄曲霉毒素 B_1 标准溶液（10μg/mL 溶液）于 10mL 容量瓶中，加苯 - 乙腈混合液至刻度，混匀。此溶液每毫升相当于 1.0μg 黄曲霉毒素 B_1。

（2）吸取 1.0mL 黄曲霉毒素 B_1 稀释液（1.0μg/mL 溶液），置于 5mL 容量瓶中，加苯 - 乙腈混合液至刻度，混匀。此溶液每毫升相当于 0.2μg 黄曲霉毒素 B_1。

（3）吸取 1.0mL 黄曲霉毒素 B_1 稀释液（0.2μg/mL 溶液），置于 5mL 容量瓶中，加苯 - 乙腈混合液至刻度，混匀。此溶液每毫升相当于 0.04μg 黄曲霉毒素 B_1。

16．次氯酸钠溶液（消毒用）

取 100g 漂白粉，加入 500mL 水，搅拌均匀。另将 80g 工业用碳酸钠（$Na_2CO_3 \cdot 10H_2O$）溶于 500mL 温水中，再将两液混合，搅拌均匀，澄清后过滤。此滤液含次氯酸浓度约为 25g/L。如果用漂粉精制备，则碳酸钠的量可以加倍，所得溶液的浓度约为 50g/L。

（三）仪器

小型粉碎机、样筛、电动振荡器、全玻璃浓缩器、玻璃板（5cm×20cm）、薄层板涂布器、展开槽（内长 25cm、宽 6cm、高 4cm）、紫外光灯（100 ～ 125W，带有波长 365nm 滤光片）、微量注射器或血色素吸管。

（四）操作步骤

1．取样

为避免取样带来的误差，应大量取样，并将大量试样粉碎，混合均匀，才有可能得到确能代表一批试样的相对可靠的结果。取样应注意以下几点：

（1）根据规定采取有代表性试样。

（2）对局部发霉变质的试样进行检验时，应单独取样。

（3）每份分析测定用的试样应该是从大样经粗碎与连续多次采用四分法缩减至 0.5 ～ 1kg，然后全部粉碎。粮食试样全部通过 20 目筛，混合均匀；花生试样全部通过 10 目筛，混合均匀。或者将好、坏分别测定，再计算其含量。花生油和花生酱等直接取样，试样不需要制备，但在取样时应搅拌均匀。必要时，每批试样可采取三份大样作试样制备及分析测定用，以观察所采试样是否具有一定的代表性。

2．提取

（1）玉米、大米、麦类、豆类、面粉、薯干、花生、花生酱等试样的提取

方法一：

①称取 20.00g 粉碎过筛的试样（面粉、花生酱不需要粉碎），置于 250mL 具塞锥形瓶中，加 30mL 正己烷或石油醚和 100mL 甲醇水溶液，在瓶塞上涂上一层水，盖严

防漏。振荡 30min，静置片刻。用叠成折叠式的快速定性滤纸过滤于分液漏斗中，待下层甲醇水溶液分清后，放出甲醇水溶液于另一具塞锥形瓶中。

②取 20.00mL 甲醇水溶液（相当于 4g 试样），置于另一 125mL 分液漏斗中，加 20mL 三氯甲烷，振摇 2min，待静置分层，如果出现乳化现象可滴加甲醇促使分层。放出三氯甲烷层，经盛有约 10g 预先用三氯甲烷湿润的无水硫酸钠的定量慢速滤纸过滤于 50mL 蒸发皿中，再加 5mL 三氯甲烷于分液漏斗中，重复振摇提取，三氯甲烷层一并滤于蒸发皿中，最后用少量三氯甲烷洗过滤器，洗液并于蒸发皿中。

③将蒸发皿放在通风柜于 65℃水浴上通风挥干，再放在冰盒上冷却 2 ~ 3min 后，准确加入 1mL 苯 - 乙腈混合液（或将三氯甲烷用浓缩蒸馏器减压吹气蒸干后，准确加入 1mL 苯 - 乙腈混合液）。

④用带橡皮头的滴管的管尖将残渣充分混合，如果有苯的结晶析出，将蒸发皿从冰盒上取出，继续溶解与混合，晶体即消失，再用此滴管吸取上清液转移至 2mL 具塞试管中。

方法二：限于玉米、大米、小麦及其制品的提取

①称取 20.00g 粉碎过筛的试样，置于 250mL 具塞锥形瓶中，用滴管滴加约 6mL 水，使试样湿润，准确加入 60mL 三氯甲烷，振荡 30min，加 12g 无水硫酸钠，振摇后，静置 30min，用叠成折叠式的快速定性滤纸过滤于 100mL 具塞锥形瓶中。

②取 12mL 滤液（相当于 4g 试样）于蒸发皿中，在 65℃水浴上通风挥干，准确加入 1mL 苯 - 乙腈混合液，以下按“方法一”中的④完成操作。

（2）花生油、香油、菜油等的提取

称取 4.00g 试样，置于小烧杯中，用 20mL 正己烷或石油醚将试样移至 125mL 分液漏斗中。再用 20mL 甲醇水溶液分次洗烧杯，洗液一并移入分液漏斗中，振摇 2min，待静置分层后，将下层甲醇水溶液移入第二个分液漏斗中，再用 5mL 甲醇水溶液重复振摇提取一次，提取液一并移入第二个分液漏斗中，在第二个分液漏斗中加入 20mL 三氯甲烷，以下按“提取（1）方法一”自“振摇 2min，待静置分层……”起依法操作。

（3）酱油、醋的提取

称取 10.00g 试样，置于小烧杯中，为防止提取时乳化，加 0.4g 氯化钠，移入分液漏斗中，用 15mL 三氯甲烷分次洗涤烧杯，洗液并入分液漏斗中。以下按“提取（1）方法一”自“振摇 2min，待静置分层……”起依法操作，最后加入 2.5mL 苯 - 乙腈混合液，此溶液每毫升相当于 4g 试样。

（4）干酱类（包括豆豉、腐乳制品）的提取

称取 20.00g 研磨均匀的试样，置于 250mL 具塞锥形瓶中，加入 20mL 正己烷或石油醚与 50mL 甲醇水溶液，振荡 30min，静置片刻，用叠成折叠式的快速定性滤纸过滤，

滤液静置分层后，取 24mL 甲醇水层（相当 8g 试样，其中包括 8g 干酱类本身约含有 4mL 水的体积在内），置于分液漏斗中，加入 20mL 三氯甲烷，以下按“提取（1）方法一”自“振摇 2min，待静置分层……”起依法操作。最后加入 2mL 苯 - 乙腈混合液，此溶液每毫升相当于 4g 试样。

（5）发酵酒类的提取

与酱油、醋的提取方法相同，但不加氯化钠。

3．测定

（1）单向展开法

①薄层板的制备　称取约 3g 硅胶，加相当于硅胶量 2～3 倍的水，用力研磨 1～2min 至糊状后立即倒于涂布器中，推成 5cm×20cm，厚度约 0.25mm 的薄层板三块。在空气中干燥约 15min 后，在 100℃下活化 2h，取出，放在干燥器中保存。一般可保存 2～3d，如果放置时间较长，需要再活化后使用。

②点样　将薄层板边缘附着的吸附剂刮净，在距薄层板下端 3cm 的基线上用微量注射器或血色素吸管滴加样液。一块板可滴加 4 个点，点距边缘和点间距约为 1cm，点直径约 3mm。在同一块板上滴加点的大小应该一致。滴加样液时可用吹风机用冷风边吹边加，滴加样式：

第一点：10μL 黄曲霉毒素 B_1 标准使用液（0.04μg/mL）；

第二点：20μL 样液；

第三点：20μL 样液＋ 10μL 黄曲霉毒素 B_1 标准使用液（0.04μg/mL）；

第四点：20μL 样液＋ 10μL 黄曲霉毒素 B_1 标准使用液（0.2μg/mL）。

③展开与观察　在展开槽内加 10mL 无水乙醚，预展 12cm，取出挥干。在另一个展开槽内加 10mL 丙酮 - 三氯甲烷（8+92），展开 10～12cm，取出。在紫外光下观察其结果，观察方法如下。

由于样液点上滴加黄曲霉毒素 B_1 标准使用液，使黄曲霉毒素 B_1 标准点与样液中的黄曲霉毒素 B_1 荧光点重叠。如果样液为阴性，薄层板上的第三点中黄曲霉毒素 B_1 为 0.000 4μg，可用作检查在样液内黄曲霉毒素 B_1 最低检出量是否正常出现；如果为阳性，则起定性作用。薄层板上的第四点中黄曲霉毒素 B_1 为 0.002μg，主要起定位作用。

如果第二点在与黄曲霉毒素 B_1 标准点的相应位置上无蓝紫色荧光点，表示试样中黄曲霉毒素 B_1 含量在 5μg/kg 以下；如果在相应位置上有蓝紫色荧光点，则需要进行确证试验。

④确证试验　为了证实薄层板上样液蓝紫色荧光是由黄曲霉毒素 B_1 产生的，滴加三氟乙酸，产生黄曲霉毒素 B_1 的衍生物，展开后此衍生物的比移值在 0.1 左右。在薄层板左边依次滴加以下两个点：

第一点：0.04μg/mL 黄曲霉毒素 B_1 标准使用液 10μL；

第二点：20μL 样液。

在以上两点各加一小滴三氟乙酸盖于其上，反应 5min 后，用吹风机吹热风 2min（热风吹到薄层板上的温度不高于 40℃）后，再于薄层板上滴加以下两个点：

第三点：0.04μg/mL 黄曲霉毒素 B_1 标准使用液 10μL；

第四点：20μL 样液。

再展开（同“③”），在紫外光灯下观察样液是否产生与黄曲霉毒素 B_1 标准点相同的衍生物。未加三氟乙酸的第三、第四点，可依次作为样液与标准的衍生物空白对照。

⑤稀释定量　样液中的黄曲霉毒素 B_1 荧光点的荧光强度如果与黄曲霉毒素 B_1 标准点的最低检出量（0.000 4μg）的荧光强度一致，则试样中黄曲霉毒素 B_1 含量即为 5μg/kg。如果样液中荧光强度比最低检出量强，则根据其强度估计减少滴加微升数或将样液稀释后再滴加不同微升数，直至样液点的荧光强度与最低检出量的荧光强度一致为止。滴加样式如下：

第一点：10μL 黄曲霉毒素 B_1 标准使用液（0.04μg/mL）；

第二点：根据情况滴加 10μL 样液；

第三点：根据情况滴加 15μL 样液；

第四点：根据情况滴加 20μL 样液。

⑥结果计算　试样中黄曲霉毒素 B_1 的含量按式（6）进行计算。

$$X = 0.000\,4 \times \frac{V_1 \times D}{V_2} \times \frac{1\,000}{m} \quad (6)$$

式中：X——试样中黄曲霉毒素 B_1 的含量，μg/kg；

V_1——加入苯 - 乙腈混合液的体积，mL；

V_2——出现最低荧光时滴加样液的体积，mL；

D——样液的总稀释倍数；

m——加入苯 - 乙腈混合液溶解时相当试样的质量，g；

0.000 4——黄曲霉毒素 B_1 的最低检出量，μg。

结果：表示到测定值的整数位。

（2）双向展开法

如用单向展开法展开后，薄层色谱由于杂质干扰掩盖了黄曲霉毒素 B_1 的荧光强度，需要采用双向展开法。薄层板先用无水乙醚作横向展开，将干扰的杂质展至样液点的一边而黄曲霉毒素 B_1 不动，然后再用丙酮 - 三氯甲烷（8+92）作纵向展开，试样在黄曲霉毒素 B_1 相应处的杂质底色大量减少，因而提高了方法的灵敏度。如果用双向展开中滴加两点法展开仍有杂质干扰时，则可改用滴加一点法。

第一，滴加两点法

①点样　取薄层板三块，在距下端 3cm 基线上滴加黄曲霉毒素 B_1 标准使用液与样液。即在三块板的距左边缘 0.8 ～ 1cm 处各滴加 10μL 黄曲霉毒素 B_1 标准使用液（0.04μg/mL），在距左边缘 2.8 ～ 3cm 处各滴加 20μL 样液，然后在第二块板的样液点上滴加 10μL 黄曲霉毒素 B_1 标准使用液（0.04μg/mL），在第三块板的样液点上滴加 10μL 黄曲霉毒素 B_1 标准使用液（0.2μg/mL）。

②展开

横向展开：在展开槽内的长边放一玻璃支架，加 10mL 无水乙醇，将上述点好的薄层板靠标准点的长边放于展开槽内展开，展至板端后，取出挥干，或根据情况需要时可再重复展开 1 ～ 2 次。

纵向展开：挥干的薄层板以丙酮 - 三氯甲烷（8+92）展开至 10 ～ 12cm 为止。丙酮与三氯甲烷的比例可以根据不同条件自行调节。

③观察与评定结果　在紫外光灯下观察第一、第二板。

如果第二板的第二点在黄曲霉毒素 B_1 标准点的相应处出现最低检出量，而第一板在与第二板的相同位置上未出现荧光点，则试样中黄曲霉毒素 B_1 含量在 5μg/kg 以下。

如果第一板在与第二板的相同位置上出现荧光点，则将第一板与第三板比较，看第三板上第二点与第一板上第二点的相同位置上的荧光点是否与黄曲霉毒素 B_1 标准点重叠，如果重叠，再进行确证试验。在具体测定中，第一、第二、第三板可以同时做，也可以按照顺序做。如果按照顺序做，当在第一板出现阴性时，第三板可以省略；如果第一板为阳性，则第二板可以省略，直接作第三板。

④确证试验　另取两块薄层板，在第四、第五板距左边缘 0.8 ～ 1cm 处各滴加 10μL 黄曲霉毒素 B_1 标准使用液（0.04μg/mL）及 1 滴三氟乙酸；在距左边缘 2.8 ～ 3cm 处，在第四板滴加 20μL 样液及 1 滴三氟乙酸；在第五板滴加 20μL 样液、10μL 黄曲霉毒素 B_1 标准使用液（0.04μg/mL）及 1 滴三氟乙酸，反应 5min 后，用吹风机吹热风 2min，热风吹到薄层板上的温度不高于 40℃，再用双向展开法展开后，观察样液是否产生与黄曲霉毒素 B_1 标准点重叠的衍生物，观察时，可将第一板作为样液的衍生物空白板。如果样液黄曲霉毒素 B_1 含量高时，则将样液稀释后，按单向展开法的确证试验进行操作。

⑤稀释定量　如果样液黄曲霉毒素 B_1 含量高时，按单向展开法的稀释定量进行操作。如果黄曲霉毒素 B_1 含量低时，稀释倍数小，在定量的纵向展开板上仍有杂质干扰，影响结果的判断，可将样液再做双向展开法测定，以确定含量。

⑥结果计算　同单向展开法的结果计算。

第二，滴加一点法

①点样　取薄层板三块，在距下端 3cm 基线上滴加黄曲霉毒素 B_1 标准使用液与

样液。即在三块板的距左边缘 0.8 ～ 1cm 处各滴加 20μL 样液，在第二块板的点上滴加 10μL 黄曲霉毒素 B_1 标准使用液（0.04μg/mL），在第三块板的样液点上滴加 10μL 黄曲霉毒素 B_1 标准使用液（0.2μg/mL）。

②展开　同“滴加两点法”中的横向展开与纵向展开。

③观察与评定结果　在紫外光灯下观察第一、第二板。

如果第二板出现最低检出量的黄曲霉毒素 B_1 标准点，而第一板与其相同位置上未出现荧光点，则试样中黄曲霉毒素 B_1 含量在 5μg/kg 以下。

如果第一板在与第二板的相同位置上出现荧光点，则将第一板与第三板比较，看第三板与第一板相同位置上的荧光点是否与黄曲霉毒素 B_1 标准点重叠，如果重叠，再进行以下确证试验。

④确证试验　另取两块薄层板，在距左边缘 0.8 ～ 1cm 处，在第四板滴加 20μL 样液及 1 滴三氟乙酸；在第五板滴加 20μL 样液、10μL 黄曲霉毒素 B_1 标准使用液（0.04μg/mL）及 1 滴三氟乙酸。产生衍生物及展开方法同“滴加两点法”。再将以上两板在紫外光灯下观察，以确定样液点是否产生与黄曲霉毒素 B_1 标准点重叠的衍生物，观察时可将第一板作为样液的衍生物空白板。

经过以上确证试验定为阳性后，再进行稀释定量，如果含黄曲霉毒素 B_1 低，不需要稀释或稀释倍数小，杂质荧光仍有严重干扰，可以根据样液中黄曲霉毒素 B_1 荧光的强弱，直接采用双向展开法定量。

⑤结果计算　同单向展开法的结果计算。

【项目小结】

食品中霉菌和酵母菌的计数方法是将食品检样经过处理，在一定条件下培养后，1g 或 1mL 检样中所含霉菌和酵母菌菌落数。霉菌直接镜检计数法称为郝氏霉菌计数法，本方法适用于番茄酱罐头，此方法是在一个标准计数玻片上，计数含有霉菌菌丝的显微镜视野的百分数。对有毒霉菌的检验，主要是根据霉菌的菌丝体或孢子的颜色、形态特征等进行鉴别。牛乳及其制品、奶油及新鲜猪组织（肝、肾、血及瘦肉）等食品中黄曲霉毒素 M_1 与 B_1 的测定：样品经提取、浓缩、薄层分离后，黄曲霉毒素 M_1 与 B_1 在波长 365nm 紫外光下产生蓝紫色荧光，根据其在薄层上显示荧光的最低检出量来测定含量。粮食、花生及其制品、薯类、豆类、发酵食品、酒类等食品中黄曲霉毒素 B_1 的测定：试样中黄曲霉毒素 B_1 经过提取、浓缩和薄层分离后，在波长 365nm 紫外光下产生蓝紫色荧光，根据其在薄层上显示荧光的最低检出量来测定含量。

【项目训练题】

一、填空

1．食品中霉菌和酵母菌的计数方法是将食品检样经过处理，在一定条件下培养后，1g 或 1mL 检样中所含霉菌和酵母菌（　）数。

2．食品中霉菌和酵母菌计数时，样品稀释采用（　）倍系列稀释法。

3．霉菌和酵母菌菌落计数时，以菌落形成单位（　）表示，选取菌落数在（　）CFU 的平板进行计数。

4．霉菌直接镜检计数时，显微镜标准视野的校正是将显微镜按放大率（　）倍调节标准视野，使其直径为（　）mm。

5．霉菌直接镜检计数涂片时，用玻璃棒将制好的标准液均匀地摊布在（　），以备观察。

二、判断

1．孟加拉红培养基中所用的氯霉素是在配制培养基时加入的。（　）

2．霉菌直接镜检计数法称为郝氏霉菌计数法。（　）

3．郝氏霉菌计数法适用于检测番茄酱罐头中霉菌的计数。（　）

4．常见产毒霉菌的平板菌落观察时，采用划线法将霉菌的纯培养物接种到查氏平板培养基上。（　）

5．常见产毒霉菌的斜面菌落观察时，采用点植法将霉菌的纯培养物接种到查氏平板培养基上。（　）

三、简答题

1．霉菌和酵母菌计数的检测程序如何？

2．霉菌和酵母菌计数过程中，如何倾注培养基？

3．霉菌直接镜检计数时，如何进行检样的制备？

项目四　食品中常见致病菌的检测技术

【知识目标】

1．了解食品中常见致病菌的种类及基本特性。

2．熟悉食品中常见致病菌的检测程序及卫生学意义。

【技能目标】

1．运用所学实验技能，能够进行食品中常见致病菌的检测。

2．运用所学实验技能，能够独立完成常见的生化反应及血清学反应。

3．运用所学理论知识，能够分析总结试验结果，并做出正确、规范的试验报告。

任务一　沙门氏菌检测技术

一、基本原理

沙门氏菌属是一大群寄生于人类和动物肠道内生化反应和抗原构造相似的革兰氏阴性杆菌的统称，也是肠杆菌科中最重要的病原菌属，它包括近 2 000 个血清型。沙门氏菌病常在动物中广泛传播，人的沙门氏菌感染和带菌也非常普遍。由于动物的生前感染或食品受到污染，均可使人发生食物中毒。世界各地的食物中毒中，沙门氏菌食物中毒居前列。沙门氏菌常作为进出口食品和其他食品的致病菌指标。因此，检查食品中的沙门氏菌极为重要。

（一）生物学特性

1．形态染色特性

沙门氏菌属菌为革兰氏阴性杆菌，大小为（0.4 ～ 0.9）μm×（1 ～ 3）μm，两端钝圆，无芽孢。光滑型菌落的细菌大小均匀，粗糙型菌落者大小及长短不等，甚至可见丝状体，除鸡白痢和鸡伤寒沙门氏菌外，均具周身鞭毛，能运动，一般无荚膜。

2．生化特性

沙门氏菌属有 2 000 个型，多数生化特性一致，生化特性对沙门氏菌属细菌的鉴别具有重要意义。

（1）发酵葡萄糖、麦芽糖、甘露醇、山梨酸产酸产气。

（2）不发酵乳糖、蔗糖、侧金盏花醇（大肠杆菌有的为阳性）。

（3）不产生吲哚，V-P 阴性。

（4）不水解尿素，对苯丙氨酸不脱氨。

根据生化特性，可将沙门氏菌属分为Ⅰ、Ⅱ、Ⅲ、Ⅳ、Ⅴ、Ⅵ六个亚属。亚属Ⅰ是生化特性典型且常见的沙门氏菌，亚属Ⅱ和Ⅳ是生化特性不典型的沙门氏菌，一般检出率较低（约占 0.04%）。六个亚属的生化特性见表 4-1。

表 4-1 沙门氏菌各亚属生化特性

（魏明奎．食品微生物检验技术．2009）

项 目	Ⅰ	Ⅱ	Ⅲ	Ⅳ	Ⅴ	Ⅵ
乳糖	—	—	+/(+)	—	—	—
卫矛醇	+	+	—	—	+	—
山梨醇	+	+	+	+	+	—
水杨苷	—	—	—	+	—	—
ONPG	—	—	+	—	+	—
丙二酸盐	—	+	+	—	—	—
KCN	—	—	—	+	+	—

3．培养特性

沙门氏菌属菌为需氧或兼性厌氧菌。最适温度为 37℃。适宜 pH 6.8 ～ 7.8。对营养要求不高，在普通培养基上能生长良好。

普通琼脂：培养 24h 后，形成中等大小、圆形或近似圆形、表面光滑、无色半透明、边缘整齐的菌落。

远藤琼脂：由于不分解乳糖，生长的菌落为淡红色或无色。

沙门氏菌属各亚属在各种选择性琼脂平板上的菌落特征见表 4-2。

表 4-2 沙门氏菌属各亚属在各种选择性琼脂平板上的菌落特征

（魏明奎．食品微生物检验技术．2010）

选择性琼脂平板	沙门氏菌Ⅰ、Ⅱ、Ⅲ、Ⅳ、Ⅴ、Ⅵ	沙门氏菌Ⅲ
亚硫酸铋琼脂	产硫化氢菌落为黑色有金属光泽、棕褐色或灰色，菌落周围培养基可呈黑色或棕色；有些菌株不产生硫化氢，形成灰绿色的菌落，周围培养基不变	黑色有金属光泽

选择性琼脂平板	沙门氏菌Ⅰ、Ⅱ、Ⅲ、Ⅳ、Ⅴ、Ⅵ	沙门氏菌Ⅲ
DHL 琼脂	无色半透明，产硫化氢菌落中心黑色或几乎全黑色	乳糖迟缓阳性或阴性的菌株与沙门氏菌Ⅰ、Ⅱ、Ⅲ、Ⅳ、Ⅴ、Ⅵ相同；乳糖阳性的菌株为粉红色，中心带黑色
HE 琼脂、WS 琼脂	蓝绿色或蓝色，多数产硫化氢，菌落中心黑色或几乎全黑色	乳糖阳性的菌株为黄色，中心黑色或几乎全黑色；乳糖迟缓阳性或阴性的菌株为蓝绿色或蓝色，中心黑色或几乎全黑色
SS 琼脂	无色半透明，产硫化氢菌株有的菌落中心带黑色，但不如以上培养基明显	乳糖迟缓阳性或阴性的菌株，与沙门氏菌Ⅰ、Ⅱ、Ⅲ、Ⅳ、Ⅴ、Ⅵ相同；乳糖阳性的菌株为粉红色，中心黑色，但中心无黑色形成时与大肠埃希氏菌不能区别

4．血清学特性

沙门氏菌具有复杂的抗原结构，一般沙门氏菌具有菌体（O）抗原、鞭毛（H）抗原和表面抗原（荚膜或包膜抗原）三种抗原。

（1）O 抗原　O 抗原能耐受 100℃ 2.5h，能抗乙醇、0.1% 石炭酸的破坏，与特异抗血清呈颗粒状凝集，形成慢，不易散。

依据 O 抗原不同沙门氏菌可分为 42 群，按 A、B、C、D、E、F ……Z 排列，Z 以后的顺序以 O_{51}～O_{63}，O_{65}～O_{67}表示。引起人类沙门氏菌病的 O 抗原 95% 以上在 A～F 六个群内。

（2）K 抗原　K 抗原为菌体抗原的一种，是荚膜或鞘物质。荚膜物质能抗 100℃或更高温度，而鞘物质较低温度即破坏。少数沙门氏菌有 Vi 抗原，可能为鞘物质，60℃加热或石炭酸处理即破坏。Vi 抗原包于菌体外层，能阻止 O 凝集，加热破坏 Vi 抗原后，O 凝集可实现。

（3）H 抗原　H 抗原存在于鞭毛中，经 60～70℃ 15min 加热或经乙醇或酸处理后即失去与特异性抗体结合的能力。H 抗原分为第 1 相（特异相）和第 2 相（非特异相）。第 1 相以 a、b、c……Z，Z 以后以 Z_1、Z_2、Z_3……表示；第 2 相分别以 1、2、3……表示，但也有 e、n、x、l、w 等。

5．抵抗力

沙门氏菌属不耐热，55℃ 1h、60℃ 15～30min 即被杀死。沙门氏菌属在外界的生活力较强，在 10～42℃的范围内均能生长，最适生长温度为 37℃。最适生长的 pH 为 6.8～7.8。在普通水中虽不易繁殖，但可生存 2～3 周。在粪便中可存活 1～2 个月。

在牛乳和肉类食品中，存活数月，在食盐含量为10%～15%的腌肉中亦可存活2～3个月。

烹调大块鱼、肉类食品时，如果食品内部达不到沙门氏菌的致死温度，其中的沙门氏菌仍能存活，食用后可导致食物中毒。冷冻对于沙门氏菌无杀灭作用，即使在–25℃低温环境中仍可存活10个月左右。

由于沙门氏菌属不分解蛋白质，不产生靛基质，污染食物后无感官性状的变化，易被忽视而引起食物中毒。

6．毒素特性

沙门氏菌不产生外毒素，但菌体裂解时，可产生毒性很强的内毒素，此种毒素为致病的主要因素，可引起人体发冷、发热及白细胞减少等病症。

7．流行病学

沙门氏菌广泛分布于自然界，且在人和动物间广泛传播。所有的温血动物和许多冷血动物是沙门氏菌的宿主或潜在宿主。这些带菌动物是动物性食品中沙门氏菌的主要来源。

在沙门氏菌的传播中，病人和带菌者是重要的传染源，也是食品污染的另一来源。从我国饮食行业从业人员带菌检查的结果看，人的沙门氏菌带菌率在1%上下波动，夏秋季可达2%，但冬春季带菌率低，呈现季节性消长。且从业人员的职业与带菌率有明显的关系，据调查，掌刀的厨师带菌率可高达40%。自带菌者分离的菌株与自动物分离的菌株血清学一致，提示可能是职业性感染。同时，人的带菌又是造成肉类食品污染的重要原因，所以带菌者的因素在沙门氏菌食物中毒中的作用不容忽视。

蛋、家禽和肉类产品是沙门氏菌病的主要传播媒介，在食品中增殖，人食入后可在消化道内增殖，引起急性胃肠炎和败血症等。该菌是重要的食物中毒性细菌之一。感染主要取决于沙门氏菌的血清型和食用者的身体状况，受威胁最大的是小孩、老年人及免疫缺陷个体。

沙门氏菌除可感染人外，还可感染很多动物包括哺乳类、鸟、爬行类、鱼、两栖类及昆虫。人畜感染后可呈无症状带菌状态，也可表现为有临床症状的致死疾病，它可能加重病态或死亡率，或者降低动物的繁殖生产力。

沙门氏菌感染是美国食物中毒致死的主要原因。美国人对这种病菌一点都不陌生，每年全国大约报告40 000例沙门氏菌感染病例。但实际的感染人数可能要达20倍以上，因为许多轻型病人可能未确诊，据不完全统计，每年大约有1 000人死于急性沙门氏菌感染。

（二）检测原理

食品中沙门氏菌的含量较少，且常由于食品加工过程使其受到损伤而处于濒死的状态。为了分离与检测食品中的沙门氏菌，对某些加工食品必须经过前增菌处理，用无选择性的培养基使处于濒死状态的沙门氏菌恢复其活力，再进行选择性增菌，使沙门氏菌得以增殖而大多数的其他细菌受到抑制，然后再进行分离鉴定。

沙门氏菌属是一群血清学上相关的需氧、无芽孢的革兰氏阴性杆菌，周身鞭毛，能运动，不发酵侧金盏花醇、乳糖及蔗糖，不液化明胶，不产生靛基质，不分解尿素，能有规律地发酵葡萄糖并产生气体。沙门氏菌属细菌由于不发酵乳糖，能在各种选择性培养基上生成特殊形态的菌落。大肠杆菌由于发酵乳糖产酸而出现与沙门氏菌形态特征不同的菌落，如在 SS 琼脂平板上使中性红指示剂变红，菌落呈红色，借此可把沙门氏菌同大肠杆菌相区别。根据沙门氏菌属的生化特征，借助于三糖铁、靛基质、尿素、KCN、赖氨酸等试验可与肠道其他菌属相鉴别。本菌属的所有菌种均有特殊的抗原结构，借此也可以把它们分辨出来。

二、设备和材料

恒温培养箱、均质器、电子天平、无菌锥形瓶、无菌吸管、无菌试管、无菌培养皿、无菌毛细管、精密 pH 试纸、全自动微生物生化鉴定系统。

三、培养基和试剂

1．缓冲蛋白胨水（BPW）
2．亚硒酸盐胱氨酸（SC）增菌液
3．亚硫酸铋（BS）琼脂
4．HE 琼脂
5．木糖赖氨酸脱氧胆盐（XLD）琼脂
6．沙门氏菌属显色培养基
7．三糖铁（TSI）琼脂
8．蛋白胨水
9．尿素琼脂（pH 7.2 ）
10．氰化钾（KCN）培养基
11．赖氨酸脱羧酶试验培养基

12．糖发酵管

13．半固体琼脂

14．丙二酸钠培养基

以上十四种培养基详见“项目一　食品微生物检测基础知识”中的任务五。

15．四硫黄酸钠煌绿（TTB）增菌液

（1）基础液　蛋白胨 10.0g、牛肉膏 5.0g、氯化钠 3.0g、碳酸钙 45.0g、蒸馏水 1 000.0mL，pH 7.0 ± 0.2。除碳酸钙外，将各成分加入蒸馏水中，煮沸溶解，再加入碳酸钙，调节 pH，121℃高压灭菌 20min。

（2）硫代硫酸钠溶液　硫代硫酸钠（含 5 个结晶水）50.0g，蒸馏水加至 100mL，121℃高压灭菌 20min。

（3）碘溶液　碘片 20.0g，碘化钾 25.0g，蒸馏水加至 100mL。将碘化钾充分溶解于少量的蒸馏水中，再投入碘片，振摇玻瓶至碘片全部溶解为止，然后加蒸馏水至规定的总量，贮存于棕色瓶内，塞紧瓶盖备用。

（4）0.5％煌绿水溶液　煌绿 0.5g，蒸馏水 100mL 溶解后，存放暗处，不少于 1d，使其自然灭菌。

（5）牛胆盐溶液　牛胆盐 10.0g，蒸馏水 100mL，加热煮沸至完全溶解，121℃高压灭菌 20min。

（6）制法　基础液 900mL、硫代硫酸钠溶液 100mL、碘溶液 20.0mL、煌绿水溶液 2.0 mL、牛胆盐溶液 50.0mL，临用前，按上列顺序，以无菌操作依次加入基础液中，每加入一种成分，均应摇匀后再加入另一种成分。

16．邻硝基酚 β-D 半乳糖苷（ONPG）（O-Nitrophenyl-β-D-galactopyranoside）培养基

（1）成分　ONPG 60.0 mg、0.01mol/L 磷酸钠缓冲液（pH 7.5）10.0 mL、1％蛋白胨水（pH 7.5）30.0 mL。

（2）制法　将 ONPG 溶于缓冲液内，加入蛋白胨水，以过滤法除菌，分装于无菌的小试管内，每管 0.5mL，用橡皮塞塞紧。

17．靛基质试剂详见“项目一　食品微生物检测基础知识”中的任务四。

18．沙门氏菌 O 和 H 诊断血清

19．生化鉴定试剂盒

四、检测程序

食品中沙门氏菌的检验程序按照《食品安全国家标准　食品微生物学检验　沙门

氏菌检验》（GB 4789.4—2010）进行，检测程序见图 4-1。

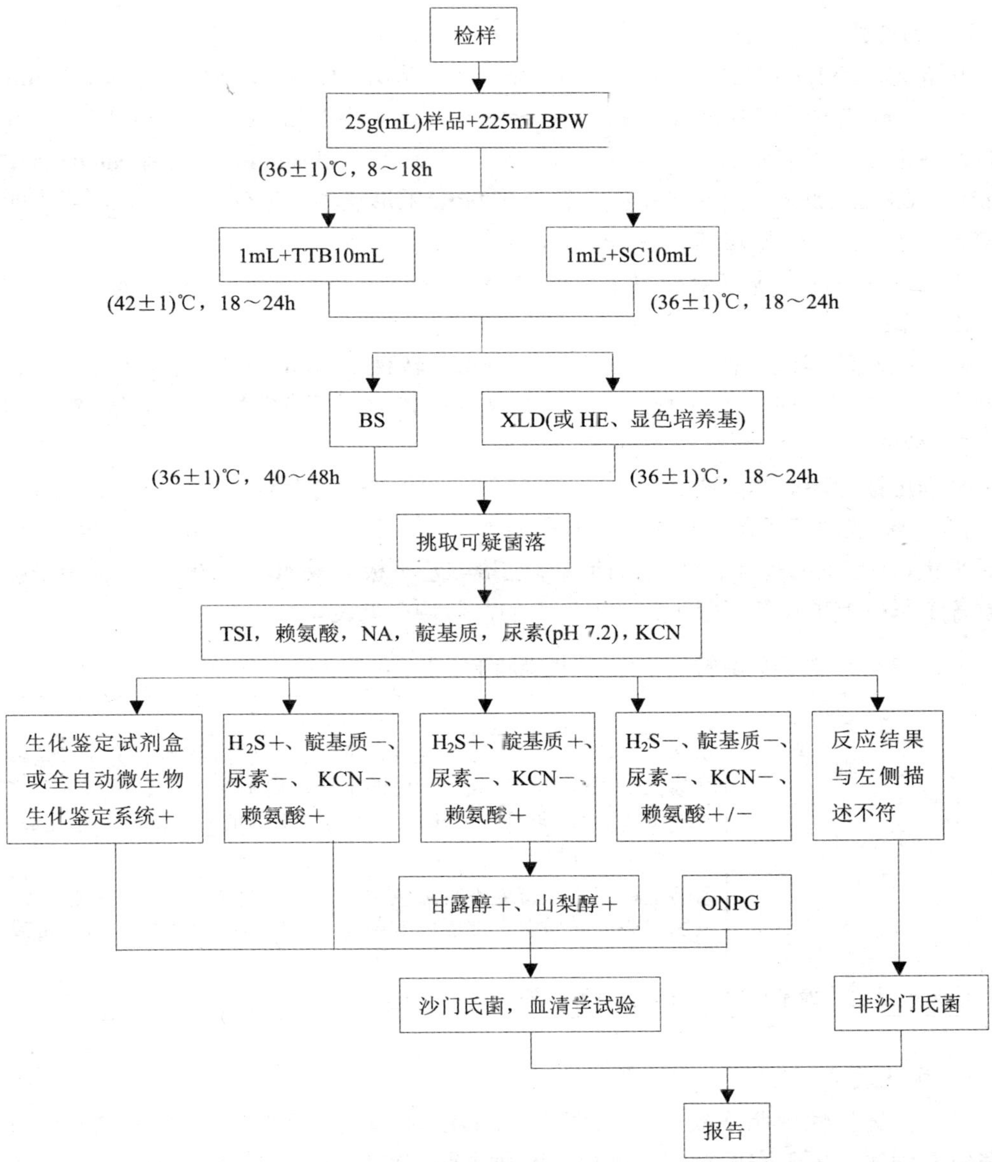

图 4-1　沙门氏菌检测程序（GB 4789.4—2010）

五、操作步骤

1．前增菌

称取 25g（mL）样品放入盛有 225mL BPW 的无菌均质杯中，以 8 000 ～ 10 000r/min 均质 1 ～ 2min，或置于盛有 225mL BPW 的无菌均质袋中，用拍击式均质器拍打 1 ～ 2min。若样品为液态，不需要均质，振荡混匀。如需调节 pH，用 1mol/mL 无菌 NaOH 或 HCl 调 pH 至 6.8 ± 0.2。无菌操作将样品转至 500mL 锥形瓶中，如使用均质袋，可直接进行培养，于 36℃ ±1℃培养 8 ～ 18h。

如为冷冻产品，应在 45℃以下不超过 15min 或 2 ～ 5℃不超过 18h 解冻。

2．增菌

轻轻摇动培养过的样品混合物，移取 1mL，转种于 10mL TTB 内，于 42℃ ±1℃培养 18 ～ 24h。同时，另取 1mL，转种于 10 mL SC 内，于 36℃ ±1℃培养 18 ～ 24h。

3．分离

分别用接种环取增菌液 1 环，划线接种于一个 BS 琼脂平板和一个 XLD 琼脂平板（或 HE 琼脂平板或沙门氏菌属显色培养基平板）。于 36℃ ±1℃分别培养 18 ～ 24h（XLD 琼脂平板、HE 琼脂平板、沙门氏菌属显色培养基平板）或 40 ～ 48h（BS 琼脂平板），观察各个平板上生长的菌落，各个平板上的菌落特征见表 4-3。

表 4-3 沙门氏菌属在不同选择性琼脂平板上的菌落特征（GB 4789.4—2010）

选择性琼脂平板	沙门氏菌
BS 琼脂	菌落为黑色有金属光泽、棕褐色或灰色，菌落周围培养基可呈黑色或棕色；有些菌株形成灰绿色的菌落，周围培养基不变
HE 琼脂	蓝绿色或蓝色，多数菌落中心黑色或几乎全黑色；有些菌株为黄色，中心黑色或几乎全黑色
XLD 琼脂	菌落呈粉红色，带或不带黑色中心，有些菌株可呈现大的带光泽的黑色中心，或呈现全部黑色的菌落；有些菌株为黄色菌落，带或不带黑色中心
沙门氏菌属显色培养基	按照显色培养基的说明进行判定

4．生化试验

（1）自选择性琼脂平板上分别挑取 2 个以上典型或可疑菌落，接种三糖铁琼脂，先在斜面划线，再于底层穿刺；接种针不要灭菌，直接接种赖氨酸脱羧酶试验培养基和营养琼脂平板，于 36℃ ±1℃培养 18 ～ 24h，必要时可延长至 48h。在三糖铁琼脂和赖氨酸脱羧酶试验培养基内，沙门氏菌属的反应结果见表 4-4。

表 4-4　沙门氏菌属在三糖铁琼脂和赖氨酸脱羧酶试验培养基内的反应结果

（GB 4789.4—2010）

三糖铁琼脂				赖氨酸脱羧酶试验培养基	初步判断
斜面	底层	产气	硫化氢		
K	A	＋（－）	＋（－）	＋	可疑沙门氏菌属
K	A	＋（－）	＋（－）	－	可疑沙门氏菌属
A	A	＋（－）	＋（－）	＋	可疑沙门氏菌属
A	A	＋/－	＋/－	－	非沙门氏菌
K	K	＋/－	＋/－	＋/－	非沙门氏菌

注：K 产碱；A 产酸；＋阳性；－阴性；＋（－）多数阳性，少数阴性；＋/－阳性或阴性。

（2）接种三糖铁琼脂和赖氨酸脱羧酶试验培养基的同时，可直接接种蛋白胨水（供做靛基质试验）、尿素琼脂（pH 7.2）、氰化钾（KCN）培养基，也可在初步判断结果后从营养琼脂平板上挑取可疑菌落接种。于 36℃ ±1℃培养 18 ～ 24h，必要时可延长至 48h，按表 4-5 判定结果。将已挑菌落的平板储存于 2 ～ 5℃或室温至少保留 24h，以备必要时复查。

表 4-5　沙门氏菌属生化反应初步鉴别（GB 4789.4—2010）

反应序号	硫化氢	靛基质	pH7.2 尿素	氰化钾	赖氨酸脱羧酶
A1	＋	－	－	－	＋
A2	＋	＋	－	－	＋
A3	－	－	－	－	＋/－

注：＋阳性；－阴性；＋/－阳性或阴性。

①反应序号 A1　典型反应判定为沙门氏菌属。如尿素、KCN 和赖氨酸脱羧酶三项中有一项异常，按表 4-6 可判定为沙门氏菌。如有两项异常为非沙门氏菌。

表 4-6　沙门氏菌属生化反应初步鉴别（GB 4789.4—2010）

pH 7.2 尿素	氰化钾	赖氨酸脱羧酶	判定结果
－	－	－	甲型副伤寒沙门氏菌（要求血清学鉴定结果）
－	＋	＋	沙门氏菌Ⅳ或Ⅴ（要求符合本群生化特性）
＋	－	＋	沙门氏菌个别变体（要求血清学鉴定结果）

注：＋阳性；－阴性。

②反应序号 A2　补做甘露醇和山梨醇试验，沙门氏菌靛基质阳性变体两项试验结果均为阳性，但需要结合血清学鉴定结果进行判定。

③反应序号 A3　补做 ONPG。ONPG 阴性为沙门氏菌，同时赖氨酸脱羧酶阳性，甲型副伤寒沙门氏菌为赖氨酸脱羧酶阴性。

④必要时按表 4-1 进行沙门氏菌生化群的鉴别。

（3）如选择生化鉴定试剂盒或全自动微生物生化鉴定系统，可根据操作步骤 4 中选择性平板的初步判断结果，从营养琼脂平板上挑取可疑菌落，用生理盐水制备成浊度适当的菌悬液，使用生化鉴定试剂盒或全自动微生物生化鉴定系统进行鉴定。

5．血清学鉴定

（1）抗原的准备　一般采用 1.2%～1.5%琼脂培养物作为玻片凝集试验用的抗原。O 血清不凝集时，将菌株接种在琼脂量较高的（如 2%～3%）培养基上再检查；如果是由于 Vi 抗原的存在而阻止了 O 凝集反应时，可挑取菌苔于 1mL 生理盐水中做成浓菌液，于酒精灯火焰上煮沸后再检查。H 抗原发育不良时，将菌株接种在 0.55%～0.65%半固体琼脂平板的中央，待菌落蔓延生长时，在其边缘部分取菌检查；或将菌株通过装有 0.3%～0.4%半固体琼脂的小玻管 1～2 次，自远端取菌培养后再检查。

（2）多价菌体抗原（O）鉴定和多价鞭毛抗原（H）鉴定　两者鉴定过程相同，均在玻片上划出 2 个约 1cm×2cm 的区域，挑取 1 环待测菌，各放 1/2 环于玻片上的每一区域上部，在其中一个区域下部加 1 滴多价菌体（O）抗血清，在另一区域下部加入 1 滴生理盐水，作为对照。再用无菌的接种环或针分别将两个区域内的菌落研成乳状液。将玻片倾斜摇动混合 1min，并对着黑暗背景进行观察，任何程度的凝集现象皆为阳性反应。

① O 抗原的鉴定　用 A～F 多价 O 血清做玻片凝集试验，同时用生理盐水做对照。在生理盐水中自凝者为粗糙形菌株，不能分型。

被 A～F 多价 O 血清凝集者，依次用 O_4、O_3、O_{10}、O_7、O_8、O_9、O_3、O_2 和 O_{11} 因子血清做凝集试验。根据试验结果，判定 O 群。

被 O_3、O_{10} 血清凝集的菌株，再用 O_{10}、O_{15}、O_{34}、O_{19} 单因子血清做凝集试验，判定 E_1、E_2、E_3、E_4 各亚群，每个 O 抗原成分的最后确定均应根据 O 单因子血清的检查结果。没有 O 单因子血清的，要用两个 O 复合因子血清进行核对。

不被 A～F 多价 O 血清凝集者，先用 57 种（或 163 种）沙门氏菌因子血清中的 9 种多价 O 血清检查，如果其中一种血清凝集，则用这种血清包括的 O 群血清逐一检查，以确定 O 群。每种多价 O 血清所包括的 O 因子如下：

O 多价 1：A、B、C、D、E、F 群（并包括 6、14 群）。

O 多价 2：13、16、17、18、21 群。

O 多价 3：28、30、35、38、39 群。

O 多价 4：40、41、42、43 群。

O 多价 5：44、45、47、48 群。

O 多价 6：50、51、52、53 群。

O 多价 7：55、56、57、58 群。

O 多价 8：59、60、61、62 群。

O 多价 9：63、65、66、67 群。

②H 抗原的鉴定　属于 A～F 各 O 群的常见菌型，依次用表 4-7 所述 H 因子血清检查第一相和第二相的 H 抗原。

表 4-7　A～F 群常见菌型 H 抗原（GB 4789.4—2010）

O 群	第一相	第二相	O 群	第一相	第二相
A	a	无	D（产气的）	g、m、p、q	无
B	g、f、s	无	E_1	h、v	6、w、x
B	i、b、d	2	E_2	h	6、w
C_1	k、v、r、c	5、z_{15}	E_3	g、s、t	无
C_2	b、d、r	2、5	E_4	i	z_6
D（不产气）	d	无	F	i	2

不常见的菌型，先用 8 种多价 H 血清检查，如有其中一种或两种血清凝集，则再用这一种或两种血清所包括的各种 H 因子血清逐一检查，以确定第一相和第二相的 H 抗原。8 种多价 H 血清所包括的 H 因子如下：

H 多价 1：a、b、c、d、i。

H 多价 2：eh、enx、enz_{15}、fg、gms、gpu、gq、mt、gz_{15}。

H 多价 3：k、r、y、z、z_{10}、lv、lw、lz_{13}、lz_{28}、lz_{40}。

H 多价 4：1、2；1、5；1、6；1、7；z_6。

H 多价 5：Z_4Z_{23}、Z_4Z_{24}、Z_4Z_{32}、Z_{29}、Z_{35}、Z_{36}、Z_{38}。

H 多价 6：Z_{39}、Z_{41}、Z_{42}、Z_{44}。

H 多价 7：Z_{52}、Z_{53}、Z_{54}、Z_{55}。

H 多价 8：Z_{56}、Z_{57}、Z_{60}、Z_{61}、Z_{62}。

每一个 H 抗原成分的最后确定均应根据 H 单因子血清的检查结果，没有 H 单因子血清的要用两个 H 复合因子血清进行核对。

检出第一相 H 抗原而未检出第二相 H 抗原的或检出第二相 H 抗原而未检出第一相 H 抗原的，可在琼脂斜面上移种 1 代或 2 代后再检查，如仍只检出一个相的 H 抗原，要用位相变异的方法检查其另一个相。单相菌不必做位相变异检查。

位相变异检查的方法有小玻管法、小套管法、简易平板法等。

A．小玻管法　将半固体管（每管 1 ～ 2mL）在酒精灯上溶化并冷至 50℃。取已知相的 H 因子血清 0.05 ～ 0.1mL，加入溶化的半固体内，混匀后用毛细吸管取分装于供位相变异试验的小玻管内，凝固后，用接种针挑取待检菌，接种于一端。将小玻管平放在平皿上，并在其旁放一团湿棉花，以防琼脂中水分蒸发而干燥，每天检查结果，待另一相细菌解离后，可以从另一端挑取细菌进行检查。培养基内血清的浓度应有适当的比例，过高时细菌不能生长，过低时同一相细菌的动力不能抑制。一般按原血清 1 ∶ 200 ～ 1 ∶ 800 的量加入。

B．小套管法　将两端开口的小玻管（下端开口要留一个缺口，不要平齐）放在半固体管内，小玻管的上端应高于培养基的表面，灭菌后备用。临用时在酒精灯上加热溶化，冷至 50℃，挑取已知相因子血清 1 环，加入小套管中的半固体内，略加搅动，使其混匀，凝固后，将待检菌株接种于小套管中的半固体表面内，每天检查结果，待另一相细菌解离后，可从套管外的半固体表面取菌检查，或转种与 1% 软琼脂斜面，于 37℃培养后再做凝集试验。

C．简易平板法　将 0.7% ～ 0.8% 半固体琼脂平板烘干表面水分，挑取已知相因子血清 1 环，滴在半固体平板表面，放置片刻，待血清吸收到琼脂内，在血清部位的中央点种待检菌株，培养后，在形成蔓延生长的菌苔边缘取菌检查。

③ Vi 因子血清检查　用 Vi 因子血清检查。已知具有 Vi 抗原的菌型有：伤寒沙门氏菌、丙型副伤寒沙门氏菌、都柏林伤寒沙门氏菌。

④结果报告　综合以上生化实验和血清学分型鉴定结果，报告 25g（mL）样品中检出或未检出沙门氏菌。

6．注意事项

（1）试验用培养基　所用培养基应预先作出质量鉴定，以已知典型反应的菌株作测试，其灵敏度及典型特征反应必须符合要求。培养基应新鲜配制并在规定时间内使用。分离平板在使用前应于 36℃恒温箱内倒置培养 1 ～ 2h，使其表面温润，以利细菌生长和分离。不得使用陈旧、水分散失的平板。

（2）设置阳性和阴性对照　阴性对照应无菌生长，阳性对照应显示阳性结果，否则结果无效。在做阳性对照试验时，应与待检样本检验分开操作，避免污染，特别注意在使用接种针、环作接种或分离时，应避免动作过大，防止产生气溶胶污染操作用具及环境。

（3）可疑菌落的挑选　为保证试验的可靠性，在分离平板上挑取可疑菌落时应多挑取几个菌落同时检查。应注意不要在菌落密集的部位挑取可疑菌落，应在菌落分布稀疏的部位挑取单个菌落。

（4）以纯培养物做试验　用待检样本的纯培养物做试验，才能获得可靠的生化试验结果。若出现血清学试验阳性而生化试验不符合沙门氏菌属的反应时，首先应考虑培养物是否纯净，因为污染细菌常常可掩盖沙门氏菌反应。对已经污染的三糖铁琼脂培养物，暂时不要弃去，需重新分离后再作鉴定。

（5）生化反应应符合规定条件　所有生化反应必须按照规定条件去做，如三糖铁琼脂斜面反应的时间应在 24h ± 2h 内，时间过短或过长均可能出现错误判断；氰化钾试验，试管口应密塞，以防氰化钾分解成氢氰酸气体逸出，致使氰化钾浓度降低，抑菌作用下降，造成假阳性。

（6）注意无菌操作　沙门氏菌是肠道重要的致病菌，操作时应特别注意分离菌和阳性对照菌可能对操作环境的污染。凡是用过的所有增菌、分离、生化试验、血清凝集试验的器物以及镜检后的玻片等，均应灭菌后方能洗涤。

任务二　金黄色葡萄球菌检测技术

一、基本原理

金黄色葡萄球菌（*Staphylococcus aureus*）在自然界广泛分布，空气、土壤、水等都有其存在。可直接或间接地污染食品，在适宜条件下可产生肠毒素，引起食物中毒，其中毒症状主要导致急性胃肠炎。

适宜于金黄色葡萄球菌繁殖和产生肠毒素的食品，主要为乳及乳制品、腌制肉、鸡、蛋和含有淀粉的食品，特别是牛乳引起食物中毒的事例较为多见。据报道，儿童对肠毒素比成人敏感，发病率也高，病情较重。一般认为食品中生长金黄色葡萄球菌是食品卫生上的一种潜在危险。因此，在食品微生物检测有关致病菌的检验中，有必要检测金黄色葡萄球菌。

（一）生物学特性

1. 形态与染色

典型的葡萄球菌呈球形，直径 0.4 ～ 1.2μm，致病性葡萄球菌一般较非致病性菌小，且各个菌体的大小及排列也较整齐。本属细菌繁殖时呈多个平面的不规则分裂，堆积成为葡萄串状排列，在液体培养基中生长，常呈双球或短链状排列，易误认为链球菌。葡萄球菌无鞭毛及芽孢，一般不形成荚膜，易被碱性染料着色，革兰氏染色阳性，当衰老、死亡或被白细胞吞噬后常转为革兰氏阴性，对青霉素有抗药性的菌株也为革兰氏阴性。

2．培养特性

（1）葡萄球菌营养要求不高，在普通培养基上生长良好，需氧或兼性厌氧。最适生长温度为37℃，最适pH为7.4。

（2）耐盐性强，在含10%～15%的氯化钠培养基中能生长，在含有20%～30%二氧化碳的环境中培养，可产生大量的毒素。

（3）在肉汤培养基中生长迅速，37℃ 24h培养后，呈均匀混浊生长，延长培养时间，管底出现少量沉淀，轻轻振摇，沉淀物上升，旋即消散，培养2～3d后可形成很薄的菌环，在管底则形成多量黏稠沉淀。

（4）在普通营养琼脂平板上，培养24～48h后，可形成圆形凸起、边缘整齐、表面光滑、湿润、有光泽、不透明菌落，菌落直径通常为1～2mm，但也有大到4～5mm者；可产生不同色素，如金黄色、白色及柠檬色，这些色素为脂溶性，能溶于醇、乙醚、氯仿及苯等有机溶剂中，因不溶于水，故色素只限于培养物而不外渗至培养基中。色素的形成依培养条件而异，通常在22℃产生色素较多；于37℃培养后，再置室温1～2d，色素产生明显；在固体培养基中含有碳水化合物、牛乳或血清等，色素形成最好；有氧及二氧化碳环境下易形成色素，而在无氧环境中不形成色素。

（5）在血琼脂平板上，形成的菌落较大。多数致病性菌株可产生溶血毒素，使菌落周围产生透明的溶血圈（β 溶血）。

3．生化特性

本属细菌大多数不能分解乳糖、葡萄糖、麦芽糖、蔗糖，产酸不产气；致病菌株多能分解甘露醇产酸；甲基红阳性，V-P弱阳性；多数菌株能分解尿素产氨，还原硝酸盐，不产生吲哚。

4．肠毒素与酶的关系

葡萄球菌的致病力取决于它所产生的毒素和酶的能力，致病性菌株可产生肠毒素、溶血毒素、杀白血球素、血浆凝固酶、耐热DNA酶等。其中肠毒素与血浆凝固酶和耐热核酸酶有密切关系。能产生肠毒素的葡萄球菌在厌氧条件下，发酵葡萄糖，可产生耐热的核酸内切酶。一般情况下，大多数能产生血浆凝固酶的葡萄球菌能产生肠毒素。但也有例外，有的品系没有血浆凝固酶，而能产生毒素；有的品系有此酶，却不产生毒素。

金黄色葡萄球菌能产生凝固酶，使血浆凝固。多数金黄色葡萄球菌致病菌株能产生溶血毒素，使血琼脂平板菌落周围出现溶血环，在试管中出现溶血反应。这些是鉴定致病性金黄色葡萄球菌的重要指标。

由金黄色葡萄球菌产生的耐热核酸酶，是一种能降解DNA的胞外酶，对热有较强抵抗力。100℃ 15min处理仍保持活性。而其他来源的核酸酶不具有这种耐热性质。而且产生肠毒素的葡萄球菌一定有耐热核酸酶存在，据此将该酶作为鉴定肠毒素金黄色葡萄球菌的重要项目之一。

（二）检测原理

金黄色葡萄球菌可产生多种毒素和酶。在血平板上生长时，因产生金黄色色素使菌落呈金黄色；由于产生溶血素使菌落周围形成大而透明的溶血圈，在 Baird-Parker 平板上生长时，因将亚碲酸钾还原成碲酸钾使菌落呈灰黑色；因产生脂酶使菌落周围有一浑浊带，而在其外层因产生蛋白水解酶有一透明带。在肉汤中生长时，菌体可生成血浆凝固酶并释放于培养基中（叫做游离凝固酶）。此酶类似凝血酶原物质，不直接作用到血浆纤维蛋白原上，而是被血浆中的致活剂（即凝固酶致活因子）激活后，变成耐热的凝血酶样物质，此物质可使血浆中的液态纤维蛋白原变成固态纤维蛋白，血浆因而成凝固状态。

二、设备和材料

灭菌锅、电子天平、干燥箱、显微镜、恒温培养箱、恒温水浴锅、均质器、振荡器、灭菌吸管、灭菌试管、灭菌锥形瓶、灭菌培养皿、载玻片、接种环、酒精灯、注射器、精密 pH 试纸等。

三、培养基和试剂

1．10% 氯化钠胰酪胨大豆肉汤
2．7.5% 氯化钠肉汤
3．血琼脂平板
4．Baird-Parker 琼脂平板
5．脑心浸出液肉汤（BHI）
6．营养琼脂小斜面
以上六种培养基详见“项目一　食品微生物检测基础知识”中的任务五。
7．兔血浆
（1）取柠檬酸钠 3.8g，加蒸馏水 100mL，溶解后过滤，装瓶，121℃高压灭菌 15min。

（2）兔血浆制备　取 3.8% 柠檬酸钠溶液一份，加兔全血四份，混好静置（或以 3 000r/min 离心 30min），使血液细胞下降，即可得血浆。

8．稀释液：磷酸盐缓冲液

（1）成分　磷酸二氢钾（KH_2PO_4）34.0g，蒸馏水 500.0mL，pH 7.2。

（2）制法

贮存液：称取 34.0g 的磷酸二氢钾溶于 500mL 蒸馏水中，用大约 175mL 的 1mol/L 氢氧化钠溶液调节 pH 至 7.2，用蒸馏水稀释至 1 000mL 后贮存于冰箱。

稀释液：取贮存液 1.25mL，用蒸馏水稀释至 1 000mL，分装于适宜容器中，121℃高压灭菌 15min。

9．革兰氏染色液

10．无菌生理盐水

以上两种试剂详见“项目一　食品微生物检测基础知识”中的任务四。

四、检测程序

食品中金黄色葡萄球菌的检测按照《食品安全国家标准　食品微生物学检验　金黄色葡萄球菌检验》（GB 4789.10—2010）进行，检测程序见图 4-2。

五、操作步骤

1．样品的处理

称取 25g 样品至盛有 225mL 7.5% 氯化钠肉汤或 10% 氯化钠胰酪胨大豆肉汤的无菌均质杯内，8 000 ～ 10 000r/min 均质 1 ～ 2min，或放入盛有 225mL 7.5% 氯化钠肉汤或 10% 氯化钠胰酪胨大豆肉汤的无菌均质袋中，用拍击式均质器拍打 1 ～ 2min。若样品为液态，吸取 25mL 样品至盛有 225mL 7.5% 氯化钠肉汤或 10% 氯化钠胰酪胨大豆肉汤的无菌锥形瓶（瓶内可预置适当数量的无菌玻璃珠）中，振荡混匀。

2．增菌和分离培养

（1）将上述样品匀液于 36℃ ±1℃培养 18 ～ 24h。金黄色葡萄球菌在 7.5% 氯化钠肉汤中呈混浊生长，污染严重时在 10% 氯化钠胰酪胨大豆肉汤内呈混浊生长。

（2）将上述培养物，分别划线接种到 Baird-Parker 平板和血平板，血平板 36℃ ±1℃培养 18 ～ 24h。Baird-Parker 平板 36℃ ±1℃培养 18 ～ 24h 或 45 ～ 48h。

（3）金黄色葡萄球菌在 Baird-Parker 平板上，菌落直径为 2 ～ 3mm，颜色呈灰色到黑色，边缘为淡色，周围为一混浊带，在其外层有一透明圈。用接种针接触菌落有似奶油至树胶样的硬度，偶然会遇到非脂肪溶解的类似菌落；但无混浊带及透明圈。长期保存的冷冻或干燥食品中所分离的菌落比典型菌落所产生的黑色较淡些，外观可

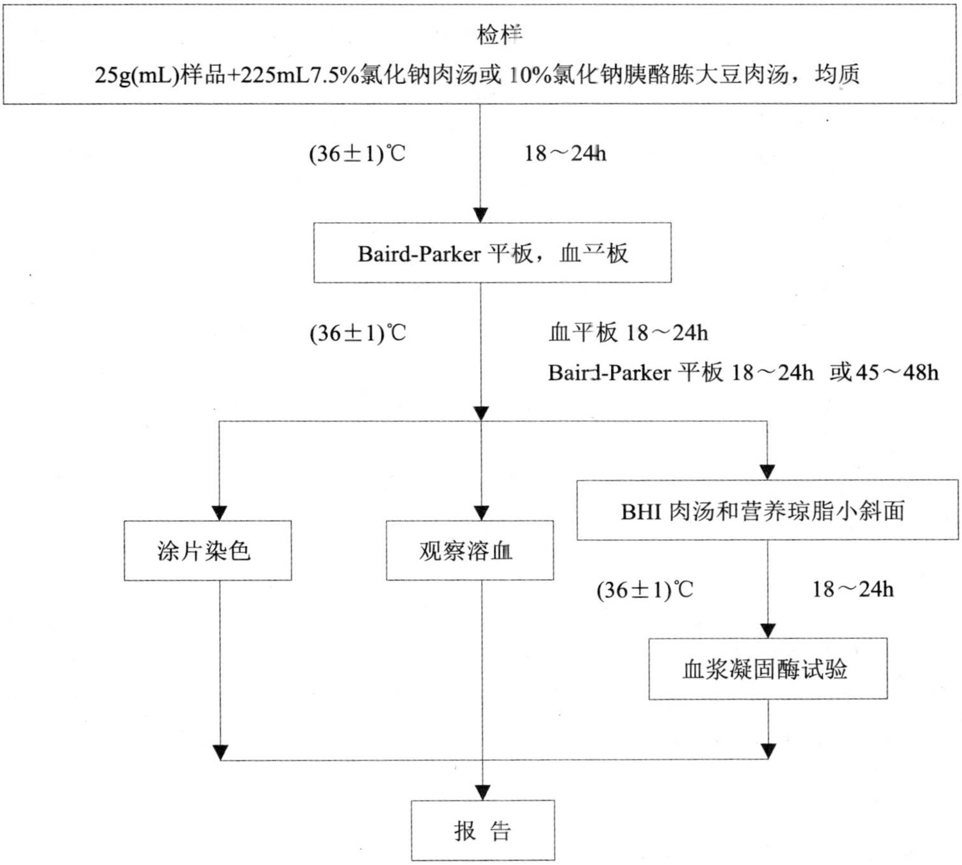

图4-2　金黄色葡萄球菌检测程序（GB 4789.10—2010）

能粗糙并干燥。在血平板上，形成菌落较大，圆形、光滑凸起、湿润、金黄色（有时为白色），菌落周围可见完全透明溶血圈。挑取上述菌落进行革兰氏染色镜检及血浆凝固酶试验。

3．鉴定

（1）染色镜检　金黄色葡萄球菌为革兰氏阳性球菌，排列呈葡萄球状，无芽孢，无荚膜，直径为0.5～1μm。

（2）血浆凝固酶试验　挑取Baird-Parker平板或血平板上可疑菌落1个或以上，分别接种到5mL BHI和营养琼脂小斜面，36℃±1℃培养18～24h。

取新鲜配制兔血浆0.5mL，放入小试管中，再加入BHI培养物0.2～0.3mL，振荡摇匀，置 36℃ ±1℃恒温箱或水浴锅内，每半小时观察一次，观察 6h，如呈现凝固（即将试管倾斜或倒置时，呈现凝块）或凝固体积大于原体积的一半，被判定为阳性结果。同时以血浆凝固酶试验阳性和阴性葡萄球菌菌株的肉汤培养物作为对照。也可用商品化的试剂，按说明书操作，进行血浆凝固酶试验。

结果如可疑，挑取营养琼脂小斜面的菌落到 5mL BHI，36℃ ±1℃培养 18 ～ 48h，重复试验。

4．注意事项

（1）血浆凝固酶试验　可选用人血浆或兔血浆，用人血浆出现凝固的时间短，约 93.6% 的阳性菌在 1h 内出现凝固。用兔血浆 1h 内出现凝固的阳性菌株仅达 86%，大部分菌株可在 6h 内出现凝固。

若被检菌为陈旧的培养物（超过 18 ～ 24h），或生长不良，可能造成凝固酶活性低，出现假阴性。

不能使用甘露醇氯化钠琼脂上的菌落做血浆凝固酶的实验，因所有高盐培养基都可以抑制 A 蛋白的产生，造成假阴性结果。

不要用力震摇试管，以免凝块振碎。

实验必须设阳性（标准金黄色葡萄球菌）、阴性（白色葡萄球菌）、空白（肉汤）对照。

（2）当食品中检出金黄色葡萄球菌时，表明食品在加工处理时卫生条件较差，并且说明该食品导致了食源性疾病。但当食品中未分离出金黄色葡萄球菌时，也不能证明食品中不存在葡萄球菌肠毒素。

任务三　志贺氏菌检测技术

一、基本原理

志贺氏菌属的细菌通常称为痢疾杆菌，是细菌性痢疾的病原菌。临床上能引起痢疾症状的病原菌微生物很多，如志贺氏菌属、沙门氏菌属、变形杆菌属、埃希氏菌属等，还有阿米巴原虫、鞭毛虫及病毒等均可引起人类痢疾，其中以志贺氏菌引起的细菌性疾病最为常见。人类对志贺氏菌的易感性较高，所以在食物和饮用水的卫生检验时，常以是否含有志贺氏菌作为指标。

志贺氏菌属是由四个亚群组成，即 A、B、C 和 D。

A 群　痢疾志贺氏菌，有 10 个抗原组成各不相同的血清型，其中包括最知名的志贺氏杆菌（Ⅰ型痢疾志贺氏菌）和舒米茨杆菌（Ⅱ型痢疾志贺氏菌）。

B 群　福氏志贺菌，有 6 个血清型，其中的 1 ～ 5 又可分为两个亚型，还有 X、Y 两个变种，这些型、亚型和变种之间通过大量的共同抗原联系在一起。

C 群　鲍氏志贺菌，有 15 个血清型，其中有的血清型有甘露醇阴性的变种。

D 群　宋内氏志贺菌，只有一个种（血清型），它具有Ⅰ相（光滑型）和Ⅱ相（粗糙型）的变异。

与肠杆菌科各属细菌相比较，志贺氏菌属的主要鉴别特征为不运动，对各种糖的利用能力较差，并且在含糖的培养基内一般不形成可见气体。除运动与生化反应外，本菌属细菌的进一步分群分型有赖于血清学试验。

（一）生理学特性

1．形态与染色特性

本属细菌为两侧平行、末端钝圆的短杆菌，(2 ～ 3)μm×(0.5 ～ 0.7)μm，与其他肠道杆菌相似。无荚膜，无鞭毛，不形成芽孢，革兰氏阴性，个别菌带有菌毛。

2．培养特性

志贺氏菌属需氧或兼性厌氧，但厌氧时生长不很旺盛。对营养要求不高，在普通琼脂培养基上易于生长。最适温度为 37℃，最适 pH 6.4 ～ 7.8。37℃培养 18 ～ 24h 后菌落呈圆形、微凸、光滑湿润、无色、半透明、边缘整齐，直径为 2mm。在液体培养基中呈均匀混浊生长，无菌膜形成。在选择性增菌培养基内（BL 和 GN 肉汤内）生长良好。形成不发酵乳糖的菌落（宋内氏菌 48h 后可转为发酵乳糖）。

3．生化特性

本菌属都能分解葡萄糖，产酸不产气，大多数不发酵乳糖，仅宋内氏菌迟缓发酵乳糖。靛基质产生不定，甲基红阳性，V-P 试验阴性，不分解尿素，不产生 H_2S。根据生化反应可进行初步分类。

4．血清学特性

志贺氏菌四个亚群各具有不同的抗原构造，都是由菌体抗原（O）及表面抗原（K）组成。B 亚群细菌的抗原关系比较复杂，根据各血清型的群抗原和型抗原构成的不同，尚可再分为亚型，如 1 型可分为 1a 亚型和 1b 亚型等。B 亚群有 6 个血清型，连同亚型 X、Y 两个变种共 13 种不同的抗原构造。

5．抵抗力

志贺氏菌属的细菌与沙门氏菌属及其他肠道杆菌相比，对理化因素抵抗力较低，对酸较敏感，必须使用含有缓冲剂的培养基。在外界环境中的生存力，宋内氏志贺氏菌最强、福氏志贺氏菌次之，而痢疾志贺氏菌最弱。一般湿润的土壤中能生存 34d，37℃的水中存活 20d，而在冰块中可存活 3 个月，粪便中的细菌在室温情况下（20℃左右）

可存在11d。含有高浓度胆汁的培养基能抑制某些志贺氏菌株的生长，日光直射30min可杀死，56～60℃只需要19min可杀死，1%石炭酸中15～30min可杀死。对磺胺、链霉素和氯霉素敏感但很容易产生耐药性。

（二）检测原理

志贺氏菌属主要通过食品加工、集体食堂和饮食行业的从业人员中痢疾患者或带菌者污染食物，从而导致痢疾的发生，是一种较常见的危害较大的致病菌。志贺氏菌的鉴定主要根据血清学反应，再以生化反应证实。

二、设备和材料

天平、均质器或研钵、培养箱、显微镜、灭菌广口瓶、灭菌培养皿、酒精灯、载玻片、灭菌金属匙或玻璃棒、接种棒、试管架。

三、培养基和试剂

1．麦康凯（MAC）琼脂
2．木糖赖氨酸脱氧胆酸盐（XLD）琼脂
3．三糖铁（TSI）琼脂
4．营养琼脂斜面
5．半固体琼脂
6．葡萄糖铵培养基
7．尿素琼脂
8．氨基酸脱羧酶试验培养基
9．糖发酵管
10．西蒙氏柠檬酸盐培养基
11．蛋白胨水
以上11种培养基详见“项目一　食品微生物检测基础知识”中的任务五。
12．志贺氏菌显色培养基
13．志贺氏菌增菌肉汤——新生霉素
（1）志贺氏菌增菌肉汤
①成分　胰蛋白胨20.0g、葡萄糖1.0g、磷酸氢二钾2.0g、磷酸二氢钾2.0g、氯化钠5.0g、吐温80（Tween80）1.5mL、蒸馏水1 000.0mL。

②制法　将以上成分混合加热溶解，冷却至25℃左右校正pH至7.0±0.2，分装适当的容器，121℃灭菌15min。取出后冷却至50～55℃，加入除菌过滤的新生霉素溶液（0.5μg/mL），分装225mL备用。注：如不立即使用，在2～8℃条件下可储存一个月。

（2）新生霉素溶液

①成分　新生霉素25.0mg、蒸馏水1 000.0mL。

②制法：将新生霉素溶解于蒸馏水中，用0.22μm过滤膜除菌，如不立即使用，在2～8℃条件下可储存一个月。

（3）临用时每225mL志贺氏菌增菌肉汤（1）加入5mL新生霉素溶液（2）中，混匀。

14．邻硝基苯β-半乳糖苷酶培养基

（1）液体法（ONPG法）

①成分　邻硝基苯β-D-半乳糖苷(ONPG) 60.0mg、0.01mol/L磷酸钠缓冲液（pH 7.5±0.2）10.0mL、1%蛋白胨水（pH 7.5±0.2）30.0mL。

②制法　将ONPG溶于缓冲液内，加入蛋白胨水，以过滤法除菌，分装于10mm×75mm试管内，每管0.5mL，用橡皮塞塞紧。

（2）平板法（X-Gal法）

①成分　蛋白胨20.0g、氯化钠3.0g、5-溴-4-氯-3-吲哚-β-D-半乳糖苷（X-Gal）200.0mg、琼脂15.0g、蒸馏水1 000.0mL。

②制法　将各成分加热煮沸于1L水中，冷却至25℃左右校正pH至7.2±0.2，115℃高压灭菌10min。倾注平板避光冷藏备用。

15．黏液酸盐培养基

（1）测试肉汤

①成分　酪蛋白胨10.0g、溴麝香草酚蓝溶液0.024g、蒸馏水1 000.0mL、黏液酸10.0g。

②制法　慢慢加入5N氢氧化钠以溶解黏液酸，混匀。其余成分加热溶解，加入上述黏液酸，冷却至25℃左右校正pH至7.4±0.2，分装试管，每管约5mL，于121℃高压灭菌10min。

（2）质控肉汤

①成分　酪蛋白胨10.0g、溴麝香草酚蓝溶液0.024g、蒸馏水1 000.0mL。

②制法　所有成分加热溶解，冷却至25℃左右校正pH至7.4±0.2，分装试管，每管约5mL，于121℃高压灭菌10min。

16．靛基质试剂详见“项目一　食品微生物检测基础知识”中的任务四。

17．志贺氏菌属诊断血清

18．生化鉴定试剂盒

四、检测程序

食品中志贺氏菌的检测按照《食品安全国家标准 食品微生物学检验 志贺氏菌检验》（GB 4789—2012）进行，检测程序见图 4-3。

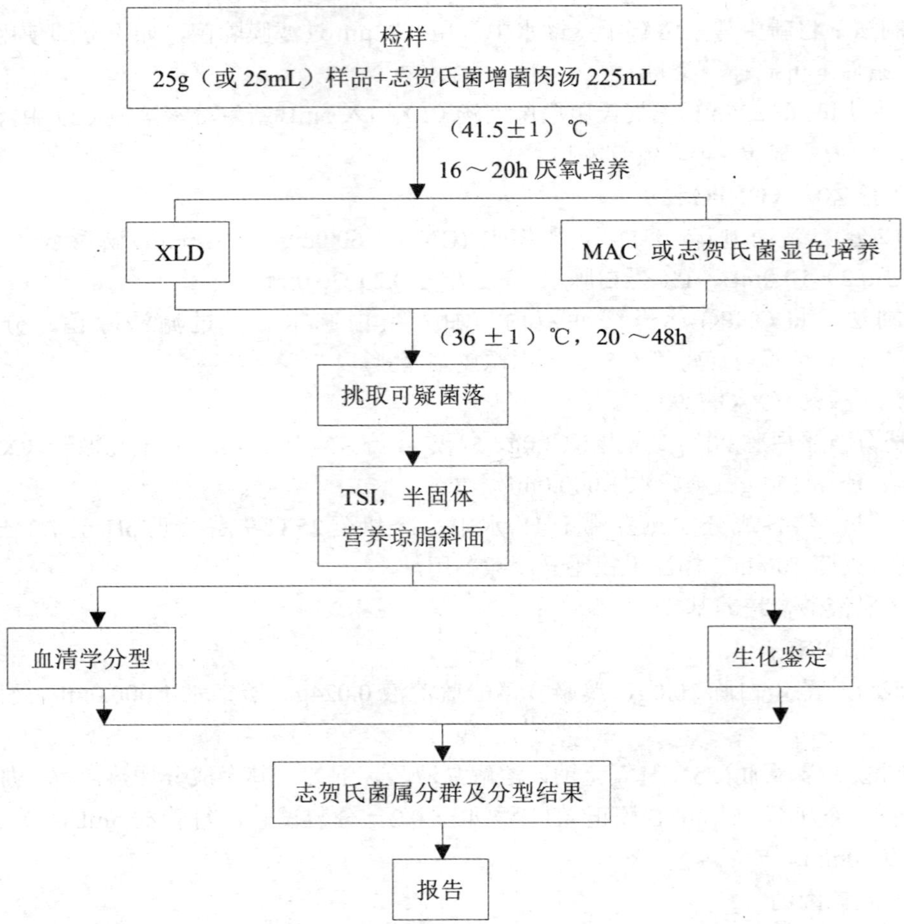

图 4-3 志贺氏菌检测程序（GB 4789—2012）

五、操作步骤

1．增菌

以无菌操作取检样 25g（mL），加入装有灭菌 225mL 志贺氏菌增菌肉汤的均质杯，用旋转刀片式均质器以 8 000 ～ 10 000r/min 均质；或加入装有 225mL 志贺氏菌增菌肉汤的均质袋中，用拍击式均质器连续均质 1 ～ 2min，液体样品振荡混匀即可。于 41.5℃ ± 1 ℃厌氧培养 16 ～ 20h。

2．分离

取增菌后的志贺氏增菌液分别划线接种于 XLD 琼脂平板和 MAC 琼脂平板或志贺氏菌显色培养基平板上，于 36℃ ±1℃培养 20 ～ 24h，观察各个平板上生长的菌落形态。宋内氏志贺氏菌的单个菌落直径大于其他志贺氏菌。若出现的菌落不典型或菌落较小不易观察，则继续培养至 48h 再进行观察。志贺氏菌在不同选择性琼脂平板上的菌落特征见表 4-8。

表 4-8 志贺氏菌在不同选择性琼脂平板上的菌落特性（GB 4789.5—2012）

选择性琼脂平板	志贺氏菌的菌落特征
MAC 琼脂	无色至浅粉红色，半透明、光滑、湿润、圆形、边缘整齐或不齐
XLD 琼脂	粉红色至无色，半透明、光滑、湿润、圆形、边缘整齐或不齐
志贺氏菌显色培养基	按照显色培养基的说明进行判定

3．初步生化试验

（1）自选择性琼脂平板上分别挑取 2 个以上典型或可疑菌落，分别接种 TSI、半固体和营养琼脂斜面各一管，置 36℃ ±1℃培养 20 ～ 24h，分别观察结果。

（2）凡是三糖铁琼脂中斜面产碱、底层产酸（发酵葡萄糖，不发酵乳糖、蔗糖）、不产气（福氏志贺氏菌 6 型可产生少量气体）、不产硫化氢、半固体管中无动力的菌株，挑取其（1）中已培养的营养琼脂斜面上生长的菌苔，进行生化试验和血清学分型。

4．生化试验及附加生化试验

（1）生化试验 初步生化试验（1）中已培养的营养琼脂斜面上生长的菌苔，进行生化试验，即 β- 半乳糖苷酶、尿素、赖氨酸脱羧酶、鸟氨酸脱羧酶以及水杨苷和七叶苷的分解试验。除宋内氏志贺氏菌、鲍氏志贺氏菌 13 型的鸟氨酸阳性；宋内氏菌和痢疾志贺氏菌 1 型，鲍氏志贺氏菌 13 型的 β- 半乳糖苷酶阳性以外，其余生化试验志贺氏菌属的培养物均为阴性结果。另外，由于福氏志贺氏菌 6 型的生化特性和痢疾志贺氏菌或鲍氏志贺氏菌相似，必要时还需加做靛基质、甘露醇、棉子糖、甘油试验，也可做革兰氏染色检查和氧化酶试验，应为氧化酶阴性的革兰氏阴性杆菌。生化反应不符合的菌株，即使能与某种志贺氏菌分型血清发生凝集，仍不得判定为志贺氏菌属。志贺氏菌属生化特性见表 4-9。

表 4-9 志贺氏菌属四个群的生化特征（GB 4789.5—2012）

生化反应	A 群：痢疾志贺氏菌	B 群：福氏志贺氏菌	C 群：鲍氏志贺氏菌	D 群：宋内氏志贺氏菌
β- 半乳糖苷酶	－[a]	－	－[a]	＋
尿素	－	－	－	－
赖氨酸脱羧酶	－	－	－	－
鸟氨酸脱羧酶	－	－	－[b]	＋
水杨苷	－	－	－	－
七叶苷	－	－	－	－
靛基质	－/＋	（＋）	－/＋	－
甘露醇	－	＋[c]	＋	＋
棉子糖	－	＋	－	＋
甘油	（＋）	－	（＋）	d

注：＋阳性；－阴性；－/＋多数阴性；＋/－多数阳性；（＋）迟缓阳性；d 有不同生化型。

a 痢疾志贺 1 型和鲍氏 13 型为阳性；b 鲍氏 13 型为鸟氨酸阳性；c 福氏 4 型和 6 型常见甘露醇阴性变种。

（2）附加生化试验　由于某些不活泼的大肠埃希氏菌（anaerogenic E.coli）、A-D（Alkalescens-D isparbiotypes，碱性 - 异型）菌的部分生化特征与志贺氏菌相似，并能与某种志贺氏菌分型血清发生凝集，因此前面生化试验符合志贺氏菌属生化特性的培养物还需另加葡萄糖胺、西蒙氏柠檬酸盐、黏液酸盐试验（36℃培养 24 ～ 48h）。志贺氏菌属和不活泼大肠埃希氏菌、A-D 菌的生化特性区别见表 4-10。

表 4-10 志贺氏菌属和不活泼大肠埃希氏菌、A-D 菌的生化特性区别（GB 4789.5—2012）

生化反应	A 群：痢疾志贺氏菌	B 群：福氏志贺氏菌	C 群：鲍氏志贺氏菌	D 群：宋内氏志贺氏菌	大肠埃希氏菌	A–D 菌
葡萄糖铵	－	－	－	－	＋	＋
西蒙氏柠檬酸盐	－	－	－	－	d	d
黏液酸盐	－	－	－	d	＋	d

注：＋阳性；－阴性；d 有不同生化型。

在葡萄糖铵、西蒙氏柠檬酸盐、黏液酸盐试验三项反应中志贺氏菌一般为阴性，而不活泼的大肠埃希氏菌、A-D（碱性 - 异型）菌至少有一项反应为阳性。

（3）选择生化鉴定试剂盒或全自动微生物生化鉴定系统，可根据初步生化试验（2）

初步判断结果，用初步生化试验（1）培养的营养琼脂斜面上生长的菌苔，使用生化鉴定试剂盒或全自动微生物生化鉴定系统进行鉴定。

5．血清学鉴定

（1）准备　志贺氏菌属没有动力，所以没有鞭毛抗原。志贺氏菌属主要有菌体（O）抗原。菌体（O）抗原又可分为型和群的特异性抗原。

一般采用 1.2% ～ 1.5% 琼脂培养物作为玻片凝集试验用的抗原。

注 1：一些志贺氏菌如果因为 K 抗原的存在而不出现凝集反应时，可挑取菌苔于 1mL 生理盐水做成浓菌液，100℃煮沸 15 ～ 60min 去除 K 抗原后再检查。

注 2：D 群志贺氏菌既可能是光滑型菌株也可能是粗糙型菌株，与其他志贺氏菌群抗原不存在交叉反应。与肠杆菌科不同，宋内氏志贺氏菌粗糙型菌株不一定会自凝。宋内氏志贺氏菌没有 K 抗原。

（2）凝集反应　在玻片上划出 2 个约 1cm×2cm 的区域，挑取一环待测菌，各放 1/2 环于玻片上的每一区域上部，在其中一个区域下部加 1 滴抗血清，在另一区域下部加入 1 滴生理盐水，作为对照。再用无菌的接种环或针分别将两个区域内的菌落研成乳状液。将玻片倾斜摇动混合 1min，并对着黑色背景进行观察，如果抗血清中出现凝结成块的颗粒，而且生理盐水中没有发生自凝现象，那么凝集反应为阳性。如果生理盐水中出现凝集，视作为自凝。这时，应挑取同一培养基上的其他菌落继续进行试验。

如果待测菌的生化特征符合志贺氏菌属生化特征，而其血清学试验为阴性，则按（1）注 1 进行试验。

（3）血清学分型（选做项目）　先用四种志贺氏菌多价血清检查，如果呈现凝集，则再用相应各群多价血清分别试验。先用 B 群福氏志贺氏菌多价血清进行试验，如呈现凝集，再用其群和型因子血清分别检查。如果 B 群多价血清不凝集，则用 D 群宋内氏志贺氏菌血清进行试验，如呈现凝集，则用其Ⅰ相和Ⅱ相血清检查；如果 B、D 群多价血清都不凝集，则用 A 群痢疾志贺氏菌多价血清及 1 ～ 12 各型因子血清检查，如果上述三种多价血清都不凝集，可用 C 群鲍氏志贺氏菌多价检查，并进一步用 1 ～ 18 各型因子血清检查。福氏志贺氏菌各型及亚型的型抗原及群抗原鉴别见表 4-11。

表 4-11　福氏志贺氏菌各型及亚型的型抗原及群抗原鉴别（GB 4789.5—2012）

型和亚型	型抗原	群抗原	在群因子血清中的凝集		
			3,4	6	7,8
1a	Ⅰ	4	＋	－	－
1b	Ⅰ	(4),6	(＋)	＋	－
2a	Ⅱ	3,4	＋	－	－

型和亚型	型抗原	群抗原	在群因子血清中的凝集		
			3,4	6	7,8
2b	II	7,8	−	−	+
3a	III	(3,4),6,7,8	(+)	+	+
3b	III	(3,4),6	(+)	+	−
4a	IV	3,4	+	−	−
4b	IV	6	−	+	−
4c	IV	7,8	−	−	+
5a	V	(3,4)	(+)	−	−
5b	V	7,8	−	−	+
6	VI	4	+	−	−
X	—	7,8	−	−	+
Y	—	3,4	+	−	−

注：+凝集；−不凝集；()有或无。

6．结果报告

综合以上生化试验和血清学鉴定的结果，报告25g（mL）样品中检出或未检出志贺氏菌。

7．注意事项

（1）志贺氏菌在常温存活期很短，因此，当样品采集后，应尽快进行检测。如果在24h内检测，样品可保存在冰箱内，如欲保存较长时间，必须放在低温冰箱内。宋内氏志贺菌和福氏志贺菌2a型，在牛乳和麦乳中，于−25℃可存活100d；在鸡蛋和水产品中于−20℃可存活20d。

（2）为了提高食品中志贺氏菌检出率，降低操作者的操作要求，最大限度消除食物样品中的杂菌背景对于检测培养的影响，最新国标中修改了增菌培养的条件，培养温度和时间都和之前的标准不同。

①厌氧环境41.5℃培养，可排除需氧菌和大部分不耐热的厌氧菌与兼性厌氧菌干扰。

②使用志贺氏菌增菌肉汤—新生霉素进行增菌，可排除革兰氏阳性菌和部分革兰氏阴性肠杆菌（如变形杆菌等）的干扰；减少杂菌背景的同时，也降低了杂菌在增菌过程中对于数量很少的志贺氏菌的竞争抑制作用，可有效地提高志贺氏菌的扩增量，有助于进一步的分离与鉴定。

（3）厌氧增菌培养要使用无菌锥形瓶或无菌均质袋，常规厌氧培养的厌氧袋因容积限制而无法使用。

任务四　肉毒梭状芽孢杆菌检测技术

一、基本原理

肉毒梭菌广泛分布于自然界特别是土壤中，易于污染食品，于适宜条件下可在食品中产生剧烈的嗜神经性毒素（称肉毒毒素），能引起以神经麻痹为主要症状且病死率甚高的食源性疾病（称肉毒中毒）。婴儿肉毒中毒虽属感染型中毒，但中毒病因有时也与食物或餐具肉毒梭菌污染有关。故检验食品特别是不经加热处理而直接食用的食品中有无肉毒毒素或肉毒梭菌（如罐头等密封保存的食品），至关重要。

1．形态及染色

肉毒梭菌属于厌氧性梭状芽孢杆菌属，是革兰氏阳性粗大杆菌，其大小为（4 ～ 6）μm×（0.9 ～ 1.2）μm，两端钝圆，一般单个存在，偶有成对或成短链状，无荚膜。周身有 4 ～ 8 根鞭毛，能运动。芽孢呈卵圆形，大于菌体，位于菌体次末端，使细菌呈匙形或网球拍状。在老龄培养物上呈革兰阴性。

2．分类

肉毒梭菌根据其所产毒素的抗原特异性，可将其分为 A、B、C、D、E、F、G 七型，其中 C 型又分为 Cα 型和 Cβ 型。一种菌型的细菌能产生一种以上的毒素型，如 Cα 型菌主要产生 Cα 型毒素，并带有少量的 D 型和 Cβ 型毒素。各型毒素，只为其相应的抗毒素所中和（例如：A 型毒素只为 A 型抗毒素所中和），但 Cβ 型毒素既可为 Cβ 型抗毒素又可为 Cα 型抗毒素中和。

根据肉毒梭菌的生化反应也可将其分为两型：一种能水解凝固蛋白，称为解蛋白菌；另一种不能水解凝固蛋白，称为非解蛋白菌。前者能产生 A、B、C、D、E、F、G 型毒素，后者能产生 B、C、D、E、F 型毒素。

3．培养特性

肉毒梭菌为专性厌氧菌，可在普通培养基上生长。28 ～ 37℃生长良好，但本菌产生毒素的最适生长温度为 25 ～ 30℃，最适 pH 6 ～ 8，在 10% 食盐溶液中不生长。

在含有肉渣的液体或半流动培养基中，肉毒梭菌生长旺盛而且产生大量气体。A、B、F 三型表面混浊，底有粉状或颗粒状沉淀，并能消化肉块，变黑有臭味。而 C、D、E 三型则表现清亮，絮片状生长，粘贴于管壁。

在固体培养基上，形成不规则直径约 3mm 圆形菌落，菌落半透明，表面呈颗粒状，边缘不整齐，界限不明显，有向外扩散的现象，常扩展成菌苔。

在葡萄糖鲜血琼脂平板上，菌落较小、扁平、颗粒状、中央低隆、边缘不规则、带丝状或绒毛状菌落。开始较小，37℃培养 3 ～ 4d，直径可达 5 ～ 10mm，因易于汇合在一起，通常不易获得良好的菌落。有的菌落具有大的 β - 溶血环。

在卵黄琼脂平板上生长后，菌落及其周围培养基表面覆盖着特有的彩虹样（或珍珠层样）薄层，但 G 型没有。

4．生化特性

肉毒梭菌能分解葡萄糖、麦芽糖及果糖，产酸产气，对其他糖的分解作用因菌株不同而异。能液化明胶，但菌株间有液化能力的差异。缓慢液化凝固血清，使牛乳消化，产生 H_2S，但不能使硝酸盐还原为亚硝酸盐。

5．抵抗力

肉毒梭菌的抵抗力不强，肉毒梭菌加热至 80℃ 30min 或 100℃ 10min 即可杀死，但其芽孢的抵抗力很强，可耐煮沸 1 ～ 6h 之久，于 180℃干热 5 ～ 15min，120℃高压蒸汽下 10 ～ 20min 才能杀死。10% 的盐酸须经 1h 才能破坏。其中以 A、B 型菌的芽孢抵抗力最强。这一点对于罐头食品的灭菌很重要，若芽孢深藏于食品中或者数量过多，虽经高温杀菌，有时也杀不死芽孢，故应特别注意。

肉毒梭菌毒素为一种蛋白质，通常以毒素分子和一种血细胞凝集素载体所构成的复合物形式存在，不被胃液或消化酶所破坏，在 pH 3 ～ 6 毒性不减弱，但在 pH 8.5 以上或 100℃ 10 ～ 20min 常被破坏。

毒素在干燥密封和阴暗的条件下，可保存多年。毒素用甲醛处理后即变为类毒素。毒素及类毒素均有抗原性，注射于动物体内能产生抗毒素。

二、设备和材料

离心机及离心管、均质器、恒温培养箱（30℃、35℃、37℃）、显微镜、厌氧培养装置（常温催化除氧式或碱性焦性没食子酸除氧式）、吸管（1mL、10mL）、1mL 注射器、培养皿、接种环、载玻片、小白鼠（15 ～ 20g）。

三、培养基和试剂

1．庖肉培养基

2．卵黄琼脂培养基

以上两种培养基详见“项目一　食品微生物检测基础知识”中的任务五。

3．革兰氏染色液：详见“项目一　食品微生物检测基础知识”中的任务四

4．明胶磷酸盐缓冲液

（1）成分　明胶 2.0g、磷酸氢二钠 4.0g、蒸馏水 1 000.0mL，pH 6.2。

（2）配法　加热溶解，校正 pH，121℃高压灭菌 15min。

5．肉毒分型抗毒诊断血清

四、检测程序

食品中肉毒梭菌及肉毒毒素的检验按照《食品卫生微生物学检验　肉毒梭菌及肉毒毒素检验》（GB/T 4789.12—2003）进行，检测程序见图 4-4。

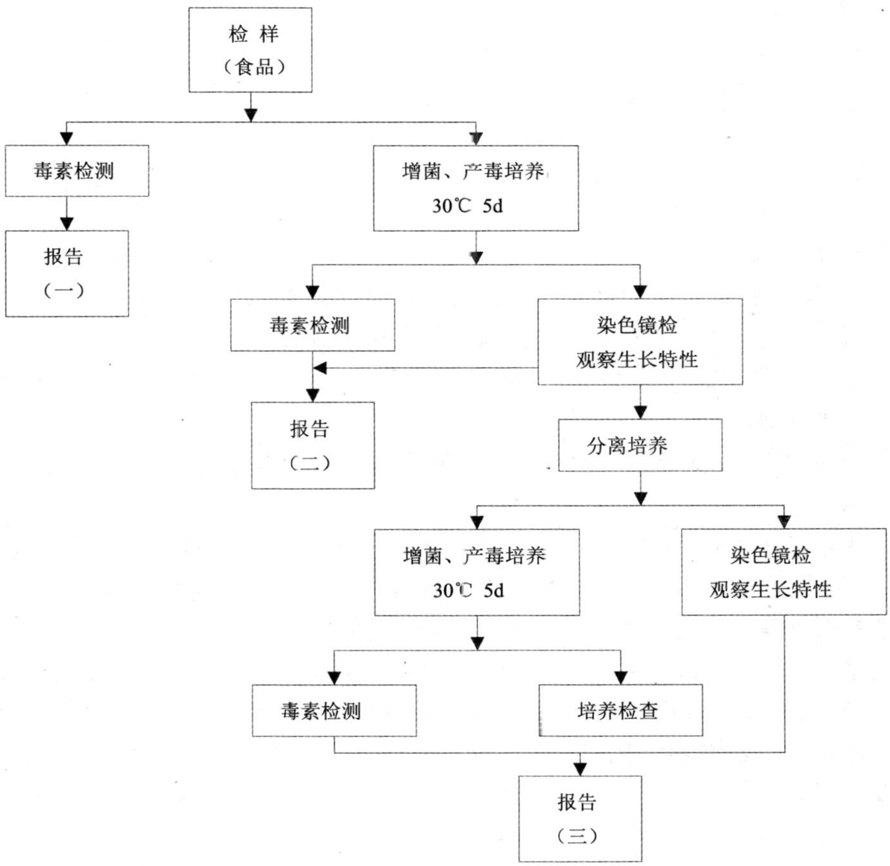

图 4-4　肉毒梭菌及肉毒毒素的检测程序（GB/T 4789.12—2003）

注：报告（一）检样含有某型肉毒毒素；报告（二）检样含有某型肉毒梭菌；报告（三）由检样分离的菌株为某型肉毒梭菌。

检样经均质处理后，及时接种培养，进行增菌、产毒，同时进行毒素检测试验。毒素检测试验结果可证明检样中有无肉毒毒素以及有何型肉毒毒素存在。

对增菌产毒培养物，一方面做一般的生长特征观察，同时检测肉毒毒素的产生情况。所得结果可证明检样中有无肉毒梭菌以及有何型肉毒梭菌存在。

为其他特殊目的而欲获纯菌，可用增菌产毒培养物进行分离培养，对所得纯菌进行形态、培养特性等观察及毒素检测，其结果可证明所得纯菌为何型肉毒梭菌。

五、操作步骤

1. 肉毒毒素检测

液状检样可直接离心；固体或半流动检样须加适量（如等量、1 倍量或 5 倍量、10 倍量）明胶磷酸盐缓冲液，浸泡、研碎，然后离心。取上清液进行检测。另取一部分上清液，调 pH 6.2，每 9 份加 10% 胰酶（活力 1 ∶ 250）水溶液 1 份，混匀，经常轻轻搅动，37℃作用 60min，进行检测。

肉毒毒素检测以小白鼠腹腔注射法为标准方法。

（1）检出试验

取上述离心上清液及其胰酶激活处理液分别注射小白鼠 2 只，每只 0.5mL，观察 4d。注射液中若有肉毒毒素存在，小白鼠一般多在注射后 24h 内发病、死亡。

主要症状为竖毛、四肢瘫软，呼吸困难，呼吸呈风箱式，腰部凹陷，宛若蜂腰，最终死于呼吸麻痹。

如遇小白鼠猝死，以至症状不明显时，则可将注射液做适当稀释，重做试验。

（2）证实试验

不论上清液或其胰酶激活处理液，凡能致小白鼠发病、死亡者，取样分成 3 份进行试验。1 份加等量多型混合肉毒抗毒诊断血清，混匀，37℃作用 30min；1 份加等量明胶磷酸盐缓冲液，混匀，煮沸 10min；1 份加等量明胶磷酸盐缓冲液，混匀即可，不做其他处理。3 份混合液分别注射小白鼠各 2 只，每只 0.5mL，观察 4d，若注射加诊断血清与煮沸加热的 2 份混合液的小白鼠均获保护存活，而唯有注射未经其他处理的混合液的小白鼠以特有症状死亡，则可判定检样中有肉毒毒素存在，必要时要进行毒力测定及定型试验。

（3）毒力测定

取已判定含有肉毒毒素的检样离心上清液，用明胶磷酸盐缓冲液做成 50 倍、500 倍及 5 000 倍的稀释液，分别注射小白鼠各 2 只，每只 0.5mL，观察 4d。根据动物死亡情况，计算检样所含肉毒毒素的大体毒力（LD/mL 或 LD/g）。例如，5 倍、50 倍及

500 倍稀释致动物全部死亡，而注射 5 000 倍稀释液的动物全部存活，则可大体判定检样上清液所含毒素的毒力为 1 000 ～ 10 000LD/mL。

（4）定型试验

按毒力测定结果，用明胶磷酸盐缓冲液将检样上清液稀释至所含毒素的毒力大体在 10 ～ 1 000LD/mL，分别与各单型肉毒抗毒诊断血清等量混匀，37℃作用 30min，各注射小白鼠 2 只，每只 0.5mL，观察 4d。同时以明胶磷酸盐缓冲液代替诊断血清，与稀释毒素液等量混合作为对照。能保护动物免于发病、死亡的诊断血清型即为检样所含肉毒毒素的型别。

（5）注意事项

①未经胰酶激活处理的检样其毒素检出试验或确证试验若为阳性结果，则胰酶激活处理液可省略毒力测定及定型试验。

②为争取时间尽快得出结果，毒素检测的各项试验也可同时进行。

③根据具体条件和可能性，定型试验可酌情先省略 C、D、F 及 G 型。

④进行确证及定型等中和试验时，检样的稀释应参照所用肉毒诊断血清的效价。

⑤试验动物的观察可按阳性结果的出现随时结束，以缩短观察时间；唯有出现阴性结果时，应保留充分的观察时间。

2．肉毒梭菌检出（增菌产毒培养试验）

取庖肉培养基 3 支，煮沸 10 ～ 15min，做如下处理。

第 1 支：急速冷却，接种检样均质液 1 ～ 2mL。

第 2 支：冷却至 60℃，接种检样，继续于 60℃保温 10min，急速冷却。

第 3 支：接种检样，继续煮沸加热 10min，急速冷却。

以上接种物于 30℃培养 5d，若无生长，可再培养 10d。培养到期，若有生长，取培养液离心，以其上清液进行毒素检测试验，方法同本节，阳性结果证明检样中有肉毒梭菌存在。

3．分离培养

选取经毒素检测试验证实含有肉毒梭菌的前述增菌产毒培养物（必要时可重复一次适宜的加热处理）接种卵黄琼脂平板，35℃厌氧培养 48h。肉毒梭菌在卵黄琼脂平板上生长时，菌落及其周围培养基表面覆盖着特有的虹彩样（或珍珠层样）薄层，但 G 型菌无此现象。

根据菌落形状及菌体形态挑取可疑菌落，接种庖肉培养基，30℃培养 5d，进行毒素检测及培养特性检查确证试验。

（1）毒素检测　试验方法同“1．肉毒毒素检测”。

（2）培养特性　检查接种卵黄琼脂平板，分成 2 份，分别在 35℃的需氧和厌氧条件下培养 48h，观察生长情况及菌落形状。肉毒梭菌只有在厌氧条件下才能在卵黄琼脂平板上生长，并形成具有上述特征的菌落，而在需氧条件下则不生长。

4．结果判断

详细记录检测过程和现象，判断样品中是否含有肉毒梭状芽孢杆菌。

5．注意事项

（1）标本的采集、运输及保存

①食品标本　可疑食品采集后应尽快送检。密封食品，直至检验开始以前不要启封。非密封食品应采集于灭菌容器中。若需要远运，标本应装入严密的容器，置于冰壶中冷藏。

②体液或组织标本　发生肉毒中毒时，若能直接从患者血清中检出肉毒毒素，乃是最可靠的实验室诊断。血液应在发病的早期，在开始应用肉毒抗毒素治疗之前采集。采血量应足够分离血清至少 10mL（最好是 15 ～ 20mL），以供毒素中和试验用。血清、胃内容物、粪便及尸体标本须装入灭菌容器中，尽快送检。若需远运，按食品标本的方法处理。水产动物的脏器标本应以消化道为主。

③土壤　以灭菌工具由地表面下 10 ～ 20cm 处取土，装入灭菌容器。

（2）标本的处理

①为了尽量保持肉毒毒素的稳定，一般多用明胶缓冲溶液作稀释剂，其制法：明胶 2g，Na_2HPO_4 4g，溶于蒸馏水 1 000mL，以盐酸调 pH 6.2 ～ 6.8，121℃蒸汽灭菌 15min。

②血清分离后可直接供作肉毒毒素检测试验，无须另加处理。

③固体标本需用明胶缓冲液进行浸提，即取标本（最好是 50g）放入研钵，加灭菌砂 1 ～ 2g 与适量（尽量少，如 5mL）的冷明胶缓冲液，研匀。然后，补加同缓冲液至其总容量与标本的质量相等，搅匀，离心沉淀，上清液供做毒素检测试验；沉淀物（或离心沉淀前的均质物）可供做培养试验。

④土壤泥沙标本可加足量的明胶缓冲液，充分搅匀，待泥沙自然沉淀，吸取上部澄浆离心沉淀，沉淀物供做培养试验。

⑤ E 型及非蛋白分解性的 B、F 型肉毒梭菌产生的前体毒素，做动物试验时，事前须以胰蛋白酶进行激活，使之变为活化毒素。取检样稀释液或培养液 4.5mL 加 1%（或 5%，或 10%）胰蛋白酶（1 ∶ 250，或按实际活力换算，增减用量）水溶液 0.5mL，调 pH 6.0 ～ 6.2，37℃作用 45min。pH 不可过高，达到或超过 7.0 时毒力将会减弱。过度的激活处理也将使毒素失活。若有可能，最好在激活后立即加抑制剂，以中止胰蛋白酶的作用。血清中的毒素或用作体外免疫学试验的毒素无须激活。

（3）检验报告

①如仅为肉毒中毒的诊断，只要能从检样（如食品、患者血清及粪便、创伤坏死组织及渗出液等）中检出肉毒毒素并予以定型，即可结束检验，提出图 4-4“检验程序”中的报告（一），证明检样中有无或某型肉毒毒素存在，而肉毒中毒的直接致病因素为毒素，所以不必要进行检出细菌的培养试验。

②自然界的各种一般物质（如土壤、泥沙）基本上不可能含有肉毒毒素，不必要直接进行毒素检测试验，而应从培养试验着手，最后根据产毒试验结果加以判断，提出图 4-4“检验程序”中的报告（二），证明检样中有无或某型肉毒毒素存在。

③在一般情况下，没有必要从检样分离纯的肉毒梭菌。基于特殊需要或目的而分离的纯菌株，须经产毒培养及毒素检测试验，提出图 4-4“检验程序”中的报告（三），证明所分离的菌株是否或某型肉毒梭菌。

任务五　单核细胞增生李斯特氏菌检测技术

一、基本原理

单核细胞增生李斯特氏菌是一种人畜共患病的病原菌。它能引起人畜的李氏菌的病，感染后主要表现为败血症、脑膜炎和单核细胞增多。它广泛存在于自然界中，食品中存在的单增李氏菌对人类的安全具有危险，该菌在 4℃的环境中仍可生长繁殖，是冷藏食品威胁人类健康的主要病原菌之一，因此，在食品微生物检测中，必须加以重视。

1．形态与染色

该菌为革兰氏阳性短杆菌，大小为 0.5μm×（1.0 ～ 2.0）μm，直或稍弯，两端钝圆，常呈 V 字形排列，偶有球状、双球状，兼性厌氧、无芽孢，一般不形成荚膜，但在营养丰富的环境中可形成荚膜，在陈旧培养基中的菌体可呈丝状及革兰氏阴性，该菌有 4 根周毛和 1 根端毛，但周毛易脱落。

2．培养特性

该菌营养要求不高，在 20 ～ 25℃培养有动力，穿刺培养 2 ～ 5d 可见倒立伞状生长，肉汤培养物在显微镜下可见翻跟斗运动。该菌的生长范围为 2 ～ 42℃（也有报道在 0℃能缓慢生长），最适培养温度为 35 ～ 37℃，在 pH 中性至弱碱性（pH 9.6）、氧分压略低、二氧化碳张力略高的条件下该菌生长良好，在 pH 3.8 ～ 4.4 能缓慢生长，在 6.5% NaCl 肉汤中生长良好。在固体培养基上，菌落初始很小，透明，边缘整齐，呈露滴状，但随着菌落的增大，变得不透明。在 5% ～ 7% 的血平板上，菌落通常也不大，灰白色，在血平板上可产生窄小的 β- 溶血环。在 0.6% 酵母浸膏胰酪大豆琼脂（TSAYE）和改良 Mc Bride（MMA）琼脂上，用 45° 入射光照射菌落，通过解剖镜垂直观察，菌落呈蓝色、灰色或蓝灰色。

3．生化反应

该菌触酶阳性，氧化酶阴性，能发酵多种糖类，产酸不产气，如发酵葡萄糖、乳糖、水杨素、麦芽糖、鼠李糖、七叶苷、蔗糖（迟发酵）、山梨醇、海藻糖、果糖，不发酵木糖、甘露醇、肌醇、阿拉伯糖、侧金盏花醇、棉子糖、卫矛醇和纤维二糖，不利用枸橼酸盐，40% 胆汁不溶解，吲哚、硫化氢、尿素、明胶液化、硝酸盐还原、赖氨酸、鸟氨酸均阴性，VP、甲基红试验和精氨酸水解阳性。

4．血清型

根据菌体（O）抗原和鞭毛（H）抗原，将单增李氏菌分成 13 个血清型，分别是 1/2a、1/2b、1/2c、3a、3b、3c、4a、4b、4ab、4c、4d、4e 和“7”13 个血清型。致病菌株的血清型一般为 1/2b、1/2c、3a、3b、3c、4a、1/2a 和 4b，后两型尤多。

5．抵抗力

该菌对理化因素抵抗力较强，在土壤、粪便、青储饲料和干草内能长期存活，对碱和盐抵抗力强，60 ～ 70℃经 5 ～ 20min 可杀死，70% 酒精 5min、2.5% 石炭酸、2.5% 氢氧化钠、2.5% 福尔马林 20min 可杀死此菌。该菌对青霉素、氨苄青霉素、四环素、磺胺均敏感。

6．流行病学

单核细胞增生李斯特氏菌广泛存在于自然界中，不易被冻融，能耐受较高的渗透压，在土壤、地表水、污水、废水、植物、青储饲料、烂菜中均有该菌存在，所以动物很容易食入该菌，并通过口腔－粪便的途径进行传播。据报道，健康人粪便中单核细胞增生李斯特氏菌的携带率为 0.6% ～ 16%，有 70% 的人可短期带菌，4% ～ 8% 的水产品、5% ～ 10% 的奶及其产品、30% 以上的肉制品及 15% 以上的家禽均被该菌污染。人主要通过食入软奶酪、未充分加热的鸡肉、未再次加热的热狗、鲜牛奶、巴氏消毒奶、冰淇淋、生牛排、羊排、卷心菜色拉、芹菜、西红柿、法式馅饼、冻猪舌等而感染，占 85% ～ 90% 的病例由被污染的食品引起。

7．致病性

单核细胞增生李斯特氏菌进入人体后是否发病，与菌的毒力和宿主的年龄、免疫状态有关，因为该菌是一种细胞内寄生菌，宿主对它的清除主要靠细胞免疫功能。因此，易感者为新生儿、孕妇及 40 岁以上的成人，此外，酗酒者、免疫系统损伤或缺陷者、接受免疫抑制剂和皮质激素治疗的患者及器官移植者也易被该菌感染。该病的临床表现，健康成人个体出现轻微类似流感症状，新生儿、孕妇、免疫缺陷患者表现为呼吸急促、呕吐、出血性皮疹、化脓性结膜炎、发热、抽搐、昏迷、自然流产、脑膜炎、败血症直至死亡。

单核细胞增生李斯特氏菌的抗原结构与毒力无关，它的致病性与毒力机理如下：

（1）寄生物介导的细胞内增生，使它附着及进入肠细胞与巨噬细胞。

（2）抗活化的巨噬细胞，单核细胞增生李斯特氏菌有细胞性过氧化物歧化酶，使它能抗活化巨噬细胞内的过氧物（为杀菌的毒性游离基团）分解。

（3）溶血素及李氏杆菌素 O，可以从培养物上清液中获得，为 SH；活化细胞溶素，有 α 和 β 两种，为毒力因子。

二、设备和材料

冰箱、恒温培养箱（30℃ ±1℃和 36℃ ±1℃）、均质器、显微镜、电子天平、锥形瓶（100mL、500mL）、无菌吸管（1mL、10mL）、无菌培养皿（直径 90mm）、无菌试管（16mm×160mm）、离心管（30mm×100mm）、无菌注射器（1mL）、金黄色葡萄球菌（*ATCC25923*）、马红球菌（*Rhodococcus equi*）、小白鼠（16 ～ 18g）、全自动微生物生化鉴定系统。

三、培养基和试剂

1．含 0.6 % 酵母浸膏的胰酪胨大豆肉汤（TSB-YE）

2．含 0.6 % 酵母浸膏的胰酪胨大豆琼脂（TSA-YE）

3．李氏增菌肉汤 LB（LB1，LB2）

4．PALCAM 琼脂

5．SIM 动力培养基

6．缓冲葡萄糖蛋白胨水 [甲基红（MR）和 V- P 试验用]

7．糖发酵管

8．李斯特氏菌显色培养基

以上八种培养基详见“项目一　食品微生物检测基础知识”中的任务五。

9．5% ～ 8% 羊血琼脂

（1）成分　蛋白胨 1.0g；牛肉膏 0.3g；氯化钠 0.5g；琼脂 1.5g；蒸馏水 100.0mL；脱纤维羊血 5.0 ～ 10.0mL。

（2）制法　除新鲜脱纤维羊血外，加热溶化上述各组分，121℃高压灭菌 15min，冷到 50℃，以无菌操作加入新鲜脱纤维羊血，摇匀，倾注平板。

10．革兰氏染液

11．过氧化氢酶试验

以上两种试剂详见“项目一　食品微生物检测基础知识”中的任务四。

12．1% 盐酸吖啶黄（acriflavine HCl）溶液：用无菌蒸馏水配制。

13．1% 萘啶酮酸钠盐（naladixic acid ）溶液：用 0.05 mol/L 氢氧化钠溶液配制。

14．生化鉴定试剂盒。

四、检测程序

食品中单核细胞增生李斯特氏菌的检测依照《食品安全国家标准　食品微生物学检验　单核细胞增生李斯特氏菌检验》（GB 4789.30—2010）进行，检测程序见图 4-5。

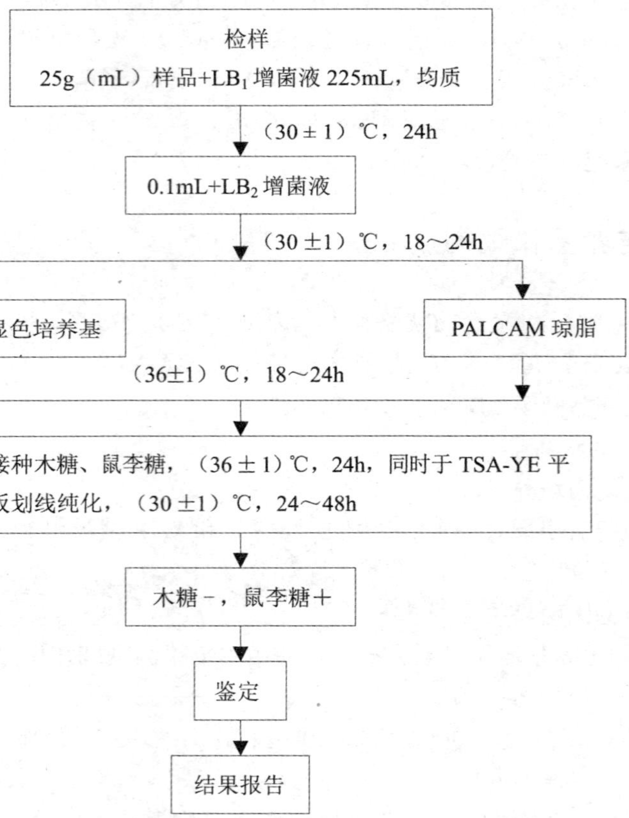

图 4-5　单核细胞增生李斯特氏菌检验程序（GB 4789.30—2010）

五、操作步骤

1．增菌

以无菌操作取样品25g（mL）加入到含有225mL LB_1 增菌液的均质袋中，在拍击式均质器上连续均质1～2min；或放入盛有225mL LB_1 增菌液的均质杯中，8 000～10 000r/min均质1～2min。于30℃±1℃培养24h，移取0.1mL，转种于10mL LB_2 增菌液内，于30℃±1℃培养18～24h。

2．分离

取 LB_2 二次增菌液划线接种于PALCAM琼脂平板和李斯特氏菌显色培养基上，于36℃±1℃培养24～48h，观察各个平板上生长的菌落。典型菌落在PALCAM琼脂平板上为小的圆形灰绿色菌落，周围有棕黑色水解圈，有些菌落有黑色凹陷；典型菌落在李斯特氏菌显色培养基上的特征按照产品说明进行判定。

3．初筛

自选择性琼脂平板上分别挑取5个以上典型或可疑菌落，分别接种在木糖、鼠李糖发酵管，于36℃±1℃培养24h；同时在TSA-YE平板上划线纯化，于30℃±1℃培养24～48h。选择木糖阴性、鼠李糖阳性的纯培养物继续进行鉴定。

4．鉴定

（1）染色镜检　李斯特氏菌为革兰氏阳性短杆菌，大小为（0.4～0.5）μm×（0.5～2.0）μm；用生理盐水制成菌悬液，在油镜或相差显微镜下观察，该菌出现轻微旋转或翻滚样的运动。

（2）动力试验　李斯特氏菌有动力，呈伞状生长或月牙状生长。

（3）生化鉴定　挑取纯培养的单个可疑菌落，进行过氧化氢酶试验，过氧化氢酶阳性反应的菌落继续进行糖发酵试验和MR-VP试验。单核细胞增生李斯特氏菌的主要生化特征见表4-12。

表4-12　单核细胞增生李斯特氏菌生化特征与其他李斯特氏菌的区别（GB 4789.30—2010）

菌　种	溶血反应	葡萄糖	麦芽糖	MR-VP	甘露醇	鼠李糖	木糖	七叶苷
单核细胞增生李斯特氏菌 (L. monocytogenes)	+	+	+	+/+	−	+	−	+
格氏李斯特氏菌 (L. grayi)	−	+	+	+/+	+	−	−	+
斯氏李斯特氏菌 (L. seeligeri)	+	+	+	+/+	−	−	+	+

菌　种	溶血反应	葡萄糖	麦芽糖	MR-VP	甘露醇	鼠李糖	木糖	七叶苷
威氏李斯特氏菌 (L. welshimeri)	－	＋	＋	＋/＋	－	－	＋	＋
伊氏李斯特氏菌 (L. ivanovii)	＋	＋	＋	＋/＋	－	－	＋	＋
英诺克李斯特氏菌 (L. innocua)	－	＋	＋	＋/＋	－	－	－	＋

注：＋阳性；－阴性。

（4）溶血试验　将羊血琼脂平板底面划分为 20 ～ 25 个小格，挑取纯培养的单个可疑菌落刺种到血平板上，每格刺种一个菌落，并刺种阳性对照菌（单增李斯特氏菌和伊氏李斯特氏菌）和阴性对照菌（英诺克李斯特氏菌），穿刺时尽量接近底部，但不要触到底面，同时避免琼脂破裂，36℃ ±1℃培养 24 ～ 48h，于明亮处观察，单增李斯特氏菌和斯氏李斯特氏菌在刺种点周围产生狭小的透明溶血环，英诺克李斯特氏菌无溶血环，伊氏李斯特氏菌产生大的透明溶血环。

（5）协同溶血试验 (cAMP)　在羊血琼脂平板上平行划线接种金黄色葡萄球菌和马红球菌，挑取纯培养的单个可疑菌落垂直划线接种于平行线之间，垂直线两端不要触及平行线，于 30℃ ±1℃培养 24 ～ 48h。单核细胞增生李斯特氏菌在靠近金黄色葡萄球菌的接种端溶血增强，斯氏李斯特氏菌的溶血也增强，而伊氏李斯特氏菌在靠近马红球菌的接种端溶血增强。

5．可选择生化鉴定试剂盒或全自动微生物生化鉴定系统等对“3. 初筛”中 3 ～ 5 个纯培养的可疑菌落进行鉴定。

6．小鼠毒力试验（可选择）

将符合上述特性的纯培养物接种于 TSB-YE 中，于 30℃ ±1℃培养 24h，4 000r/min 离心 5min，弃上清液，用无菌生理盐水制备成浓度为 10^{10}CFU/mL 的菌悬液，取此菌悬液进行小鼠腹腔注射 3 ～ 5 只，每只 0.5mL，观察小鼠死亡情况。致病株于 2 ～ 5d 内死亡。试验时可用已知菌作对照。单核细胞增生李斯特氏菌、伊氏李斯特氏菌对小鼠有致病性。

7．结果与报告

综合以上生化试验和溶血试验结果，报告 25g（mL）样品中检出或未检出单核细胞增生李斯特氏菌。

8．注意事项

（1）染色和形态观察　经过分离，革兰氏染色时发现菌体呈阴性，这时应考虑是否培养物超过 48h，因为该菌幼龄培养呈革兰氏阳性，48h 多转移为革兰氏阴性。

（2）培养温度的选择　通常前增菌的温度设置为 30℃而不是 37℃，主要是考虑到在高温条件下李斯特菌属许多菌种对于选择性培养成分十分敏感。因此实验室的温箱和水浴锅的温差应在 0.5 ～ 1℃。分析大量样品时增菌肉汤应预先温浴到 30℃。

（3）培养基的选择　由于单核细胞增生李斯特氏菌的自身特性，在分离培养时需要使用一些特殊的选择性培养基。可疑菌落在显色培养基上呈典型形态，但生化反应与实际不符。应确定菌落是否进行了纯化。

【项目小结】

食品中致病菌的种类很多，几乎所有食品标准都规定致病菌不得检出。但相对而言，在一种污染食品中存在的致病菌种类不多，所以在食品中不能对所有致病菌逐一进行检测。食品中致病菌的检测主要包括食品原料及食品中各种病原菌的检测，如金黄色葡萄球菌、沙门氏菌、志贺氏菌、肉毒梭菌及毒素等 19 种病原菌。在实际检测中，一般根据不同食品的特点，选定较有代表性的致病菌作为检测的重点，并以此来判断食品中有无致病菌的存在。例如，蛋粉规定沙门氏菌作为致病菌检测的代表；酸奶规定致病性大肠杆菌和金黄色葡萄球菌是检测的重点。如果把致病菌的检测结果与菌落总数、大肠菌群等其他有关指标一起进行综合分析，就能对某食品的安全质量作出更为准确的结论。此外，某些致病菌的检测方法存在局限性，随着致病菌检测技术的发展，国标中规定的检测程序也逐渐更新，不断完善，在实际检测工作中，要注意所选检测方法的准确性。

【案例导入】

案例一

广州日报大洋网 2008 年 6 月 30 日报道，夏天正是新鲜蔬果抢闸上市的时节，而在大洋彼岸的美国，这个夏天却有不少人因生吃西红柿被“绊倒”了。

据最近统计，目前，美国中西部和南部已有 30 个州几百人因生食了从墨西哥进口的新鲜西红柿而中毒，出现发烧、腹泻、腹痛等症状，患者中至少 48 人因病情严重而住院，其中 1 人死亡。生吃西红柿等新鲜的时蔬水果是再平常不过的事了，而且“生食疗法”被视为一种健康的时尚，如今听说生吃蔬果也会中毒，不少人十分着急：到底是什么原因引起的食物中毒。

美国疾控中心通过检验发现，吃过这些西红柿的患者检查中都发现了沙门氏菌，看来，这是一起严重的沙门氏菌病疫情。

案例二

据新华社东京2000年7月5日讯：大阪市政府5日宣布的调查结果显示，因食用雪印乳业公司大阪工厂生产的乳制品而中毒者已逾万人。在大阪府和京都府以及附近6县，因食用雪印乳业公司大阪工厂生产的乳制品而中毒发病者已达10 628人，其中有155人被送往医院，目前还有37人在医院接受治疗。

据化验，该工厂生产的一些乳制品中含有金黄色葡萄球菌，这种细菌可使人出现腹泻。该厂乳制品染菌是生产设备没有按规定定期清洗而造成的。

目前，日本各地超市和食品店都已停止销售雪印牌乳制品，一些地方政府已下令禁止食用此牌子食品。该厂已被当地政府勒令无限期停产，并且大规模回收6月下旬出厂的几种染菌食品。

【项目训练题】

一、填空题

1. 沙门氏菌属菌为革兰氏（　）杆菌，两端钝圆，（　）芽孢，一般无荚膜。
2. 沙门氏菌一般不发酵乳糖，（　）吲哚，V-P（　），不水解尿素。
3. 葡萄球菌无鞭毛，（　）芽孢，一般不形成荚膜，易被碱性染料着色，革兰氏染色（　）。
4. 志贺氏菌属需氧或兼性厌氧，但厌氧时生长不很旺盛。最适温度为（　），最适pH为（　）。对营养要求不高，在普通琼脂培养基上易于生长。
5. 典型单增李斯特菌落在PALCAM琼脂平板上为小的圆形（　）色菌落，周围有棕黑色（　），有些菌落有黑色凹陷。

二、判断题

1. 沙门氏菌耐热，常规的加热方式无法将其杀灭。（　）
2. 金黄色葡萄球菌可在血琼脂平板上形成溶血环。（　）
3. 金黄色葡萄球菌耐盐性较高，所以可以用高盐分的培养基做选择性培养基。（　）
4. 肉毒梭菌分七种菌型，一种菌型的细菌只能产生一种毒素型。（　）
5. 肉毒梭菌为专性厌氧菌，不可在普通培养基上生长。（　）

6．肉毒梭菌毒素的检出是通过实验白鼠是否在 24h 内按特征症状死亡来判定的。（　）

7．单核细胞增生李斯特氏菌是一种人畜共患病的病原菌。（　）

三、简答题

1．沙门氏菌检测的基本程序是什么？

2．金黄色葡萄球菌在血平板或 B － P 平板上的菌落特征如何？

3．金黄色葡萄球菌的血浆凝固酶试验操作过程和反应如何？

项目五　食源性疾病的检测技术

【知识目标】

1. 了解细菌性食源性疾病的定义、分类及临床特征。
2. 掌握常见细菌性食源性疾病的传播途径、发病机理及防治措施。

【技能目标】

1. 能够进行细菌性食源性疾病的调查。
2. 会进行细菌性食源性疾病样品的采集与处理。
3. 能够进行细菌性食源性疾病样品的检测。

任务一　细菌性食源性疾病概述

一、食源性疾病

凡是通过摄取食物而使病原体进入人体，以致人体患感染性或中毒性疾病，统称为食源性疾病。一般可分为感染性疾病和中毒性疾病，包括常见的食物中毒、肠道传染病、人畜共患传染病、寄生虫病以及化学性有毒有害物质所引起的疾病。食源性疾病的发病率居各类疾病总发病率的前列，从粮食生产到消费（“从农场到餐桌”），任何一个阶段都可能发生食品污染，也有可能是环境污染的结果，因此食源性疾病在全世界范围内都是一个日益严重的公共卫生问题。

食源性疾病最常见的临床表现为胃肠道症状。然而，此种疾病还可能有神经科、妇科、免疫系统等其他症状。摄入受污染食品，也可能造成全身多器官衰竭，甚至引发癌症，从而造成极大的残疾和死亡负担。

食源性疾病常见的病原有痢疾杆菌、伤寒杆菌、沙门氏菌、副溶血性弧菌、致泻性大肠杆菌等细菌。食源性疾病主要流行特征为：发病突然、病例集中，可呈散发或家庭多例感染，或在学校、幼儿园等集体用餐单位以集体性食物中毒形式表现。

二、细菌性食源性疾病

（一）定义

细菌性食源性疾病是指由细菌通过摄食而进入人体的，使人体患感染性或中毒性的一类疾病。

（二）分类

细菌性食源性疾病主要包括细菌性肠道疾病和细菌性食物中毒。

1．细菌性肠道疾病

细菌性肠道疾病属我国法定传染病，主要包括霍乱、痢疾、伤寒、副伤寒及新近参考传染病管理的由肠出血性大肠埃希氏菌 O157 引起的出血性肠炎。

2．细菌性食物中毒

细菌性食物中毒指人体摄入了被细菌或其毒素污染的食品后所出现的非传染性急性、亚急性疾病。根据其发生的机制不同，可分为感染型、毒素型和混合型三种。

（1）感染型细菌性食物中毒　感染型细菌性食源性疾病是指食物被污染并繁殖了大量食物中毒性微生物（包括病原菌和条件致病菌），如沙门氏菌、致病性大肠杆菌、副溶血性弧菌、变形杆菌、蜡样芽孢杆菌、魏氏梭菌、耶尔森氏菌、嗜盐菌、枯草杆菌及葡萄球菌等，这种含有大量活菌（一般含菌数在 10^7CFU / g 以上）的食物被摄入机体后，引起一系列消化道症状的现象，称为感染型细菌性食物中毒，此类中毒是由细菌本身引起的。

发病机制：病原菌随食物进入肠道，在肠道内继续生长繁殖，靠其侵袭力附于肠黏膜或侵入黏膜及黏膜下层，引起肠黏膜充血、白细胞浸润、水肿、渗出等炎性病理变化。某些病原菌如沙门氏菌进入黏膜固有层后可被吞噬细胞吞噬或杀灭，病原菌菌体裂解后释放出内毒素，内毒素可作为致热源刺激体温调节中枢引起体温升高，亦可协同致病菌作用于肠黏膜，引起腹泻等胃肠道症状。

（2）毒素型细菌性食物中毒　食物被能产生毒素的微生物如葡萄球菌、肉毒梭菌、魏氏梭菌等污染，并在适宜的条件下生长繁殖，产生了某种毒素，这种毒素同污染的微生物一起或单独随食物被摄入人体后，所引起的一系列中毒现象，称为毒素型细菌性食物中毒。

此种中毒主要是细菌产生的大量毒素所引起的，如葡萄球菌肠毒素、魏氏梭菌毒素及肉毒毒素引起的食物中毒等，均属于毒素型细菌性食物中毒。

（3）混合型细菌性食物中毒　有的细菌性食物中毒既具有感染型食物中毒的特征，

又具有毒素型食物中毒的特征，称为混合型细菌性食物中毒。如魏氏梭菌、蜡样芽孢杆菌引起的食物中毒。这种中毒在检验时，应特别重视对其毒素的测定。

副溶血性弧菌等病原菌，进入肠道除侵入黏膜引起肠黏膜的炎性反应外，还可以产生肠毒素引起急性胃肠道症状。这类病原菌引起的食物中毒是致病菌对肠道的侵入及其产生的肠毒素的协同作用，因此，其发病机制为混合型。

（三）细菌性食源性疾病的临床特征

在临床上，根据中毒症状和预后，可以将细菌性食源性疾病分为四个类型。

（1）轻度胃肠炎型　潜伏期短（0.5 ～ 1h），症状较轻，呈一过性的呕吐和腹泻。如蜡样芽孢杆菌、葡萄球菌食源性疾病。

（2）急性胃肠炎型　潜伏期较长（3 ～ 10h）。呈典型的胃肠炎症状，病人恶心、呕吐、腹痛、腹泻。用抗生素治疗有显著效果。如沙门氏菌、志贺氏菌、副溶血性弧菌、变形杆菌、致病性大肠杆菌、小肠结肠炎耶尔森菌、空肠弯曲菌等。

（3）神经麻痹型　潜伏期 1 ～ 3d，有时多达一周。症状主要是：吞咽困难、复视、失音、呼吸困难等，用抗生素治疗效果显著。如肉毒梭菌中毒。

（4）重度型　潜伏期较短，1 ～ 2h 出现恶心、呕吐，随着病程的进展，症状日益严重，出现黄疸、昏迷、发烧、抽搐、尿少、血尿、尿闭而死亡。如酵米面及变质银耳中毒。目前尚无特效疗法。

（四）常见细菌性食源性疾病

1．沙门氏菌食源性疾病

（1）传染途径　主要是通过消化道传染，引起人和动物发生疾病。沙门氏菌属的细菌都有致病性：有的血清型专对人致病，如伤寒和甲型副伤寒沙门氏菌为人类的伤寒和副伤寒病原菌。有的血清型专对动物致病，如马流产和羊流产沙门氏菌为马和羊的病原菌。还有些血清型的沙门氏菌对人和动物都有致病性，如鼠伤寒沙门氏菌、肠炎沙门氏菌、都柏林沙门氏菌等。沙门氏菌污染原因：病畜、禽的肉制成食品；病畜、禽的粪便污染了食品；操作者带菌；生熟食品不分，交叉污染。

（2）发病机理和症状　沙门氏菌食源性疾病，需要感染大量细菌才能致病。沙门氏菌进入消化道后，在小肠和结肠里繁殖，侵入黏膜下组织，使肠黏膜发炎，抑制水和电解质的吸收，引起水肿、出血等。随后再通过肠黏膜上皮细胞之间侵入黏膜固有层，在固有层内引起炎症。未被吞噬细胞杀灭的沙门氏菌，经淋巴系统进入血液，而出现一时性菌血症，引起全身感染，同时活菌在肠道或血液内崩解出毒力较强的大量的菌体内毒素，而引起全身中毒症状。

沙门氏菌食源性疾病的临床症状是由活菌和内毒素的协同作用引起的，以急性胃肠炎型为最多，潜伏期一般 12 ～ 24h，有时可短至 6 ～ 8h 或长至 2d，开始时症状为头痛、全身乏力、发冷和恶心等，以后出现呕吐、腹痛和全身酸痛。病人发热大都达 39 ～ 40℃，重病人出现寒战、抽搐和昏迷等，病程 3 ～ 7d，一般愈后良好。但老人、少儿和体弱者，如不及时进行急救处理，也可导致死亡，死亡率约为 1%。

（3）防治措施

①防止食品污染，加强卫生管理，对从事食品的工作人员进行带菌检查，采取积极措施控制感染沙门氏菌的病畜肉流入市场，以防止食品污染。

②控制菌体繁殖。采取低温贮藏食品方法来控制沙门氏菌的繁殖。

③杀灭病原体。加热杀灭病原菌是预防食物中毒的重要措施。肉块深部温度至少达到 80℃，持续 12min，蛋类煮沸 8 ～ 10min 才能杀灭沙门氏菌。熟食品应和生食品分开贮存。剩余熟食品下次吃之前，应再充分加热。

2．致病性大肠埃希氏菌食源性疾病

（1）传播途径　致病性大肠埃希氏菌在自然界的分布非常广泛，常污染食品及餐具。人及动物均有健康带菌现象，牛、猪带菌对本菌引起的食源性疾病至关重要。人的健康带菌在流行病学上具有重要意义。

本菌引起的食源性疾病以动物性食品比较多见，主要为肉食品类。动物生前感染以及带菌，是引起本菌食物中毒的重要原因。

食品加工和饮食行业工作人员带菌，饮用水或食品工业用水遭受污染，也是本菌引起食源性疾病不可忽视的原因。

（2）致病力与致病机理

①侵袭力　大肠杆菌具有 K 抗原和菌毛，K 抗原具有抗吞噬作用，有抵抗抗体和补体的作用，菌毛能帮助细菌黏附于肠黏膜表面。有侵袭力的菌株可以侵犯肠道黏膜引起炎症。

②内毒素　大肠杆菌细胞壁具有内毒素的活性，其脂类 A 是毒性部位，而 O 特异多糖有助于细菌抵抗宿主的防御机制。

③肠毒素　肠毒素有两种：一种为不耐热肠毒素（LT），其成分可能是蛋白质，60℃ 30min 即被破坏，LT 作用是激活小肠上皮细胞内的腺苷酸环化酶，使 ATP 转变为 CAMP，促进肠黏膜细胞的分泌功能，使肠液大量分泌，引起腹泻；另一种称为耐热肠毒素（ST），ST 无免疫性，耐热，100℃ 10 ～ 20min 不被破坏，它也可使肠道上皮细胞的 CAMP 含量升高，引起腹泻。

（3）预防措施　防止动物性食品被带菌人、带菌动物以及污水、容器和用具污染；应特别防止生熟食品的交叉污染和熟后污染；应注意经常检查食品从业人员有无带菌者，而加以防治；对食品必须经过彻底烧煮后才可进食，熟食应低温保存。

3．肉毒梭菌食源性疾病

（1）传播途径　肉毒梭菌食源性疾病一般多是由于人们误食了含有肉毒毒素的食物而引起的以运动神经麻痹为主要症状的单纯的毒素性食源性疾病，所以又叫肉毒中毒。

引起肉毒中毒的食品，因饮食习惯和膳食结构不同而有差别。日本发生的肉毒中毒主要由鱼类、鱼卵等水产品所引起。美国发生的肉毒中毒主要由家庭自制的蔬菜、水果罐头、水产品和肉、奶类制品所引起。我国发生的肉毒中毒，91.48% 由植物性食品所引起，8.52% 由动物性食品所引起。在植物性食品中，绝大部分是家庭自制的发酵食品，例如臭豆腐、豆豉、豆酱和面酱等。这些发酵食品所用的原料粮和豆类常带有肉毒梭菌，发酵过程往往在密闭容器中和高温环境下进行。由于加热时间短，未能杀灭肉毒梭菌芽孢，又在 20 ～ 30℃进行发酵，所以为芽孢生长繁殖并产生毒素提供了适宜条件，如食用前不经加热，即可引起中毒。肉类及其制品等动物性食品，在储存过程中如被肉毒梭菌污染，在较高室温下放置数日，肉毒梭菌即可繁殖并产生毒素，带有毒素的食品如食用前未经加热或加热不彻底，即可引起中毒。

（2）致病机理　肉毒中毒与肉毒梭菌及芽孢无直接关系，是肉毒毒素进入血液循环后，选择性地作用于运动神经与副交感神经，主要作用点是神经末梢，抑制神经传导介质乙酰胆碱的释放，因而引起肌肉运动障碍，发生软瘫。

（3）防治措施　肉毒中毒的发生，一般有以下几种情况：制作食品的原料中带有肉毒梭菌芽孢；在食品加工过程中，芽孢未被全部杀灭；在食品加工或储存过程中，温度较高，缺氧，适宜芽孢的繁殖和产毒；熟食品在食用前未经充分加热未能使毒素完全破坏。因此，为预防本病的发生可采取下列措施：

①食品制作前应对食品原料进行清洁处理，用优质饮用水充分清洗。特别是在肉毒中毒多发地区，土壤及动物粪便的带菌率较高，故要求更应严格。

②罐头食品的生产，除建立严密合理的工艺规程和卫生制度防止污染外，还应严格执行灭菌的操作规程。罐头在贮藏过程发生胖听或破裂时，不能食用。制作发酵食品时，在进行发酵前，对粮、谷、豆类等原料应进行彻底蒸煮，以杀灭肉毒梭菌芽孢。

③加工后的肉、鱼类制品，应避免再污染和在较高温度下堆放，或在缺氧条件下保存。盐腌或熏制肉类或鱼类时，原料应新鲜并清洗；加工后，食用前不再经加热处理的食品，更应认真防止污染和彻底冷却。

④肉毒梭菌毒素不耐热，80℃ 30min 或 100℃ 30min 可使各型毒素破坏，故对可疑食品进行彻底加热是破坏毒素、预防肉毒中毒的可靠措施。

⑤防止婴儿肉毒中毒，首先应避免不洁之物进入口内。凡能进入婴儿口中的东西要注意清洁，以免经口感染。对婴儿的补充食品如水果、蔬菜等应去皮或洗净消毒，

不可食用变质的剩奶或蜂蜜等。

4．蜡样芽孢杆菌食源性疾病

（1）致病性　蜡样芽孢杆菌引起食源性疾病，除了必须具有大量的细菌外，肠毒素也是重要的致病毒素。蜡样芽孢杆菌产生的肠毒素有两种：

①耐热性肠毒素　100℃ 30min 不能被破坏，为引起呕吐型中毒的致病因素，常在米饭中形成。潜伏期短，一般为 2 ～ 3h，最短为 30min，最长 5 ～ 6h；中毒症状为呕吐、腹痉挛，腹泻则少见，一般经过 8 ～ 10h 而治愈。

②不耐热肠毒素　是引起腹泻型胃肠炎的病因，能在各种食物中形成。潜伏期在 6h 以上，一般为 6 ～ 14h；中毒症状为腹泻、腹痉挛，而呕吐却不常见；病程 24 ～ 36h。

（2）传播途径　肉及其制品的带菌率为 10％～ 26％，乳及其制品带菌率为 23％～ 77％，食品中该菌的污染源主要是泥土、尘埃、空气，其次是昆虫、苍蝇、不洁的用具等。如果食用前不加热或加热不彻底，即可引起食物中毒。

（3）预防措施

①做好食品的冷藏和加热。本菌在 15℃以下不繁殖，各种食品尤其是营养丰富、水分含量较高的，必须注意冷藏。米饭熟后，或维持在 63℃以上，或冷却。烹调必须充分加热，使之灭菌。

②食品不放置过久。煮熟的食品不能放置过久，尤其不宜在温热情况下（25 ～ 45℃）保存。蜡样芽孢杆菌繁殖至中毒菌量需要一定的温度和时间，因此缩短熟食品的放置时间尤为重要。在温热季节，每天的米饭吃多少做多少，避免剩下隔日炒饭、做汤饭或混入新煮的米饭中达不到充分受热和彻底灭菌，以致带来危害。

③搞好环境卫生。本菌常见于泥土和灰尘中，搞好环境卫生，保持厨房整洁，消灭昆虫以及在食品的加工、运输、储存和销售过程中做好防尘、防虫工作，都有助于控制污染源和减少本菌的污染。

④加强卫生宣传。做好个人卫生，严格要求食品从业人员认真执行卫生法规，以防止通过工作人员造成本菌的中毒流行。

5．志贺氏菌食源性疾病

（1）传播途径　志贺氏菌食源性疾病，实际上是食物源性的菌痢暴发。近年来国内文献报道的几起志贺氏菌食物中毒事件，都是由于炊事人员带菌，用手操作，污染了冷盘菜，而导致用食者菌痢暴发。一般是在制作并受污染以后到食用，中间有一个细菌繁殖的时间。如第一天制作，第二天食用。只要气温适宜，细菌便在其中大量繁殖。中毒暴发时间常为 7—10 月，与菌痢流行的季节相符。

食堂用膳者中的菌痢暴发是比较常见的，但常由于未能找到原因食品和明确的传染源，而不能确定为食源性疾病。

（2）致病性　志贺氏菌是侵入性细菌，只需千个、百个，甚至几个就可能引起疾病发生，与大肠埃希氏菌不同。后者需要食入大量细菌才会引起中毒。

菌体进入体内后侵入空肠黏膜上皮细胞繁殖，产生外毒素，菌体破坏后产生内毒素作用于肠壁、肠壁黏膜和肠壁植物性神经。

（3）主要症状　本菌的潜伏期一般为 10 ～ 20h，短者 6h，病人会出现剧烈的腹痛、呕吐及频繁的腹泻，并伴有水样便，便中混有血液，发热，体温高者可达 40℃以上，有的病人出现痉挛。

（4）预防措施　食品工作人员都必须定期做粪便细菌培养检验，以便发现志贺氏菌带菌者。志贺氏菌带菌者不得从事食品生产和制作，直到治愈（连续 3 次培养阴性）以后。

6. 副溶血性弧菌食源性疾病

（1）传播途径　副溶血性弧菌分布甚广，主要分布在海水和海产食品中，如海鱼、虾、蛤蜊、螃蟹、贝类、浮游生物等都广泛存在，夏季鱼、虾、贝类检出率最高，而冬季不能检出。

副溶血性弧菌食源性疾病的发生时间与其他细菌性食源性疾病大体相似，具有季节性，以夏季鱼汛季节为最高，即 8—9 月为发病高峰。最常见的中毒食品为海鱼、虾、贝、蟹类、水产制品、渍制食品等。这些食品如处理不当或由于不同地区的饮食习惯不同，生食或冷食都有可能引起中毒。在我国部分地区，特别是沿海地区，副溶血性弧菌食源性疾病占食物中毒的首位。

（2）致病性与致病机理　副溶血性弧菌食源性疾病，是由于摄取带有大量活菌的食物所引起的。摄入该致病菌株 10^6 个，几小时后即可发生急性胃肠炎。

副溶血性弧菌的致病因素是大量活菌及其所产生的肠毒素样活性物质（脂多糖），即内毒素。这种内毒素 100℃ 30min 不被破坏，与腹泻有关。

（3）中毒症状　副溶血性弧菌食源性疾病潜伏期短，发病急，多半在进食后 4 ～ 28h 发病，一般是 10 ～ 18h，短者 2 ～ 3h，长者可达 30h 左右。临床上呈急性胃肠炎症状，发病初期为腹部不适，上腹部疼痛或胃部痉挛，恶心、呕吐、发烧、腹泻，在发病 5 ～ 6h 后感到剧烈腹痛，脐部阵发性绞痛为本病的特点。腹痛大多持续 1 ～ 2d，以后逐渐减轻。呕吐多数为 5 次以内，多者达十几次。发烧一般为 37 ～ 39℃，也有的不发烧。大部分为水样便，腹泻次数常为 2 ～ 10 次，多者达 15 次以上，重病者多排黏液便或黏血便，吐、泻剧烈时皮肤干燥，重症可引起虚脱、血压下降，甚至很像霍乱。白细胞可能有暂时性增多等症状，症状减轻，很快恢复正常。

除上述主要症状之外尚有头痛、头晕、发汗、口渴等症状，一般 3 ～ 4d 可恢复。

临床上与痢疾鉴别困难，易被误诊为痢疾。

（4）预防措施

①对海产品应特别注意操作，加工前用消毒水冲洗干净，接触过海产品的厨具、容器和手以及水池等，用后均应洗刷干净，以免污染食品。

②最好不吃凉拌菜，若要吃凉拌菜应充分洗净，先在沸水中烫后，加醋拌渍，放置 10min，然后再加其他调味品拌食。

③严格执行生熟食品分开的卫生制度。

④剩饭菜，食前要回锅热透。

任务二　细菌性食源性疾病的检测技术

一、细菌性食源性疾病的调查

食源性疾病的暴发一般是突然的，因此在调查时要有确凿的事实根据。

1．回忆上三餐的情况，必要时追溯一周食谱的内容。

2．加工情况、加工场所、加工方式、加工用具、加工后储存等。如肉毒梭菌在制酱过程中产毒；副溶血性弧菌常常因生熟不分，引起食物中毒。

3．就食情况，调查同食者是否还有发病的，总结出发病与可疑食品间的关系，了解炊事人员的健康情况及有无啮齿类、猫、狗等的污染。

4．患者的常规检验结果。

5．患者的临床表现、潜伏期、症状及经治疗后症状有无缓解等。

综合以上结果，进行初步分析。一般来说，细菌性食源性疾病与化学性食源性疾病的最主要鉴别点是：

（1）化学性食源性疾病的潜伏期较短，而细菌性的却比较长（葡萄球菌肠毒素除外）。

（2）常见的细菌性食源性疾病（如沙门氏菌、副溶血性弧菌、变形杆菌、志贺氏菌、大肠埃希氏菌食源性疾病等）都有发烧症状，而化学性食源性疾病则一般不发烧。

6．食品及其原料的污染，在追溯其污染来源时必须考虑以下几个方面的问题。

（1）自身带菌，如病死畜、禽（鸡、鸭）本身常带染沙门氏菌或其他致病菌。

（2）制作过程，如肉毒梭菌在制酱过程中产毒。

（3）加工过程中交叉污染，如副溶血性弧菌常常因生熟不分、交叉污染而引起中毒，造成危害。

（4）运输中污染，如肉食品及熟食品运输过程中，被包装箱、苫布、车皮污染。

（5）剩菜、剩饭，如蜡样芽孢杆菌在剩饭中极易繁殖，再吃时，如加热不足，常常引起中毒。剩菜、猪头肉易污染致病性大肠埃希氏菌或变形杆菌等引起中毒。

（6）包装中产毒，如在密闭的塑料袋中装熟食品，食前又不再加热，即可引起肉毒梭菌中毒。

（7）带菌者污染。炊事员带菌常常是引起食源性疾病的原因，如其感染的葡萄球菌、痢疾志贺氏菌、沙门氏菌污染了食品而引起的疾病。

综合临床症状、流行病学调查和实验室的检验结果即可较为确切地判定该起中毒是由何种细菌所引起的。

二、细菌性食源性疾病样品的采集与处理

（一）采样方法

1．残余食物

用灭菌镊子或灭菌匙采取残余食物，置于灭菌容器内，如无残余食物，可用无菌棉拭在盛可疑食物的容器内涂擦，然后置于装有少量灭菌生理盐水的试管内。罐头样品采取后直接送检，如仅剩空盒，可将空盒送检。

2．炊事用具

锅、刀、抹布、墩子等样品的采取，可用棉拭揩擦，墩子也可用刀刮取表面，并将刮下的木屑放入灭菌容器内。

3．患者粪便、呕吐物

粪便可用便盒或采便管插入直肠采集，呕吐物可注入灭菌容器内。

4．血液

在中毒患者急性期（3d 以内）及恢复期（2 周左右），分别从肘静脉取血 2 ～ 3mL，注入干热灭菌试管中，使成斜面，待凝固后，分出血清送检。做血液细菌培养时，应从肘静脉取血 5mL 直接注入培养基内，也可于抽血后注入灭菌并带有玻璃珠的三角瓶内，立即振摇数分钟，以防凝固，然后送检。

5．尸体解剖

可采取胃肠内容物、脏器、肠系膜、淋巴结及血液等。内容物用灭菌注射器或灭菌器械采取，置入灭菌瓶内。脏器应先用烙铁烧灼消毒表面，再用解剖刀或剪子取内部 10 ～ 20g，置于灭菌容器内送检。

6．查源

根据食源性疾病的情况，可采售货或制作食品的工作人员及直接或间接接触食品的有关人员的检样，特别对那些在事件发生前或现正患有肠炎、发烧、化脓灶及可疑

为带菌者进行采样。对厨房、仓库中发现的鼠类、鼠粪、猫、狗等亦需采样。在肉毒中毒时，对做原因食品的原料和周围的土壤亦需采样。

（二）样品的送检

1. 样品采集后，最好立即送检，如条件不许可时，最长不得超过 4h。
2. 送检样品时，应注意冷藏，不得在样品内加入任何防腐剂。
3. 应附送详细送检申请单，填明样品名称、来源、送检时间、中毒情况、检验要求等。

（三）检样的处理

1．固体食物

如大块鱼、肉等，检查时应先用烙铁烧灼表面，或在沸水中烫 3 ～ 5s，然后再取内部检样 5 ～ 10g，放入灭菌乳钵内，剪碎后，加入灭菌海砂及适量盐水进行研磨，制成乳状液，检验。

2．液体食品

可将液体食品直接接种培养基进行细菌培养，也可离心后（3 000 ～ 4 000r/min），取沉淀物进行细菌培养。

3．罐头食品

如罐头尚未开启，先用温水洗净罐头表面，并以 95% 酒精棉球燃烧消毒，然后用灭菌开罐器将罐头打开，以无菌操作将检样取出进行细菌检验。如罐头为空盒，可用肉汤培养基冲洗盒内壁，以洗液做细菌培养。

4．粪便和呕吐物

用灭菌生理盐水做成溶液后，取上清液进行细菌培养。

5．血液

细菌培养时，以灭菌吸管吸取，注入肉汤或其他培养基内增菌。

用于测定患者血清效价的血液，可用离心沉淀法或自然析出法将血清分出（应尽量避免发生溶血），与可疑中毒菌株做试管凝集试验。

6．炊事用具

涂抹检样可直接接种培养基。

三、细菌性食源性疾病的检测方法

1．直接涂片、染色、镜检

（1）观察细菌形态。

（2）固体食物　盐水制成溶液做涂片。

（3）液体食物　用接种环取离心物做涂片。

2．一般活菌数测定

按国家标准 GB 4789.2—2010 菌落总数测定方法进行，以了解可疑食物被污染的情况。

3．直接培养

将处理后的检样直接接种于下列培养基（表 5-1）。

表 5-1　常见食源性疾病病原分离用培养基及菌落特征

（魏明奎．食品微生物检验技术．2010）

菌　种	培养基	菌落特征
沙门氏菌	SS 琼脂平板	无色透明或半透明，直径 1 ～ 2mm，边缘整齐、光滑，较扁平，少数产硫化氢使中心带黑色
志贺氏菌	SS 琼脂平板	特征同沙门氏菌，菌落稍小，一般较沙门氏菌菌落更透明和扁平
副溶血性弧菌	1. SS 琼脂平板 2. 4% 氯化钠 BTB 蔗糖琼脂平板	1. 直径约 2mm，无色透明，圆整而扁平，黏性大，不易被接种环挑起，有时菌落中央呈一点突起 2. 绿色圆形而隆起，稍混浊，半透明或不透明，无黏性
致病性大肠埃希菌	EMB 琼脂平板	边缘整齐、光滑，不透明，呈紫黑色或有金属光泽
变形杆菌	1. SS 琼脂平板 2. EMB 琼脂平板	1. 扁圆形，半透明，有时边缘略呈扩散状，对光检视菌落周围显淡蓝色，中心稍厚，有臭味和黏性 2. 扁平，菲薄，往往融合形成薄膜状
小肠结肠炎耶尔森菌	1. 麦康凯平板 2. SS 琼脂平板	菌落呈圆形，光滑，不发酵或稍隆起，透明或半透明，大小 0.5 ～ 2mm 的可疑菌落
空肠弯曲杆菌	1. Camp-BAP 布氏杆菌培养基平板 2. Skirrow 培养基平板	1. 第一型菌落不溶血，灰色、扁平、湿润，有光泽水滴样 2. 第二型菌落不溶血，常量单个分散突起的菌落（直径 1 ～ 2mm），边缘完整、发亮
椰毒假单胞菌	1. 马铃薯 - 葡萄糖琼脂平板 2. SS 琼脂平板	1. 菌落为灰白色、乳白色，光滑、湿润，生长快，直径 1 ～ 2mm，有黄绿色色素，扩散到基质内，在紫外线（波长 365μm）菌落呈黄色 2. 不生长
葡萄球菌	1. 血琼脂平板 2. 却浦曼平板	1. 圆形，不透明，大而凸起，表面光滑，金黄色，周围有溶血圈 2. 圆整，较小，菌落周围培养基呈黄色

菌　种	培养基	菌落特征
乙型溶血性链球菌	血琼脂平板	细小，直径一般为 0.5 ～ 0.75mm，圆形，凸起，灰白色，透明或半透明，表面光滑，有乳光，菌落周围有 2 ～ 4mm 无色透明溶血圈
蜡样芽孢杆菌	1. 普通琼脂平板 2. 血琼脂平板	1. 乳白色，不透明，边缘不整，往往呈扩散状 2. 浅灰色，不透明，似毛玻璃状，边缘不整，呈草绿色溶血
产气荚膜梭菌	血琼脂平板（厌氧）	菌落较大，光滑，边缘整齐、灰色，较混浊，一般有溶血圈
肉毒梭菌	血琼脂平板（厌氧）	扁平，中心凸起，边缘不整，略带绒毛状，周围有溶血圈

（1）需氧培养

①普通琼脂平板用于检查蜡样芽孢杆菌和其他未知致病菌。

②血琼脂平板用于检查葡萄球菌、链球菌和蜡样芽孢杆菌。

③ SS 琼脂平板和 EMB 琼脂平板（或 HE、FX、DC、麦康凯琼脂平板等）用于检查沙门氏菌、变形杆菌、志贺氏菌、小肠结肠炎耶尔森菌、大肠埃希氏菌等。

④ 4% 氯化钠 BTB 蔗糖琼脂平板用于检查副溶血性弧菌。

⑤马铃薯葡萄糖琼脂平板用于检查椰毒假单孢菌。

（2）厌氧培养　葡萄糖血琼脂平板（卵黄琼脂平板）用于检查肉毒梭菌和产气荚膜梭菌。

4．增菌培养

（1）需氧菌增菌培养

①肉汤用于检查葡萄球菌增菌。

②葡萄糖肉汤用于检查链球菌。

③氯化镁孔雀绿增菌液（MM）及亚硒酸盐胱氨酸（SC）增菌液用于检查沙门氏菌。

④ GN 增菌液用于检查志贺氏菌。

⑤ 4% 氯化钠结晶紫增菌液用于检查副溶血性弧菌。

⑥肠道增菌液（或乳糖胆盐发酵）用于检查致病性大肠埃希氏菌。

⑦胰蛋白胨水（26℃ 4 ～ 6h）移种 MM 增菌液中用于检查小肠结肠炎耶尔森菌。

（2）厌氧菌增菌培养　庖肉培养基用于检查肉毒梭菌及产气荚膜梭菌。

5．动物试验

动物试验在证实可疑食品（或分离菌株及其毒素）与食源性疾病的关系时，非常重要，不得省略。特别是对那些原因不明的中毒，尤为重要。

常用的实验动物有大白鼠、小白鼠、家兔、猫、犬及猴子等。试验最好用 1 ～ 2

种啮齿动物和一种哺乳动物为宜。

给毒途径最好是经口方法，也可以用其他途径，如腹腔内注射等。可疑食物如是固体，可以无菌操作，用盐水经过研磨浸出其毒性物质，然后经 30 000r/min 离心 1h，取其上清液试验（灌胃或腹腔内注射小白鼠）。也可以用分离菌培养物或其滤液进行试验。观察时间一般以一周为宜。每次试验时必须设对照组，以判定毒性。

6．患者血清凝集试验

将中毒患者急性期和恢复期的血清，与从中毒检样中分离出的病原菌所制成的菌体抗原，做试管凝集试验。

菌体抗原的制备：将分离菌 37℃ 24h 的琼脂面生长物刮至灭菌盐水管中，置沸水浴内 1h 取出，用适量盐水稀释至 6 亿个 /mL 即成。

凝集试验操作方法如下：

用生理盐水将患者血清进行 2 倍递增稀释，倍数由 1 ∶ 10 至 1 ∶ 640，最后使每支试管内含有稀释血清 0.5mL，再加入菌液 0.5mL，混匀后，置 50℃水浴 4h 观察结果。然后放冰箱过夜，次日晨再观察结果，根据凝集程度以“＋＋＋＋、＋＋＋、＋＋、＋、–”等符号记录。

＋＋＋＋表示完全凝集，凝块全部集结于管底，液体澄清。

＋＋＋表示大部分凝集，凝块沉于管底，液体几乎完全透明。

＋＋表示部分凝集，凝块沉于管底，液体稍微混浊，摇动可见颗粒状或絮片状凝块。

＋表示小部分凝集，液体混浊，摇动后可见微细颗粒。

– 表示不凝集，液体混浊与对照管相似。

出现显著凝集（＋＋以上）的最高血清稀释度，为该血清对该分离菌的凝集价。如在血清稀释之第 4 管内有显著凝集，即表示该血清对该分离菌的凝集价为 1 ∶ 160（血清原经 1 ∶ 80 稀释，现因加有等量的菌液，血清稀释又增加 1 倍变成 1 ∶ 160）。

常见细菌性食源性疾病致病菌的检验程序及方法见项目四。

【项目小结】

凡是通过摄取食物而使病原体进入人体，以致人体患感染性或中毒性疾病，统称为食源性疾病。细菌性食源性疾病是指由细菌通过摄食而进入人体的，使人体患感染性或中毒性的一类疾病，主要包括细菌性肠道疾病和细菌性食物中毒。常见的细菌性食源性疾病的病原菌为沙门氏菌、致病性大肠埃希氏菌、肉毒梭菌、蜡样芽孢杆菌、志贺氏菌和副溶血性弧菌等。

细菌性食源性疾病的检测技术首先要对发病原因进行调查，然后再综合临床症状、流行病学调查和实验室的检验结果即可较为确切地判定该起食源性疾病是由何种细菌所引起的。具体进行检测时，要根据样品的种类确定采样与处理的方法，具体的检测方法为直接涂片、染色、镜检，一般活菌数测定，直接培养，增菌培养，动物试验以及患者血清凝集试验。

【科苑导读】

近年来，在世界范围内食品安全恶性事件频频发生，食源性疾病的发生率居高不下，食源性疾病和食品污染已经构成了一个巨大的不断扩大的世界性公共卫生问题，严重影响了公众的身体健康、社会稳定和经济发展，是各国政府必须面对并亟须解决的重大问题。据 WTO 统计，全球每年发生 40 亿～ 60 亿例食源性腹泻，仅发展中国家就有 180 万人口死于此病，即便是工业化国家也有 30% 以上的人群患食源性疾病，而发展中国家食源性疾病的漏报率高达 95% 以上，我国目前掌握的食物中毒数据仅为我国实际发生的食源性疾病的“冰山一角”。

食源性疾病是由于食用或饮用了被污染的食品而引发的疾病。目前，人类已明确的食源性疾病有 200 多种，其中绝大部分是由微生物引起的。1992—2001 年我国食源性疾病致病因素分析显示，由微生物引起的有 2 221 件，占总的食源性疾病发生件数的 38.5%，患病人数达 82 888 人，占总患病人数约 50.9%，死亡 141 人，死亡率为 0.17%。

【项目训练题】

一、填空题

1．细菌性食源性疾病主要包括（　）和（　）。

2．细菌性食物中毒根据其发生的机制不同，可分为（　）、（　）和（　）三种。

3．在临床上，根据中毒症状和预后，可以将细菌性食源性疾病分为四种类型，即轻度胃肠炎型、（　）、（　）和重度型。

4．细菌性食源性疾病的调查一般回忆（　）的情况，必要时追溯（　）食谱的内容。

5．动物试验在证实可疑食品与食源性疾病的关系时，给药途径最好是（　）的方法。

二、名词解释

1．食源性疾病

2．细菌性食源性疾病

三、简答题

1．肉毒梭菌食源性疾病的致病机理是什么？

2．蜡样芽孢杆菌食源性疾病的预防措施是什么？

3．细菌性食源性疾病与化学性食源性疾病的最主要鉴别点是什么？

项目六　发酵食品微生物检测技术

【知识目标】

1. 理解发酵食品微生物检测的意义。
2. 理解食品中乳酸菌和双歧杆菌检测的原理，掌握其检测的方法。
3. 理解酱油种曲孢子数及发芽率测定的原理，掌握其测定的方法。
4. 掌握毛霉的分离与豆腐乳的制备方法。
5. 理解鲜乳中抗生素残留量检测的意义，掌握其检测的方法。

【技能目标】

1. 学会食品中乳酸菌和双歧杆菌的检测。
2. 学会酱油种曲孢子数及发芽率的测定。
3. 学会毛霉的分离与豆腐乳的制备。
4. 学会鲜乳中抗生素残留量的检测。

发酵食品一般是指通过一定的微生物作用而生产加工成的食品，例如酸奶、啤酒、酱油、食醋等。对发酵食品的检测除了必须进行的卫生学方面的检测（细菌总数、大肠菌群、致病菌等检测）外，有时为了检测发酵食品是否符合制作的技术要求和具有该发酵食品应有的风味，往往还需要检测发酵食品的菌种及菌种质量和数量，以及相关的其他技术指标。鲜乳不属于发酵食品，但鲜乳中抗生素残留量的检测非常重要，由于本书结构的原因，将此内容放在这里。

任务一　食品中乳酸菌的检测技术

一、基本原理

乳酸菌不是分类学上的名词，是一类可发酵糖主要产生大量乳酸的细菌的通称。乳酸菌是需氧和兼性厌氧、多数无动力、过氧化氢酶阴性、革兰氏阳性的无芽孢杆菌和球菌。

乳酸菌进行乳酸发酵分为两大类型：一是发酵产物中只有乳酸的（达 80% 以上），称为同型乳酸发酵，如乳酸链球菌、乳酪链球菌、干酪链球菌等；二是发酵产物中除乳酸之外还有乙酸、乙醇、CO_2 和 H_2 的，称为异型乳酸发酵，如一些明串珠菌、乳酸杆菌等。

乳酸菌具有强抗酸能力，在含糖丰富的食品中，因其不断产生乳酸使得环境变酸而杀死其他不耐酸的细菌。大部分乳酸菌具有很强的抗盐性，能耐 5% 以上的 NaCl 浓度。常见的乳酸菌都不具有细胞色素氧化酶，一般不会使硝酸盐还原为亚硝酸盐；乳酸菌不具有氨基酸脱羧酶，不产生胺类物质，也不产生吲哚和 H_2S。一般乳酸菌不分泌蛋白酶，只有肽酶，不能分解利用蛋白质而只能利用蛋白胨、肽和氨基酸。合成氨基酸、核酸、维生素的能力极低，因而在乳酸菌生长的环境中适量地加入这类物质，能促进其正常生长。

1．乳杆菌属的形态特征及生化特性

细胞形态多样，长或细长杆状、弯曲形短杆状及棒形球杆状，链状排列。革兰氏阳性，有些菌株革兰氏染色呈两极体，内部有颗粒物或呈现条纹。通常不运动，有些具有周身鞭毛，无芽孢，无细胞色素，大多数不产色素。

对营养要求严格，培养需多种氨基酸、维生素、肽、核酸衍生物。微好氧性，厌氧培养生长良好。在温度 2 ～ 53℃可生长，最适温度 30 ～ 40℃。耐酸性强，在 pH ≤ 5 环境中可生长，最适 pH 5.5 ～ 6.2，中性或初始碱性条件下生长速率降低。发酵糖类有三种方式：同型发酵、兼异型发酵、异型发酵。pH 6.0 以上可还原硝酸盐，不液化明胶，不分解酪素，联苯胺反应阴性，不产生吲哚和 H_2S，多数菌株可产生少量的可溶性氮，接触酶反应阴性。

2．双歧杆菌属的形态特征及生化特性

细胞形态多样，呈 Y 形、V 形、L 形、勺形、弯曲状，典型形态为分叉杆菌。革兰氏阳性，亚甲基蓝染色菌体着色不规则。无芽孢，无鞭毛，不运动。双歧杆菌菌落呈圆形，光滑，凸圆，边缘完整，乳白色，闪光，具有柔软的质地。

对营养要求苛刻，培养需多种双歧因子。专性严格厌氧菌，对氧气非常敏感。生长温度 25 ～ 45℃，最适生长温度 37℃。生长要求的 pH 4.5 ～ 8.5，最适 pH 6.5 ～ 7.0，不耐酸（pH ≤ 5.5 对菌体存活不利）。能利用葡萄糖、果糖、乳糖和半乳糖，蛋白质分解能力微弱，能利用铵盐作为氮源，不还原硝酸盐，不水解精氨酸，不液化明胶，不产生明胶，联苯胺反应阴性，接触酶反应阴性。

3．链球菌属的形态特征及生化特性

细胞呈球形或卵圆形，成对或成链排列，革兰氏阳性，无芽孢，一般不运动，不产生色素。但肠球菌群中某些种能运动或产色素。

兼性厌氧，厌氧培养生长良好，同型乳酸发酵，接触酶反应阴性。根据其生化特性可将链球菌属分为四个种群（化脓性群、绿色群、肠球菌群和乳酸球菌群）。

人们利用乳酸菌产生乳酸的特点，通过发酵生产某些食品，以提高产品的适口性或延长保藏期。例如乳酸菌饮料、发酵酸乳、干酪、酸乳酒、微生态制剂、酸豆乳、各种谷物和果蔬及肉类乳酸发酵制品等生产中，乳酸菌起到主要作用，所以这些食品中乳酸菌的数量和质量直接影响食品的质量。

含活性乳酸菌的食品中乳酸菌的检验方法参考 GB 4789.35—2010，其中乳酸菌主要为乳杆菌属（*Lactobacillus*）、双歧杆菌属（*Bifidobacterium*）和链球菌属（*Streptococcus*）。

二、设备和材料

除微生物实验室常规灭菌及培养设备外，其他设备和材料如下：

恒温培养箱（36℃ ±1℃）、冰箱（2 ～ 5℃）、天平（感量为 0.1g）、均质器、无菌均质袋及均质杯或灭菌乳钵、无菌试管（18mm×180mm、15mm×100mm）、1mL 无菌吸管（具 0.01mL 刻度）、10mL 无菌吸管（具 0.1mL 刻度）、微量移液器及吸头、无菌锥形瓶（500mL 和 250mL）。

三、培养基和试剂

1．MRS（Man Rogosa Sharpe）培养基

2．莫匹罗星锂盐（Li-Mupirocin）改良 MRS 培养基

3．MC 培养基

以上三种培养基详见“项目一　食品微生物检测基础知识”中的任务五。

4．乳酸杆菌糖发酵管

（1）基础成分　牛肉膏 5.0g、蛋白胨 5.0g、酵母浸膏 5.0g、吐温 80 0.5mL、琼脂 1.5g、1.6% 溴甲酚紫酒精溶液 1.4mL、蒸馏水 1 000.0mL。

（2）制法　按 0.5% 加入所需糖类，并分装小试管，121℃高压灭菌 15 ～ 20min。

按此配方和制法，制备 0.5% 蔗糖发酵管、0.5% 纤维二糖发酵管、0.5% 麦芽糖发酵管、0.5% 甘露醇发酵管、0.5% 水杨苷发酵管、0.5% 山梨醇发酵管、0.5% 乳糖发酵管。

5．七叶苷培养基

（1）成分　蛋白胨 5.0g、磷酸氢二钾 1.0g、七叶苷 3.0g、枸橼酸铁 0.5g、1.6% 溴甲酚紫酒精溶液 1.4mL、蒸馏水 100.0mL。

（2）制法　将上述成分加入蒸馏水中，加热溶解，121℃高压灭菌 15 ～ 20min。

6．革兰氏染色液（结晶紫染色液、革兰氏碘液、沙黄复染液）：详见“项目一　食品微生物检测基础知识”中的任务四。

7．莫匹罗星锂盐（Li-Mupirocin）化学纯。

8．无菌生理盐水。

四、检测程序

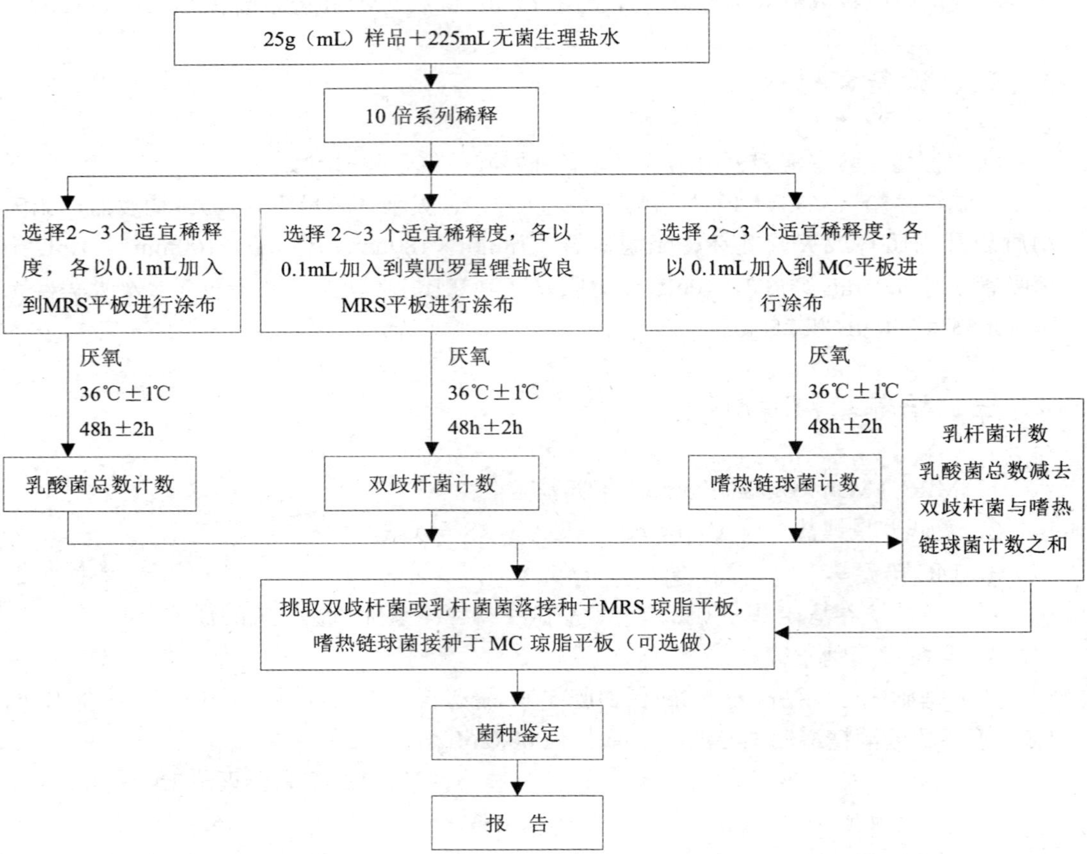

图 6-1　乳酸菌检测程序

五、操作步骤

1．样品制备

（1）样品的全部制备过程均应遵循无菌操作程序。

（2）冷冻样品可先使其在 2 ～ 5℃条件下解冻，时间不超过 18h，也可在温度不超过 45℃的条件解冻，时间不超过 15min。

（3）固体和半固体食品　以无菌操作称取 25g 样品，置于装有 225mL 生理盐水的无菌均质杯内，于 8 000 ～ 10 000r/min 均质 1 ～ 2min，制成 1 ∶ 10 样品匀液；或置于 225mL 生理盐水的无菌均质袋中，用拍击式均质器拍打 1 ～ 2min 制成 1 ∶ 10 的样品匀液。

（4）液体样品　液体样品应先将其充分摇匀后以无菌吸管吸取样品 25mL 放入装有 225mL 生理盐水的无菌锥形瓶（瓶内预置适当数量的无菌玻璃珠）中，充分振摇，制成 1 ∶ 10 的样品匀液。

2．样品稀释

（1）用 1mL 无菌吸管或微量移液器吸取 1 ∶ 10 样品匀液 1mL，沿管壁缓慢注于装有 9mL 生理盐水的无菌试管中（注意吸管尖端不要触及稀释液），振摇试管或换用 1 支无菌吸管反复吹打使其混合均匀，制成 1 ∶ 100 的样品匀液。

（2）另取 1mL 无菌吸管或微量移液器吸头，按上述操作顺序，做 10 倍递增样品匀液，每递增稀释一次，即换用 1 次 1mL 灭菌吸管或吸头。

3．乳酸菌计数

（1）乳酸菌总数　根据待检样品活菌总数的估计，选择 2 ～ 3 个连续的适宜稀释度，每个稀释度吸取 0.1mL 样品匀液分别置于 2 个 MRS 琼脂平板，使用 L 形棒进行表面涂布。36℃ ± 1℃，厌氧培养 48h ± 2h 后计数平板上的所有菌落数。从样品稀释到平板涂布要求在 15min 内完成。

（2）双歧杆菌计数　根据对待检样品双歧杆菌含量的估计，选择 2 ～ 3 个连续的适宜稀释度，每个稀释度吸取 0.1mL 样品匀液于莫匹罗星锂盐（Li-Mupirocin）改良 MRS 琼脂平板，使用灭菌 L 形棒进行表面涂布，每个稀释度作两个平板。36℃ ±1℃，厌氧培养 48h ± 2h 后计数平板上的所有菌落数。从样品稀释到平板涂布要求在 15min 内完成。

（3）嗜热链球菌计数　根据待检样品嗜热链球菌活菌数的估计，选择 2 ～ 3 个连续的适宜稀释度，每个稀释度吸取 0.1mL 样品匀液分别置于 2 个 MC 琼脂平板，使用 L 形棒进行表面涂布。36℃ ±1℃，需氧培养 48h ± 2h 后计数。嗜热链球菌在 MC 琼脂平板上的菌落特征为：菌落中等偏小，边缘整齐光滑的红色菌落，直径

2mm ± 1mm，菌落背面为粉红色。从样品稀释到平板涂布要求在 15min 内完成。

（4）乳杆菌计数 乳酸菌总数结果减去双歧杆菌与嗜热链球菌计数结果之和即得乳杆菌计数。

4．菌落计数

可用肉眼观察，必要时用放大镜或菌落计数器，记录稀释倍数和相应的菌落数量。菌落计数以菌落形成单位（Colony-forming Units，CFU）表示。

（1）选取菌落数在 30 ～ 300CFU、无蔓延菌落生长的平板计数菌落总数。低于 30CFU 的平板记录具体菌落数，大于 300CFU 的可记录为多不可计。每个稀释度的菌落数应采用两个平板的平均数。

（2）其中一个平板有较大片状菌落生长时，则不宜采用，而应以无片状菌落生长的平板作为该稀释度的菌落数；若片状菌落不到平板的一半，而其余一半中菌落分布又很均匀，即可计算半个平板后乘以 2，代表一个平板菌落数。

（3）当平板上出现菌落间无明显界线的链状生长时，则将每条单链作为一个菌落计数。

5．结果表述

（1）若只有一个稀释度平板上的菌落数在适宜计数范围内，计算两个平板菌落数的平均值，再将平均值乘以相应稀释倍数，作为每克（毫升）中菌落总数结果。

（2）若有两个连续稀释度的平板菌落数在适宜计数范围内时，按公式（1）计算：

$$N = \frac{\sum C}{(n_1 + 0.1n_2)d} \qquad (1)$$

式中：N——样品中菌落数；

ΣC——平板（含适宜范围菌落数的平板）菌落数之和；

n_1——第一稀释度（低稀释倍数）平板个数；

n_2——第二稀释度（高稀释倍数）平板个数；

d——稀释因子（第一稀释度）。

（3）若所有稀释度的平板上菌落数均大于 300CFU，则对稀释度最高的平板进行计数，其他平板可记录为多不可计，结果按平均菌落数乘以最高稀释倍数计算。

（4）若所有稀释度的平板菌落数均小于 30CFU，则应按稀释度最低的平均菌落数乘以稀释倍数计算。

（5）若所有稀释度（包括液体样品原液）平板均无菌落生长，则以小于 1 乘以最低稀释倍数计算。

（6）若所有稀释度的平板菌落数均不在 30 ～ 300CFU，其中一部分小于 30CFU 或大于 300CFU 时，则以最接近 30CFU 或 300CFU 的平均菌落数乘以稀释倍数计算。

6．菌落数的报告

（1）菌落数小于 100CFU 时，按“四舍五入”原则修约，以整数报告。

（2）菌落数大于或等于 100CFU 时，第 3 位数字采用“四舍五入”原则修约后，取前 2 位数字，后面用 0 代替位数；也可用 10 的指数形式来表示，按“四舍五入”原则修约后，采用两位有效数字。

（3）称重取样以 CFU/g 为单位报告，体积取样以 CFU/mL 为单位报告。

7．结果与报告

根据菌落计数结果出具报告，报告单位以 CFU/g（mL）表示。

六、嗜热链球菌和乳杆菌属的鉴定

1．纯培养

挑取 3 个或以上单个菌落，嗜热链球菌接种于 MC 琼脂平板，乳杆菌属接种于 MRS 琼脂平板，置 36℃ ±1℃厌氧培养 48h。

2．鉴定

（1）双歧杆菌的鉴定　见“任务二　食品中双歧杆菌的鉴定技术”。

（2）涂片镜检　乳杆菌属菌体形态多样，呈长杆状、弯曲杆状或短杆状。无芽孢，革兰氏染色阳性。嗜热链球菌菌体呈球形或球杆状，直径为 0.5 ～ 2.0μm，成对或成链排列，无芽孢，革兰氏染色阳性。

（3）乳酸菌菌种主要生化反应见表 6-1 和表 6-2。

表 6-1　常见乳杆菌属内种的碳水化合物反应

菌　种	七叶苷	纤维二糖	麦芽糖	甘露醇	水杨苷	山梨醇	蔗糖	棉子糖
干酪乳杆菌干酪亚种（*L.casei* subsp. *casei*）	+	+	+	+	+	+	+	−
德氏乳杆菌保加利亚种（*L.delbrueckii* sub sp. *bulgaricus*）	−	−	−	−	−	−	−	−
嗜酸乳杆菌（*L.acidophilus*）	+	+	+	−	+	−	+	d
罗伊氏乳杆菌（*L.reuteri*）	ND	−	+	−	−	−	+	+
鼠李糖乳杆菌（*L.rhamnosus*）	+	+	+	+	+	+	+	−
植物乳杆菌（*L.plantarum*）	+	+	+	+	+	+	+	+

注：+ 90% 以上菌株阳性；− 90% 以上菌株阴性；d11% ～ 89% 菌株阳性；ND 未测定。

表 6-2 嗜热链球菌的主要生化反应

菌 种	菊糖	乳糖	甘露醇	水杨苷	山梨醇	马尿酸	七叶苷
嗜热链球菌（*S.thermophilus*）	−	+	−	−	−	−	−

注：+ 90% 以上菌株阳性；− 90% 以上菌株阴性。

任务二 食品中双歧杆菌的鉴定技术

一、基本原理

双歧杆菌的形态特征及生化特性见“任务一 食品中乳酸菌的检测技术”。

食品中双歧杆菌的鉴定参考 GB 4789.34—2012。

二、设备和材料

除微生物实验室常规灭菌及培养设备外，其他设备和材料有：恒温培养箱（36℃ ±1℃）、气相色谱仪配 FID 检测器、冰箱（2 ～ 5℃）、天平（感量 0.1g）、无菌试管（18mm×180mm 和 15mm×100mm）、1mL 无菌吸管（具 0.01mL 刻度）、10mL 无菌吸管（具 0.1mL 刻度）、微量移液器（200 ～ 1 000μL）及配套吸头、无菌锥形瓶（500mL 和 250mL）。

三、培养基和试剂

1．双歧杆菌培养基

（1）成分 蛋白胨 15.0g、酵母浸膏 2.0g、葡萄糖 20.0g、可溶性淀粉 0.5g、氯化钠 5.0g、西红柿浸出液 400.0mL、吐温 80 1.0mL、肝粉 0.3g、琼脂粉 15.0 ～ 20.0g，加蒸馏水至 1 000.0mL。

（2）制法

①半胱氨酸盐溶液 称取半胱氨酸 0.5g，加入 1.0mL 盐酸，使半胱氨酸全部溶解，配制成半胱氨酸盐溶液。

②西红柿浸出液 将新鲜的西红柿洗净后称重切碎，加等量的蒸馏水在 100℃水浴中加热，搅拌 90min，然后用纱布过滤，校正 pH 7.0，将浸出液分装后，121℃高压灭菌 15 ～ 20min。

③培养基　将双歧杆菌培养基配方中的所有成分加入蒸馏水中，加热溶解，然后加入半胱氨酸盐溶液，校正 pH 6.8 ± 0.2。分装后 121℃高压灭菌 15 ～ 20min。临用时加热熔化琼脂，冷至 50℃时使用。

2．PYG 液体培养基

（1）成分　蛋白胨 10.0g、葡萄糖 2.5g、酵母粉 5.0g、半胱氨酸 -HCl 0.25g、盐溶液 20.0mL、维生素 K_1 溶液 0.5mL、氯化血红素溶液（5mg/mL）2.5mL，加蒸馏水至 500.0mL。

（2）制法

①盐溶液　称取无水氯化钙 0.2g、硫酸镁 0.2g、磷酸氢二钾 1.0g、磷酸二氢钾 1.0g、碳酸氢钠 10.0g、氯化钠 2.0g，加蒸馏水至 1 000.0mL。

②氯化血红素溶液（5mg/mL）　称取氯化血红素 0.5g 溶于 1mol/L 氢氧化钠 1.0mL 中，加蒸馏水至 1 000mL，121℃高压灭菌 15 ～ 20min。

③维生素 K_1 溶液　称取维生素 $K_1$1.0g，加无水乙醇 99mL，过滤除菌，冷藏保存。

④培养基　除氯化血红素溶液和维生素 K_1 溶液外，PYG 液体培养基配方中的其余成分加入蒸馏水中，加热溶解，校正 pH 6.0，加入中性红溶液。分装后 121℃高压灭菌 15～20min。临用时加热熔化琼脂，加入氯化血红素溶液和维生素 K_1 溶液，冷至 50℃使用。

3．甲醇分析纯。

4．三氯甲烷分析纯。

5．硫酸分析纯（体积比）。

6．冰乙酸分析纯（体积比）。

7．乳酸分析纯。

8．乙酸标准溶液吸取分析纯冰乙酸 5.7mL，移入 100mL 容量瓶中，加水至刻度，标定，此溶液浓度约为 1mol/L。

标定方法：准确称取乙酸 3g，加水 15mL，酚酞指示液 2 滴，用 1mol/mL 氢氧化钠溶液滴定，并将滴定结果用空白试验校正。1mol/mL 氢氧化钠溶液 1mL 相当于 60.05mg 的乙酸。

9．乙酸标准使用液将经标定的乙酸标准溶液用水稀释至 0.01mol/L。

10．乳酸标准溶液吸取分析纯乳酸 8.4mL，移入 100mL 容量瓶中，加水至刻度，标定，此溶液浓度约为 1mol/L。

标定方法：准确称取乳酸 1g，加水 50mL，加入 1mol/mL 氢氧化钠滴定液 25mL，煮沸 5min，加入酚酞指示液 2 滴，同时用 0.5mol/mL 和 1mol/mL 硫酸滴定液滴定，并将滴定结果用空白试验校正。1mol/mL 氢氧化钠溶液 1mL 相当于 90.08mg 的乳酸。

11．乳酸标准使用液将经标定的乳酸标准溶液用水稀释至 0.01mol/L。

四、鉴定程序

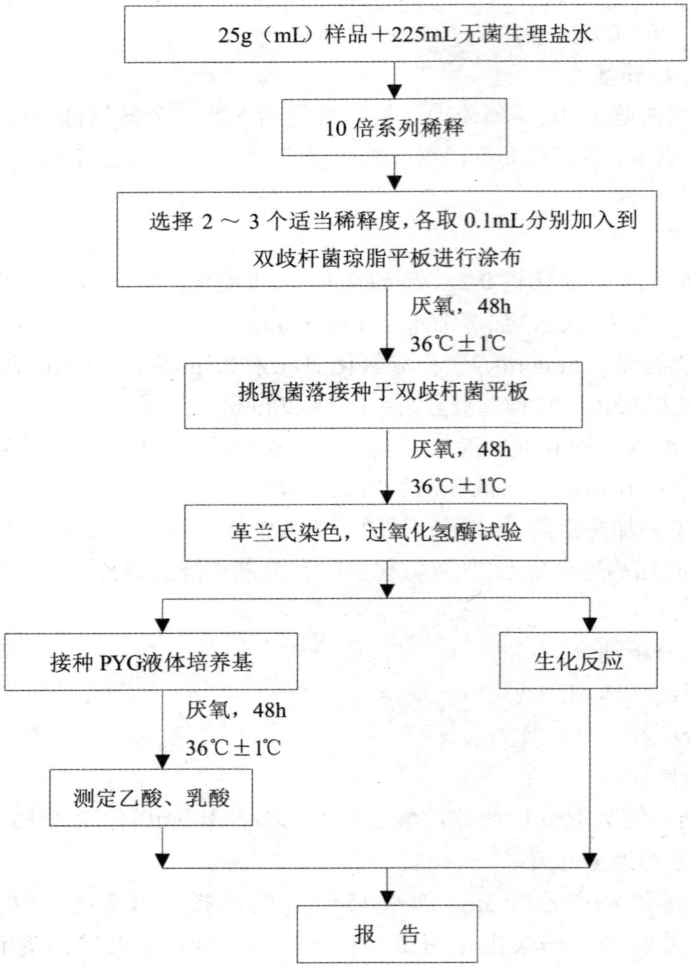

图6-2 双歧杆菌鉴定程序

五、操作步骤

1．样品制备

以无菌操作称取25g（mL）样品，置于装有225mL生理盐水的灭菌锥形瓶内，制成1∶10的样品匀液。样品的全部制备过程均应遵循无菌操作程序。

2．稀释及涂布培养

（1）用 1mL 无菌吸管或微量移液器吸取 1 ∶ 10 样品匀液 1.0mL，沿管壁缓慢注于装有 9mL 生理盐水的无菌试管中（注意吸管尖端不要触及稀释液），振摇试管或换用 1 支无菌吸管反复吹打使其混合均匀，制成 1 ∶ 100 的样品匀液。另取 1mL 无菌吸管或微量移液器吸头，按上述操作顺序，做 10 倍递增样品匀液，每递增稀释一次，即换用 1 次 1mL 灭菌吸管或吸头。

（2）根据待鉴定菌种的活菌数，选择 3 个连续的适宜稀释度，每个稀释度吸取 0.1mL 稀释液，用 L 棒在双歧杆菌琼脂平板进行表面涂布，每个稀释度作两个平皿。置 36℃ ±1℃恒温箱内培养 48h ± 2h，培养后选取单个菌落进行纯培养。

3．纯培养

挑取 3 个或 3 个以上的菌落接种于双歧杆菌琼脂平板，36℃ ±1℃厌氧培养 48h。

4．镜检及生化鉴定

（1）涂片镜检　双歧杆菌菌体为革兰氏染色阳性，不抗酸，无芽孢，无动力；菌体形态多样，呈短杆状、纤细杆状或球形，可形成各种分支或分叉形态。

（2）生化鉴定　过氧化氢酶试验为阴性。选取纯培养平板上的三个单个菌落，分别进行生化反应检测，不同双歧杆菌菌种主要生化反应见表 6-3。

5．有机酸代谢产物测定　气相色谱法测定双歧杆菌的有机酸代谢产物。

（1）双歧杆菌培养液制备　挑取双歧杆菌琼脂平板上纯培养的双歧杆菌接种于 PYG 液体培养基，同时用未接种菌的 PYG 液体培养基做空白对照，36℃ ±1℃厌氧培养 48h。

（2）标准液的配制

①乙酸标准溶液　准确吸取乙酸 5.70mL 加水稀释至 100.0mL，摇匀，进行标定，配成约 1.0mol/L 的乙酸标准溶液。标定方法为：准确称取乙酸 3g，加水 15mL，酚酞指示液 2 滴，用 1mol/mL 氢氧化钠溶液滴定，并将滴定结果用空白试验校正。1mol/mL 氢氧化钠溶液 1mL 相当于 60.05mg 的乙酸。

②乙酸使用液　将经标定的乙酸标准溶液用水稀释至 20.0mmol/L。

③乳酸标准溶液　准确吸取含量为 85% ～ 90% 的乳酸 0.84mL，加水稀释至 100.0mL，摇匀，配成 1.0mol/L 的乳酸标准溶液。标定方法：准确称取乳酸 1g，加水 50mL，加入 1mol/mL 氢氧化钠滴定液 25mL，煮沸 5min，加入酚酞指示液 2 滴，同时用 0.5mol/mL 和 1mol/mL 硫酸滴定液滴定，并将滴定结果用空白试验校正。1mol/mL 氢氧化钠溶液 1mL 相当于 90.08mg 的乳酸。

④乳酸使用液　将乳酸标准溶液用水稀释至 20.0mmol/L。

表 6-3 双歧杆菌菌种主要生化反应

编号	项 目	两歧双歧杆菌 (B.bifidum)	婴儿双歧杆菌 (B.infantis)	长双歧杆菌 (B.longum)	青春双歧杆菌 (B.adolescentis)	动物双歧杆菌 (B.animalis)	短双歧杆菌 (B.breve)
1	甘油	−	−	−	−	−	−
2	赤癣醇	−	−	−	−	−	−
3	D- 阿拉伯糖	−	−	−	−	−	−
4	L- 阿拉伯糖	−	−	+	+	+	−
5	D- 核糖	−	+	−	+	+	+
6	D- 木糖	−	+	+	d	+	+
7	L- 木糖	−	−	−	−	−	−
8	阿东醇	−	−	−	−	−	−
9	β- 甲基 -D- 木糖苷	−	−	−	−	−	−
10	D- 半乳糖	d	+	+	+	d	+
11	D- 葡萄糖	+	+	+	+	+	+
12	D- 果糖	d	+	+	d	d	+
13	D- 甘露糖	−	+	+	−	−	−
14	L- 山梨糖	−	−	−	−	−	−
15	L- 鼠李糖	−	−	−	−	−	−
16	卫予醇	−	−	−	−	−	−
17	肌醇	−	−	−	−	−	+
18	甘露醇	−	−	−	−	−	−
19	山梨醇	−	−	−	−	−	−
20	α- 甲基 -D- 甘露糖苷	−	−	−	−	−	−
21	α- 甲基 -D- 葡萄糖苷	−	−	+	−	−	−
22	*N*- 乙酰 - 葡萄糖胺	−	−	−	−	−	+
23	苦杏仁苷（扁桃苷）	−	−	−	+	+	−
24	熊果苷	−	−	−	−	−	−

编号	项　目	两歧双歧杆菌 (B.bifidum)	婴儿双歧杆菌 (B.infantis)	长双歧杆菌 (B.longum)	青春双歧杆菌 (B.adolescentis)	动物双歧杆菌 (B.animalis)	短双歧杆菌 (B.breve)
25	七叶灵	−	−	+	+	+	−
26	水杨苷（柳醇）	−	+	−	+	+	−
27	D- 纤维二糖	−	+	−	d	−	−
28	D- 麦芽糖	−	+	+	+	+	+
29	D- 乳糖	+	+	+	+	+	+
30	D- 蜜二糖	−	+	+	+	+	+
31	D- 蔗糖	−	+	+	+	+	+
32	D- 海藻糖（蕈糖）	−	−	−	−	−	−
33	菊糖（菊根粉）	−	−	−	−	−	−
34	D- 松三糖	−	−	+	+	−	−
35	D- 棉籽糖	−	+	+	+	+	+
36	淀粉	−	−	−	+	−	−
37	肝糖（糖原）	−		−	−	−	−
38	木糖醇	−	−	−	−	−	−
39	龙胆二糖	−	−	−	+	+	+
40	D- 松二糖	−	−	−	−	−	−
41	D- 来苏糖	−	−	−	−	−	−
42	D- 塔格糖	−	−	−	−	−	−
43	D- 岩糖	−	−	−	−	−	−
44	L- 岩糖	−	−	−	−	−	−
45	D- 阿糖醇	−	−	−	−	−	−
46	L- 阿糖醇	−	−	−	−	−	−
47	葡萄糖酸钠	−	−	−	+	−	−
48	2- 酮基 - 葡萄糖酸钠	−	−	−	−	−	−
49	5- 酮基 - 葡萄糖酸钠	−	−	−	−	−	−

注：＋ 90% 以上菌株阳性；－ 90% 以上菌株阴性；d11% ～ 89% 以上菌株阳性。

（3）方法

①乙酸的处理　取双歧杆菌培养液 2.0 ～ 3.0mL 放入 10mL 离心管中，加入 0.2mL 50%（体积比）硫酸溶液，混匀，加入 2.0mL 丙酮，混匀后加过量氯化钠，剧烈振摇 1min，再加入 2.0mL 乙醚，振摇 1min 后，于 3 000r/min 离心 5min，将上清液转入另一试管中，下层溶液用 2.0mL 丙酮和 2.0mL 乙醚重复提取 2 次，合并有机相，于 40℃水浴中用氮气吹至少量溶液存在，用丙酮定容至 1.0mL，混匀后备用。同样操作步骤处理乙酸标准和空白培养液。

②乳酸的处理　取双歧杆菌培养液 2.0 ～ 3.0mL 放入 10mL 比色管中，100℃水浴 10min，加入 0.2mL50%（体积比）硫酸溶液，混匀，加入 1.0mL 甲醇，于 58℃水浴 30min 后加水 1.0mL，加三氯甲烷 1.0mL，振摇 3min，3 000r/min 离心 5min，取三氯甲烷层分析。同样操作步骤处理乳酸标准和空白培养液。

③气相色谱条件

色谱柱：长 2m，内径 4mm 的玻璃柱，填装涂有 20% DNP +7%吐温 60（Tween60）的 chromosorbwHP（80 ～ 100 目）；柱温：110℃；汽化室：150℃；检测器：150℃；载气：（N_2）50ml/min；进样量 1.0μL；外标法峰面积定量。乳酸标准溶液的气相色谱见图 6-3，乙酸标准溶液的气相色谱见图 6-4。

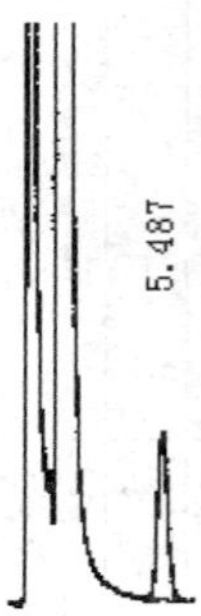

图 6-3　乳酸标准溶液的气相色谱

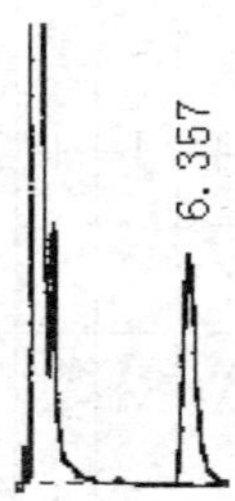

图 6-4　乙酸标准溶液的气相色谱

（4）结果计算　样品培养液中乙酸或乳酸的含量按公式（2）计算：

$$X=\frac{A_{样}-A_{空}}{A_{标}\times C} \tag{2}$$

式中：X——样品培养液中乙酸或乳酸的含量，μmol/mL；

$A_{样}$——样品培养液中乙酸或乳酸的峰面积；

$A_{空}$——空白培养液中乙酸或乳酸的峰面积；

$A_{标}$——乙酸标准或乳酸标准的峰面积；

C——乙酸标准或乳酸标准的浓度，μmol/mL。

（5）允许差 相对相差≤15%。

（6）结果判定 如果乙酸（μmol/mL）与乳酸（μmol/mL）比值大于1，可判定为是双歧杆菌的有机酸代谢产物。

6．报告

根据镜检及生化鉴定的结果、双歧杆菌的有机酸代谢产物乙酸与乳酸微摩尔之比大于1，报告双歧杆菌属的种名。

任务三 酱油种曲孢子数及发芽率的测定技术

一、基本原理

酱油是一种调味品，它是利用蛋白质原料和淀粉质原料，通过曲霉、酵母菌和细菌的作用酿造而成。酿造酱油通常先用曲霉制曲，常用的曲霉是米曲霉。制曲过程是培养曲霉以得到大量蛋白质酶和淀粉酶的过程。种曲是成曲的曲种，是保证成曲的关键，是酿制优质酱油的基础。酱油种曲质量要求之一是含有足够的孢子数量，孢子数量必须达到6×10^9个/g（干基计）以上，孢子旺盛，活力强，发芽率达85%以上，所以孢子数及其发芽率的测定是酱油种曲质量控制的重要手段。

采用血球计数法测定酱油种曲孢子数，是将一定浓度的孢子悬浮液放在血球计数板的计数室中，在显微镜下进行计数。由于计数室的容积是一定的，所以可以根据在显微镜下观察到的孢子数目来计算单位体积的孢子总数。

测定孢子发芽率的方法常有玻片培养法和液体培养法，这里采用玻片培养法测定酱油种由孢子发芽率。孢子发芽率除受孢子本身活力影响外，培养基种类、培养温度、通气状况等因素也会直接影响到测定的结果。因此，测定孢子发芽率时，要求选用固定的培养基和培养条件，严格控制培养温度，才能准确反映孢子的真实活力。

二、酱油种曲孢子数量的测定

（一）设备和材料

普通光学显微镜、旋涡均匀器、血球计数板、天平、250mL锥形瓶（内带玻璃珠）、盖玻片、无菌纱布、无菌滴管等。

（二）样品和试剂

1．样品

酱油种曲。

2．试剂

95% 乙醇、10% 稀硫酸（1 ∶ 10）、无菌水。

（三）操作步骤

1．样品稀释

（1）精确称取酱油种曲 1g（称准至 0.002g），倒入盛有玻璃珠的 250mL 锥形瓶内。

（2）向锥形瓶中加入 95％乙醇 5mL、无菌水 20mL、10% 稀硫酸（1 ∶ 10）10mL，在旋涡均匀器上充分振荡，使种曲孢子分散。

（3）用 3 层纱布过滤。

（4）用无菌水反复冲洗，使滤渣不含孢子，最后将滤液稀释至 500mL。

2．制计数板

（1）取洁净干燥的血球计数板，盖上盖玻片。

（2）用无菌滴管取酱油孢子稀释液 1 小滴，滴于盖玻片的边缘处（不宜过多），让滴液自行渗入计数室中，注意不可有气泡产生。用吸水纸吸干多余液滴，静置 5min，待孢子沉降。

3．镜检与计数

镜检计数室中的孢子，并记录孢子的数目。

使用 16×25 规格的血球计数板，计数时代表性统计计数室中 100 个小方格中的菌数；使用 25×16 规格的血球计数板，计数时代表性统计计数室中 80 个小方格中的菌数。每个样品重复观察计数 2 ～ 3 次，然后取其平均值。

4．计算

（1）16×25 规格的血球计数板

$$\text{孢子数}(\text{个/g})=\frac{N_1}{100}\times 400\times 10\,000\times\frac{V}{m}$$

（2）25×16 规格的血球计数板

$$\text{孢子数}(\text{个/g})=\frac{N_2}{80}\times 400\times 10\,000\times\frac{V}{m}$$

式中：N_1——100 个小方格内孢子总数，个；

N_2——80 个小方格内孢子总数，个；

V——孢子稀释液体积，mL；

m——样品质量，g。

5. 注意事项

（1）称样品时要尽量防止孢子飞扬。

（2）样品稀释至每个小方格所含孢子数在10个以内较适宜，过多不易计数，应进行稀释调整。

（3）镜检与计数时，如果发现有许多孢子集结成团或成堆，说明样品稀释未能符合操作要求，必须重新称重、振摇、稀释。

（4）由于稀释液中的孢子在计数室中处于不同的空间位置，要在不同的焦距下才能看到，因此计数时必须逐格调节细调节螺旋，才能不使之遗漏。

三、酱油种曲孢子发芽率的测定

（一）设备和材料

恒温培养箱、凹玻片、无菌吸管、无菌培养皿、无菌涂布棒、盖玻片、滤纸等。

（二）样品、培养基和试剂

1. 样品

酱油种曲孢子粉。

2. 培养基

查氏琼脂培养基：详见“项目一　食品微生物检测基础知识”中的任务五。

3. 试剂

25mL无菌生理盐水（内带玻璃珠）、无菌水、凡士林。

（三）操作步骤

1. 制备孢子悬浮液

取少许酱油种曲加入盛有25mL无菌生理盐水和玻璃珠的锥形瓶中，振摇约15min，使孢子分散，制成孢子悬浮液。孢子悬浮液制备后要立即制作标本再进行培养，时间不宜过长。

2. 制作标本

（1）在凹玻片的凹窝内滴入1滴无菌水。

（2）用无菌吸管吸取孢子悬浮液数滴，加入已融化并冷却至约46℃的查氏琼脂培养基中，摇匀后，用玻璃棒取适量此培养基在盖玻片上涂一薄层。查氏琼脂培养基中接入孢子悬浮液的数量，以每个视野含孢子数 10 ～ 20 个为宜。

（3）在盖玻片（有菌面）的四周涂凡士林，再将此盖玻片反盖在凹玻片的窝上（有菌面朝下），放置于垫有两层湿滤纸的无菌培养皿内。

（4）将此凹玻片置于 30 ～ 32℃恒温培养箱中培养 3 ～ 5h。

3．镜检与计数

取出盖玻片，将有菌面朝上放在显微镜下镜检。观察孢子发芽情况，正确区分孢子发芽和不发芽状态，记录发芽和未发芽的孢子数。为使结果准确，要同时制作 2 个以上标本进行镜检，计数，取其平均值，每次观察 100 ～ 200 个孢子的发芽情况。

4．计算

$$发芽率=\frac{A}{A+B}\times 100\%$$

式中：A——发芽孢子数，个；

B——未发芽孢子数，个。

任务四　毛霉的分离与豆腐乳的制备技术

一、基本原理

豆腐乳是我国传统的发酵食品，具有风味独特、滋味鲜美、营养丰富等特点，是豆腐经过毛霉前期发酵及盐腌后期发酵制成的。民间生产豆腐乳均为自然发酵，现代酿造厂多采用蛋白酶活性高的鲁氏毛霉或根霉发酵。毛霉在豆腐坯上生长，毛霉菌丝可以包裹豆腐坯使其不易破碎，同时分泌出一定数量的蛋白酶、脂肪酶、淀粉酶等水解酶系，使豆腐坯中的大分子成分初步降解。发酵后的豆腐毛坯经过加盐腌制后，有大量的嗜盐菌和嗜温菌生长，由于这些微生物和毛霉所分泌的各种酶类的共同作用，使大豆蛋白逐步水解，生成各种多肽类化合物如降血压肽和抗氧化活性肽，并可进一步生成部分游离氨基酸，大豆脂肪经降解后生成小分子脂肪酸并与添加的酒类中的醇合成各种芳香酯，大分子糖类在淀粉酶的催化下生成低聚糖和单糖，因此，形成细腻、鲜香的豆腐乳特色。

二、设备和材料

显微镜、恒温培养箱、高压蒸汽灭菌器、超净工作台、酒精灯、电炉子、解剖针、无菌培养皿、500mL 锥形瓶、接种环、无菌纱布、小笼格、喷枪、小刀、带盖广口玻瓶、载玻片等。

三、菌种、培养基和试剂

1. 菌种

毛霉斜面菌种。

2. 培养基及培养料

马铃薯葡萄糖琼脂培养基（PDA）（详见“项目一　食品微生物检测基础知识”中的任务五）、豆腐坯、红曲米、面曲、甜酒酿、白酒、黄酒。

3. 试剂

无菌水、食盐、石炭酸。

四、毛霉的分离

（一）流程

配制培养基→毛霉分离→菌落鉴定→制片→镜检。

（二）操作步骤

1. 配制培养基

配制马铃薯葡萄糖琼脂培养基（PDA），灭菌后倒平板备用。

2. 毛霉的分离

从长满毛霉菌丝的豆腐坯上取一小块置于 5mL 无菌水中，振摇，制成孢子悬液。用接种环挑取该孢子悬液在马铃薯葡萄糖琼脂培养基平板表面划线分离，于 20℃恒温培养箱中培养 1 ～ 2d，以获取毛霉单菌落。

3. 菌落鉴定

观察毛霉菌落：呈白色棉絮状，菌丝发达。

4. 制片

于载玻片上加 1 滴石炭酸液，用解剖针从菌落边缘挑取少量菌丝于石炭酸液滴中，轻轻将菌丝体分开，加盖玻片。

5. 镜检

在显微镜下观察：菌丝是否有隔，孢子囊、孢子囊梗的着生情况。若无假根和匍匐菌丝或菌丝不发达，孢子囊梗直接由菌丝长出，单生或分枝，即可初步确定为毛霉。

五、豆腐乳的制备

（一）流程

毛霉孢子悬液制备→接种孢子悬液→培养与晾花→装瓶与压坯→装坛发酵→质量鉴定。

（二）操作步骤

1．制备毛霉孢子悬液

（1）毛霉菌种的扩大培养

挑取平板分离得到的毛霉单菌落接到马铃薯葡萄糖琼脂斜面培养基上，于25℃培养3d左右；再将毛霉斜面菌种转接到锥形瓶种子培养基中，于同样温度下培养2～3d，直至长满菌丝和大量孢子，备用。

（2）毛霉孢子悬液制备

于上述锥形瓶种子培养基中加入200mL无菌水，用玻璃棒搅碎菌丝，摇匀，用无菌双层纱布过滤，滤渣倒还锥形瓶中，再加200mL无菌水洗涤1次，合并滤于第一次滤液中，装入喷枪贮液瓶中供接种使用。

2．接种毛霉孢子悬液

（1）用小刀将豆腐坯割成大小为4.1cm×4.1cm×1.6cm的小块豆腐坯。

（2）将笼格经蒸汽消毒、冷却，将毛霉孢子悬液喷洒在笼格内壁。

（3）将小块豆腐坯均一竖放在笼格内，块与块之间间隔2cm。

（4）用喷枪向每小块豆腐坯上喷洒毛霉孢子悬液，使每块豆腐坯周身均沾上孢子悬液。

3．培养与晾花

（1）将接种后的笼格放入20℃左右的恒温培养箱中，培养20h后，每隔6h上下层调换一次，以更换新鲜空气，并观察毛霉生长情况。

（2）培养44～48h后，菌丝顶端已长出孢子囊，豆腐坯上毛霉呈棉絮状，菌丝下垂，白色菌丝已包围豆腐坯，此时将笼格取出，使热量和水分散失，豆腐坯迅速冷却，其目的是增加酶的作用，并使霉味散发，此操作在工艺上称为晾花。

4．装瓶与压坯

（1）豆腐坯冷却至20℃以下，将坯块上互相依连的菌丝分开。

（2）用手指轻轻在每块豆腐坯表面揩涂一遍，使豆腐坯上形成一层“皮衣”。

（3）边揩涂边装入玻璃瓶内，沿瓶壁呈同心圆方式一层一层向内侧放，摆满一层稍用手压平，撒一层食盐，如此一层层铺满瓶。下层食盐用量少，向上食盐逐层增多，最后撒一层盖面盐。每 100 块豆腐坯用盐约 400g，使其平均含盐量约为 16%。腌制中盐分渗入豆腐坯，水分析出。为使上下层含盐均匀，腌坯 3 ～ 4d 时需加盐水淹没坯面，称为压坯。腌坯结束后，放出盐水放置过夜，使盐坯干燥收缩。

（4）腌坯周期冬季 13d，夏季 8d。

5．装坛发酵

（1）红方

①按每 100 块豆腐坯用红曲米 32g、面曲 28g、甜酒酿 1 000g 比例配制染坯红曲卤和装瓶红曲卤。

②先用 200g 甜酒酿浸泡红曲米和面曲 2d，研磨细，再加 200g 甜酒酿调匀即为染坯红曲卤。

③将腌坯沥干，待坯块稍有收缩后，放在染坯红曲卤内，六面染红，装入经预先消毒的坛中。豆腐坯装得不能过紧，以免影响后期发酵。再将剩余的红曲卤用剩余的 600g 甜酒酿兑稀，倒入坛内，淹没豆腐坯，并加适量盐和 50 度白酒，加盖密封。

④在常温下贮藏 6 个月成熟。

（2）白方

①将腌坯沥干，待坯块稍有收缩后，装入经预先消毒的坛中。豆腐坯装的不能过紧，以免影响后期发酵。

②将按甜酒酿 500g、黄酒 1 000g、白酒 750g、盐 250g 比例配制的汤料倒入坛内，淹没豆腐坯，加盖密封。

③在常温下贮藏 2 ～ 4 个月成熟。

6．质量鉴定

将成熟的腐乳开瓶，进行感官质量鉴定及评价。从腐乳的表面及断面色泽、组织形态（块形、质地）、滋味及气味、有无杂质等方面综合评价腐乳质量。

任务五　鲜乳中抗生素残留量的检测技术

一、基本原理

鲜乳中抗生素残留量的检测方法有嗜热链球菌抑制法和嗜热脂肪芽孢杆菌抑制法。

嗜热链球菌抑制法适用于鲜乳中能抑制嗜热链球菌（*Streptococcus thermophilus*）的抗生素的检测。本方法检测几种常见抗生素的最低检出限为：青霉素 0.004IU，链霉素 0.5IU，庆大霉素 0.4IU，卡那霉素 5IU。样品经过 80℃杀菌后，添加嗜热链球菌菌液。培养一段时间后，嗜热链球菌开始增殖。这时候加入代谢底物 2,3,5- 氯化三苯四氮唑（TTC），若该样品中不含有抗生素或抗生素的浓度低于检测限，嗜热链球菌将继续增殖，还原 TTC 成为红色物质。相反，如果样品中含有高于检测限的抑菌剂，则嗜热链球菌受到抑制，因此指示剂 TTC 不还原，保持原色。

嗜热脂肪芽孢杆菌抑制法适用于鲜乳中能抑制嗜热脂肪芽孢杆菌卡利德变种（*Bacillus stearothermophilus* var.*calidola-ctis*）的抗生素的检测，也可用于复原乳、消毒灭菌乳、乳粉中抗生素的检测。本方法检测几种常见抗生素的最低检出限为：青霉素 3μg/L、链霉素 50μg/L、庆大霉素 30μg/L、卡那霉素 50μg/L。培养基预先混合嗜热脂肪芽孢杆菌芽孢，并含有 pH 指示剂（溴甲酚紫）。加入样品并孵育后，若该样品中不含有抗生素或抗生素的浓度低于检测限，细菌芽孢将在培养基中生长并利用糖产酸，pH 指示剂的紫色变为黄色。相反，如果样品中含有高于检测限的抗生素，则细菌芽孢不会生长，pH 指示剂的颜色保持不变，仍为紫色。

鲜乳抗生素残留量的检测方法参考 GB/T 4789.27—2008。

二、嗜热链球菌抑制法

（一）设备和材料

除微生物实验室常规灭菌及培养设备外，其他设备和材料有：冰箱（2 ～ 5℃、–20 ～ –5 ℃）、恒温培养箱（36 ℃ ±1 ℃）、带盖恒温水浴锅（36 ℃ ±1 ℃、80℃ ±2℃）、天平（感量 0.1g、0.001g）、1mL 无菌吸管（具 0.01mL 刻度）、10mL 无菌吸管（具 0.1mL 刻度）、微量移液器及吸头、无菌试管（18mm×180mm）、温度计（0 ～ 100℃）、旋涡混匀器。

（二）菌种、培养基和试剂

1．菌种

嗜热链球菌。

2．灭菌脱脂乳

（1）成分　无抗生素的脱脂乳。

（2）制法　经115℃灭菌20min。也可采用无抗生素的脱脂牛乳粉，以蒸馏水10倍稀释，加热至完全溶解，115℃灭菌20min。

3．4% 2,3,5-氯化三苯四氮唑（TTC）水溶液

（1）成分　2,3,5-氯化三苯四氮唑（TTC）1.0g、灭菌蒸馏水5.0mL。

（2）制法　称取TTC，溶于灭菌蒸馏水中，装褐色瓶内于2～5℃保存。如果溶液变为半透明的白色或淡褐色，则不能再用。临用时用灭菌蒸馏水5倍稀释，成为4%水溶液。

4．青霉素G参照溶液

（1）成分　青霉素G钾盐30.0mg、无菌磷酸盐缓冲液适量、无抗生素的脱脂乳适量。

（2）制法　精密称取青霉素G钾盐标准品，溶于无菌磷酸盐缓冲液中，使其浓度为100～1 000 IU/mL。再将该溶液用灭菌的无抗生素的脱脂乳稀释至0.006 IU/mL，分装于无菌小试管中，密封备用。–20℃保存不超过6个月。

（三）检测程序

鲜乳中抗生素残留检测程序见图6-5。

（四）操作步骤

1．活化菌种

取一接种环嗜热链球菌菌种，接种在9mL灭菌脱脂乳中，置36℃ ±1℃恒温培养箱中培养12～15h后，置2～5℃冰箱保存备用。每15d转种一次。

2．测试菌液

将经过活化的嗜热链球菌菌种接种灭菌脱脂乳，36℃ ±1℃培养15h ± 1h，加入相同体积的灭菌脱脂乳混匀稀释成为测试菌液。

3．培养

取样品9mL，置18mm×180mm试管内，每份样品另外做一份平行样。同时再做阴性和阳性对照各一份，阳性对照管用9mL青霉素G参照溶液，阴性对照管用9mL灭菌脱脂乳。所有试管置80℃ ±2℃水浴加热5min，冷却至37℃以下，加入测试菌液

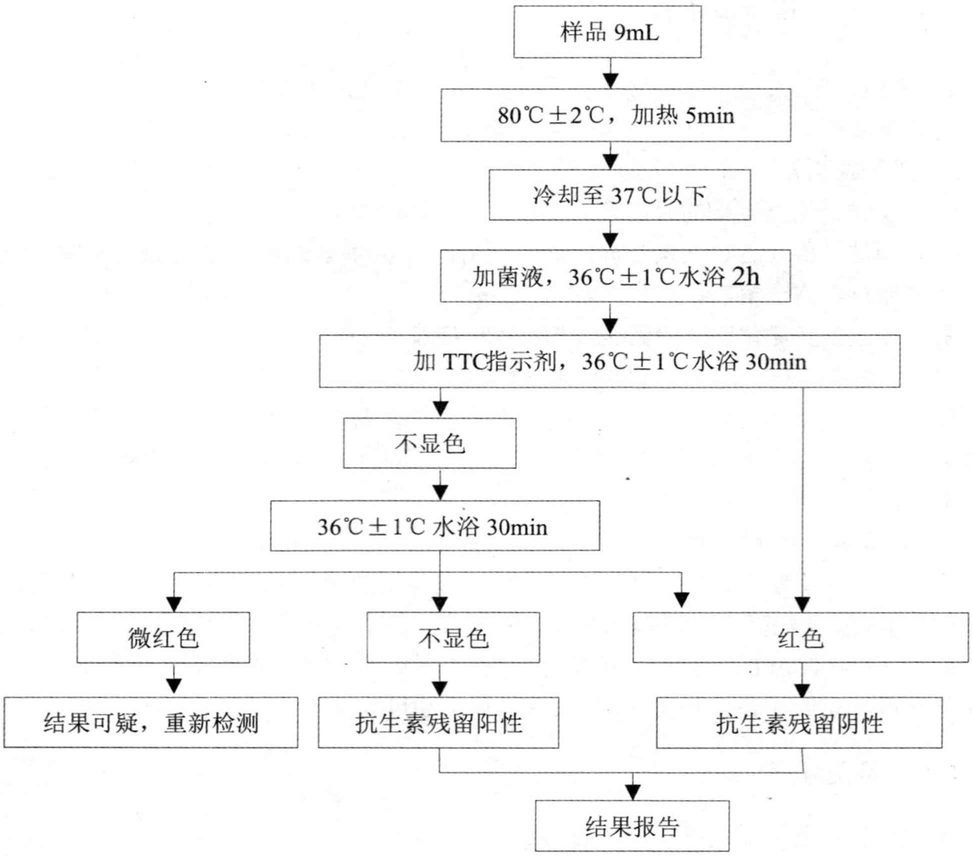

图 6-5 鲜乳中抗生素残留检测程序（嗜热链球菌抑制法）

1mL，轻轻旋转试管混匀。36℃ ±1℃水浴培养 2h，加 4%TTC 水溶液 0.3mL，在旋涡混匀器上混合 15s 或振动试管混匀。36℃ ±1℃水浴避光培养 30min，观察颜色变化。如果颜色没有变化，于水浴中继续避光培养 30min 作最终观察。观察时要迅速，避免光照过久出现干扰。

4．判断方法

在白色背景前观察，试管中样品呈乳的原色时，指示乳中有抗生素存在，为阳性结果。试管中样品呈红色为阴性结果。如最终观察现象仍为可疑，建议重新检测。

5．报告

最终观察时，样品变为红色，报告为抗生素残留阴性，样品依然呈乳的原色，报告为抗生素残留阳性。

三、嗜热脂肪芽孢杆菌抑制法

（一）设备和材料

除微生物实验室常规灭菌及培养设备外，其他设备和材料有：冰箱（2 ～ 5℃、–20 ～ –5 ℃）、恒温培养箱（36 ℃ ±1 ℃、56 ℃ ±1 ℃）、恒温水浴锅（65 ℃ ±2 ℃、80℃ ±2℃）、无菌吸管或微量移液器（100μL、200μL）及吸头、无菌试管（18mm×180mm、15mm×100mm）、温度计（0 ～ 100℃）、离心机（转速 5 000r/min）。

（二）菌种、培养基和试剂

1．菌种

嗜热脂肪芽孢杆菌卡利德变种。

2．灭菌脱脂乳

同“嗜热链球菌抑制法”。

3．青霉素 G 参照溶液

4．无菌磷酸盐缓冲液

（1）成分　磷酸二氢钠 2.83g，磷酸二氢钾 1.36g，蒸馏水 1 000.0mL。

（2）制法　将上述成分混合，调节 pH 7.3±0.1，121℃高压灭菌 20min。

5．溴甲酚紫葡萄糖蛋白胨培养基。

详见“项目一　食品微生物检测基础知识”中的任务五。

（三）检测程序

检测程序见图 6-6。

（四）操作步骤

1．芽孢悬液

将嗜热脂肪芽孢杆菌菌种划线移种于营养琼脂平板表面，56℃ ±1℃培养 24h 后挑取乳白色半透明圆形特征菌落，在营养琼脂平板上再次划线培养，56℃ ±1℃培养 24h 后转入 36℃ ±1℃培养 3 ～ 4d，镜检芽孢产率达到 95% 以上时进行芽孢悬液的制备。每块平板用 1 ～ 3mL 无菌磷酸盐缓冲液洗脱培养基表面的菌苔（如果使用克氏瓶，每瓶使用无菌磷酸盐缓冲液 10 ～ 20mL）。将洗脱液 5 000r/min 离心 15min。取沉淀物加 0.03mol/L 的无菌磷酸盐缓冲液（pH 7.2），制成 10^9CFU/mL 芽孢悬液，置 80℃ ± 2℃恒温水浴中 10min 后，密封防止水分蒸发，置 2 ～ 5℃保存备用。

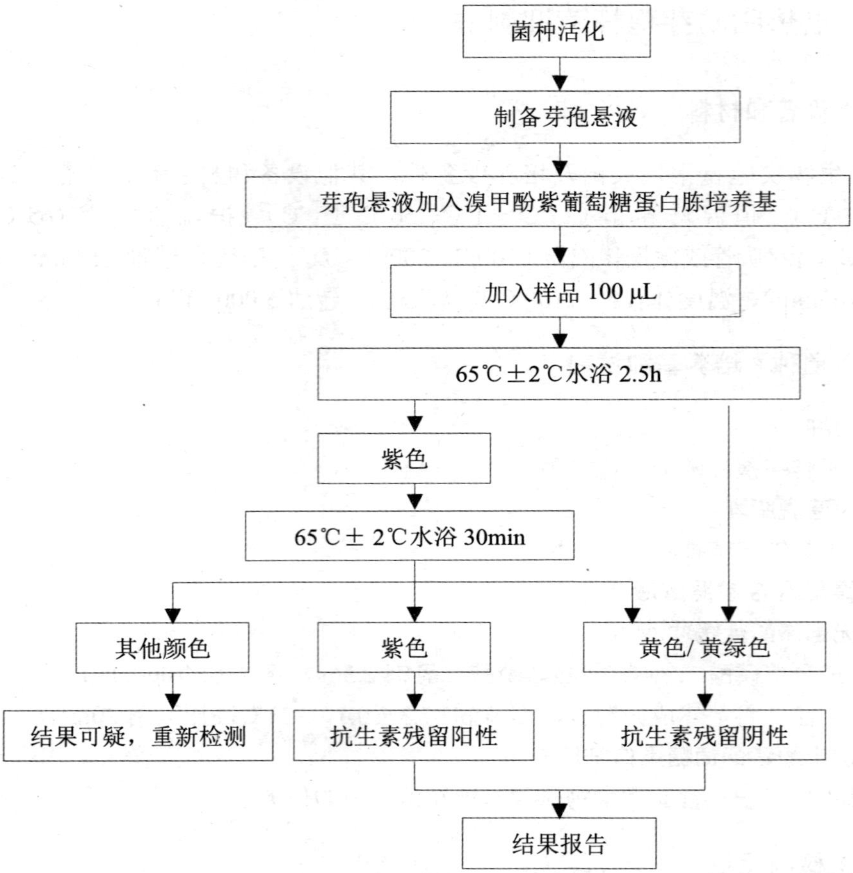

图 6-6 鲜乳中抗生素残留检测程序（嗜热脂肪芽孢杆菌抑制法）

2．测试培养基

在溴甲酚紫葡萄糖蛋白胨培养基中加入适量芽孢悬液，混合均匀，使最终的芽孢浓度为 $8\times10^5 \sim 2\times10^6$CFU/mL。混合芽孢悬液的溴甲酚紫葡萄糖蛋白胨培养基分装小试管，每管 200μL，密封防止水分蒸发。配制好的测试培养基可以在 2 ～ 5℃保存 6 个月。

3．培养操作

吸取样品 100μL 加入含有芽孢的测试培养基中，轻轻旋转试管混匀。每份检样做两份，另外再做阴性和阳性对照各一份，阳性对照管为 100μL 青霉素 G 参照溶液，阴性对照管为 100μL 无抗生素的脱脂乳。于 65℃ ± 2℃水浴培养 2.5 h，观察培养基颜色的变化。如果颜色没有变化，须再于水浴中培养 30min 作最终观察。

4．判断方法

在白色背景前从侧面和底部观察小试管内培养基颜色。保持培养基原有的紫色为阳性结果，培养基变成黄色或黄绿色为阴性结果，颜色处于二者之间，为可疑结果。对于可疑结果应继续培养 30min 再进行最终观察。如果培养基颜色仍然处于黄色—紫色之间，表示抗生素浓度接近方法的最低检出限，此时建议重新检测一次。

5．报告

最终观察时，培养基依然保持原有的紫色，可以报告为抗生素残留阳性。培养基变为黄色或黄绿色时，可以报告为抗生素残留阴性。

【项目小结】

乳酸菌不是分类学上的名词，是一类可发酵糖主要产生大量乳酸的细菌的通称。含活性乳酸菌的食品检验，乳酸菌主要为乳杆菌属、双歧杆菌属和链球菌属。并且对食品中嗜热链球菌、乳杆菌属和双歧杆菌进行鉴定。酱油种曲质量要求之一是含有足够的孢子数量，孢子数量必须达到 6×10^9 个 /g（干基计）以上，孢子旺盛，活力强，发芽率达 85%以上，孢子数及其发芽率的测定是酱油种曲质量控制的重要手段。采用血球计数法测定酱油种曲孢子数，采用玻片培养法测定酱油种曲孢子发芽率。现代豆腐乳的生产多采用毛霉在豆腐坯上发酵，其步骤：制备毛霉孢子悬液、接种孢子悬液、培养与晾花、装瓶与压坯、装坛发酵、质量鉴定。鲜乳中抗生素残留量的检测方法有嗜热链球菌抑制法和嗜热脂肪芽孢杆菌抑制法。

【项目训练题】

一、名词解释

1．乳酸　2．同型乳酸发酵　3．异型乳酸发酵

二、填空

1．本书中对含活性乳酸菌的食品中乳酸菌的检验，主要针对（　　）、（　　）、（　　）三类乳酸菌。

2．酱油种曲孢子数量必须达到（　）（干基计）以上才合格。

3．酱油种曲孢子发芽率达到（　）以上才合格。

4．分离毛霉用的培养基是（　）。

5．豆腐乳的生产步骤有（　）、（　）、（　）、（　）、（　）、（　）。

6．乳酸发酵分为（　）和（　）两大类型。

三、判断

1．大部分乳酸菌具有很强的抗盐性，能耐 32% 以上的氯化钠浓度。（　）

2．乳酸菌不具有氨基酸脱羧酶，不产生胺类物质，也不产生吲哚和 H_2S。（　）

4．酿造酱油常用的曲霉是黑曲霉。（　）

5．本书中豆腐乳制作是利用毛霉在豆腐坯上发酵获得的。（　）

四、简答题

1．双歧杆菌属的形态特征如何？

2．经过样品制备和稀释后，如何进行乳酸菌的计数？

项目七　食品微生物快速检测技术

【知识目标】

1. 了解各种快速法检验微生物的原理。

2. 掌握各种快速测定技术的方法，特别是菌落总数、大肠菌群数的快速检测方法。

3. 了解现代食品微生物检测方法的原理。

【技能目标】

1. 能够进行菌落总数的纸片法快速检测，并能够正确运用稀释度选择原则进行菌落数的报告。

2. 能够进行大肠菌群的 LTSE 快速检测及 TTC 显色法快速检测，并能够正确使用 MPN 检索表进行大肠菌群的报告。

3. 能够运用单克隆酶免疫色度分析筛选法对沙门氏菌进行快速检测。

4. 能够运用 3M 金黄色葡萄球菌快速测试法对金黄色葡萄球菌进行快速检测。

5. 能够运用金标免疫分析法对大肠杆菌 O157：H7 进行快速检测。

食品微生物的常规检验方法，大多数是以培养活的细胞生长为手段来达到检测目的。这些方法往往需要在实验室的无菌条件下进行，选择特定的培养基培养，将细菌培养成肉眼可见的菌落才可确认，并且需要一定的培养时间，少则 2 ～ 3d，多则数周，所以比较麻烦。而现行有效的一些快速检测方法应用起来快速、简便、准确，不仅可以大大缩短检测时间，提高检出率，并可用于微生物计数、早期诊断、鉴定等方面。这些快速方法并不专指缩短了检测时间，还简化了操作，如样品制备、实验准备（培养基、实验器具的改进等）、操作过程的简化或自动化、培养条件的改善等。有些快速方法是对常规方法的改进，有些则是利用新知识和新技术来估测微生物数量，包括微生物学、分子生物学、生物化学、生物物理学、免疫学和血清学等领域。

建立食品快速检测技术，是建立食品安全检测体系的重要基础。随着新的快速检测技术不断问世，食品致病菌的检测分析、溯源、预防纠正、食品召回、疾病控制等一系列工作将逐步展开，食品安全将得到进一步保证。食品中微生物的各种快速检测技术虽然不断涌现，但是不管哪种情况都是为了缩短检测微生物所用时间，达到快速检出食品中微生物的目的。

任务一　菌落总数的快速检测技术

一、纸片快速测定法

纸片快速测定法是运用在一双层膜系统内含有适合细菌生长的培养基和冷水可溶的胶体物质，以每系统 1mL 的加样量将样品（稀释或未经稀释的样品）直接加到基础膜中间，盖上含有胶凝剂和 TTC 的覆盖膜，培养后细菌在双层膜之间生长并显色即可直接计数。

（一）设备和试剂

培养箱、冰箱、天平、玻璃珠、试管、酒精灯、试管架、灭菌刀或剪刀、灭菌镊子、菌落总数快速测定试剂盒、75% 乙醇、灭菌的生理盐水或其他稀释液。

（二）检测程序

纸片法快速测定细菌菌落总数的检测程序如图 7-1 所示。

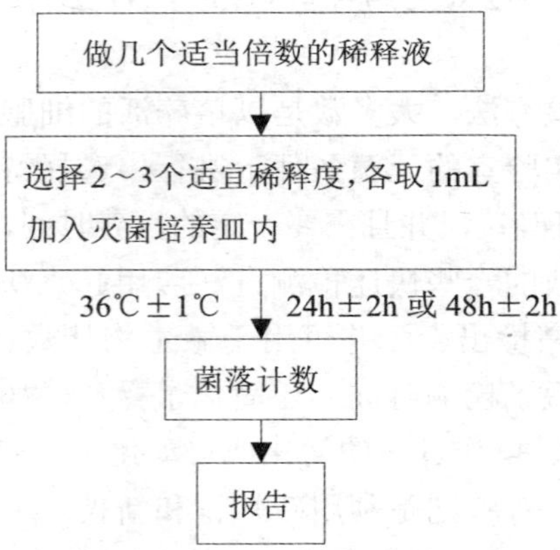

图 7-1　细菌菌落总数快速检测程序

（刘用成．食品微生物检验技术．2012）

（三）操作步骤

1．检样稀释按国标方法进行。

2．一般食品选 3 个稀释度进行检测，含菌量少的液体样品（如食用纯水和矿泉水等）可直接用原液检测。将检验纸片放置水平台面上，揭开上面的透明薄膜，用灭菌吸管吸取样品原液或稀释液 1mL，均匀加到中央的滤纸片上，然后轻轻将上盖膜放下，静置 5min。

3．用手指先沿方格区边缘刮一下，防止水外流，然后再在中间轻轻推刮，使水分在纸片方格区内均匀分布，并将气泡赶走。

4．将加了样的检验纸片每 6 片叠放在一起，放入自封袋中，平放在 37℃培养箱内培养 24 ～ 48h。

5．细菌在纸片上生长后会显示红色斑点，选择菌落数适中（10 ～ 100）的纸片进行计数，乘以稀释倍数后即为每克（或毫升）样品中所含的细菌菌落总数。

6．报告

（1）稀释度的选择

①通常选择菌落在 10 ～ 100 的纸片进行计数，乘以稀释倍数报告（表 7-1 例 1）。

②若有两个稀释度的菌落数在 10 ～ 100，则由两者的比值来决定，若比值小于 2，则报告其平均数，若大于 2，则报告其较小者（表 7-1 例 2、例 3）。

③若三个稀释度的菌落数都在 10 ～ 100，应选择两个较小数值的平均数（表 7-1 例 4）。

④若三个稀释度的菌落数均小于 10 时，应重新试用更低的稀释倍数进行菌落计数；或采用最低稀释度的菌落数乘以稀释倍数报告（表 7-1 例 5）。

⑤若三个稀释度的菌落数均大于 100 时，应重新试用更高的稀释度进行菌落计数；或采用最高稀释度的菌落数乘以稀释倍数报告（表 7-1 例 6）。

表 7-1　稀释度选择及菌落数报告方式

（刘用成．食品微生物检验技术．2012）

例次	稀释液及菌落数			两稀释液之比	选择计数的稀释度	报告方式（CFU/g 或 CFU/mL）
	10^{-1}	10^{-2}	10^{-3}			
1	164	70	5	—	10^{-2}	7.0×10^{3}
2	198	89	15	1.7	10^{-2}、10^{-3}	2.4×10^{4}
3	145	92	29	3.2	10^{-2}	9.2×10^{3}
4	98	56	18	—	10^{-1}、10^{-2}	3.3×10^{3}
5	9	5	0	—	10^{-1}	9.0×10
6	287	168	103	—	10^{-3}	1.0×10^{5}

（2）菌落数的报告　按国家标准进行菌落数的报告。

（四）注意事项

1．本方法不仅可用于菌落总数的测定，还可用于大肠菌群、大肠埃希氏菌、霉菌、酵母菌和金黄色葡萄球菌的计数。

2．本品可用于各类食品及饮用水中菌落总数的测定。与传统方法相比，省去了配制培养基、消毒和培养器皿的清洗处理等大量辅助性工作，随时可以开始进行抽样检测，而且操作简便，通过显色剂的作用，使菌落提前清晰地显现出来，培养十几小时就开始出现红色菌斑，适合于食品卫生检验部门和食品生产企业使用。

3．若对菌落作进一步的分离和鉴定，只需揭开上盖膜，用接种针挑取凝胶上的菌落即可。

4．试剂盒需存放在10℃以下冰箱中，并在保质期内使用完。

二、ATP生物发光法

ATP（三磷酸腺苷）普遍存在于包括微生物在内的一切活细胞内，ATP生物发光法是利用ATP与荧光素酶系统接触时的发光现象建立起来一种检测方法。萤火虫荧光素酶是一种高效生物催化剂，在有氧条件下，它与ATP之间发生氧化反应形成氧化荧光素并发出荧光。在一个反应系统中，当萤火虫荧光素酶和荧光素处于过量情况下，荧光强弱取决于ATP数量。因此，在检测含细菌样品时，细菌细胞越多，ATP量越高，发出荧光也就越强。

如果样品中污染了微生物，用ATP提取试剂与样品混合，使细胞膜和细胞壁开孔，提取出ATP，然后再与荧光素和荧光素酶生物发光试剂作用，用荧光仪进行测定，再通过配套的软件，可将发光量换算成微生物数。此方法灵敏度高，直接检测微生物的检出下限为10^4CFU/mL，并且快速简便，1min内可得到结果。

（一）设备和试剂

1．ATP荧光仪

包括样品过滤膜、ATP-生物荧光反应器、荧光增强及数据处理系统。将整个待测样品用600孔疏水分隔的过滤膜过滤，然后将膜温育一段时间，向膜上喷上溶菌试剂，再向膜上喷荧光素/荧光素酶。理论上说，每个菌落都会形成一个荧光斑。荧光增强系统则将每个微菌落发出的荧光，进行成千倍地增强并用偶联的照相机记录下荧光图像。自动图像处理器会分析荧光强度等数据并由此计算出微生物的数量。附带的软件会记录图像和数据，存档以待进一步的分析。

2．ATP 提取液、生物荧光试剂

（二）操作步骤

1．非微生物 ATP 的清除

取 1mL 样液，加入不同浓度的 Triton X-100 和 Apyrase（Sigma Chemical Co.）混合液 1mL，在室温下放置 10min。

2．指示菌 ATP 的提取

采用氯仿释放法提取 ATP。在每支经 5h 孵育的指示菌测试管中，加入 1mL 细菌悬液，每支测试管再加入 0.3mL 氯仿试剂，置沸水浴中煮沸 8min，并不断振摇，煮沸结束后立即在冷水中冷却，离心沉淀。本底测定管用同样的方法同时处理。

3．生物发光（Bioluminescence，BL）的测定

取 0.2mL ATP 提取液置于 BC 测定管中，在 TD 4 000 发光光度计内测定 BL 发光峰值（CPS）。测定参数：温度 25℃，时程 10s，萤火虫荧光素—荧光素酶试剂 0.1mL。

4．结果判定

根据本底管 BL 峰值 CPS 进行判定。

三、阻抗法

阻抗法是用电阻抗作为媒介，监测微生物代谢活性为基础的一种快速方法。电阻抗是交流电路中导电物质对电流所起的阻碍和抵抗作用。微生物可使培养基中的电惰性底物，如碳水化合物、蛋白质等营养物质，代谢成为电活性产物，如乳酸盐或氨等。当微生物的生长和代谢活性旺盛时，培养基中的电惰性分子即为许多电活性分子所取代，从而使培养基的电导性增大，培养物的电阻抗降低。单位时间内阻抗值的改变与培养基中含菌量成正比。由于不同的微生物在培养基中的代谢活性有所不同，故可利用电阻抗测量法对其进行鉴定。

法国生物梅里埃公司的 Bactometer 系统可用于乳制品、肉类、海产品、蔬菜、冷冻食品、糖果、糕点、饮料、化妆品中的菌落总数、大肠菌群、霉菌和酵母计数，用于乳酸菌、嗜热菌检测，是一种方便、快速的方法，比传统方法大大减少了检测时间，结果准确。它的主要优点是可以进行数据自动测试、自动分析储存，但它必须预先制定相应的标准曲线方可对样品进行测试。Bactometer 系统是能利用电阻抗、电容抗或总阻抗三种参数的监测系统，可同时处理 64 ～ 512 个样本。

（一）设备和试剂

Bactometer 仪（由 BPU 电子分析器 / 培养箱、电脑、彩色终端机及打印机组成）、专用培养基、一次性反应池、加样器。

（二）操作步骤

1. 先制定检测样品的标准曲线。
2. 开机后打开 BPU 选择试验类型，反应池内加入培养基，每孔加 0.5 ～ 1mL，吸取 0.1mL 样品（或适当倍数的稀释液）置于冷凝后的培养基上。
3. 将反应池插入培养箱内的电极板上培养，检测结束后仪器将自动分析检测结果。

注：本方法是通过测量细菌在生长和代谢活动中发生的变化来估计细菌总数。检测前需要制定曲线，还需专门的检测仪器，因此本方法的使用受到一定的限制。

四、旋转平板法

把液态样品螺旋式并不断稀释地接种到一个旋转的培养皿中。这一系统在美国已被广泛采用。

旋转平板法的原理：检样悬液被螺旋平板注入器连续不断地注入旋转着的琼脂平板的表面，在平板表面形成阿基米德螺旋形轨迹，当用于分液的空心针从平板中心移向边缘时，菌液体积减少，注入的体积和琼脂半径间存在着指数关系。培养时菌落沿注液线生长。用一计数的方格来校准与琼脂表面不同区域有关的样品量，计数每个区域的已知菌落数，再计算细菌浓度。

本方法的优点：所用的琼脂少；所需的培养皿、稀释液空白、吸管少；每小时检测的样品多；每小时可涂布 50 ～ 60 个平板，且操作中不需调试。

本方法的缺点：样品中的颗粒可能会使注射器的针头堵塞，因此更适合于牛乳等液体食品。

（一）设备和试剂

螺旋平板注入器、均质杯、培养箱、天平、吸管、培养皿、营养琼脂、5.25% 次氯酸钠、无菌水。

（二）操作步骤

1. 校准螺旋平板计数器，调整至每平板注入量 0.035mL，约 50r/min 的旋转速度。

2．于培养皿中倾入 40 ～ 45mL 的营养琼脂培养基，待其冷却凝固。

3．取 50g 样品加入盛有 450mL 稀释液的灭菌均质杯中，均质 2min，制成混悬液。液体样品可直接使用或 1 ∶ 10 稀释后使用。

4．将分液空心针降入样品混悬液中，通过分液空心针抽出样液。打开平板皿盖，放在旋转台上，使分液空心针降至针尖可自由地停在琼脂平板表面上。开机使其旋转至分液空心针被提起和自动停机。

5．取出培养皿，盖上皿盖，36℃ ±1℃培养 48h ± 2h。

6．将平板置于观测格上计数。

五、疏水性栅格滤膜法（HGMF）或等格法

用疏水性栅格滤膜（HGMF）过滤样品液，先经 5μm 网眼的初滤膜过滤除去食品颗粒（每个样品各需要一套），再通过孔径为 0.45μm 的滤膜；然后将滤膜置于相应的固体培养基中培养，最后计数菌落总数。疏水性的栅格作为栅栏以防止菌落的扩散，保证了所有菌落都是正方形的，便于人工或机械计数。

本方法根据选用的培养基不同，既可用于菌落总数的测定，也可用于大肠菌群、粪大肠菌群和大肠埃希氏菌的计数，还可用于霉菌和酵母菌计数。此外还可根据菌落在培养基上产生的不同颜色来分类计数。

（一）设备和试剂

HGMF 过滤装置、5μm 网眼的初滤膜（ISO-GRID 或符合这种规格的等效品）、孔径为 0.45μm 并以无毒疏水材料印成栅格的滤膜（ISO-GRID 或符合这种规格的等效品）、均质器、培养箱、1mL 和 10mL 吸管、营养琼脂、各种酶和稀释液。

（二）操作步骤

1．将样品均质、稀释后（某些样品需要进行酶处理），根据要求的计数范围选择适宜的稀释度用于检验，通常选用 1 ∶ 100 的稀释倍数。

2．打开真空泵，将无菌过滤装置连接于多支管或真空抽滤瓶上。打开夹具，向后转动漏斗，以无菌操作将灭菌的 HGMF 放于底座的表面上；向前转动漏斗，用滑动夹片将漏斗和底座延伸的整圈边缘夹住，旋转移动臂于水平（闭锁的）位置。以无菌操作加 15 ～ 20mL 无菌水于漏斗中，吸取所需体积的适宜的样品稀释液放于漏斗中，将真空管的自由端接于吸孔以通过前过滤器孔抽吸液体进行初滤；再用无菌操作加入另外的 15 ～ 20mL 无菌水于漏斗中，再次抽吸后关闭夹具，使真空泵直接作用于过滤装

置的底座，通过 HGMF 抽吸液体。

3．无菌操作取出 HGMF，并放在已凝固的琼脂平板表面（避免在滤膜和琼脂之间产生气泡），恒温培养，按阳性方格计数。

六、直接外荧光滤过技术（DEFT）

直接外荧光滤过技术是测定乳、肉、禽和禽制品、鱼和鱼制品、水果和蔬菜、啤酒和葡萄酒、辐射食品等食品及水中的微生物的一种快速方法。它主要利用紫外光显微镜来进行。首先用一特殊滤膜过滤样品，经吖啶橙染色后，用紫外光显微镜观察，活细胞呈橙色荧光，死细胞呈绿色荧光。

吖啶橙染色计数法在国外已逐步作为细菌计数的一种标准方法，应用于水、食品等领域。Baumgart 用直接表面荧光滤膜技术快速检验肉末中的微生物，结果与标准平皿计数法检验结果的相关系数为 0.97。

（一）设备和试剂

过滤装置、落射光荧光显微镜、0.2μm 的聚碳酸酯滤膜、1mL 和 10mL 吸管、36% 的甲醛、0.1% 的吖啶橙溶液。

（二）操作步骤

1．取 10mL 液体样品于试管中，加入 0.5mL 的 36% 甲醛固定样品，再加入 2mL 的 0.1% 吖啶橙溶液，染色 3min。

2．将上述液体通过事先用 Irgalan 黑染色的聚碳酸酯滤膜，检样中的细菌被均匀地截留在滤膜上，于滤膜上滴加无自发荧光的香柏油一滴，盖上盖玻片，置于落射光荧光显微镜油镜下，计数 10 个视野中的细菌数。

3．经测量视野面积及滤膜有效面积而换算出样品中所含细菌的数量。

七、“即用胶”系统（SimPlate）

“即用胶”系统（SimPlate）检测食品中菌落总数是运用一种专用培养基，此专用培养基内含有与多种细菌酶所对应的底物，检样中含有细菌时，只要具有一种酶的活性即能与底物作用生成 4- 甲基伞形酮，培养一定的时间后，在波长 365nm 的紫外光下发出蓝色荧光。把样品（如 1mL 食品样品）注入该试管中，混匀后再倒入一个装有胶质的特殊培养皿中。混合液与胶质接触后便形成与琼脂相似的复合物，经培养后可根据颜色指示或在紫外光下产生荧光计数。专用的 SimPlate ™平皿有两种型号。普通型内设等分的 84 个培养小池，能计数至 738 个菌数；超大型有 198 个培养小池，能计数至 1 659 个菌数。

运用“即用胶”系统，根据选择的培养基不同，可用于菌落总数的测定，还可用于大肠菌群、大肠杆菌、霉菌和酵母计数以及弯曲杆菌的计数。

（一）设备和试剂

培养箱、1mL 和 10mL 吸管、成品 SimPlate ™平皿、波长 365nm 的紫外光发生器、相应的 MPN 表、专用液体培养基。

（二）操作步骤

1．吸取 1mL 样品加入液体培养基中（使总体积在 10.0mL ± 0.2mL），混匀，倾入 SimPlate ™平皿中间，盖上皿盖旋转，使样液分布到各个小池中，多余的液体倾倒至平皿边缘的吸水棉条上。

2．翻转平皿，放入培养箱，36℃ ±1℃培养 48h ± 2h。

3．根据平皿上小池的颜色变化判断计数，或将平皿放在紫外光下观察，计数有荧光产生的小池数，再根据 MPN 表计算菌落总数。

八、其他方法

（一）微量热量测定法

细菌在生长和代谢的过程中能产生大量的代谢热。各种细菌的代谢产物热效应不同，因此可显示出特异性的热效应曲线图。若培养基含有多种成分，微生物则产生多种不同的代谢产物，表现出来的热效应为多个曲线峰，如为单一营养成分，则只有一个峰出现。在细菌生长的过程中，用微量热量计测量产热量等热数据，经过计算机处理，绘成由产热量和培养时间组成的热曲线图，以此推断细菌存在的数量。现已有能测定微小温度变化的仪器。有人用此法和放射测定法检测变质肉糕，同时用标准平皿计数，均获得很高的相关性。

（二）接触酶测定法

检样加入纸盘内，通过计算纸盘在盛有 H_2O_2 的试管中的漂浮时间来估计菌数。若样品中细菌含有接触酶，则 H_2O_2 会放出 O_2，O_2 使纸盘由试管底部浮到表面。当样品中接触酶含量高时（表明接触酶阳性细菌含量高），纸盘上浮时间短（以秒计），反之则长（以 100 ～ 1 000s 计）。如果没有接触酶，纸盘就不上浮。

（三）放射测量法

根据细菌在生长繁殖过程中，可利用培养基中加有 ^{14}C 标记的糖类或盐类底物，代谢产生 $^{14}CO_2$，然后通过专用的放射测量仪（Bactec 301 或 Bactec 225、Bactec 460）测量 $^{14}CO_2$ 含量的增加与否，来确定检样中有无细菌的存在。这样可快速进行细菌计数，检测时间随接种量、繁殖率和代谢类型而变化，但仍比常规方法快，一般只需 6 ～ 18h。

任务二　大肠菌群的快速检测技术

一、国家标准大肠菌群的快速检测（GB/T 4789.32—2002）

《食品卫生微生物学检验　大肠菌群的快速检验》（GB/T 4789.32—2002）于 2002 年 6 月 13 日发布，2002 年 10 月 1 日实施。

国家标准大肠菌群的快速检测有两种方法：MNP 法和平板法。MPN 法的原理：大肠菌群可产生 β - 半乳糖苷酶，分解液体培养基中的酶底物——4- 甲基伞形酮 - β - D- 半乳糖苷（以下简称 MUGal），使 4- 甲基伞形酮游离，因而在波长 366nm 的紫外光灯照射下呈现蓝色荧光。平板法的原理：大肠菌群可产生 β - 半乳糖苷酶，分解培养基中的酶底物——茜素 - β -D- 半乳糖苷（以下简称 Aliz-gal），使茜素游离并与固体培养基中的铝、钾、铁、铵离子结合形成紫色（或红色）的螯合物，使菌落呈现相应的颜色。

（一）设备和试剂

培养箱、冷藏箱、天平、均质器或乳钵、培养皿、试管、吸管（1.0mL 和 10.0mL）、广口瓶或三角瓶、玻璃珠、试管架、紫外灯、磷酸盐缓冲液、8.5% 生理盐水、MUGal 肉汤、Aliz-gal 琼脂。

（二）检测程序

大肠菌群的快速检测程序如图 7-2 所示。

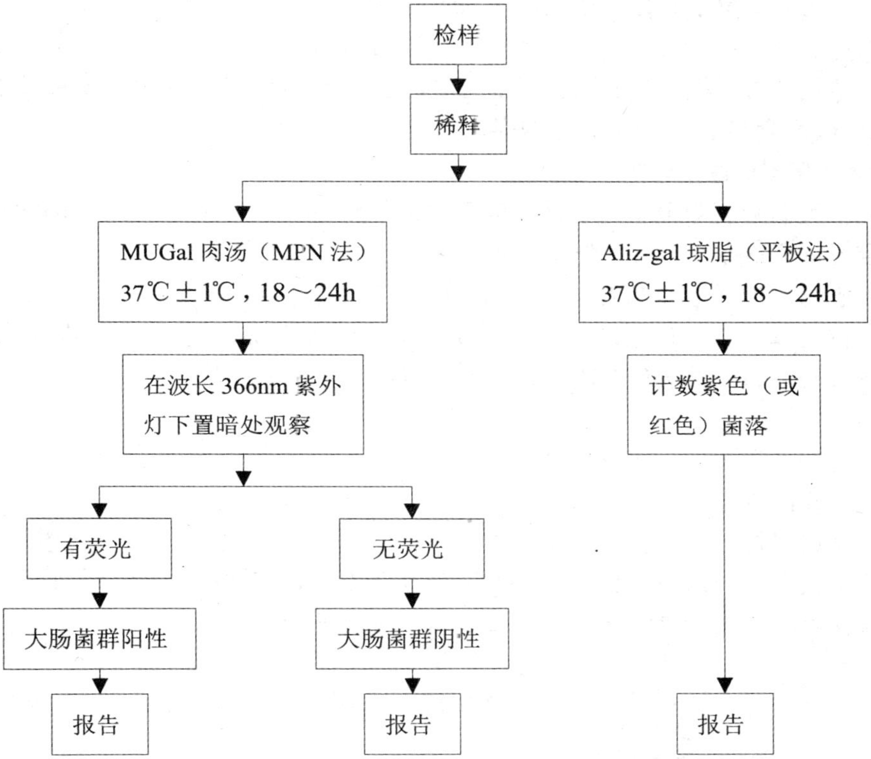

图 7-2　大肠菌群快速检测程序

（GB/T 4789.32—2002）

（三）操作过程

1．样品的制备

（1）检样稀释　按照国标乳糖发酵法进行。

（2）根据食品卫生标准要求或对样品污染程度的估计，选择 3 个适宜的连续稀释度，每个稀释度接种 3 管培养基（MPN 法）或 2 个平皿（平板法）。

2．大肠菌群的 MPN 计数

（1）将待检样品和样品稀释液接种 MUGal 肉汤管，每管 1.0mL（接种量在 1.0mL 以上者，接种双料 MUGal 肉汤管）。每个样品接种 3 个连续稀释度，每个稀释度接种 3 管培养基。同时另取 2 支 MUGal 肉汤管（或双料 MUGal 肉汤管）加入与样品稀释液等量的上述无菌磷酸盐缓冲液（或生理盐水）作空白对照。

（2）将接种后的培养管置于 37℃ ±1℃培养箱培养 18 ～ 24h。

（3）将培养管置于暗处，用波长366nm的紫外光灯照射，如显蓝色荧光，为大肠菌群阳性管；如未显蓝色荧光，则为大肠菌群阴性管。

（4）结果报告　根据大肠菌群阳性管数，查MPN表（见国标乳糖发酵法），报告每100mL（g）食品中大肠菌群MPN值。

3．大肠菌群的菌落计数

（1）用灭菌吸管吸取待检样液1.0mL，加入无菌培养皿内。每个样品接种3个连续稀释度，每个稀释度接种2个培养皿。

（2）于每个加样培养皿内倾注15mL 45～50℃的Aliz-gal琼脂，迅速轻轻转动培养皿，使混合均匀。待琼脂凝固后，再倾注3～5mL Aliz-gal琼脂覆盖表面；同时将Aliz-gal琼脂倾入加有1mL上述无菌磷酸盐缓冲液（或生理盐水）的无菌培养皿内作空白对照。

（3）待琼脂凝固后，翻转平板，于37℃ ±1℃培养箱培养18～24h。取出平板，计数紫色（或红色）菌落。

（4）结果报告

①当平板上的紫色（或红色）菌落数不高于150个，且其中至少有一个平板紫色（或红色）菌落不少于15个时，按以下公式计算大肠菌群数：

$$N=\frac{\sum C}{(n_1+n_2)\ d}$$

式中：N——样品的大肠菌群数，个/mL（g）；

$\sum C$——所有计数平板上，紫色（或红色）菌落数之总和；

n_1——供计数的最低稀释倍数的平板数；

n_2——供计数的高一稀释倍数的平板数；

d——供计数的样品最低稀释度（如10^{-1}、10^{-2}、10^{-3}等）。

②如接种所有（3个）稀释样品的平板上，紫色（或红色）菌落数均少于15个时，仍按公式计算，但应在所得结果旁加“*”号，表示为估计值。

③如接种未稀释样品和所有稀释样品的平板上，紫色（或红色）菌落数均少于15个时，报告结果为：每毫升（克）样品少于15个大肠菌群。

④如接种未稀释样品和所有稀释样品的平板上，均未发现紫色（或红色）菌落数时，报告结果为：每毫升（克）样品少于1个大肠菌群。

⑤如平板上的紫色（或红色）菌落数高于150个时，按公式计算，在结果旁加“ * ”号表示估计值或视情况重新选择较高的稀释倍数进行测定。

二、《食品卫生微生物学检验　大肠菌群 LTSE 快速检验方法》（WS/T 116—1999）

《食品卫生微生物学检验　大肠菌群 LTSE 快速检验方法》（WS/T 116—1999）是由卫生部 1999 年 1 月 21 日发布，1999 年 7 月 1 日实施的卫生行业标准，此法与国家标准方法符合率很高，达 99% 以上。

不同的细菌以不同途径分解糖类，在其代谢过程中均能产生丙酮酸及转变为各种酸类，大肠菌群能分解乳糖，由于具有甲酸脱氢酶作用于甲酸，产生氢和二氧化碳气体，因此气体的产生是在产酸的同时进一步分解酸而形成的。根据这个原理，将样品接种到 LTSE 培养基肉汤内 15h，看结果有无产气现象，然后加氧化酶试验和涂片革兰氏染色镜检结果综合判断是否有大肠菌群的存在。

（一）设备和试剂

高压蒸汽灭菌锅、干热灭菌箱、恒温箱、天平、均质器、显微镜、冰箱、接种环、载玻片、灭菌试管、童汉氏小管和刻度吸管、LTSE 培养基肉汤（1 号）、氧化酶试剂、革兰氏染液。

（二）检验方法

大肠菌群 LTSE 快速检验法检测程序如图 7-3 所示。

（三）操作步骤

1．样品处理

样品处理按照国标乳糖发酵法进行。

2．预测试验

将待检样品接种于 LTSE 发酵管内，接种在 10mL 或 10mL 以上者，用双料 LTSE 发酵管，1mL 及 1mL 以下者，用单料 LTSE 发酵管。预测试验采用 9 管法，每一稀释度接种 3 管，37℃ ±1℃培养 15h ± 1h，观察结果，如有混浊并产气者，即表示为阳性管。

以上阳性管继续按下列程序做证实试验。

3．证实试验

（1）菌液涂片　用直径 3 ～ 4mm 的接种环挑取菌液 2 ～ 3 环进行革兰氏染色，镜检。有革兰氏阴性无芽孢杆菌，而杂菌无或少。

（2）氧化酶试验　产气管取 0.5 ～ 1mL 培养物，滴加氧化酶试剂 2 ～ 3 滴摇匀，显粉红色或深红色视为氧化酶阳性，不变色或呈试剂的本色为阴性反应。

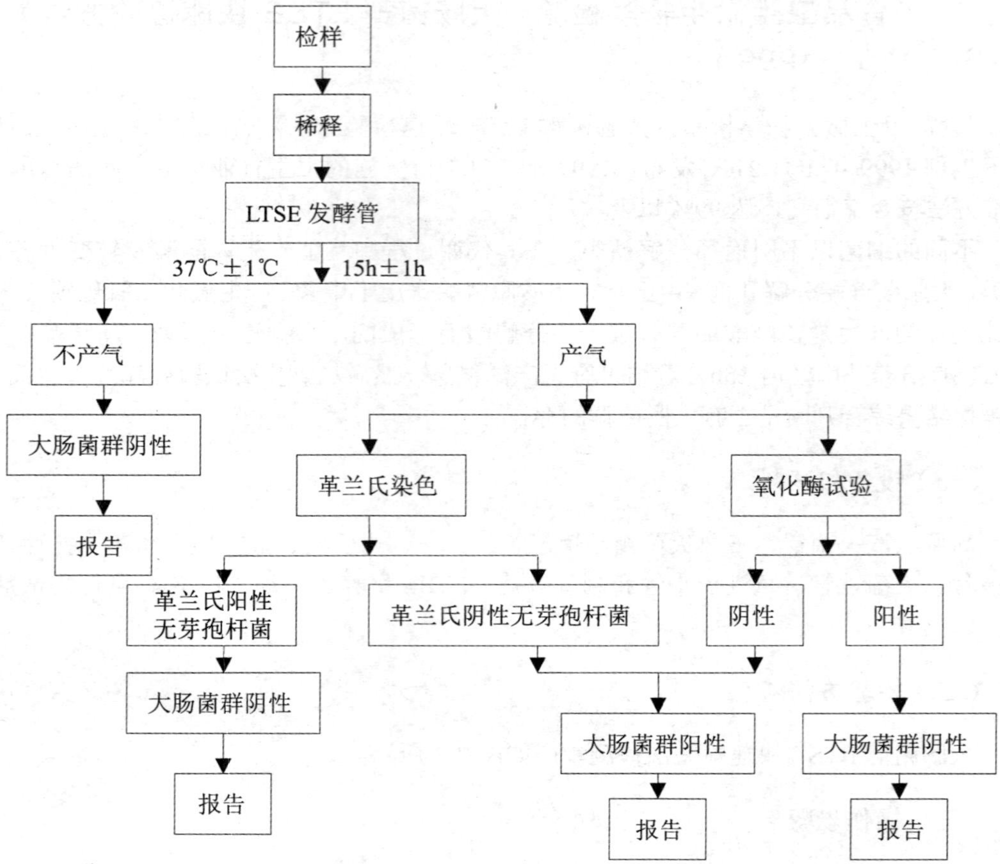

图 7-3 大肠菌群 LTSE 检验法检测程序

（四）结果判断和报告

如有产气，氧化酶阴性并从形态上见到革兰氏阴性无芽孢杆菌，表示有大肠菌群存在，然后查 MPN 检索表（见国标乳糖发酵法），计算 MPN 值。

（五）正确使用本方法的说明

1．方法的研制与样品考核结果

（1）LTSE 法的敏感性与特异性 用平板活菌计数 LTSE 法灵敏度为 1 ～ 3CFU/mL。大肠菌群四个属菌株在 LTSE 培养基上 37℃ 15h 出现结果，采用多种常见的非大肠菌群的菌株检测不酵解乳糖产气，经试验证明本法灵敏度高，特异性强，比常规法节约经费 82.58% 以上。

（2）LTSE 培养基的各种成分都是经过了很多试验反复摸索研制成功的，其营养丰富，抑制杂菌效果强，具有加快目的菌生长发育和促进发酵缓慢的大肠菌群产酸产气的效果。在证实试验中增加了氧化酶试验反应，具有排除非肠杆菌科对乳糖发酵产气的特殊功能。根据本方法原理不必要加入指示剂，并便于做证实试验。

（3）本方法研制成功后，经不同的卫生监测单位实验考核各类食品样品共计 703 件，结果与常规法总符合率为 99.3%；而与美国标准（ANSI）A-I 快速法比较其特异性与敏感性为优。

2．革兰氏染色的涂片检查说明

本方法加有涂片检查，主要是进一步证实大肠菌群的形态，因本方法的 LTSE 培养基 SDS 加量大，SDS 抑制革兰氏阳性菌效果好而不影响大肠菌群的生长，如果检验人员没有时间，可以省去涂片镜检，结果其可靠性仍在 99% 以上。

3．注意事项

（1）检样要严格遵守操作规程，避免技术操作的差错。由于大肠菌群是呈分裂繁殖生长，在水中往往具有聚集性，分布不均匀的现象，因此检样前固体和液体样如同常规法统一步骤，经前处理后，注意稀释固体（或液体）样时，要充分溶解摇匀，使其目的菌分布均匀，每取样加入 LTSE 发酵管要首先混匀，避免或尽量减少取样误差。

（2）培养基灭菌后，童汉氏小管应无气泡方能使用；做氧化酶试验的小试管要清洁干净。

（3）本方法灵敏度高，37℃ 15h 培养与常规法符合率基本一致（即 99% ～ 100%），超过 15h 可提高检出率。

（4）初次观察试管法氧化酶试验难以辨别真假阳性结果，可采用氧化酶阳性结果的非肠杆菌科菌株做阳性对照，如绿脓杆菌、脑膜炎双球菌、弧菌科菌株等。

三、TTC（氯化三苯四氮唑）显色快速法

（一）设备和培养基

培养箱、水浴箱、温度计、天平、均质器或乳钵、试管、吸管、广口瓶或三角瓶、玻璃珠、试管架、pH 7.4 TTC 乳糖培养基、三料 TTC 乳糖培养基。

（二）操作步骤

1．接种

每份样品以无菌操作接种 1mL、0.1mL 及 0.01mL 各三管于 TTC 乳糖培养基中，如接种量为 10mL，则用三料 TTC 乳糖培养基。

2．培养

接种后，置 35 ～ 37℃温箱培养 18 ～ 24h。

3．结果判断

观察 TTC 乳糖培养液有无变红色及产气，结果判定如表 7-2 所示。

表 7-2 显色法大肠菌群结果判定

显 色	产 气	大肠菌群判定
紫红、深红、红色、浅红色、局部红色	＋	阳性
紫红、深红、红色、浅红色、局部红色	－	阴性
小红点或局部浅红色	＋	阳性
无色透明或有小红点、局部浅红色	－	阴性
不变红色	＋	阴性

（三）结果报告

根据阳性管数，查大肠菌群 MPN 检索表（见国标乳糖发酵法）。

（四）注意事项

1．观察产气时，如小倒管有肉眼可见气泡，为产气阳性，还要注意倒管有无被沉淀物堵塞，如轻轻振动试管，有小泡上升者仍为阳性。

2．有颜色的检样如酱油、果酒等要 10 倍稀释后再接种；在观察结果时，要以样品作对照，对比颜色变化，以免把原样品的颜色误认为是阳性反应。

3．培养基所选用的蛋白胨应为质量较好的蛋白胨。

4．十二烷基硫酸钠也可用 20 型洗衣粉代替，用量为 0.75%，30 型洗衣粉用量为 0.5%。

四、DC（去氧胆酸钠）半固体试管快速法

（一）设备和培养基

培养箱、水浴锅、温度计、天平、均质器或乳钵、试管、吸管、广口瓶或三角瓶、

玻璃珠、试管架、DC 培养基。

（二）操作步骤

1．样品处理

各类样品的处理按国标乳糖发酵法要求进行。

2．接种

（1）流体样品　吸取原液 3 个 1mL，分别注入 3 个灭菌试管内；再吸取 1 ∶ 10 和 1 ∶ 100 稀释样品各 3 个 1mL 分别加入灭菌试管内，每管 1mL。

（2）固体样品　吸取 1 ∶ 10 混悬液 3 个 10mL（1g 样品）分别注入 3 个灭菌试管内；再吸取 1 ∶ 10 和 1 ∶ 100 稀释样品各 3 个 1mL 分别加入灭菌试管内，每管 1mL。

（3）加入培养基与培养　接种 1mL 样品的试管，注入已熔化并冷至 50℃左右 DC 半固体培养基 3mL。接种 10mL 样品的试管加入三倍 DC 培养基 5mL，立即将样品与培养基充分混合，待凝固后，置 37℃恒温箱内培养 18 ～ 24h，取出观察结果。

3．结果判定

（1）培养基变橘红色，有气泡产生或琼脂崩裂，记录为“＋＋”。

（2）培养基为橘红色，或有橘红色菌落无气泡和琼脂崩裂现象，记录为“＋”。

（3）培养基为绿色，有黄色菌落无气泡和琼脂崩裂现象，记录为“±”。

（4）培养基为绿色，记录为“－”。

（三）结果报告

1．根据“3．结果判定”为（1）、（4）反应结果，记录阳性管数，直接查 MPN 检索表（见国标乳糖发酵法），报告之。

2．如遇“3．结果判定”为（2）、（3）反应结果，可挑 2 ～ 3 个可疑大肠菌群菌落接种乳糖复发酵管，置 37℃恒温箱培养 18 ～ 24h，根据产酸产气管数查 MPN 检索表（见国标乳糖发酵法），报告之。

五、纸片快速检验法

（一）设备和培养基

培养箱、天平、均质器或乳钵、试管、1.0mL 和 10.0mL 吸管、广口瓶或三角瓶、玻璃珠、试管架、溴甲酚紫 TTC 培养基。

纸片（纸片制备：新华中速定性滤纸，切成 10cm×12cm，叠成 5cm×6cm 大小的双层纸片，经烘干或高压灭菌后备用)、塑料袋（为耐高温的聚丙烯塑料薄膜袋，可按实验要求压合成一定规格，115℃灭菌 15min 后备用)。

（二）操作步骤

1. 样品处理

液体样品按国标乳糖发酵法进行；固体样品取 25g，研碎加入 225mL 灭菌生理盐水混匀。

2. 接种

液体样品吸取 3 个 1mL 分别涂布于 3 张纸片，再吸取 1 ∶ 10 和 1 ∶ 100 稀释液各 3 个 1mL，分别涂布于 3 张纸片；固体样品，吸取 1 ∶ 1 混悬液 3 个 1mL（mg)，分别涂布于 3 张纸片，再吸取 1 ∶ 10、1 ∶ 100 稀释液各 3 个 1mL，分别涂布于 3 张纸片，而后用手轻轻压平，置 36℃ ±1℃恒温箱培养 15h，观察结果。

3. 结果判定

（1）纸片上出现紫红色菌落，其周围有黄圈者为阳性。

（2）纸片为一种颜色，无菌落生长者为阴性。

（3）纸片呈紫色，有紫红色菌落，其周围无黄圈者为阴性。

（4）酸性食品接种后，纸片变黄，经培养后无紫红色菌落为阴性。

（5）纸片变色呈现不典型菌落，结果可疑者应做复发酵进行验证。

（三）结果报告

根据纸片的阳性片数，查大肠菌群 MPN 检索表，报告之。

（四）注意事项

1. 本方法制备的纸片应避光保存，并注意防潮，可放冰箱保存备用。
2. 如发现纸片变为粉红色即为失效。

任务三　致病菌的快速测定技术

沙门氏菌、李斯特氏菌、大肠杆菌 O157、弯曲杆菌等食物致病菌对食品安全造成了很大的危害。快速、准确地检测这些致病菌，是确保食品安全的首要任务。常规致病菌检测方法包括反复增菌、菌落分离及多种生化和血清学鉴别实验，其检测结果虽然准确可靠，但整个过程需要 3 ～ 7d，甚至更长时间，而且步骤复杂，难以适应飞速发展的现代食品生产和流通领域，也不能满足 HACCP 等食品质量与安全控制体系的需求。

随着生物、化学、材料科学以及计算机领域的进步，新的快速检测和识别方法层出不穷，这些方法主要包括微量型生化试剂盒、抗原 - 抗体检测、DNA 检测、ELISA 分析以及常规检测的改进方法等。

快速方法的优点是可从大量食品样品中快速筛选某致病菌或毒素。但要注意的是，快速方法的阳性结果只是推测性的，必须用常规方法进一步证实。

一、沙门氏菌快速检测技术

（一）沙门氏菌的显色培养技术

通过改良选择性培养基，使目标菌菌落呈现一定的颜色，便于识别。这类培养基的主要代表有法国生物梅里埃公司的“SMID”和法国科玛嘉的“沙门氏菌显色培养基”。

方法是将食品样品增菌，在改良了的选择性平板上划线分离，置 37℃培养 18 ～ 24h，观察平板上生长的菌落颜色，如在生物梅里埃公司的 SMID 上生长的沙门氏菌为粉红色，Hektone 上的沙门氏菌典型菌落为黑色；法国科玛嘉的“沙门氏菌显色培养基”上的沙门氏菌典型菌落为紫色。

（二）单克隆酶免疫色度分析筛选方法

这种方法的原理是沙门氏菌抗原的抗体被吸附在条板微量小孔的内表面，将样品和对照加入小孔中。如样品中有沙门氏菌抗原存在，则会与孔上的特异性抗体结合。冲洗小孔，样品中其他物质会被冲洗掉，加入接合剂后，样品中的沙门氏菌抗原可进一步与接合剂结合。再次冲洗小孔，以除去未结合上的接合剂，然后加入酶底物，终止反应时，蓝色变为黄色。

1．设备和材料

微量条板架（每个微量条板包含用沙门氏菌的单克隆抗体包被的 12 个孔，于 2 ～ 8℃储存）、条板密封纸、内嵌式包装物、培养箱、水浴锅、手动或自动 EIA 冲洗系统、EIA 板读数器（具有 450nm 滤光片的光度计）、微量移液器、储液槽、取孔穴的工具、没有包被的小孔（黑环标记）。

2．培养基和试剂

（1）对照抗原　阳性对照（冻干、纯化的沙门氏菌）可与沙门氏菌抗体反应；阴性对照（冻干的 1% 脱脂乳粉）不与沙门氏菌抗体反应。加水复原的抗原在 2 ～ 8℃保存可稳定 60d。两种对照均以 0.1mg/mL 硫酸艮他霉素作为防腐剂。

（2）接合剂与接合剂稀释液　与过氧化物酶接合的沙门氏菌抗体用含有蛋白质稳定剂和抗生素的 pH 7.6 的 Tris 缓冲液稀释，2 ～ 8℃储存可保持稳定 12 个月。

（3）TMB 过氧化物酶底物（溶液 A）　含有 0.4g/L 3, 3′, 5, 5′- 四甲联苯胺的专用有机试剂。

TMB 过氧化物酶底物（溶液 B）　含有 0.02% H_2O_2 的柠檬酸缓冲液。

（4）25 倍浓缩的冲洗液　19.25% HCl、1.25% 吐温 –20、0.525% KH_2PO_4 和 1.825% 的 K_2HPO_4 水溶液。

（5）终止液　1mol/L 硫酸。

（6）MN 肉汤（加有 10μg/mL 新生霉素的 M 肉汤）

成分：酵母浸膏 5.0g、D- 甘露糖 2.0g、NaCl 5.0g、$MnCl_2$ 0.14g、$FeSO_4$ 0.04g、胰蛋白胨 12.5g、柠檬酸钠 5.0g、K_2HPO_4 5.0g、$MgSO_4$ 0.8g、吐温 80 0.75g、蒸馏水 1 000.0mL。

制法：将上述成分加热煮沸 1 ～ 2min，分装于 16mm×125mm 带螺帽的试管中，每管 9mL。旋松试管帽，于 121℃高压灭菌 15min。再制备新生霉素储备液（100μg/mL 水溶液），并过滤除菌。以无菌操作，于每一灭菌的 MN 肉汤管中加 1.0mL 新生霉素溶液。新生霉素储备液可储存于 –70℃，但解冻后，不可再次冷冻。

（7）诊断试剂　用于鉴定 EIA（酶免疫分析）检测阳性的培养物，即常规方法所需试剂。

3．操作步骤

（1）前增菌　在非选择性肉汤中进行前增菌，使沙门氏菌增殖。按常规培养方法，特殊样品的前增菌如下：

①生的或严重污染的样品　称取 25g 样品加入盛有 225mL 灭菌乳糖肉汤的打碎杯内，高速（约 20 000r/min）打碎 2min，盖严杯盖并于室温下静置 60min。调 pH，使最终 pH 6.8 ± 0.2。无菌操作，将检样移入无菌的带螺盖的 500mL 广口瓶中。旋松瓶盖 1/4 圈，于 35℃培养 24h ± 2h。

②经加工的食品样品　将前增菌肉汤于 35℃培养 18 ～ 24h。

（2）选择性增菌　吸取 1mL 前增菌液加入预热至 42℃的亚硒酸盐胱氨酸肉汤和四硫磺酸盐肉汤内，42.0℃ ± 0.5℃水浴培养 6 ～ 8h；生的或严重污染的食品培养 18 ～ 24h。

（3）后增菌　在预热至42.0℃ ± 0.5℃的2支MN肉汤管中，分别加入1.0mL上述选择性增菌液。除生的或严重污染的样品外，所有食品均应42.0℃ ±0.5℃水浴培养于MN肉汤14～18h，并于42.0℃ ±0.5℃（四硫磺酸盐肉汤）或35℃（亚硒酸盐胱氨酸肉汤）继续于选择性增菌肉汤内培养14～18h。对于生的或严重污染的样品，根据各自的培养温度，增菌液继续培养6h。

（4）制备用于EIA的样品　从每支混匀的MN肉汤管中各取0.5mL，加入一干净带螺帽的试管中混合，在沸水浴或流通蒸汽中加热20min。把（3）中剩余的MN、四硫磺酸盐和亚硒酸盐胱氨酸肉汤管，于2～8℃储存，以便对任何阳性样品培养物进行确证。EIA分析前，热的MN肉汤应冷却至25～37℃。

（5）酶免疫检测

①开始分析前，准备试剂

制备1倍冲洗液：稀释20mL 25倍冲洗浓缩液于480mL水中。

对照抗原：阴性对照瓶中加2mL无菌水，阳性对照瓶中加1mL无菌水，充分混匀。

②取出所需数量的测试小孔，1个小孔用于样品，另3个作对照。将小孔固定，在样品小孔中加入0.1mL经加热处理的MN肉汤，2个阴性对照小孔中各加入0.1mL阴性对照抗原，1个阳性对照小孔中加0.1mL阳性对照抗原。密封条板，37℃培养30min。

③培养后，从每个小孔中吸出内容物，每孔加0.2～0.3mL 1倍冲洗液，重复此步骤2次。吸出最后的冲洗液。如果用自动冲洗器而平板没有填满，用没有包被的小孔填充空位。

④移取0.1mL酶接合剂于每一孔中，封板，37℃培养30min。

⑤吸出内容物，并用0.2～0.3mL 1倍冲洗液冲洗每孔6次，吸出最后的冲洗液。移取0.1mL TMB酶底物（TMB溶液A和TMB溶液B的等量混合液）于每一小孔中，室温（20～25℃）培养30min。

⑥加0.1mL终止液于每一小孔中，按一下，在10～15min内读条板。

（6）读数　在读数器上选用450nm波长。以空气作零点（无条板托盘和条板），读每一孔中溶液的吸收值OD_{450}，计算阴性对照孔OD_{450}的平均值，应小于0.30，阳性对照的OD_{450}应大于0.70。对照的OD_{450}在此范围内，检测才有效。用阴性对照OD_{450}的平均值加0.25计算临界值。若样品OD_{450}大于或等于临界值则推定为阳性，若样品OD_{450}小于临界值则推定为阴性。

（7）EIA阳性样品的确认　EIA读数阳性则表明可能有沙门氏菌。由于抗体可与少数其他细菌交叉反应，故应按传统检验方法从四硫磺酸盐肉汤、亚硒酸盐胱氨酸肉汤和混合的MN肉汤管中蘸取培养物在HE、木糖赖氨酸去氧胆酸（XLD）和亚硫酸铋

（BS）琼脂平板上划线分离进行培养物的确证。典型或可疑菌落必须按传统方法进行生化和血清学鉴定。

4．注意事项

（1）根据免疫学原理检测沙门氏菌的方法很多，大多已制成商品化的试剂盒，使用方便、快速，特异性和敏感性高。但沙门氏菌与某些细菌之间具有相同的抗原，因此存在假阳性，所以免疫学方法仅用于初筛试验，阳性结果需进一步确证。本方法已通过 AOAC 认可。

（2）本方法是对所有食品中沙门氏菌的存在进行筛选。必须用配有 450nm 滤光片的光度计进行测试，只有当阴性和阳性对照均有可接受的光密度读数时，阳性结果才有效。

（3）一次检验必须用同一批号试剂盒内的物料，不得使用超过有效期的物料。

（4）为防止条板冷凝，打开前将箔包放于室温（20 ～ 25℃）。微量板上的小孔可以移动，取出需要量的小孔，在分离需要的小孔时仅可接触小孔的边缘，并将其稳固置于条板上。未使用的小孔和条板须放回含有硅胶剂的箔包内，关闭自封扣。2 ～ 8℃储存可达 2 个月。试剂在使用后置 2 ～ 8℃保存。

（5）免疫分析不须在无菌条件下进行。

（6）开始试验前，将各组分和测试样品放于室温（20 ～ 25℃）。每一样品及试剂均使用单独的吸嘴以避免交叉污染。如果用塑料槽分装接合剂和酶底物，务必始终分开使用。不用时，将所有组分储存于 2 ～ 8℃。

（7）不得重复使用微量孔。

二、金黄色葡萄球菌快速检测技术

（一）快速测试纸片法

快速测试纸片法，简称纸片法。典型代表是美国 3M 公司研制生产的 Petrifilm 金黄色葡萄球菌测试片，这是一种薄膜型的计数平板，是一种无须耗时准备培养基的快速检验系统。测试薄膜由检测片和反应片两部分组成。检测片含有改良的 Baird-Parker 培养基成分及冷水可溶性凝胶，对于金黄色葡萄球菌的生长具有很强的选择性，并能将其鉴定出来。反应片含有 DNA、甲苯胺蓝及四唑显色剂，该显色剂有助于菌落的计数和确定葡萄球菌耐热核酸酶的存在。

金黄色葡萄球菌在检测片上显色为暗紫红色菌落，若检测片的菌落均呈暗紫红色，则无须再做进一步的确认。此即为确认的结果，测试即已完成。如果在检测片上有其他可疑的菌落出现，则可以使用金黄色葡萄球菌反应片来辨认是否为金黄色葡萄球菌。除了暗紫红色的菌落之外，若检测片出现其他颜色的菌落（黑色或蓝绿色）时，必须使用反应片。

金黄色葡萄球菌会产生脱氧核糖核酸酶（DNase），而此酶可与反应片上的显色剂反应形成粉红色环，故当确认反应片置入检测片中，金黄色葡萄球菌（少数情况下会是猪葡萄球菌及中间葡萄球菌）会形成粉红色环，其他种类的细菌则不会形成粉红色环。在葡萄球菌属中，呈凝集酶反应阳性的菌绝大多数是金黄色葡萄球菌、猪葡萄球菌与中间葡萄球菌。

1．设备和试剂

培养箱（35℃、62℃）、灭菌吸管、均质器、3M 金黄色葡萄球菌快速检验测试片。

2．操作步骤

（1）样品处理　取样，加入适量无菌稀释液，研匀。

（2）接种　将测试片放置在水平台面上，揭起上层膜，吸 1mL 样液垂直滴在测试片的中央，小心卷回上层膜，避免气泡进入，不要让上层膜直接盖回。将压板放置在上层膜中央处，轻轻压下，使样液均匀分布在规定的生长区内，切勿扭转或滑动压板。拿起压板，静置 1min 使凝胶凝固。

（3）培养　测试片透明的一面向上可堆叠至 10 片，35℃ ± 1℃或 37℃ ±1℃下培养 24h ± 2h（培养后的菌落在测试片上可能看不到，因为指示剂含在反应片上），将检测片移至 62℃ ± 2℃培养箱，培养 1 ～ 4h（注意：如果菌落需要进一步测试，培养不要超过 1h）。用无菌镊子取出反应片，掀开上层覆盖膜小心置入反应片，再将上层膜放下 [为了使反应片与培养胶均匀接触及避免夹带任何气泡，可用一弯曲的玻璃棒（L 玻棒）轻压检测片]。将已置入反应片的金黄色葡萄球菌检测片于 35℃ ±1℃或 37℃ ±1℃下培养 1 ～ 3h。

（4）判读　可目视或使用菌落计数器并可参考判读卡计算菌落数。计算所有具有粉红色环带的菌落即为金黄色葡萄球菌菌落。掀起上层膜，由培养胶上挑取菌落作进一步鉴定。

（二）鉴别培养基法

以法国生物梅里埃公司的“Baird-Parker 培养基”和科玛嘉的“金黄色葡萄球菌显色培养基”为典型代表。

法国生物梅里埃公司研制生产的 Baird Parker -f - RPF 培养基是在 BP 琼脂的基础上加上 RPF（兔血浆纤维蛋白原）。这一培养基中含有丰富的营养成分，其中以氯化锂代替亚碲酸钾，使菌落颜色呈黑色，RPF 补充有兔血浆和牛纤维蛋白原，以便检测凝固酶活力，胰酶可以抑制全部或部分围绕凝固酶阳性菌落周围沉淀晕环纤维蛋白的溶解，因此凡存在血浆凝固酶阳性的金黄色葡萄球菌，将在培养基中呈现有晕环的黑色菌落，即可确认，并作计数。

（三）乳胶凝集试验法

金黄色葡萄球菌表面存在 A 蛋白，具有种属特异性，该 A 蛋白能与人及多种哺乳动物的免疫球蛋白 IgG 的 Fe 段结合，因此可采用 IgG 包埋的乳胶颗粒，结合血浆纤维蛋白原与凝集因子的凝集反应，来检测金黄色葡萄球菌。作为免疫学方法之一，乳胶凝集试验在金黄色葡萄球菌的检测分析中，既可作为初筛，同时也是确认金黄色葡萄球菌的方法之一。

三、大肠杆菌 O157:H7 快速检测技术

（一）大肠杆菌 O157:H7（*E. coli* O157:H7）鉴别培养基及显色培养基

大肠杆菌 O157:H7 在改良选择性培养基上，其菌落呈特殊颜色，因而可与其他大肠杆菌或杂菌区分开。如山梨醇麦康凯琼脂（SMAC），就是利用大肠杆菌 O157:H7 迟缓发酵山梨醇的特征，用 1% 山梨醇代替麦康凯琼脂中的乳糖。在此平板上大肠杆菌 O157:H7 菌落呈乳白色，而其他发酵山梨醇的大肠杆菌显粉红色。在 SMAC 中添加微量抑制剂的 CT-SMAC 及 CR-SMAC 培养基，进一步提高了选择性。CT-SMAC 中添加了亚碲酸钾及 cefixime，能够更有效地抑制杂菌生长，减少背景，而对大肠杆菌 O157:H7 的生长几乎没有影响。另外一类根据菌落颜色来识别大肠杆菌 O157:H7 的培养基有法国梅里埃公司的“O157 ID”，在此培养基上大肠杆菌 O157:H7 菌落呈蓝色，其他大肠杆菌呈紫色。此外，还有法国科玛嘉的“大肠杆菌 O157:H7 显色培养基”等。

（二）金标免疫分析方法（GLISA）

增菌培养大肠杆菌 O157:H7，吸取增菌培养液加入检测卡的样品孔中，样品被涂有胶体金标记的抗大肠杆菌 O157:H7 特异性抗体的样品区所浸湿。若样品中含有大肠杆菌 O157:H7 抗原，则会与胶体金标记的抗体结合，并离开样品区，流向涂有抗大肠杆菌 O157:H7 抗体的检测区，免疫复合体被捕获并聚集，呈现一条检测色带。不管样品中是否含有大肠杆菌 O157:H7，样品剩余液都会继续流向膜顶端的试剂区，试剂区含有胶体金标记的合适抗原（颜色指示）形成阴性对照质控区，样品流经此区时被捕获并聚集呈现一条质控色带。质控带的出现可证明检测过程正常。

1．设备和试剂

培养箱、灭菌吸管、样品均质器、大肠杆菌 O157:H7 检测试剂盒、增菌培养基。

2．操作步骤

（1）样品制备　按常规方法进行。

（2）增菌培养　用试剂盒配制的培养基根据试验要求选择增菌时间（8 ～ 20h）。

（3）检验　取适量增菌液（约 150μL）滴入检测卡的样品孔中，静置约 5min，从视窗观察结果，在检测区和质控区同时出现色带的为阳性；仅质控区出现色带的为阴性。

注：①此方法已有商品化的试剂盒出售。如中国流行病研究所与郑州博赛生物技术研究所研制开发的“大肠杆菌 O157 病原体胶体金快速检测卡”。②本法操作简便、灵敏度高，但一些细菌具有与大肠杆菌 O157:H7 相同的抗原，因此可能存在假阳性，阳性结果必须用常规方法证实。

任务四　现代食品微生物检测技术

科学技术的发展带动了食品检测技术的现代化，现代化食品微生物检测技术把食品技术提高到了一个新的层次。现代食品微生物检测技术最突出的特点是依靠最新技术，而且仪器设备的设计越来越人性化。现代食品微生物检测技术更加注重快速、准确、实用，检测仪器可实现微型化、一体化和成像化。下面简要介绍几种食品微生物检验的新技术。

一、PCR 技术

PCR 技术检测微生物的基本原理是将被检测微生物核酸序列，在 PCR 体系下经高温变性、低温退火、适温延展三步循环将单个核酸分子序列以 2 的指数进行大量复制扩增。即在检测时，被检测微生物双链 DNA 序列在 94℃左右变性解链成双链，大约 55℃时，特异性引物与单链 DNA 结合，最后于 72℃左右在引物的引导延伸复制下扩增到微生物的目的 DNA 序列中。以上三步进行循环扩增得到大量的被检测微生物目的 DNA 序列，最后用凝胶电泳、比色测定及紫外核酸检测仪等观察扩增结果。PCR 技术现已成功地应用于食品中的致病菌检测，包括大肠杆菌的检测、沙门氏菌的检测、志贺氏菌的检测、金黄色葡萄球菌的检测、单核增生李斯特菌的检测、溶血性链球菌的检测、肉毒梭菌的检测等。下面以沙门氏菌为例，介绍 PCR 技术检测食品微生物的操作方法。

（一）设备和试剂

1. 设备

PCR仪、电泳装置、凝胶分析成像系统、PCR超净工作台、高速台式离心机（12 000r/min）、微量可调移液器（2μL、10μL、100μL、1 000μL)。

2. 试剂

（1）DNA提取液（主要成分是SDS、Tris、EDTA）。

（2）10×PCR缓冲液[其中KCl 500mmol/L；Tris-HCl（pH 8.3）100mmol/L；明胶0.1%]。

（3）PCR反应液　含$MgCl_2$的PCR缓冲液、dATP、dTTP、dCTP、dGTP、dUTP、Taq酶、UNG酶。

（4）琼脂糖。

（5）10×上样缓冲液　含0.25%溴酚蓝、0.25%二甲苯青FF、30%甘油水溶液。

（6）50×TAE缓冲液　称取484g Tris，量取114.2mL冰醋酸，200mL 0.5mol/L EDTA（pH 8.0)，溶于水中，定容至2L。分装后高压灭菌备用。

（7）DNA分子质量标记物（100～1 000bp)。

（8）Eppendorf管和PCR反应管。

（二）操作程序

PCR检测的操作程序见图7-4。

（三）操作步骤

1. 样品制备、增菌和分离培养

参照《食品安全国家标准　食品微生物学检验　沙门氏菌检验》（GB 4789.4—2010）中的方法进行。详见“项目四　食品中常见致病菌的检测技术”。

2. 细菌模板DNA的提取

挑取可疑菌落，加入50μL DNA提取液，混匀后沸水浴5min，12 000r/min离心5min，取上清液保存于–20℃备用。

3. 引物序列设计

沙门氏菌PCR检测的靶基因为invA，引物序列参照《食品中多种致病菌快速检测方法　PCR法》（SN/T 1869—2007）标准设计如下：

5′-GTG AAA TTA TCG CCA CGT TCG GGC AA-3′

5′-TCA TCG CAC CGT AGG AAC C-3′

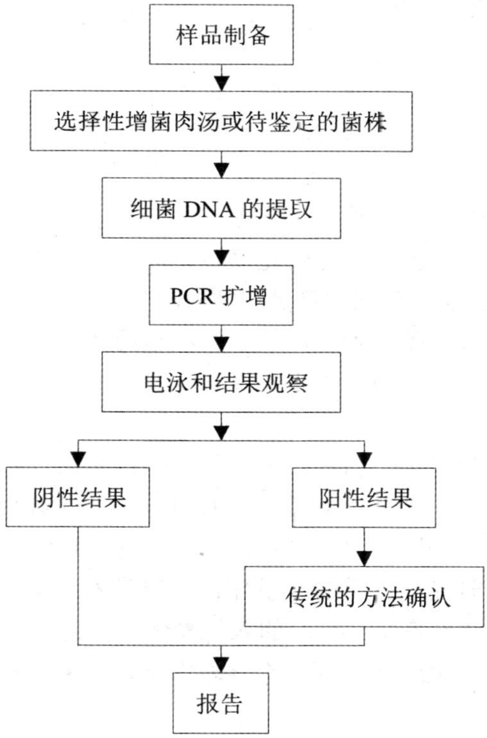

图 7-4　PCR 检测沙门氏菌程序

4．空白对照、阴性对照和阳性对照设置

空白对照设为以水代替 DNA 模板；阴性对照采用非目标菌的 DNA 作为 PCR 反应的模板；阳性对照采用含有检测序列的 DNA 作为 PCR 反应的模板。

5．PCR 反应体系与方法

PCR 反应体系为 10×PCR 缓冲液 2.5μL，$MgCl_2$ 3.0μL，dNTP 1.0μL，引物各 1.0μL，DNA 模板 2.0μL，UNG 酶 0.06μL，Taq 酶 0.5μL，ddH_2O 将体积调整到 25μL。PCR 扩增参数为 95℃预变性 5min，95℃变性 30s，64℃退火 30s，72℃延伸 30s，循环 35 次。最后 72℃延伸 5min。

6．电泳检测

取 5μL PCR 扩增产物，用浓度 2% 的琼脂糖凝胶进行检测，用 Marker 作参照，在电压 100V 条件下电泳 40min，利用凝胶成像系统观察电泳结果，284bp 处出现特异性扩增条带者为阳性，否则为阴性。

二、生物传感器

生物传感器是一种含有固定化生物物质，例如：酶、抗体、细胞、细胞器或其复合体等并且与一种合适的换能器紧密结合的分析工具或系统，用以将生化信号转化为电信号并使其数量化。

生物传感器基本工作原理：当被分析物中特异性的待测物与分子识别元件结合后，其产生的复合物、光、热等就被信号转化器转化为光信号或电信号等，电信号再经信号分析处理系统处理后输出，反映出样品中被检测物质。

常见的生物传感器包括酶生物传感器、组织传感器、微生物传感器、免疫传感器和 DNA 生物传感器。下面以 SPR 免疫传感器检测大肠杆菌为例介绍生物传感器检测微生物的过程。

SPR 是一种物理光学现象，当一束平面单色偏振光在一定的角度范围内照射到镀在玻璃表面的金属薄膜上发生全反射时，其入射光的波向量与金属膜内表面电子（称为等离子体）的振荡频率相匹配时，光线被耦合进入金属膜，引起电子发生共振，即表面等离子体共振。此时光线提供的能量导致金属膜表面电子发生共振，电子吸收该能量使被反射光的强度达到最小，此时的入射光角度称为 SPR 角。SPR 角是随金属表面的折射率变化而变化的，这一变化又和金属表面结合的生物分子的质量成正比。因此，可以进行定性定量检测。

将亲和素—生物素系统用于表面等离子体共振免疫传感器，为保证检测的准确性，采用一次抗体—抗原—二次抗体夹心式方法，将待检测溶液分别置于培养皿中，传感器金膜浸在溶液中进行检测。

（一）操作步骤

1．将传感器安装调试好后，使传感器在空气中的 index 值为 0，去离子水中的 index 值为 1.333。

2．开始检测，用 10mL 0.1mol/L NaOH 溶液清洗传感器金膜表面 3min。

3．将传感器浸入 10mL PBS 3min。

4．将传感器浸入 10mL 亲和素中 3min。

5．将传感器浸入 10mL PBS 3min，冲洗过量的亲和素。

6．将传感器浸入 10mL 300μg/mL 抗体中 10min。

7．将传感器浸入 10mL PBS 中 2min，冲洗游离的抗体。

8．将传感器浸入 10mL 含 0.1mol/L NaOH 的 PBS 中 2min。

9．将传感器浸入 10mL BSA（血清白蛋白）中 2min。

10．将传感器浸入 10mL 含 0.1mol/ L NaOH 的 PBS 中 2min，冲洗游离的 BSA。

11．将传感器浸入 10mL LB（空白样）及含菌样品中 3min。

12．将传感器浸入 10mL 复合抗体中 6min，停止检测，判断结果。

13．将传感器浸入 10mL PBS 中 5min 清洗。

14．将传感器浸入 10mL 含 0.1mol/L NaOH 溶液中 5 ～ 10min，再次清洗，以便于传感器的重复利用。

（二）结果判断

根据检测器显示的折射率数值，对照标准曲线，判断出样品的含菌量。

三、基因芯片技术

基因芯片是指采用原位合成或显微打印手段，将数以万计的核酸探针固化于支持物表面，与标记的样品进行杂交，通过检测杂交信号来实现对样品快速、并行、高效的检测或医学诊断。基因芯片的技术流程包括芯片的制作、样品的制备、芯片的杂交及杂交后信号的检测和分析。

主要步骤：将各种基因寡核苷酸点样于芯片表面，微生物样品经处理后进行核酸提取和核酸扩增，再用荧光素对其进行标记，然后与芯片上的寡核苷酸点杂交，最后通过扫描仪定量和分析荧光分布模式来确定检测样品是否存在某些特定微生物。基因芯片的基本原理与核酸杂交相似，但它将大量按检测要求设计好的探针固化，仅通过一次杂交便可检测出多种靶基因的相关信息，具有高通量、多参数同步分析，快速全自动分析，高精确度、高精密度和高灵敏度分析的特点，是目前鉴别有害微生物的最有效的手段之一。

四、核酸探针技术

探针是一种带有合适的标记物的已知特异性的分子，它与靶反应后可被检测到。核酸探针是一段用放射性核素或其他标记物（如酶与荧光素等）标记的与目的基因互补的 DNA 片段或单链 DNA 和 RNA。每一种病原体都有独特的核酸片段，通过分离和标记这些片段就可制备出探针，利用带有标记物的已知序列的核酸探针，与待测样品进行杂交，如样品中含有特定病原体，探针将与目的核酸序列特异结合，最后使用特定的方法测定标记物，便可确定样品中有无特定病原体。核酸探针检测技术不仅具有特异性、灵敏度高的优点，而且兼备组织化学染色的可见性和定位性。核酸探针技术主要用于食品中致病性病原菌的检测。下面以副溶血弧菌为例说明核酸探针技术在食品微生物检验中的应用。

（一）材料和试剂

实验菌株：副溶血弧菌标准菌株。

试剂：地高辛标记与检测试剂盒。

（二）方法

1. DNA 模板的提取和特定序列 PCR 扩增

（1）副溶血弧菌的 DNA 模板提取采用煮沸法　将副溶血弧菌接种于 5mL 碱性蛋白胨水增菌液中，37℃培养过夜。取 8μL 菌液于 Eppendorf 管中，加 192μL 无菌双蒸水，煮沸 10min，12 000r/min，离心 10min，取上清液用于 PCR 扩增。

（2）PCR 扩增，片段长为 648bp

引物序列：5′-CTG TCC CTT TTC CTG CCC CCG

GCT CTT AGC TGC GGC GGT GGT-3′

扩增反应采用 TaKaRaExTaqTM 试剂盒、PE-2400、基因扩增仪进行，反应体系见表 7-3。PCR 扩增参数为 94℃预变性 7.5min，94℃变性 1min，58℃退火 1min，72℃延伸 1min，循环 30 次。最后 72℃延伸 10min，4℃保存。

表 7-3　PCR 反应体系组成

组　分	用　量	组　分	用　量
TaKaRaTaq	0.5μL	镁离子	4μL
10×ExTaqBuffer	5μL	无菌双蒸水	19.5μL
dNTPmixture	5μL	模板	10μL
引物	3μL×2		

用 TAE 电泳缓冲体系，1.5% 琼脂糖凝胶（EB 含量为 0.5μg/mL），MarkerDL 2 000 做相对分子质量对照，70V 电压，电泳 30min，将胶置于紫外分析仪上观察，以确定有 648bp 特异性条带位置。将所得的特异性条带经凝胶回收试剂盒纯化、回收。按地高辛标记与检测试剂盒说明书进行标记，制备探针。

2. 待检菌株 DNA 的提取采用试剂盒方法提取

挑取培养基上的可疑单菌落用 Wizard Genomic DNA Purification Kit 提取细菌 DNA。若菌落太小，则先接种于碱性蛋白胨水增菌液中，37℃培养过夜，取 1.5mL 菌液提取 DNA。

3．待检 DNA 在尼龙膜上的固定

吸取所提取的 DNA 2μL 点于 10×SSC 浸润的尼龙膜上，经变性液、中和液处理后，于非真空条件下 80℃烘烤 2h。同时设立阴性和阳性对照。

4．杂交

（1）将尼龙膜置于杂交管中，放入杂交炉，加入预热的预杂交液封闭，38℃反应 30min。

（2）将地高辛标记好的探针煮沸 5min 后迅速放入冰水中冷却，使其变性。将变性的探针以 25μg/L 的浓度加入到预热的杂交液中，充分混匀，防止产生泡沫。

（3）倒去预杂交液，加入混有探针、预热的杂交液，将杂交管置于杂交炉，38℃孵育 4h。

5．显色反应

用洗涤液洗膜，在封闭液中孵化，用以封闭非特异性片段。用抗地高辛抗体溶液与地高辛标记的探针结合，最后用 NBT 显争。

6．判定结果

尼龙膜上出现斑点为阳性结果，否则为阴性。

五、免疫学方法

现代免疫技术也是食品微生物检测的常用方法。免疫学方法仪器装置相对造价低廉，操作简便，具有很强的实用性，在食品微生物检测方面已得到普及，常见的污染食品的病原细菌，如沙门氏菌、李斯特菌、大肠杆菌等都可以通过免疫学方法进行分析和检测。近年来，免疫学技术在传统方法上又开发出许多方法，包括酶免疫测定、放射免疫测定、荧光免疫测定、免疫金技术等。例如有报道将 PCR 技术与酶联免疫技术相结合，即 PCR-ELISA 技术，用于大肠杆菌的检测，取得了不错的效果。同样有报道对食品中的单核细胞增生李斯特菌进行免疫磁性分离，并与 PCR 方法相结合，建立了检测食品中单核细胞增生李斯特菌的 MIPA 方法（免疫磁性分离—聚合酶链式反应方法）。检测结果表明，该方法能够有效地克服食品基质、培养基成分和杂菌对 PCR 检测的干扰作用，且敏感度高、检测时间短、结果准确，克服了两者的不足之处。此外，免疫方法也被广泛应用于赤潮毒素检测，利用抗原—抗体反应测定毒素类型及含量。另外，还建立了乳制品中 IgG 含量酶联免疫吸附测定，取得了成功。

【项目小结】

食品微生物的常规检验方法，大多数是以培养活的细胞生长为手段来达到检测目的。这些方法往往需要在实验室的无菌条件下进行，选择特定的培养基培养，将细菌培养成肉眼可见的菌落才可确认，并且需要一定的培养时间，少则 2 ～ 3d，多则数周，所以比较麻烦。随着分子生物学与其他学科的发展，微生物检验技术也在不断地更新和提高，逐步向分子学水平迈进。并向仪器化、自动化、标准化方向发展，提高了食品微生物检验工作的高效性、准确性和可靠性。

本项目介绍了菌落总数、大肠菌群、主要致病菌（包括沙门氏菌、金黄色葡萄球菌和大肠杆菌 O157：H7）的快速检测方法。食品微生物快速检测技术是建立食品安全检测体系的重要基础，科学技术的发展也带动了食品检测技术的现代化，PCR 技术、生物传感器、核酸探针技术、基因芯片技术和免疫学方法等在食品检验中的应用，使食品微生物检测技术更加快速、准确、实用。

【案例导入】

案例一　吉林省将建立餐饮服务食品安全快速检测室

2013 年 11 月 22 日长春城市晚报讯：为进一步深化餐饮服务单位食品安全量化分级管理工作，近日，吉林省食品药品监督管理局将对学校食堂（含托幼机构）、集体用餐配送单位、中央厨房和大型以上餐饮服务单位（以下简称有关单位）增加快速检测室。

按规定，有关单位应扩大食品安全监控范围，使食品安全预警前移。通过建立食品安全快速检测室，有效阻止有毒有害食品流向餐桌，实现从“治病”到“防病”转变。

集体用餐配送单位和中央厨房可在原有检验室的基础上增设快检设备，大型以上餐馆和学校食堂可在管理人员办公室或库房等场所建立快速检测室，配备相应的检验设备和人员，同时建立快速检测制度，实行批批检测并记录。配备的快速检测设备至少能对农药残留、兽药残留、非法添加物、超标食品添加剂、毒素、微生物 6 类指标进行现场快速筛查。

案例二　2008 奥运食品安全检测知识

在中国，微生物危害是食源性疾病的主要原因。2004 年向卫生部报告的食物中毒事件中，超过 38% 是微生物危害引起的。因此，早期快速地对食品的微生物进行定量并判断其是否符合相关卫生标准是提高食品安全监控的重要手段。

奥运期间北京市将接待各国代表团、工作人员、新闻记者等近 25 万人，现场观众 700 万人，周期长达 60 ～ 70d，预计将为各国代表团、工作人员、新闻记者、现场观众提供餐食 1 300 多万份。为应对奥运史上史无前例的检测力度和复杂多样的样品，圆满完成2008年奥运会食品检测任务，各个承担任务的检测中心不断加强快速、现场检测食品微生物检样的能力。

据介绍，多个检测机构共同承担2008北京奥运食品安全检测任务。自2006年初北京奥运食品检测机构确定后，这些分两个级别共39个检测机构将提前2年定期对备选基地的环境（包括空气、土壤和水环境）进行动态监测，建立安全状况信息库，监测合格的方可供应奥运会。还将对产品进行连续1年（或以上）的动态抽样检测，符合要求的产品方可供应奥运会。

【项目训练题】

一、填空题

1．菌落总数的纸片法快速检测中，在结果报告时，若两个稀释度的菌落数在10～100，则由两者的比值来决定，若比值小于2，则报告其（ ），若大于2，则报告其（ ）。

2．ATP生物发光法直接检测微生物的检出下限为（ ）。

3．ATP生物发光法是利用ATP与（ ）接触时的发光现象建立起来一种检测方法。

4．大肠菌群快速检测（GB/T 4789.32—2002）MPN法中使用的培养基为（ ）。

5．PCR技术检测微生物的基本原理是将被检测微生物核酸序列，在PCR体系下经（ ）、（ ）、（ ）三步循环将单个核酸分子序列以2的指数进行大量复制扩增。

二、判断题

1．菌落总数的纸片法快速检测结果报告时，若三个稀释度的菌落数均大于100时，应重新试用更低的稀释度进行菌落计数。（ ）

2．ATP生物发光法检测含细菌样品时，细菌细胞越多，ATP量越高，发出荧光也就越强。（ ）

3．单位时间内微生物在培养基中生长和代谢活动越旺盛其阻抗值越大。（ ）

4．大肠菌群快速检测LTSE法中，LSTE发酵管产气则报告大肠菌群阳性；如LSTE发酵管不产气则报告大肠菌群阴性。（ ）

5．大肠菌群快速检测LTSE法中如检验人员没有时间，可以省去涂片镜检，结果其可靠性仍在99%以上。（ ）

6．大肠菌群TTC法快速检测中如轻轻振动试管，若有小泡上升者仍为阳性。（ ）

三、简答题

1．大肠菌群快速检验（GB/T 4789.32—2002）的原理是什么？

2．简述大肠杆菌 O157 金标免疫分析法快速检测的基本过程。

3．生物传感器的基本工作原理是什么？

附录一　项目训练题答案

绪　论

一、名词解释

1．细菌总数：是指食品检样经过处理，在一定条件下（如培养基、培养温度和培养时间等）培养后，所得每克（毫升）检样中形成的细菌菌落总数。

2．大肠菌群：是指一群在36℃条件下培养24～48h能发酵乳糖、产酸产气、需氧和兼性厌氧的革兰氏阴性无芽孢杆菌。

二、填空

1．（食品的检测）、（生产环境的检测）、（原辅料的检测）、（生产用具的检测）、（从业人员卫生状况检查）

2．（细菌总数）、（大肠菌群）、（致病菌）

三、判断

1．×　　2．×　　3．√　　4．√

四、简答题

1．食品中细菌总数检测的意义是什么？

（1）作为食品被细菌污染程度的标志。

（2）用来预测食品耐存放的程度或期限。

（3）食品中污染细菌数量的多少，与污染某些致病菌有一定的关系。

2．食品中大肠菌群检测的意义是什么？

（1）大肠菌群作为粪便污染食品的指标菌。

（2）大肠菌群作为肠道致病菌污染食品的指标菌。

3．食品中致病菌检测的意义是什么？

（1）从食品卫生角度讲，食品中不允许有致病菌存在。

（2）加强对食品中致病菌的监控和检测，防止食品中污染的致病菌传播而引起人畜传染病的流行。

（3）防止致病菌通过食品途径传染给家禽家畜。

项目一 食品的微生物检测基础知识

一、填空

1.（内源性污染），（外源性污染）

2.（水）、（空气）、（土壤）、（人）、（动物）、（机械和设备）、（包装材料）

3.（水）、（空气）、（人）、（动物）、（机械设备）、（用具）

4.（物理因素）、（化学因素）、（生物因素）

5.（微生物）、（食品的基质条件）、（环境条件）

6.（酸性食品）、（非酸性食品）

7.（机械部分）、（光学部分）

8.（镜座）、（镜臂）、（镜筒）、（载物台）、（物镜转换器）、（粗调节螺旋）、（细调节螺旋）

9.（革兰氏阳性细菌）、（革兰氏阴性细菌）

10.（高压蒸汽灭菌法）、（煮沸消毒法）、（巴氏消毒法）、（间歇灭菌法）、（流通蒸汽灭菌法）

11.（湿热法）、（干热法）、（化学法）

12.（无菌操作）

13.（硫代硫酸钠）

14.（直接沉降法）、（过滤法）、（气流撞击法）

二、判断

1. √ 2. √ 3. × 4. √ 5. √ 6. × 7. √ 8. √ 9. × 10. √ 11. √ 12. × 13. × 14. √ 15. × 16. √ 17. × 18. √

三、简答题

1. 如何控制微生物污染食品？

控制微生物污染食品的措施：（1）搞好废弃物的无害化处理。粪便处理采取粪尿混合贮存法、堆肥法、沼气发酵和药物处理法。生活污水采用下水道系统处理法。工业污水采用物理方法、化学方法和生物学方法。③生活有机垃圾采用堆肥法处理，工业垃圾根据其性质不同进行处理和回收利用。（2）加强食品生产的卫生管理。设置防护带，隔离污染源；清洁车间，及时消毒；加强工作人员的卫生管理；严格执行操作规程；原料及辅料要符合卫生质量要求；用水必须符合国家饮用水的卫生标准；加强食品贮藏和运输的卫生管理；做好微生物污染的测报工作。

2．食品卫生微生物检验实验室环境有何要求？

（1）实验室环境不应影响检验结果的准确性。

（2）实验室的工作区域应与办公室区域明显分开。

（3）实验室工作面积和总体布局应能满足从事检验工作的需要，实验室布局应采用单方向工作流程，避免交叉污染。

（4）实验室内环境的温度、湿度、照度、噪声和洁净度等应符合工作要求。

（5）一般样品检验应在洁净区域（包括超净工作台或洁净实验室）进行，洁净区域应有明显的标示。

（6）病原微生物分离鉴定工作应在二级生物安全实验室（Biosafety level 2, BSL-2）进行。

3．食品微生物样品采集的原则是什么？

（1）根据检验目的、食品特点、批量、检验方法、微生物的危害程度等确定采样方案。

（2）应采用随机原则进行采样，确保所采集的样品具有代表性。

（3）采样过程遵循无菌操作程序，防止一切可能的外来污染。

（4）样品在保存和运输的过程中，应采取必要的措施防止样品中原有微生物的数量变化，保持样品的原有状态。

项目二　食品卫生细菌学检测技术

一、填空

1．（30 ～ 300CFU）

2．（$N=\dfrac{\sum C}{(n_1+0.1n_2)d}$）

3．（大肠埃希氏菌）、（柠檬酸杆菌）、（产气克雷伯氏菌）、（阴沟肠杆菌）

4．（倒置）

5．（44.5℃ ± 0.2℃）

6．（平板活菌）

7．（平板计数琼脂）

二、判断

1．√　2．√　3．×　4．√　5．√

三、简答题

1．食品卫生细菌学菌落总数检测的基本程序。

取25g（mL）样品加入225mL稀释液，均质。进行10倍系列稀释，选择2～3个适宜稀释度的样品匀液，各取1mL分别加入无菌培养皿内，每皿中加入15～20mL平板计数琼脂培养基，混匀。36℃ ±1℃培养48h ± 2h，计数各平板菌落数，计算菌落总数，报告。

2．食品中大肠菌群MPN计数法，怎样进行复发酵试验？

（1）用接种环从产气的LST肉汤管中分别取培养物1环，移种于煌绿乳糖胆盐肉汤（BGLB）管中。

（2）在36℃ ±1℃培养48h ± 2h，观察产气情况。产气者，计为大肠菌群阳性管。

项目三　食品卫生真菌学检测技术

一、填空

1．（菌落）

2．（10）

3．（10～150）

4．（90～125）、（1.382）

5．（计测室）

二、判断

1．×　2．√　3．√　4．×　5．√

三、简答题

1．霉菌和酵母菌计数的检测程序如何？

取25g(mL)样品加入225mL无菌蒸馏水,均质。再进行10倍系列稀释,选择2～3个适宜稀释度的样品匀液，各取1mL分别加入无菌培养皿内，每皿中加入15～20mL马铃薯—葡萄糖—琼脂或孟加拉红培养基,28℃ ±1℃培养5d,然后菌落计数,最后报告。

2．霉菌和酵母菌计数过程中，如何倾注培养基？

及时将15～20mL冷却至46℃的马铃薯—葡萄糖—琼脂或孟加拉红培养基（可放置于46℃ ±1℃恒温水浴箱中保温）倾注于已接样品匀液及空白对照的培养皿中，并转动培养皿使其混合均匀。注意：马铃薯—葡萄糖—琼脂或孟加拉红培养基倾注平板前，将用少量乙醇溶解的氯霉素加入培养基中。

3. 霉菌直接镜检计数时，如何进行检样的制备？

取定量检样，加蒸馏水稀释至折光指数为 1.344 7 ～ 1.346 0（即浓度为 7.9% ～ 8.8%），备用。

项目四　食品中常见致病菌的检测技术

一、填空题

1.（阴性）（无）

2.（不产生）（阴性）

3.（无）（阳性）

4.（37℃）（6.4 ～ 7.8）

5.（灰绿）（水解圈）

二、判断题

1. ×　2. √　3. √　4. ×　5. ×　6. √　7. √

三、简答题

1. 沙门氏菌检测的基本程序是什么？

前增菌、增菌、分离、生化试验、血清学试验。

2. 金黄色葡萄球菌在血平板或 B － P 平板上的菌落特征如何？

（1）金黄色葡萄球菌在 Baird-Parker 平板上，菌落直径为 2 ～ 3mm，颜色呈灰色到黑色，边缘为淡色，周围为一混浊带，在其外层有一透明圈。用接种针接触菌落有似奶油至树胶样的硬度，偶然会遇到非脂肪溶解的类似菌落；但无混浊带及透明圈。

（2）在血平板上，形成菌落较大，圆形、光滑凸起、湿润、金黄色（有时为白色），菌落周围可见完全透明溶血圈。挑取上述菌落进行革兰氏染色镜检及血浆凝固酶试验。

3. 金黄色葡萄球菌的血浆凝固酶试验操作过程和反应如何？

取新鲜配制兔血浆 0.5mL，放入小试管中，再加入 BHI 培养物 0.2 ～ 0.3mL，振荡摇匀，置 36℃ ±1℃恒温箱或水浴锅内，每半小时观察 1 次，观察 6h，如呈现凝固（即将试管倾斜或倒置时，呈现凝块）或凝固体积大于原体积的一半，被判定为阳性结果。

项目五 食源性疾病的检测技术

一、填空题

1．（细菌性肠道疾病）、（细菌性食物中毒）

2．（感染型）、（毒素型）、（混合型）

3．（急性胃肠炎型）、（神经麻痹型）

4．（上三餐）、（一周）

5．（经口给药）

二、名词解释

1．食源性疾病：凡是通过摄取食物而使病原体进入人体，以致人体患感染性或中毒性疾病，统称为食源性疾病。

2．细菌性食源性疾病：细菌性食源性疾病是指由细菌通过摄食而进入人体的，使人体患感染性或中毒性的一类疾病。

三、简答题

1．肉毒梭菌食源性疾病的致病机理是什么？

肉毒中毒与肉毒梭菌及芽孢无直接关系，是肉毒毒素进入血液循环后，选择性地作用于运动神经与副交感神经，主要作用点是神经末梢，抑制神经传导介质乙酰胆碱的释放，因而引起肌肉运动障碍，发生软瘫。

2．蜡样芽孢杆菌食源性疾病的预防措施是什么？

（1）做好食品的冷藏和加热。

（2）食品不放置过久。

（3）搞好环境卫生。

（4）加强卫生宣传。

3．细菌性食源性疾病与化学性食源性疾病的最主要鉴别点是什么？

（1）化学性食源性疾病的潜伏期较短，而细菌性的却比较长（葡萄球菌肠毒素除外）。

（2）常见的细菌性食源性疾病（如沙门氏菌、副溶血性弧菌、变形杆菌、志贺氏菌、大肠埃希氏菌食源性疾病等）都有发烧症状，而化学性食源性疾病则一般不发烧。

项目六　发酵食品微生物检测技术

一、名词解释

1. 乳酸菌：不是分类学上的名词，是一类可发酵糖主要产生大量乳酸的细菌的通称。乳酸菌是需氧和兼性厌氧、多数无动力、过氧化氢酶阴性、革兰氏阳性的无芽孢杆菌和球菌。

2. 同型乳酸发酵：乳酸菌进行乳酸发酵时，发酵产物中只有乳酸的（达 80% 以上），称为同型乳酸发酵。

3. 异型乳酸发酵：乳酸菌进行乳酸发酵时，发酵产物中除乳酸之外还有乙酸、乙醇、CO_2 和 H_2 的，称为异型乳酸发酵。

二、填空

1.（乳杆菌属）、（双歧杆菌属）、（链球菌属）

2.（6×10^9 个 /g）

3.（85%）

4.（马铃薯葡萄糖琼脂培养基）

5.（制备毛霉孢子悬液）、（接种孢子悬液）、（培养与晾花）、（装瓶与压坯）、（装坛发酵）、（质量鉴定）

6.（同型乳酸发酵）、（异型乳酸发酵）

三、判断

1. ×　2. √　3. ×　4. ×　5. √

四、简答题

1. 双歧杆菌属的形态特征如何？

细胞形态多样，呈 Y 形、V 形、L 形、勺形、弯曲状，典型形态为分叉杆菌。革兰氏阳性，亚甲基蓝染色菌体着色不规则。无芽孢，无鞭毛，不运动。双歧杆菌菌落呈圆形，光滑，凸圆，边缘完整，乳白色，闪光，具有柔软的质地。

2. 经过样品制备和稀释后，如何进行乳酸菌的计数？

根据待检样品活菌总数的估计，选择 2 ～ 3 个连续的适宜稀释度，每个稀释度吸取 0.1mL 样品匀液分别置于 2 个 MRS 琼脂平板，使用 L 形棒进行表面涂布。36℃ ±1℃，厌氧培养 48h ± 2h 后计数平板上的所有菌落数。从样品稀释到平板涂布要求在 15min 内完成。

项目七 食品微生物快速检测技术

一、填空题

1.（平均数）、（较小者）

2.（10^4CFU/mL）

3.（荧光素酶系统）

4.（MUGal 肉汤）

5.（高温变性）、（低温退火）、（适温延展）

二、判断题

1. × 2. √ 3. × 4. × 5. √ 6. √

三、简答题

1. 大肠菌群快速检验（GB/T 4789.32—2002）的原理是什么？

（1）国家标准大肠菌群的快速检测有两种方法：MNP 法和平板法。MPN 法的原理为：大肠菌群可产生 β - 半乳糖苷酶，分解液体培养基中的酶底物——4- 甲基伞形酮 -β-D- 半乳糖苷（以下简称 MUGal），使 4- 甲基伞形酮游离，因而在波长 366nm 的紫外光灯照射下呈现蓝色荧光。

（2）平板法的原理：大肠菌群可产生 β - 半乳糖苷酶，分解培养基中的酶底物——茜素 -β-D- 半乳糖苷（以下简称 Aliz-gal），使茜素游离并与固体培养基中的铝、钾、铁、铵离子结合形成紫色（或红色）的螯合物，使菌落呈现相应的颜色。

2. 简述大肠杆菌 O157 金标免疫分析法快速检测的基本过程。

增菌培养大肠杆菌 O157:H7，吸取增菌培养液加入检测卡的样品孔中，样品被涂有胶体金标记的抗大肠杆菌 O157:H7 特异性抗体的样品区所浸湿。若样品中含有大肠杆菌 O157:H7 抗原，则会与胶体金标记的抗体结合，并离开样品区，流向涂有抗大肠杆菌 O157:H7 抗体的检测区，免疫复合体被捕获并聚集，呈现一条检测色带。不管样品中是否含有大肠杆菌 O157:H7，样品剩余液都会继续流向膜顶端的试剂区，试剂区含有胶体金标记的合适抗原（颜色指示）形成阴性对照质控区，样品流经此区时被捕获并聚集呈现一条质控色带。质控带的出现可证明检测过程正常。

3. 生物传感器的基本工作原理是什么？

生物传感器基本工作原理：当被分析物中特异性的待测物与分子识别元件结合后，其产生的复合物、光、热等就被信号转化器转化为光信号或电信号等，电信号再经信号分析处理系统处理后输出，反映出样品中被检测物质。

附录二　食品安全国家标准　食品微生物学检验　总则

（GB 4789.1—2010）

1. 范围

本标准规定了食品微生物学检验基本原则和要求。

本标准适用于食品微生物学检验。

2. 规范性引用文件

本标准中引用的文件对于本标准的应用是必不可少的。凡是注日期的引用文件，仅所注日期的版本适用于本标准。凡是不注日期的引用文件，其最新版本（包括所有的修改单）适用于本标准。

3. 实验室基本要求

3.1　环境

3.1.1　实验室环境不应影响检验结果的准确性。

3.1.2　实验室的工作区域应与办公室区域明显分开。

3.1.3　实验室工作面积和总体布局应能满足从事检验工作的需要，实验室布局应采用单方向工作流程，避免交叉污染。

3.1.4　实验室内环境的温度、湿度、照度、噪声和洁净度等应符合工作要求。

3.1.5　一般样品检验应在洁净区域（包括超净工作台或洁净实验室）进行，洁净区域应有明显的标示。

3.1.6　病原微生物分离鉴定工作应在二级生物安全实验室（Biosafety level 2，BSL-2）进行。

3.2　人员

3.2.1　检验人员应具有相应的教育、微生物专业培训经历，具备相应的资质，能够理解并正确实施检验。

3.2.2　检验人员应掌握实验室生物检验安全操作知识和消毒知识。

3.2.3　检验人员应在检验过程中保持个人整洁与卫生，防止人为污染样品。

3.2.4　检验人员应在检验过程中遵守相关预防措施的规定，保证自身安全。

3.2.5　有颜色视觉障碍的人员不能执行涉及辨色的实验。

3.3　设备

3.3.1　实验设备应满足检验工作的需要。

3.3.2　实验设备应放置于适宜的环境条件下，便于维护、清洁、消毒与校准，并保持整洁与良好的工作状态。

3.3.3　实验设备应定期进行检查、检定（加贴标志）、维护和保养，以确保工作性能和操作安全。

3.3.4　实验设备应有日常性监控记录和使用记录。

3.4　检验用品

3.4.1　常规检验用品主要有接种环（针）、酒精灯、镊子、剪刀、药匙、消毒棉球、硅胶（棉）塞、微量移液器、吸管、吸球、试管、平皿、微孔板、广口瓶、量筒、玻棒及 L 形玻棒等。

3.4.2　检验用品在使用前应保持清洁和 / 或无菌。常用的灭菌方法包括湿热法、干热法、化学法等。

3.4.3　需要灭菌的检验用品应放置在特定容器内或用合适的材料（如专用包装纸、铝箔纸等）包裹或加塞，应保证灭菌效果。

3.4.4　可选择适用于微生物检验的一次性用品来替代反复使用的物品与材料（如培养皿、吸管、吸头、试管、接种环等）。

3.4.5　检验用品的储存环境应保持干燥和清洁，已灭菌与未灭菌的用品应分开存放并明确标志。

3.4.6　灭菌检验用品应记录灭菌 / 消毒的温度与持续时间。

3.5　培养基和试剂

3.5.1　培养基

培养基的制备和质量控制按照 GB/T 4789.28 的规定执行。

3.5.2　试剂

检验试剂的质量及配制应适用于相关检验。对检验结果有重要影响的关键试剂应进行适用性验证。

3.6　菌株

3.6.1　应使用微生物菌种保藏专门机构或同行认可机构保存的、可溯源的标准或参考菌株。

3.6.2　应对从食品、环境或人体分离、纯化、鉴定的，未在微生物菌种保藏专门机构登记注册的原始分离菌株（野生菌株）进行系统、完整的菌株信息记录，包括分离时间、来源，表型及分子鉴定的主要特征等。

3.6.3 实验室应保存能满足实验需要的标准或参考菌株，在购入和传代保藏过程中，应进行验证试验，并进行文件化管理。

4. 样品的采集

4.1 采样原则

4.1.1 根据检验目的、食品特点、批量、检验方法、微生物的危害程度等确定采样方案。

4.1.2 应采用随机原则进行采样，确保所采集的样品具有代表性。

4.1.3 采样过程遵循无菌操作程序，防止一切可能的外来污染。

4.1.4 样品在保存和运输的过程中，应采取必要的措施防止样品中原有微生物的数量变化，保持样品的原有状态。

4.2 采样方案

4.2.1 类型

采样方案分为二级和三级采样方案。二级采样方案设有 *n*、*c* 和 *m* 值，三级采样方案设有 *n*、*c*、*m* 和 *M* 值。

n——同一批次产品应采集的样品件数；

c——最大可允许超出 m 值的样品数；

m——微生物指标可接受水平的限量值；

M——微生物指标的最高安全限量值。

注 1：按照二级采样方案设定的指标，在 *n* 个样品中，允许有≤ *c* 个样品其相应微生物指标检验值大于 *m* 值。

注 2：按照三级采样方案设定的指标，在 *n* 个样品中，允许全部样品中相应微生物指标检验值小于或等于 *m* 值；允许有≤ c 个样品其相应微生物指标检验值在 *m* 值和 *M* 值之间；不允许有样品相应微生物指标检验值大于 *M* 值。

例如：*n*=5，*c*=2，*m*=100CFU/g，*M*=1 000CFU/g。含义是从一批产品中采集 5 个样品，若 5 个样品的检验结果均小于或等于 *m* 值（≤ 100CFU/g)，则这种情况是允许的；若≤ 2 个样品的结果（*X*）位于 *m* 值和 *M* 值之间（100CFU/g <*X* ≤ 1 000CFU/g)，则这种情况也是允许的；若有 3 个及以上样品的检验结果位于 *m* 值和 *M* 值之间，则这种情况是不允许的；若有任一样品的检验结果大于 *M* 值（>1 000CFU/g)，则这种情况也是不允许的。

4.2.2 各类食品的采样方案

按相应产品标准中的规定执行。

4.2.3 食源性疾病及食品安全事件中食品样品的采集

4.2.3.1 由工业化批量生产加工的食品污染导致的食源性疾病或食品安全事件，食品样品的采集和判定原则按 4.2.1 和 4.2.2 执行。同时，确保采集现场剩余食品样品。

4.2.3.2 由餐饮单位或家庭烹调加工的食品导致的食源性疾病或食品安全事件，食品样品的采集按 GB 14938 中卫生学检验的要求，以满足食源性疾病或食品安全事件病因判定和病原确证的要求。

4.3 各类食品的采样方法

采样应遵循无菌操作程序，采样工具和容器应无菌、干燥、防漏，形状及大小适宜。

4.3.1 即食类预包装食品

取相同批次的最小零售原包装，检验前要保持包装的完整，避免污染。

4.3.2 非即食类预包装食品

原包装小于 500g 的固态食品或小于 500mL 的液态食品，取相同批次的最小零售原包装；大于 500mL 的液态食品，应在采样前摇动或用无菌棒搅拌液体，使其达到均质后分别从相同批次的 n 个容器中采集 5 倍或以上检验单位的样品；大于 500g 的固态食品，应用无菌采样器从同一包装的几个不同部位分别采取适量样品，放入同一个无菌采样容器内，采样总量应满足微生物指标检验的要求。

4.3.3 散装食品或现场制作食品

根据不同食品的种类和状态及相应检验方法中规定的检验单位，用无菌采样器现场采集 5 倍或以上检验单位的样品，放入无菌采样容器内，采样总量应满足微生物指标检验的要求。

4.3.4 食源性疾病及食品安全事件的食品样品

采样量应满足食源性疾病诊断和食品安全事件病因判定的检验要求。

4.4 采集样品的标记

应对采集的样品进行及时、准确的记录和标记，采样人应清晰填写采样单（包括采样人、采样地点、时间、样品名称、来源、批号、数量、保存条件等信息）。

4.5 采集样品的贮存和运输

采样后，应将样品在接近原有贮存温度条件下尽快送往实验室检验。运输时应保持样品完整。如不能及时运送，应在接近原有贮存温度条件下贮存。

5. 样品检验

5.1 样品处理

5.1.1 实验室接到送检样品后应认真核对登记，确保样品的相关信息完整并符合检验要求。

5.1.2 实验室应按要求尽快检验。若不能及时检验，应采取必要的措施保持样品的原有状态，防止样品中目标微生物因客观条件的干扰而发生变化。

5.1.3 冷冻食品应在45℃以下不超过15min，或2～5℃不超过18h解冻后进行检验。

5.2 检验方法的选择

5.2.1 应选择现行有效的国家标准方法。

5.2.2 食品微生物检验方法标准中对同一检验项目有两个及两个以上定性检验方法时，应以常规培养方法为基准方法。

5.2.3 食品微生物检验方法标准中对同一检验项目有两个及两个以上定量检验方法时，应以平板计数法为基准方法。

6. 生物安全与质量控制

6.1 实验室生物安全要求

应符合GB 19489的规定。

6.2 质量控制

6.2.1 实验室应定期对实验用菌株、培养基、试剂等设置阳性对照、阴性对照和空白对照。

6.2.2 实验室应对重要的检验设备（特别是自动化检验仪器）设置仪器比对。

6.2.3 实验室应定期对实验人员进行技术考核和人员比对。

7. 记录与报告

7.1 记录

检验过程中应即时、准确地记录观察到的现象、结果和数据等信息。

7.2 报告

实验室应按照检验方法中规定的要求，准确、客观地报告每一项检验结果。

8. 检验后样品的处理

8.1 检验结果报告后，被检样品方能处理。检出致病菌的样品要经过无害化处理。

8.2 检验结果报告后，剩余样品或同批样品不进行微生物项目的复检。

参考文献

[1] 刘用成．食品检验技术（微生物部分）．北京：中国轻工业出版社，2007.

[2] 姚勇芳．食品微生物检验技术．北京：科学出版社，2011.

[3] 魏明奎，段鸿斌．食品微生物检验技术．北京：化学工业出版社，2010.

[4] 无锡轻工大学，天津轻工业学院．食品微生物学．北京：中国轻工业出版社，1980.

[5] 何国庆，贾英民．食品微生物学．北京：中国农业大学出版社，2002.

[6] 吴坤．食品微生物．北京：化学工业出版社，2008.

[7] 谢梅英．食品微生物学．北京：中国轻工业出版社，2000.

[8] 江汉湖．食品微生物学．北京：中国农业出版社，2002.

[9] 杨玉红，陈淑范．食品微生物学．武汉：武汉理工大学出版社，2012.

[10] 钱爱东．食品微生物学．第二版．北京：中国农业出版社，2008.

[11] 张青，葛菁萍．微生物学．北京：科学出版社，2004.

[12] 刘用成．食品微生物检验技术．北京：中国轻工业出版社，2012.

[13] 曾小兰．食品微生物及其检验技术．北京：中国轻工业出版社，2010.

[14] 余倩，许欣．卫生微生物检验学（细菌学分册）．成都：四川科学技术出版社，2003.

[15] 叶磊，杨学敏．微生物检测技术．北京：化学工业出版社，2009.

[16] 罗红霞．食品微生物检验技术．北京：中国农业大学出版社，2010.

[17] 牛天贵．食品微生物学实验技术．第二版．北京：中国农业大学出版社，2011.

[18] 姜英辉，李宏，曹际娟，等．食品微生物检测仪器设备性能校验和维护手册．北京：中国标准出版社，2013.

[19] 周红丽，张滨，刘素纯．食品微生物检验实验技术．北京：中国计量出版社，2012.

[20] 范建奇．食品药品微生物检验技术．杭州：浙江大学出版社，2013.

[21] 彭海滨．胶体金免疫层析法和荧光定量 PCR 联合检测沙门氏菌．福州：福建农林大学出版社，2007.

[22] 国家质量监督检验检疫总局职业技能鉴定指导中心组．食品微生物检验．北京：中国计量出版社，2003.

[23] 邝良德，朱晓霞，谢晓红，等．沙门氏菌快速检测技术概述．湖北农业科学，2011，50（2）：226-228.

[24] GB/T 4789.12—2003，GB/T 4789.26—2003，GB/T 5009.22—2003.

[25] GB/T 4789.27—2008.

[26] GB 4789.1—2010，GB 4789.2—2010，GB 4789.3—2010，GB 4789.4—2010，GB 4789.10—2010，GB 4789.15—2010，GB 5009.24—2010，GB 4789.30—2010，GB 4789.35—2010.

[27] GB 4789.5—2012，GB 4789.34—2012，GB 4789.38—2012.

[28] GB 4789.39—2013.